面向对象程序设计

——C#&ASP.NET实现

刘勇军 编著

武汉理工大学出版社

·武汉·

内容提要

本书以C#为语言基础，以ASP.NET为Web编程的核心组件，系统地介绍.NET体系结构、C#语言基础、面向对象编程基础，详细讲述C#中数组、集合、泛型、继承、接口、委托、事件以及程序的调试和异常处理；深入探讨页面对象、导航技术、服务器控件、内置对象、ADO.NET、数据控件、XML数据处理和Web程序的发布。依据知识体系内在的逻辑关系而设计的教程内容一定可以让读者轻松地掌握C#和ASP.NET的精髓，并最终能够开发出一个完整的Web应用程序。

本书包含教程、课件、实例程序、学生实验部分，可作为高等院校信息管理类、电子商务类、计算机类等相关专业教材或实践参考书。

图书在版编目(CIP)数据

面向对象程序设计——C#&ASP.NET实现/刘勇军编著.—武汉：武汉理工大学出版社，2011.8(2017.1重印)

ISBN 978-7-5629-3480-6

Ⅰ.①面… Ⅱ.①刘… Ⅲ.①C语言-程序设计 ②网页制作工具-程序设计 Ⅳ.①TP312 ②TP393.092

中国版本图书馆CIP数据核字(2011)第148223号

项目负责人：陈军东
责 任 编 辑：陈军东
责 任 校 对：陈　硕
装 帧 设 计：吴　极
出 版 发 行：武汉理工大学出版社
社　　　址：武汉市洪山区珞狮路122号
邮　　　编：430070
网　　　址：http://www.techbook.com.cn
经　　　销：各地新华书店
印　　　刷：武汉天星美润设计印务有限公司
开　　　本：787×1092　1/16
印　　　张：25.25
字　　　数：705千字
版　　　次：2011年8月第1版
印　　　次：2017年1月第2次印刷
印　　　数：2001—2500册
定　　　价：52.00元(含光盘)

凡购本书，如有缺页、倒页、脱页等印装质量问题，请向出版社发行部调换。
本社购书热线电话：027-87394412　87383695　87384729　87397097(传真)

前　言

本书是作者根据自己的教学和实验指导以及实际工作经验来编写的。全书旨在以 Web 程序开发为导向，以 C# 为语言基础，帮助初学者以最快的速度系统地学习和掌握 Web 编程技术。书中大量采用对比、归纳、延伸的写作手法，以促使读者更好地理解和掌握各章知识点。书中内容简洁精炼、通俗易懂、逻辑严密；提供的实例程序既能帮助读者理解 C# 的语法和 ASP.NET 的控件的应用，又能使读者形成良好的编程思维和习惯。每一章中都安排了综合实验，并提供了 Web 开发的样例，以帮助读者灵活运用各章知识点。

本书几乎涵盖 C# 语言和 ASP.NET 的所有功能，主要内容包括：

① 回顾.NET 体系结构，介绍 C# 的基础知识；

② 介绍数组、集合、泛型，并进行三者之间的比较；

③ 介绍面向对象的基本理论，并重点介绍继承、接口、委托、事件等面向对象的特征及其应用；

④ 介绍 ASP.NET 中的 Web 页面，包括 Page 对象、母版、用户控件；

⑤ 介绍 ASP.NET 中的常用对象和控件，包括 Web 页面设计中用到的导航控件、服务器控件和内置对象；

⑥ 重点介绍数据库编程技术。详细介绍 Connection、Command、DataReader、DataAdapter 和 DataSet 五大对象的功能，以及用来显示和处理数据的 Repeater、DataList、DetailsView、FormView 和 GridView 五大数据控件；

⑦ 介绍应用程序调试和发布，包括应用程序测试、调试、异常处理、应用程序的配置以及部署。

本书附带一张光盘，光盘中包含全书的课件、书中应用到的所有实例的源代码以及实验的源代码。为运行这些代码，读者需配置.NET 运行环境并安装 SQL Server，详细配置请参考第一章中的介绍。

本书主要是由刘勇军编写和审校，参与本书编写工作的还有：刘伦、熊峰、覃涛、黄伟、李伯奇等。由于时间仓促及水平有限，书中难免有些错误和不足，欢迎广大读者提出意见，邮箱为：liuyongjunnew@sina.com。

编者

2011-05-17

前言

目　　录

第1章
.NET 简介

1.1 .NET 基本思想

1.1.1 Visual Studio .NET 的历史和发展

Visual Studio .NET 是一个集成开发环境(Integrated Development Environment,IDE),是把代码的编写,程序的调试、编译、运行以及其他的相关操作都集成在一起的编程工具。目前 Visual Studio .NET 已成为最流行的 Windows 平台应用程序开发环境,版本已经升级到 Visual Studio 2010。图1.1展示了 Visual Studio .NET IDE 的发展历程。

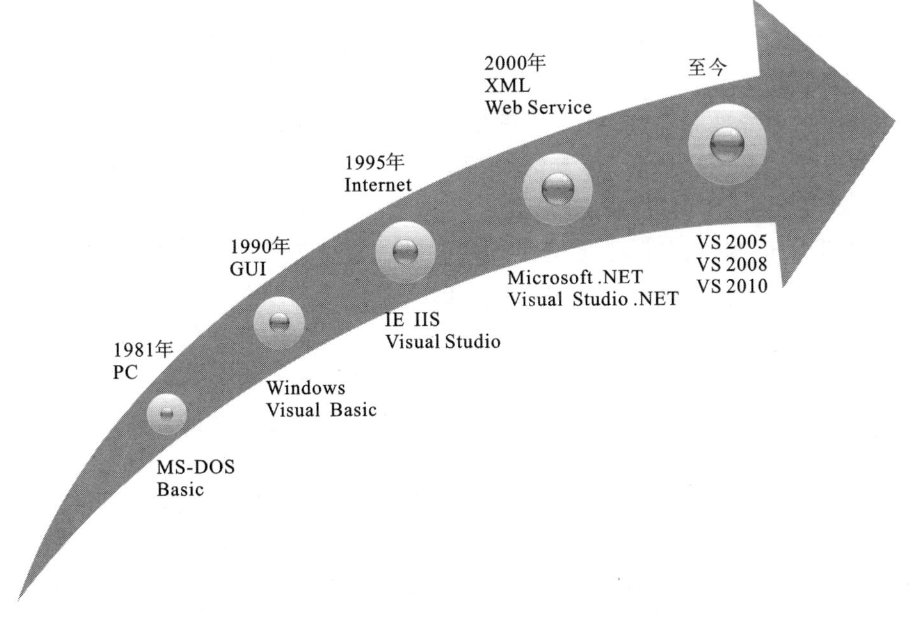

图 1.1 Visual Studio .NET **的发展历程**

早在 20 世纪 80 年代,微软公司的比尔·盖茨亲手创造了 MS-DOS 系统,这是 Windows 操作系统的始祖。该系统是用 Basic 语言编写的,它与如今的 IDE 相距甚远。到了 1990 年,VB 的产生使得用语言制作一个漂亮友好的界面(GUI)成为一件简单的事情,从此人们也越来越关注应用程序界面等非功能方面的技术。到了 1995 年,Visual Studio IDE 日趋成熟,这套 IDE 不仅包含 VB 6.0 和 VC++ 6.0,也包括数据库开发的 Viusal Foxpro,还包括网页开发的Visual InteDev 等。有了这个 IDE,人们不仅可以创建基于 Windows 的桌面应用程序,也可以创建基于 IE 浏览器的 Web 程序,可以说这套 IDE 是非常强大的。但问题是,在这个开发环境中似乎每做一件事都有一个工具与其对应,各个开发工具之间也彼此独立,比如要开发网页程序,就只能使用

Visual InteDev,用VB开发的程序,在VC中很难调用,而且针对不同的应用比如移动应用还需要另外一套与桌面应用相似的开发IDE。

Visual Studio这些不足之处在Visual Studio .NET中得以弥补。Visual Studio .NET IDE以.NET Framework为基础,整合了VB.NET、VC++ .NET、C# .NET、VJ# .NET等开发环境,提供了极其强大的开发能力。这种整合不仅仅意味着你打开一个Visual Studio .NET IDE工具即可进行以上四种语言的开发,更重要的是不同语言的开发环境和开发技巧基本相同。

1.1.2 对.NET的理解

Microsoft .NET框架是生成、部署和运行Web服务及应用程序的平台。它提供了一个生产率高且基于标准的多语言环境,将现有系统与下一代应用程序和服务集成,同时解决了Internet上应用程序的部署和操作难题。对于.NET,不同的人理解程度不一样:很多人认为.NET是一个编程开发工具,因为它有新的开发语言(C#),有人认为它是一个Web服务平台、一种软件环境(.NET Framework),也有人觉得这是微软的一个新战略,还有人觉得.NET是一个概念,是一种构想。

(1) 微软定义

Microsoft .NET是微软以Web Service为核心,为信息、人、系统、各种设备提供无缝连接的一组软件产品(Smart Client、服务器、开发工具)、技术(Web Service)或服务。根据微软的定义,.NET的精髓在于Web Service。Web Service允许应用程序通过Internet进行通信和共享数据,而不管所采用的是哪种操作系统、设备或编程语言。Microsoft .NET平台提供了创建Web Service并将这些服务集成在一起的功能,这个平台包含的产品系列范围很广,它们都是基于XML和Internet行业标准而构建,提供从开发、管理、使用到体验Web服务的每一方面。现在,Microsoft正从五个方面创建.NET平台,即工具、服务器、Web服务、客户端和.NET体验。

在微软的产品发布会上,主持人曾经说过一句话:在未来,我们可以在任何时间、任何地点,使用任何设备获取信息。但是这还不是.NET的全部,仅仅能够获取信息是不够的,通过.NET,用户还将获得由程序封装过的数据——也就是服务。微软想通过这一点,将全世界的互联网络组成一个庞大的服务中心,用户不需要亲自去获得信息、分析信息,只需要将用户的要求输入或者发送至用户所拥有的终端设备(台式机、手机、PDA、平板PC等),这些终端设备就会自动地去互联网上查找相关的服务,经过其智能处理与整合,以最有效率的方式完成任务。

其实这仅仅是.NET体验的一小部分而已。.NET为开发人员提供了新的开发平台(.NET框架)、新的开发语言(C#)、新的开发工具(VS .NET)以及新的开发方式:为普通用户提供了Windows CE、Windows XP、Stinger、Xbox、Tablet PC、.NET My Services、MSN等产品;为企业提供了bCentral。在未来,最终大多数流行的Microsoft软件应用程序(包括Office和VS .NET)将与XML Web服务实现交互,并把它们的主要功能作为Web服务公开,以便其他开发人员使用。通过Web Service将企业开发的模式从Client/Server或Browser/Server转换到Web Server/Smart Client。

(2) 微软战略

Microsoft .NET是微软的一个网络战略,更是微软意图全面占领互联网领域的最强有力的武器。在全球互联网络市场的抢夺战上,微软似乎慢了半拍,在浏览器方面差点就败在Netscape手上,还为此吃了官司;在流媒体上又被Real斩于马下。随着互联网以前所未有的速度席卷全球,很多人都希望借此机会重新洗牌,但是惯于制定游戏规则的微软又怎会轻易将主动权交到别人的手中?同时,由于开发源代码组织的不断扩大,微软紧抱源代码不放的做法招致越来越多人的不满，很多人出于不同的考虑（安全、开放、免费）投靠了Linux阵营。对于微软来说，其产品必须要变，而这个变，就是.NET带来的由一个软件公司向一个服务公司的转变。事实上，微软将来可能会变成一个全球最大的网络服务商（ASP）。Windows这个给微软带来令人炫目的财富和辉煌的十年视窗时代结束了，微软打算全面规划其未来，它将把所有的产品全部重新改写为与.NET构造相一致的形态，以应用服务商的方式提供，这之后微软不再主要依靠授权和销售软件光盘赚取利润，而是要通过互联网上运行的大量软件服务赚取利润，从软件供应商走向ASP——这就是微软的新战略。

事实上，很早就有人提出，对计算机发展和普及作出巨大贡献的软件行业已经到了一个转折点：留在终端的软件会越来越少，目前通过软件包发行的方式即将消失，而改为网上出租的形式获得利润。用户只要在本地发出请求，就可以在网上直接使用它，而这个软件的供应商会根据用户使用的次数来收费。一旦这种设想成为现实，集成诸多功能的浏览器就将取代现在的操作系统的地位，成为终端上唯一需要预安装的软件。所以，微软也在竭尽全力的压制Netscape。

1.1.3　.NET项目的成功案例

.NET作为微软全力推出的一个崭新的平台，经过最近几年的发展，在各领域中已经有了很多成功的项目案例，比如金融业的纳斯达克、目前我国技术最先进的银行——招商银行、全球最大的中文IT社区——CSDN、著名的网络电视——PPTV、著名的汽车生产商——东风汽车公司等，其官方网站都使用了.NET平台，并使用C#语言来实现，具体如图1.2～图1.6所示。

图1.2　纳斯达克 http://www.nasdaq.com/

图 1.3 招商银行 http://www.cmbchina.com/

图 1.4 CSDN 社区 http://www.csdn.net/

图 1.5　PPTV 网络电视 http://www.pptv.com/

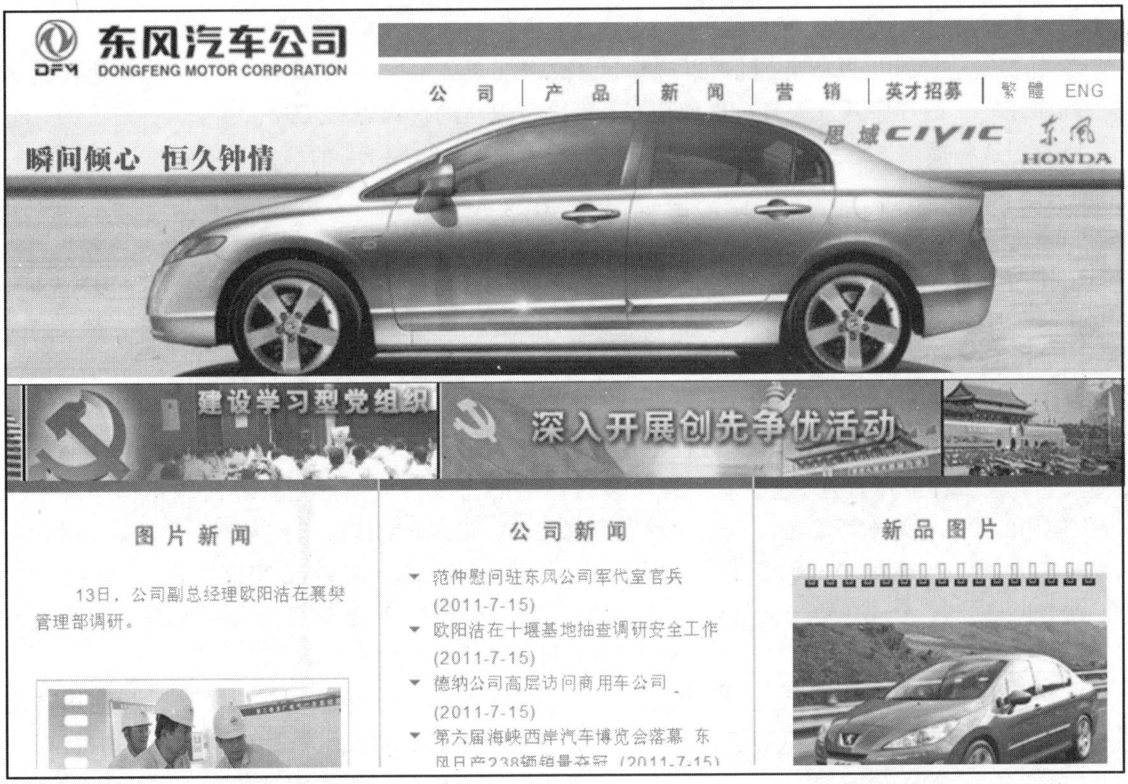

图 1.6　东风汽车公司官网 http://www.dfmc.com.cn/main.aspx

1.2 .NET Framework

1.2.1 .NET Framework 的定义

.NET Framework,即.NET 框架,是用于代码编译和执行的集成环境,是 Microsoft 为开发应用程序而创建的一个富有革命性的新平台,它提供了托管执行环境、丰富的类库、简化的开发和部署以及与各种编程语言的集成。尽管.NET 是运行在 Windows 操作系统上,但 Microsoft 也推出了运行在其他操作系统上的版本,如 Mono。使用.NET Framework 的一个主要原因就是它可以集成各种操作系统。.NET Framework 旨在实现下列目标:

① 提供一个一致的面向对象的编程环境,而无论对象代码是在本地存储和执行,还是分布在 Internet 上。

② 提供一个将软件部署和版本控制冲突最小化的代码执行环境。

③ 提供一个可提高代码(包括由未知的或不完全受信任的第三方创建的代码)执行安全性的代码执行环境。

④ 提供一个可消除脚本环境或解释环境的性能问题的代码执行环境。

⑤ 使开发人员的经验在面对类型不同的应用程序(如基于 Windows 的应用程序和基于 Web 的应用程序)时保持一致。

⑥ 按照工业标准生成所有通信,以确保基于.NET Framework 的代码可与任何其他代码集成。例如,C++的程序开发人员可以使用 C#程序员编写的代码,反之亦然。

所有的这些提供了意想不到的多样性,也使得.NET Framework 的前景十分被看好。

1.2.2 .NET Framework 的主要内容

.NET Framework 主要包括两部分内容:.NET Framework 类库集(Framework Class Library,FCL)和.NET 公共语言运行时(Common Language Runtime,CLR)。

(1) FCL

.NET Framework 类库集(FCL)是一个综合性的面向对象的可重用类型集合,通俗地讲就是"现成的可以拿来使用的类",用户通过使用这些类轻松地建立自己希望得到的应用程序,同时也可以使用它开发多种应用程序,这些应用程序包括传统的命令行或图形用户界面应用程序等。在 VS 中使用的.NET 基本类库可以开发六种应用程序:Windows 窗体应用程序、Windows 控制台应用程序、XML Web 服务、ASP.NET Web 窗体应用程序、Windows 服务和.NET 组件。FCL 类库大约有 7000 多个类(每个类可能会有上百个方法或属性),最常见的类库如图 1.7 所示。

图 1.7 .NET 类库

.NET Framework 类库提供了一整套通用功能的标准代码,其内容组织为命名空间树,将执行相关功能的类或接口按逻辑组织命名空间。其中 System 是命名空间树的根,包含.NET Framework 类库中所有命名空间;System.Web 包含创建 Web 应用程序的类,并有下级命名空间;System.Data 命名空间中的类构成了 ADO.NET;System.Windows.Forms 命名空间中的类组成了 Windows 窗体,用于构建

Windows GUI;System. EnterprisesServices 提供了企业级应用程序所需要的服务;System. XML命名空间提供了对创建和使用由 XML 定义的数据的支持。

(2) CLR

公共语言运行时(CLR)是. NET Framework 的基础内容,也是 Microsoft . NET 程序的运行环境,它负责管理用. NET 类库开发的所有应用程序的执行,更确切地说就是负责管理和执行由. NET编译器编译产生的中间语言代码。CLR 可以为应用程序提供很多核心服务,如内存管理、线程管理、代码安全验证、远程处理、编译以及其他系统服务等。其原理如图 1.8 所示。

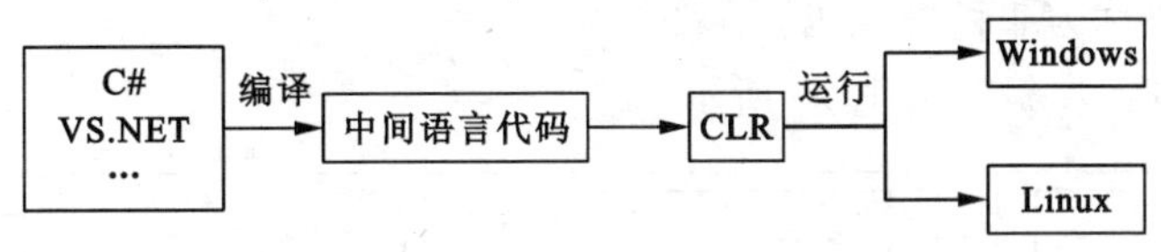

图 1.8 .NET 程序执行原理

从图中可以看出,在 VS. NET 中编写 C# 代码,然后这些源代码被 VS. NET 中内置的 C# 编译器译成中间语言代码,最后由 CLR 管理和执行。

1.2.3 .NET Framework 的体系结构

. NET Framework 的体系结构包括编程语言、公共语言规范(CLS)、. NET Framework 类库(FCL)、公共语言运行时(CLR)和操作系统等,如图 1.9 所示。CLR 集成了多种语言,允许在一种语言中使用由另一种语言创建的对象,但各种编程语言之间存在极大的区别,为此 Microsoft 定义了一个"公共语言规范"(Common Language Specification,CLS),它详细定义了一个最小功能集。任何编译器生成的类型要想兼容于由其他"符合 CLS、面向 CLR 的语言"所生成的组件,就必须支持这个最小功能集。因而,CLS 通过定义一组开发人员可以确信在多种语言中都可用的功能来增强和确保语言互用性,CLR 通过使用标准类型集、元数据以及公共执行环境来实现多语言的集成。

图 1.9 .NET Framework 的体系架构

从图 1.9 中可以看出:CLR 运行在操作系统上,而 FCL 中. NET 程序又在 CLR 的基础上运行;当从上往下看此图时就会发现,理论上任何语言都可以在. NET Framework 中开发程序,这些程序在编译时会经过 CLS 处理,最终会转换为可以在 CLR 上运行的. NET 程序。

1.2.4 .NET 应用程序执行步骤

在了解. NET 应用程序执行步骤之前必须先了解以下几个基本的概念:

(1) MSIL 和 JIT

在编译使用. NET Framework 库代码时,不是立即创建操作系统特定的本机代码,而是把代码编译为 Microsoft 中间语言(Microsoft Intermediate Language,MSIL)代码。MSIL 代码由一组特定的指令组成,这些指令指明如何执行代码,这些代码不专用于任何一种操作系统。

Just-In-Time(JIT)编译器是用来执行应用程序的,它把 MSIL 编译为专用于 OS 和目标机器结构的本机代码。

(2) 程序集

在编译应用程序时,所创建的 MSIL 代码存储在一个程序集中,程序集包括可执行的应用程序文件和其他应用程序使用的库。除了包含 MSIL 外,程序集还包含元信息(也称元数据)和可选用的资源(MSIL 使用的其他数据,如声音和图片文件)。

(3) 托管代码

在 JIT 编译器将 MSIL 编译为本机代码后,CLR 还需要管理正在执行的用.NET Framework 编写的代码。这个执行代码的阶段通常被称为运行时,以运行时为目标的代码称为托管代码,而不以运行时为目标的代码称为非托管代码。

.NET 应用程序执行步骤如图 1.10 所示。

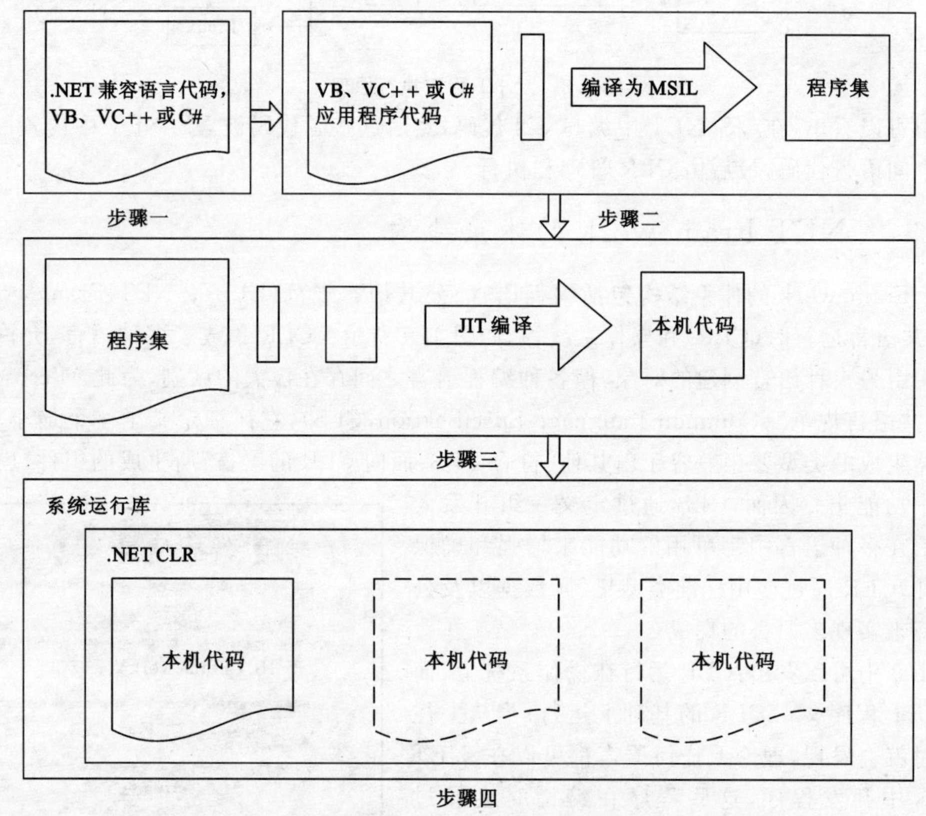

图 1.10 .NET 应用程序执行流程图

步骤一,运用某种.NET 兼容语言(VB、C++或 C#等)编写应用程序代码;

步骤二,把应用程序代码编译为中间语言代码(MSIL),存储在程序集中;

步骤三,在执行代码时,首先使用 JIT 编译器将代码编译为本机代码;

步骤四,在编译为本机代码之后,在托管的 CLR 环境下运行本机代码,以及其他应用程序或过程。

1.3 Visual Studio .NET 集成开发环境

1.3.1 搭建 ASP .NET 开发环境

为搭建 ASP .NET 开发环境,首先需要安装 Web 服务器软件、数据库管理系统和 Visual Studio,本书中选用微软的 IIS、SQL Server 2008 和 Visual Studio 2008 来进行安装配置。

1.3.1.1 IIS 安装步骤

如图 1.11 所示，在 Windows XP 环境下安装 IIS 步骤如下：

① 插入 Windows 安装光盘，打开控制面板，然后打开其中的【添加或删除程序】对话框；

② 在【添加或删除程序】窗口左边单击【添加或删除 Windows 组件】；

③ 稍等片刻系统会启动【Windows 组件向导】，在【Internet 信息服务(IIS)】前面选勾，单击【下一步】按钮。

而在 Windows 7 环境下安装 IIS 步骤如下(见图 1.12)：

① 打开控制面板，然后打开其中的【程序】；

② 在【程序和功能】下单击【打开或关闭 Windows 功能】；

③ 系统启动 Windows 功能，在【Internet 信息服务】前面选勾，单击【确定】按钮。

图 1.11 在 Windows XP 环境下安装 IIS　　**图 1.12** 在 Windows 7 环境下安装 IIS

1.3.1.2 SQL Server 2008 的安装

首先插入 SQL Server 安装光盘，然后双击根文件夹中的 setup.exe。此时安装程序将自动检查当前计算机上是否缺少安装 SQL Server 必备组件，如当前系统缺少.NET Framework 3.5 SP1，那么将出现.NET Framework 3.5 SP1 安装对话框，如图 1.13 所示。

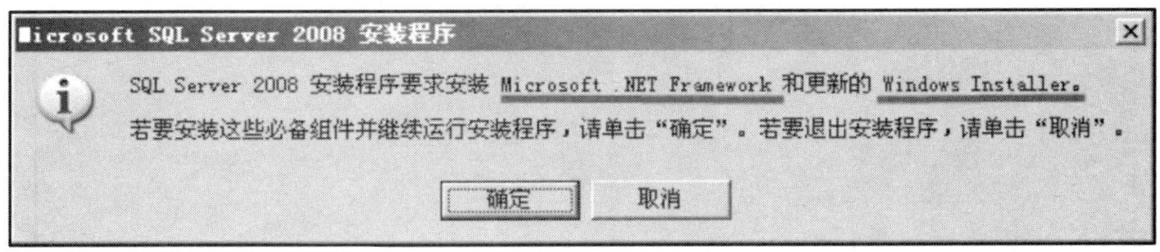

图 1.13 .NET Framework 3.5 SP1 安装对话框

单击【确定】按钮，将进行必备组件的安装，本例中将开始.NET Framework 3.5 SP1 的安装，如图 1.14 所示。

在图 1.14 窗口中，选中相应的复选框以接受 .NET Framework 3.5 SP1 许可协议，单击【安装】按钮。当 .NET Framework 3.5 SP1 安装完成后，单击【退出】按钮，转而继续进行 SQL Server 2008 的安装。当必备组件安装完成后，安装向导会立即启动 SQL Server 安装中心，如图 1.15 所示。

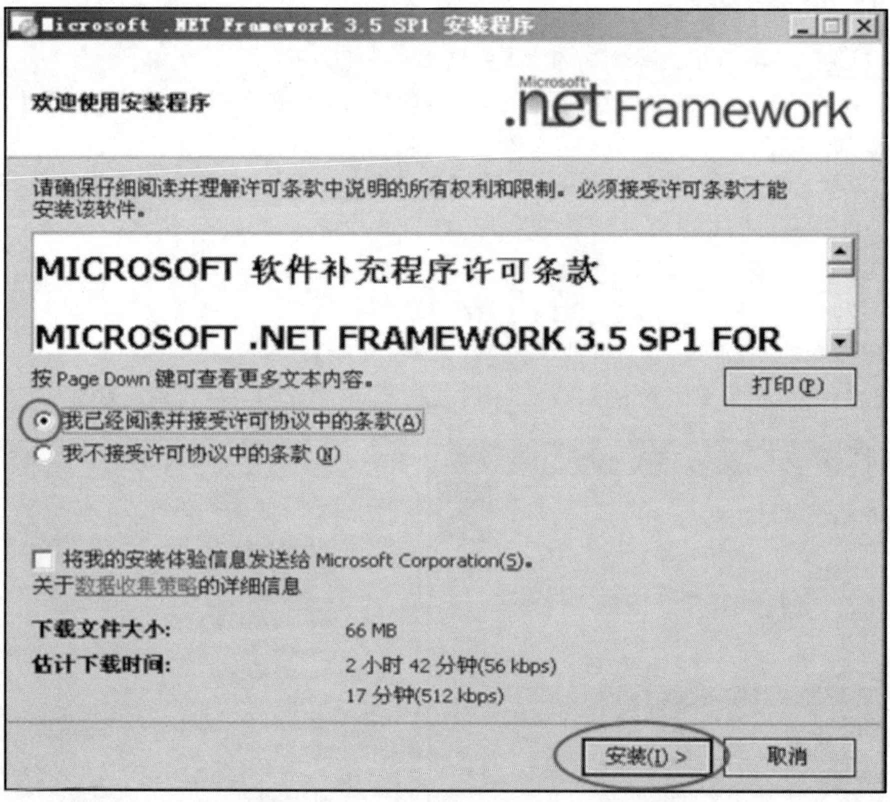

图 1.14 .NET Framework 3.5 SP1 组件的安装

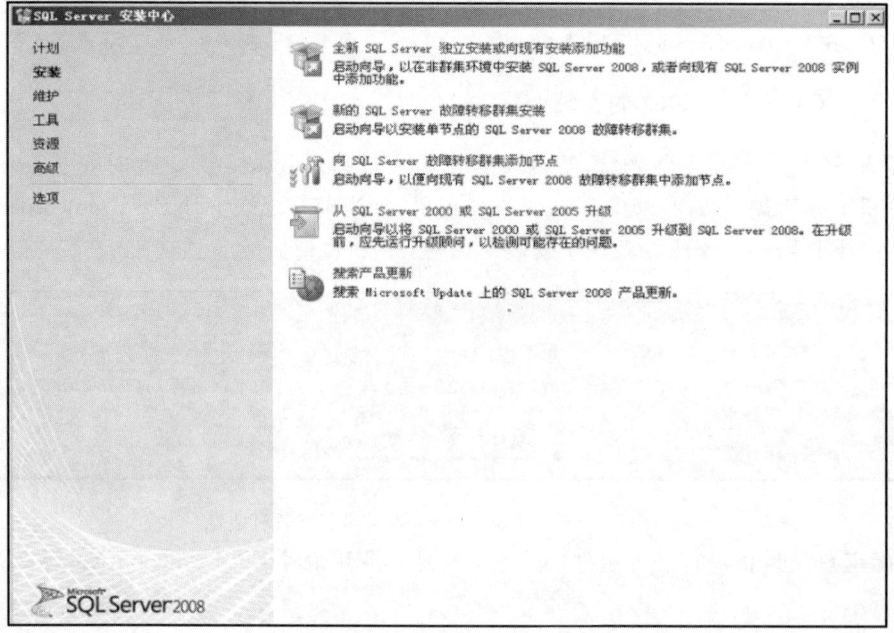

图 1.15 SQL Server 安装中心

若要创建SQL Server 2008的全新安装,单击安装页签下的【全新安装或向现有安装添加功能】。接下来安装向导运行规则检查,如图1.16所列示的规则必须全部通过后再单击【确定】按钮进入下一步操作界面。

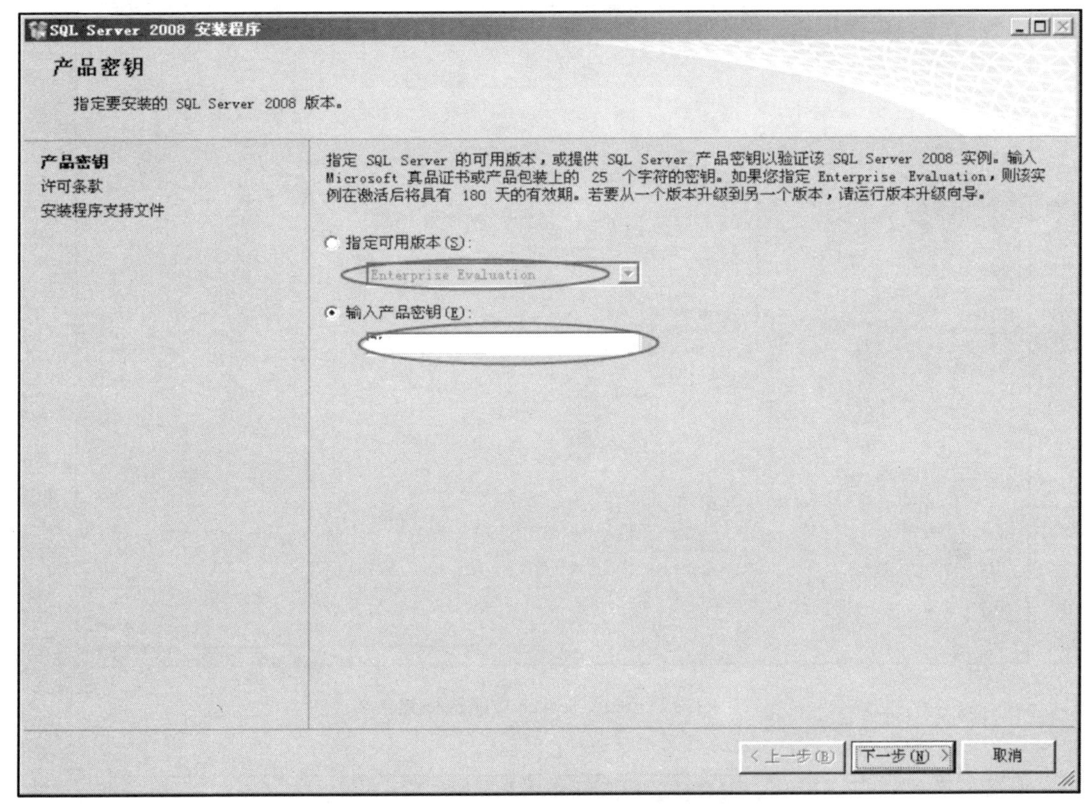

图1.16 SQL Server安装版本的选择

进行到此步骤如果没有产品密钥可以选择安装评估版(180天到期)和免费的Express版本。输入产品密钥后单击【下一步】按钮,在出现的窗口中,单击选择【我接受许可协议】再继续单击【下一步】按钮。接下来是安装程序支持规则的检测,通过之后继续单击【下一步】按钮或者单击【安装】按钮。在弹出的功能选择界面单击选中需要的功能组件,如图1.17所示,单击【下一步】按钮。共享功能目录可在此处修改。

在如图1.18所示的实例配置界面的已安装的实例列表中可以看到当前是否存在已安装的实例。在本例中可以看到,当前已经存在一个默认实例,该实例版本为SQL2008、实例名为MSSQLSERVER。此种情况如果选择默认实例进行安装,那么在下方信息栏将出现错误提示信息而安装成功,错误提示信息如下所示:

- 实例ID不能包含空格或特殊字符。
- 该实例名称已在使用。

如果当前操作系统是初次安装SQL程序,可以选择默认实例进行安装;如果已经存在一个或多个实例,那么只能选择命名实例进行安装,输入自定义的实例名(实例名必须符合规范并且不能与已存在的实例名重复),再单击【下一步】按钮进行安装。接下来安装向导将根据之前的选项确定需占用的磁盘空间,确定所选目录空闲空间足够则继续单击【下一步】按钮。

接下来是定义成功安装后,服务器上SQL Server服务对应的启动账户。可以通过单击【对所有SQL Server服务使用相同的账户】按钮,统一指定SQL Server服务的启动账户,如图1.19所示。

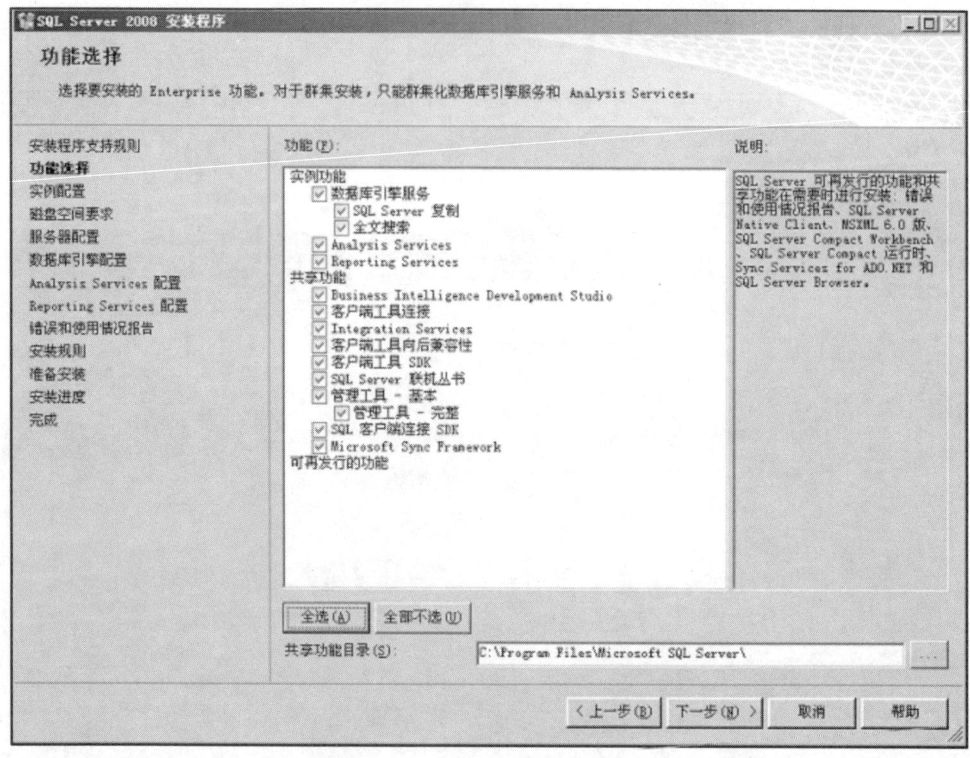

图 1.17　SQL Server 功能选择菜单

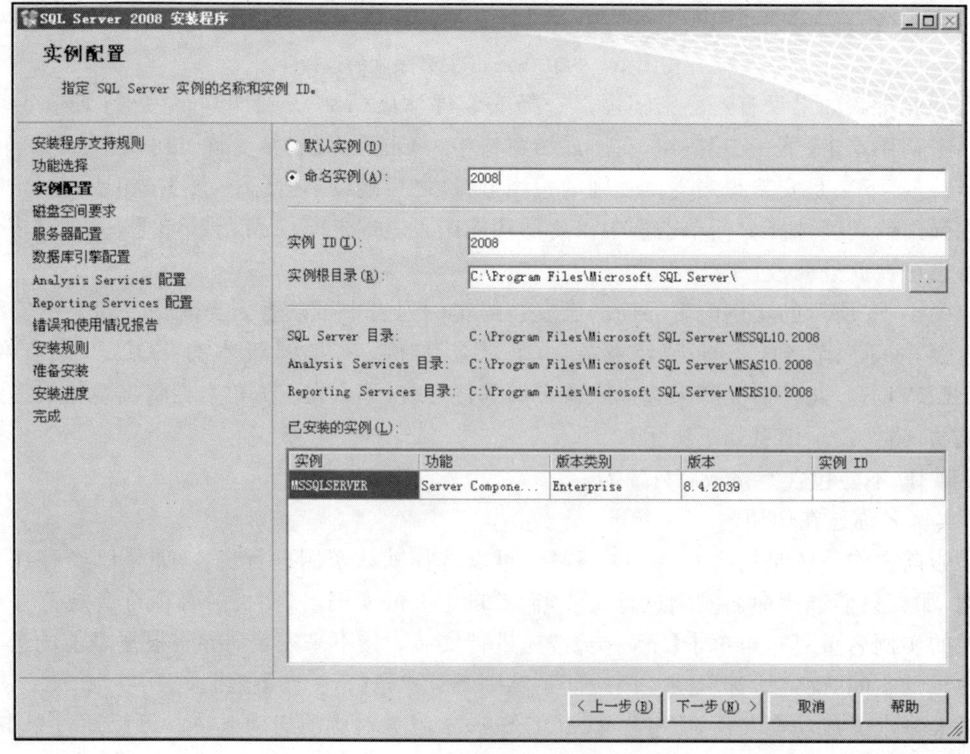

图 1.18　实例配置界面

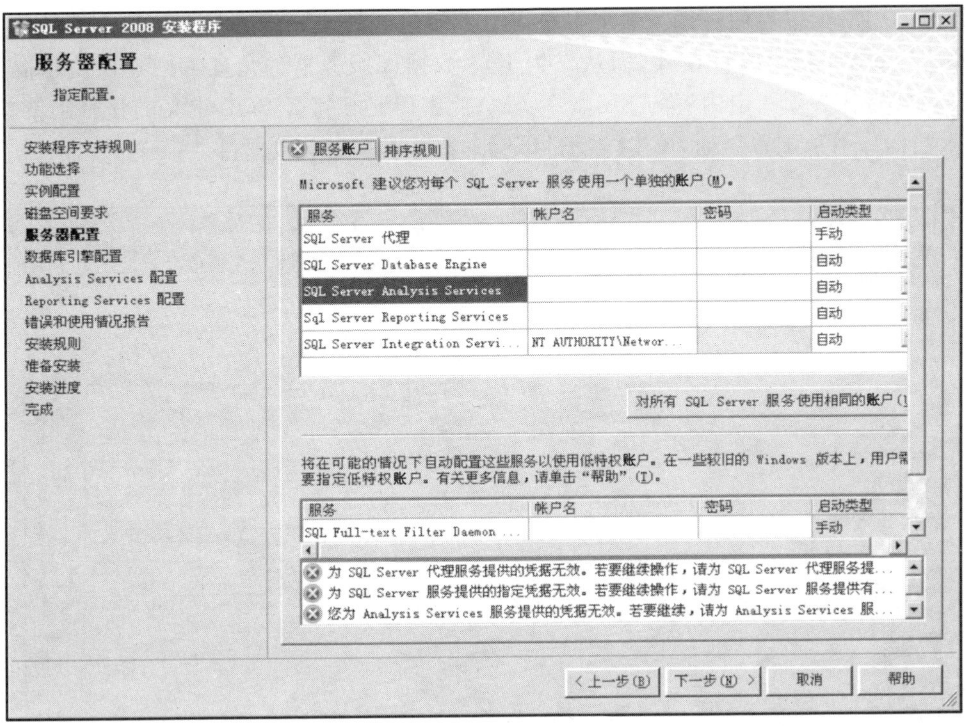

图 1.19 账户配置界面

单击【排序规则页签】,可以在此处定义数据库引擎的排序规则,默认的排序规则与当前操作系统的区域语言选项保持一致。因为 K/3 在简体、繁体、英文三种语言状态下使用时要求数据库引擎的排序规则必须为 Chinese_PRC_CI_AS,所以当操作系统的区域语言选项为非简体中文状态时,一定要在此处修改排序规则为 Chinese_PRC_CI_AS,如图 1.20 所示。

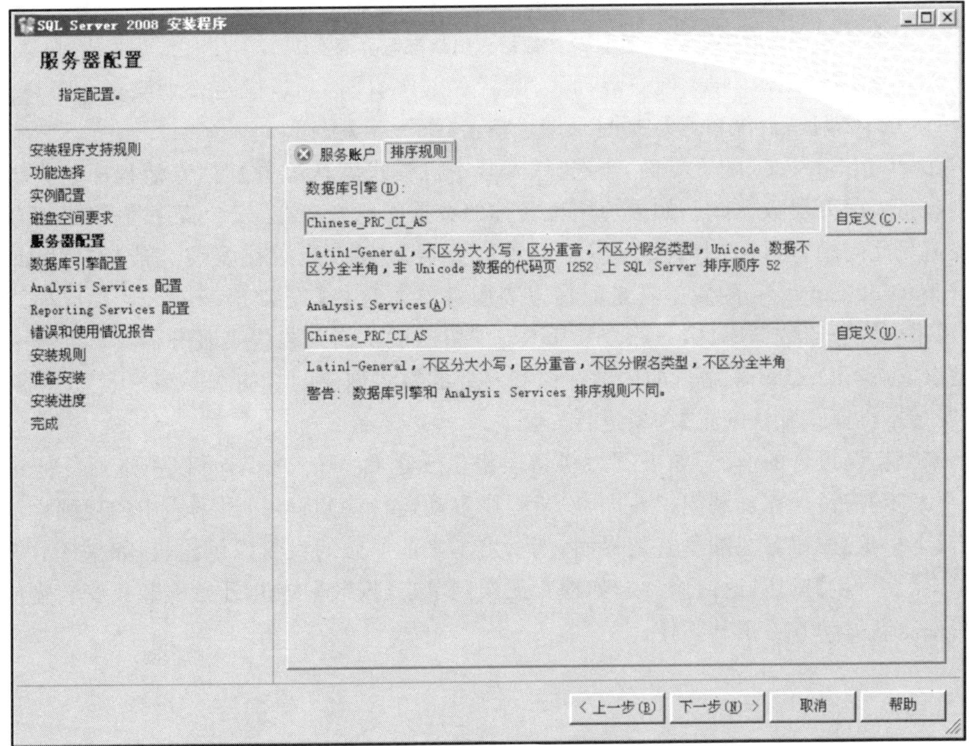

图 1.20 账户排序规则设置对话框

在数据库引擎配置界面可以为数据引擎指定身份验证模式和管理员。从安全性的角度考虑，建议使用 Windows 身份验证模式，而从作为 K/3 数据库服务器的角度考虑建议使用混合模式。使用混合模式验证必须指定内置的 SA 账户密码，此密码必须符合 SQL 定义的强密码策略。如图 1.21 所示数据库引擎配置界面，单击【数据目录】页签可以自定义数据目录。

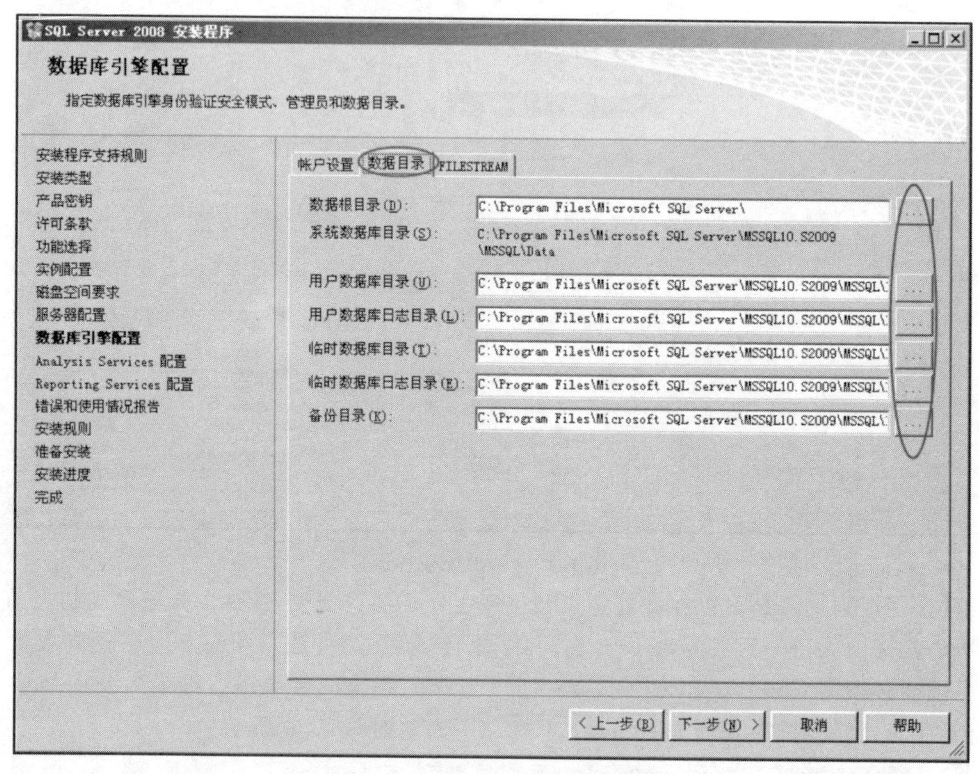

图 1.21　数据库引擎配置界面

接下来是 Analysis Services 配置界面，与配置数据库引擎类似，指定一个或多个账户为 Analysis Services 的管理员，再配置好数据目录即可单击【下一步】按钮。

在 Reporting Services 配置界面，当选择【安装本机模式默认配置】时，安装程序将尝试使用默认名称创建报表服务器数据库。如果使用该名称的数据库已经存在，安装程序将失败，必须回滚安装。若要避免此问题，可以选择【安装但不配置服务器】选项，然后在安装完成后使用如图 1.22 所示的 Reporting Services 配置工具来配置报表服务器。选择【安装 SharePoint 集成模式默认配置】是指用报表服务器数据库、服务账户和 URL 保留的默认值安装报表服务器实例。报表服务器数据库是以支持 SharePoint 站点的内容存储和寻址的格式创建的。初次安装报表服务器，一般建议选择【安装本机模式默认配置】选项进行安装。

接下来是错误报告的情况，如果不想将错误报告发送给 Microsoft，可以不选择任何选项而直接单击【下一步】按钮。在安装规则界面，安装程序自动运行检测程序，当列表中的规则检测通过之后再单击【下一步】按钮。在准备安装界面，列示出了之前所做的设置以供检查，如果还有待修改选项可以单击【上一步】按钮，返回修改。如检查无误则单击【安装】按钮，开始安装。安装完成后系统会提示需要重新启动方可正常工作。

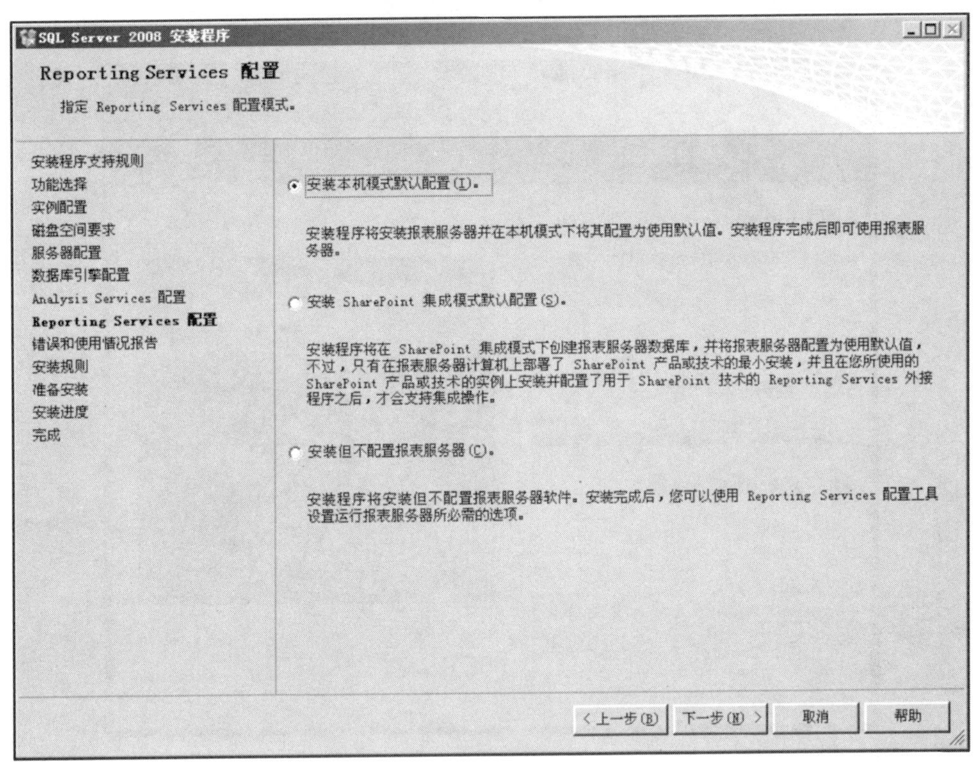

图 1.22 Reporting Services 配置工具

1.3.1.3 Visual Studio 2008 的安装

① 将安装盘放入光驱中，运行 Setup.exe 文件，单击对话框中的【安装 Visual Studio 2008】进行安装，如图 1.23 所示，并显示第一个安装界面，如图 1.24 所示，表示 VS2008 还在加载安装组件。

图 1.23 Visual Studio 2008 安装界面

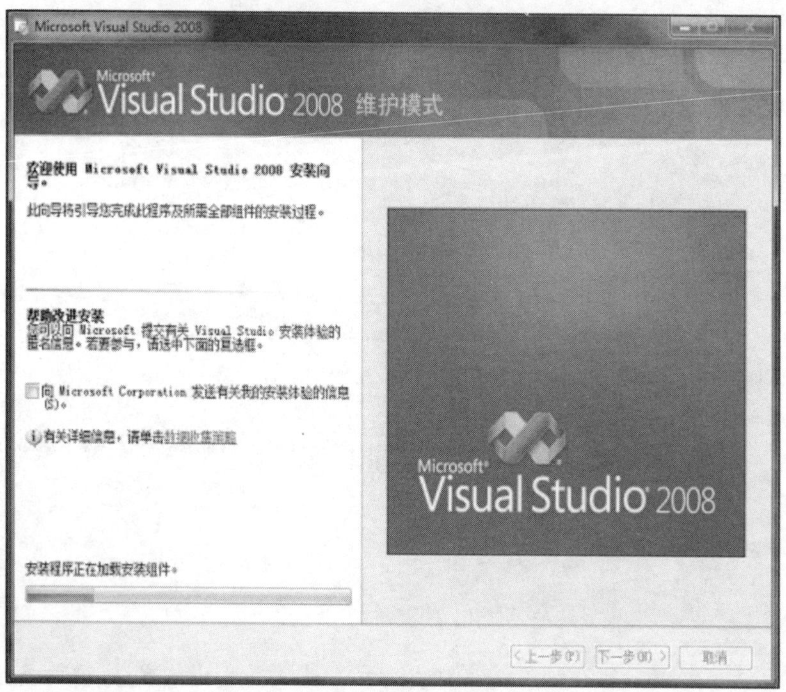

图 1.24　VS2008 组件的加载

② 单击【下一步】按钮，显示协议与安装密钥对话框，选中【我已阅读并接受许可条款】单选按钮并输入密钥，如图 1.25 所示。

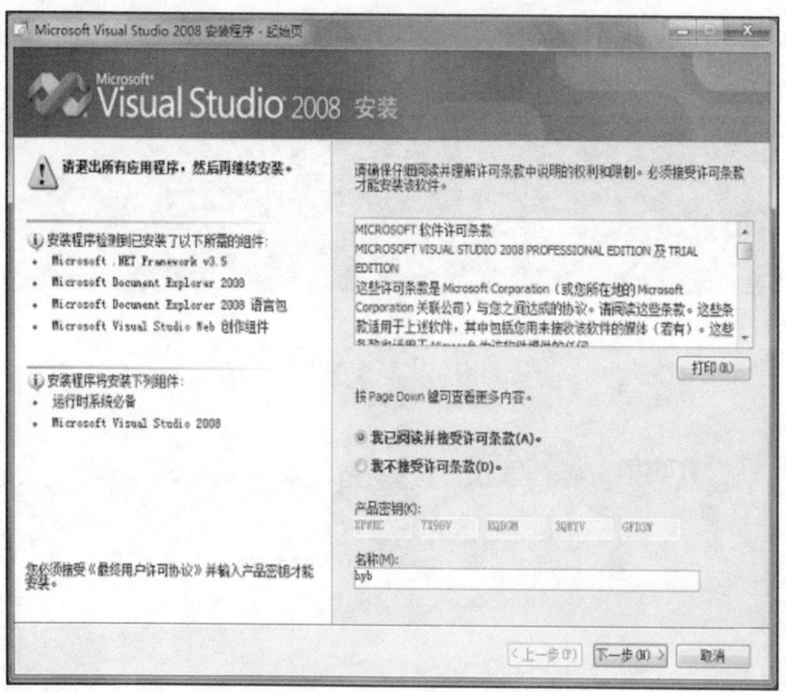

图 1.25　Visual Studio 2008 许可协议设置

③ 单击【下一步】按钮，选择安装方式，如图 1.26 所示。在此选择自定义。

④ 单击【安装】按钮，执行安装，如图 1.27 所示。

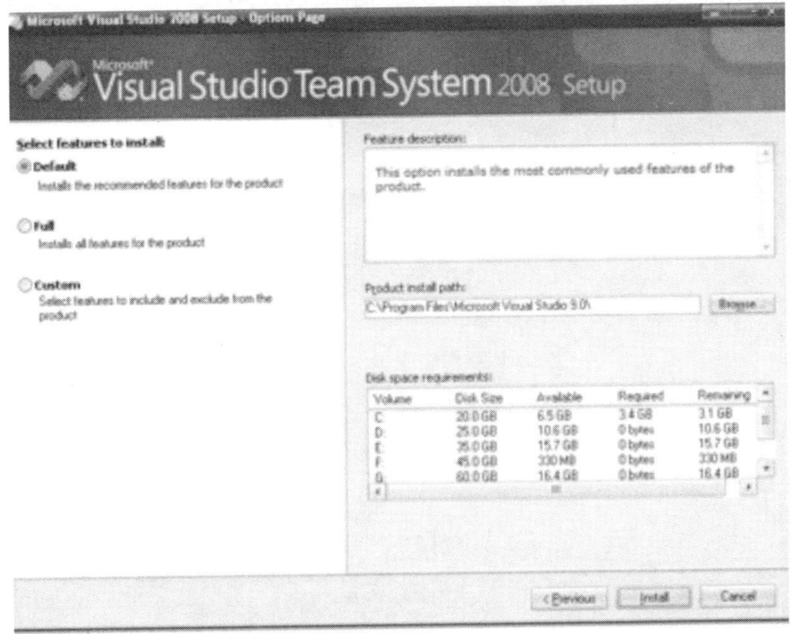

图 1.26　Visual Studio 2008 安装方式选择界面

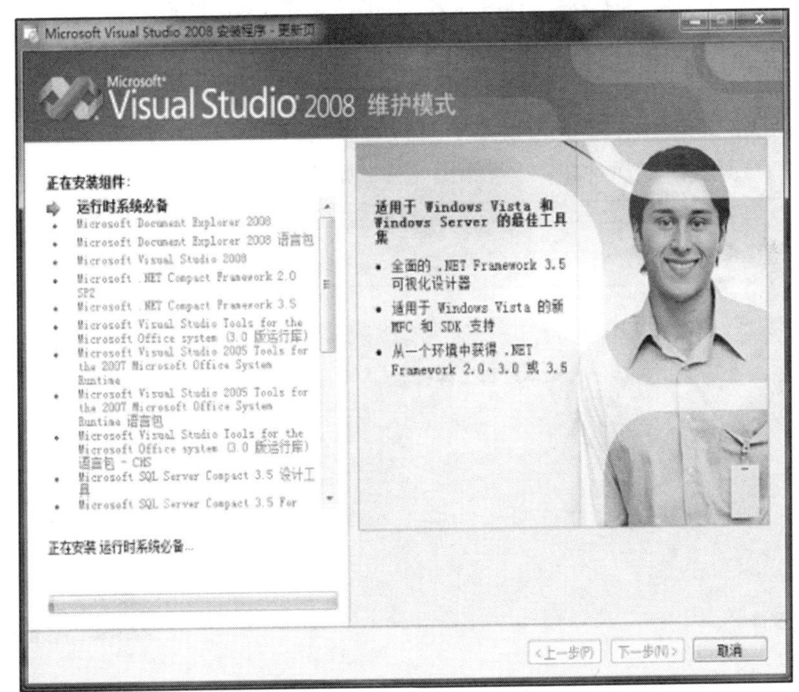

图 1.27　Visual Studio 2008 安装界面

⑤ 当安装完成后,弹出如图 1.28 所示的对话框,表示安装成功。

在安装完 VS2008 后,启动 VS,主窗口会默认显示一个介绍性的 Start Page,该主窗口还会显示所有的代码。这个窗口可以包含许多文档,每个文档都有一个标签,单击该标签,可以进行文件的切换。这个窗口也具有其他功能:可以显示图形用户界面,该界面可以用于设计项目,显示纯文本文件、HTML 以及各种内置于 VS 的工具。

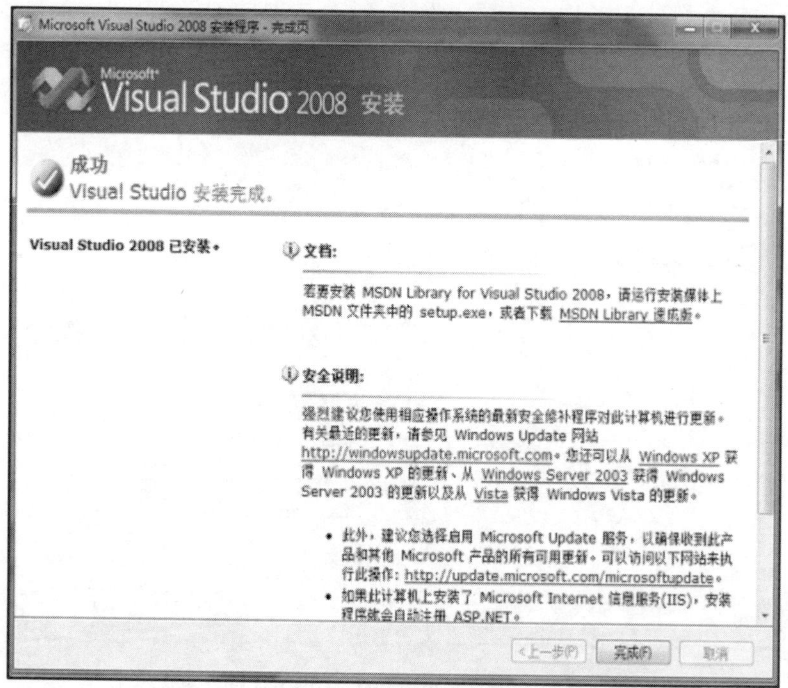

图 1.28 Visual Studio 2008 安装完成后的界面

1.3.2 Web 窗体的 IDE

在 Visual Studio 2008 主窗口上包括菜单栏和工具栏，其中子窗口包括解决方案资源管理器窗口、类视图窗口、工具箱窗口、属性窗口等，如图 1.29 所示。

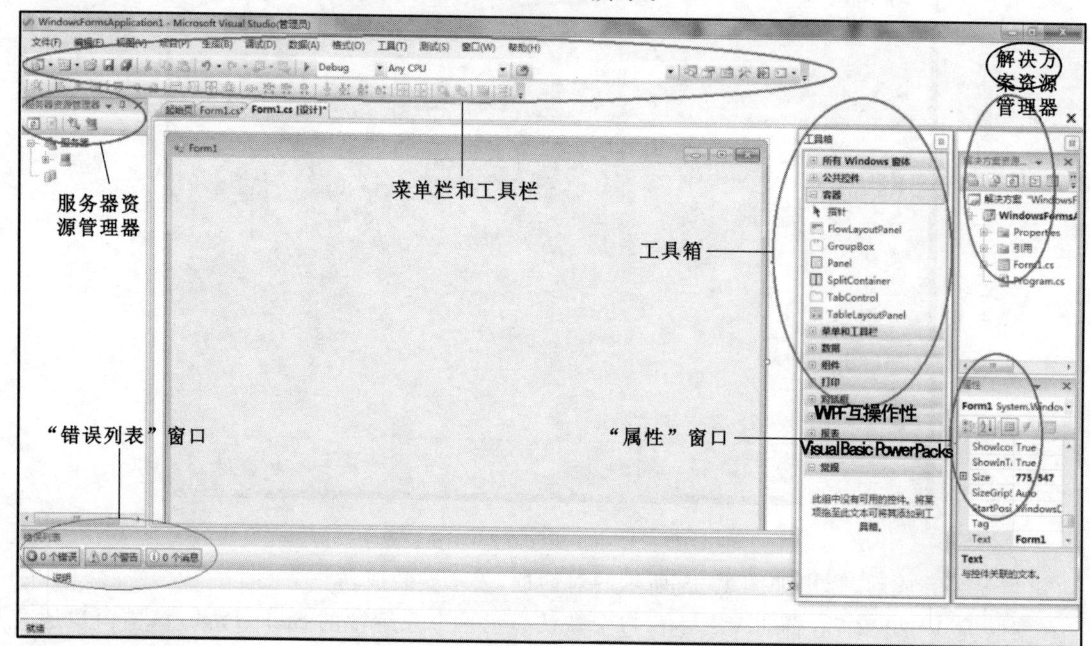

图 1.29 Visual Studio 2008 主窗口

(1) 解决方案资源管理器窗口

如图 1.30 所示，解决方案资源管理器窗口提供项目及其文件的有组织的视图，它将活动解决方案表现为一个或多个项目及其关联项的逻辑容器，并且提供对项目和文件相关命令的便捷访问。

如果集成环境中没有出现该窗口，可通过执行【视图】/【解决方案资源管理器】命令来显示该窗口。

(2) 类视图窗口

如图 1.31 所示，类视图窗口提供了对包括在当前解决方案中项目里的类型的可视化视图，展开项目并展开类节点就可以显示类层次结构，在类层次结构中的每一项都有很多有用的命令快捷菜单。如果集成环境中没有出现该窗口，可通过执行【视图】/【类视图】命令来显示该窗口。

图 1.30　解决方案资源管理器窗口

图 1.31　类视图窗口

(3) 工具箱窗口

Visual Studio .NET IDE 中的控件数量很多，所以它们被组织到工具箱(见图 1.32)的不同部分中，以层次结构的方式显示。如果集成环境中没有出现该窗口，可通过执行【视图】/【工具箱】命令来显示该窗口。

图 1.32　Visual Studio 2008 工具箱

(4) 属性窗口

如图 1.33 所示，属性窗口用来对某个控件的属性进行显示或设置。如果集成环境中没有出现该窗口，可通过执行【视图】/【属性】命令来显示该窗口。

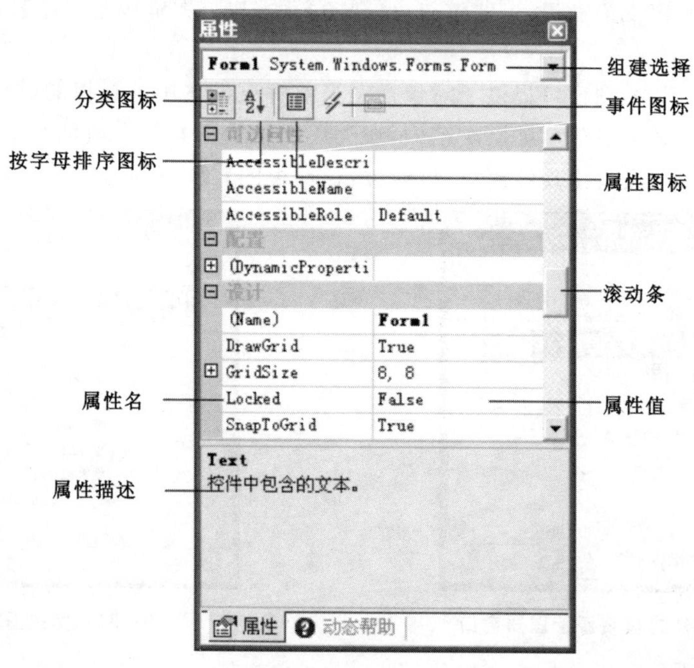

图 1.33　属性窗口

1.3.3　新建网站

根据以上了解的 Visual Studio 2008 的集成开发环境，我们可以新建自己的网站，步骤如下：

① 选择【文件】/【新建】/【项目】命令，打开【新建项目】对话框，在【项目类型】列表中选择【Visual C＃】/【Web】，在右边的模板中选择【ASP.NET Web 应用程序】，如图 1.34 所示。

图 1.34　Visual Studio 新建项目对话框

② 在【新建项目】对话框中定义.NET Framework 的版本(图右上角),保持默认值".NET Framework 3.5"。

③ 在【新建项目】对话框下方,在【名称】中为项目命名,如本例中,项目名称为"TSS",单击【浏览】按钮,选择新建项目的"位置"。

④单击【确定】按钮后,Visual Studio 2008 将为我们创建一个 ASP.NET 网站,如图 1.35 所示。

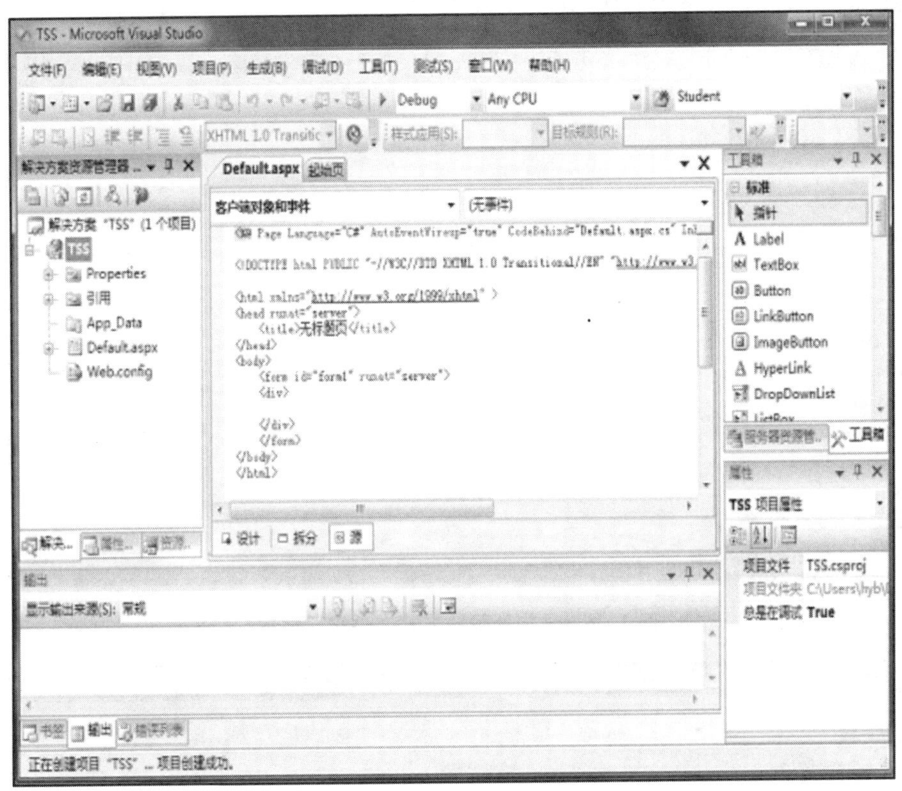

图 1.35　用 Visual Studio 创建的一个简单的 ASP.NET 网站

上述步骤已经创建了一个新网站,在下一节中,我们将尝试向新建网站中添加新解决方案文件夹,新建项目和文件夹,新建 Web 窗体,并了解一些解决方案与项目之间的关系。

1.3.4　新建解决方案和项目

(1) 添加新解决方案文件夹

单击【解决方案 TSS】,选中该图标,单击鼠标右键,在子菜单中选择【添加】/【新建解决方案文件夹】,将在【解决方案 TSS】下添加一个默认名为"NewFolder1"的解决方案文件夹,如图 1.36 所示。

(2) 新建项目和文件夹

① 新建项目:单击【解决方案 TSS】,选中该图标,单击鼠标右键,在子菜单中选择【添加】/【新建项目】,在【添加新项目】窗口中选择【Visual C#】/【Web】,在右边的模板中选择【ASP.NET Web 应用程序】,如图 1.37 所示。

② 单击【确认】按钮后,将在【解决方案 TSS】下添加一个默认名为"WebApplication1"的项目,如图 1.38 所示。

③ 新建文件夹:单击项目"TSS",选中该图标,单击鼠标右键,在子菜单中选择【添加】/【新建文件夹】,将在项目"TSS"下添加一个默认名为"NewFolder1"的文件夹,如图 1.39 所示。

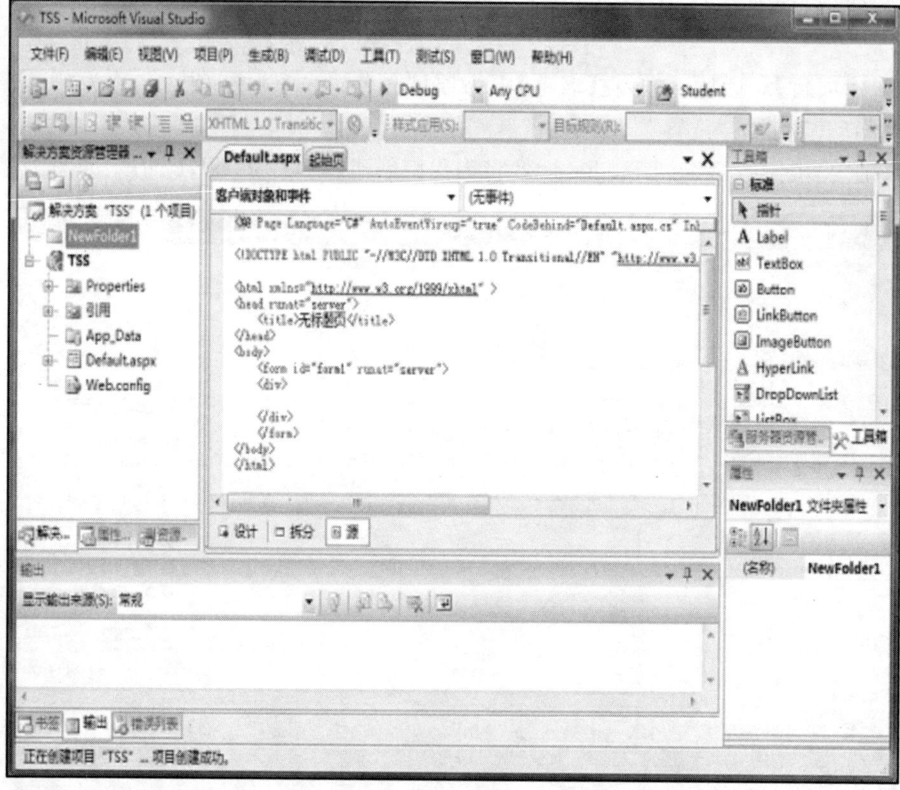

图 1.36 添加新解决方案文件夹对话框

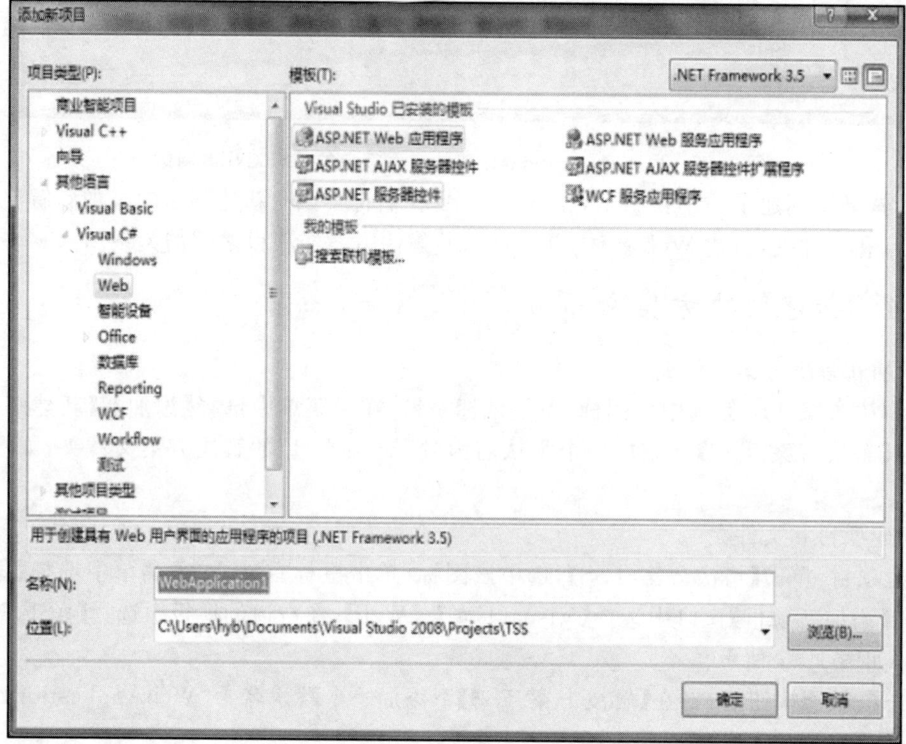

图 1.37 新建项目对话框

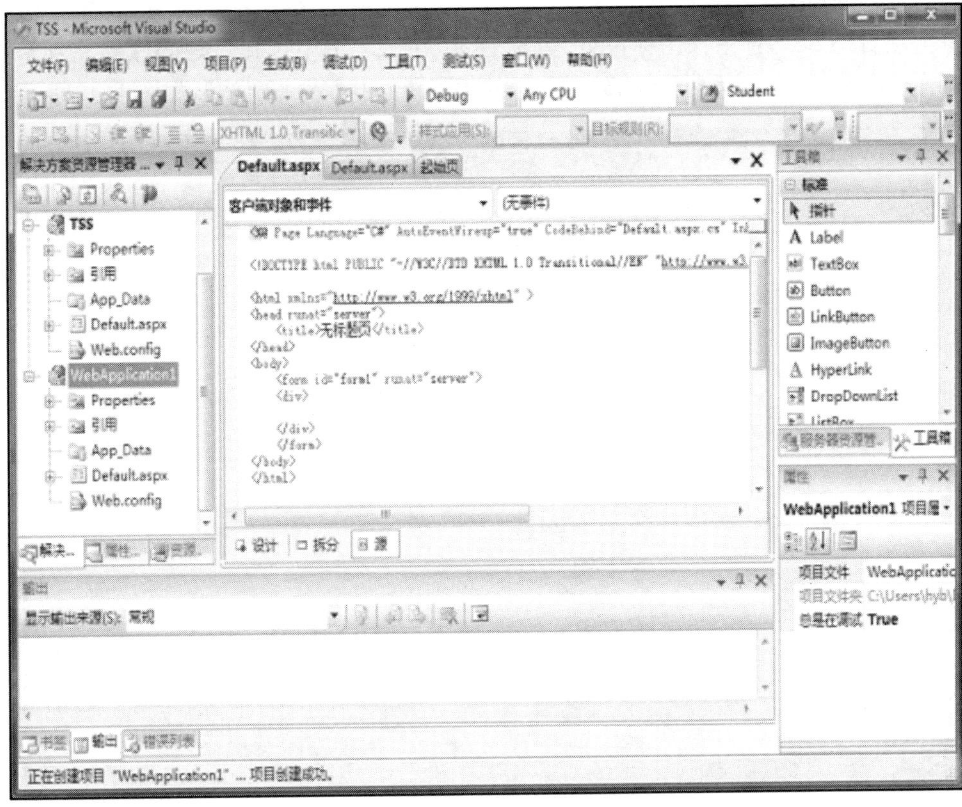

图 1.38　添加新项目后的资源管理器

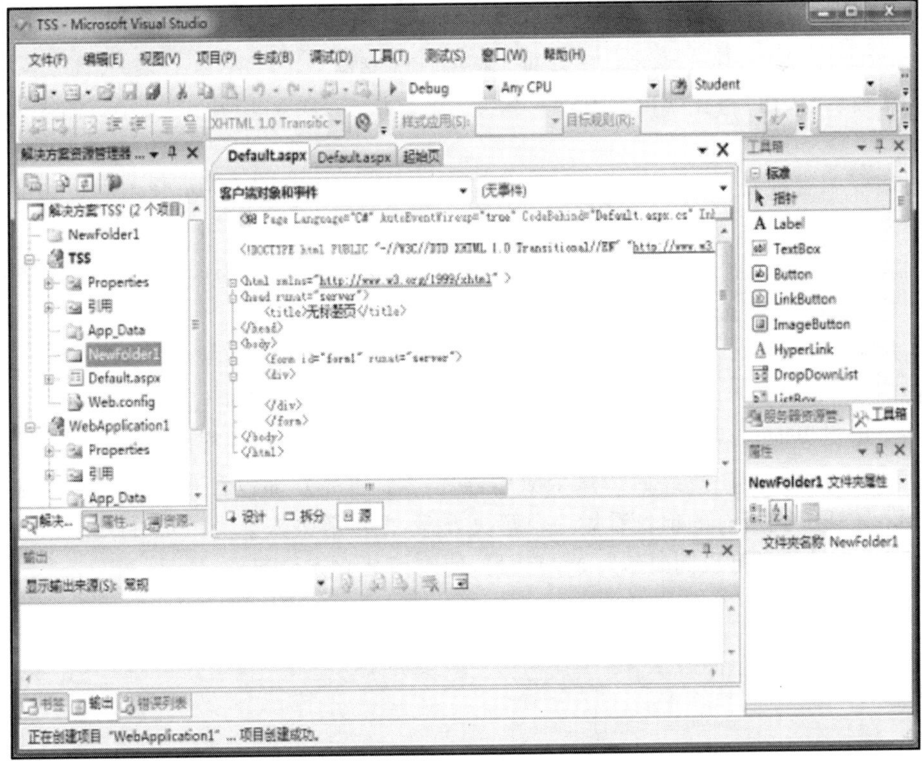

图 1.39　添加文件夹对话框

(3) 新建 Web 窗体

① 单击项目“TSS”,选中该图标,单击鼠标右键,在子菜单中选择【添加】/【新建项】,在【添加新项】窗口中选择【Visual C#】/【Web】,在右边的模板中选择【Web 窗体】,如图 1.40 所示。

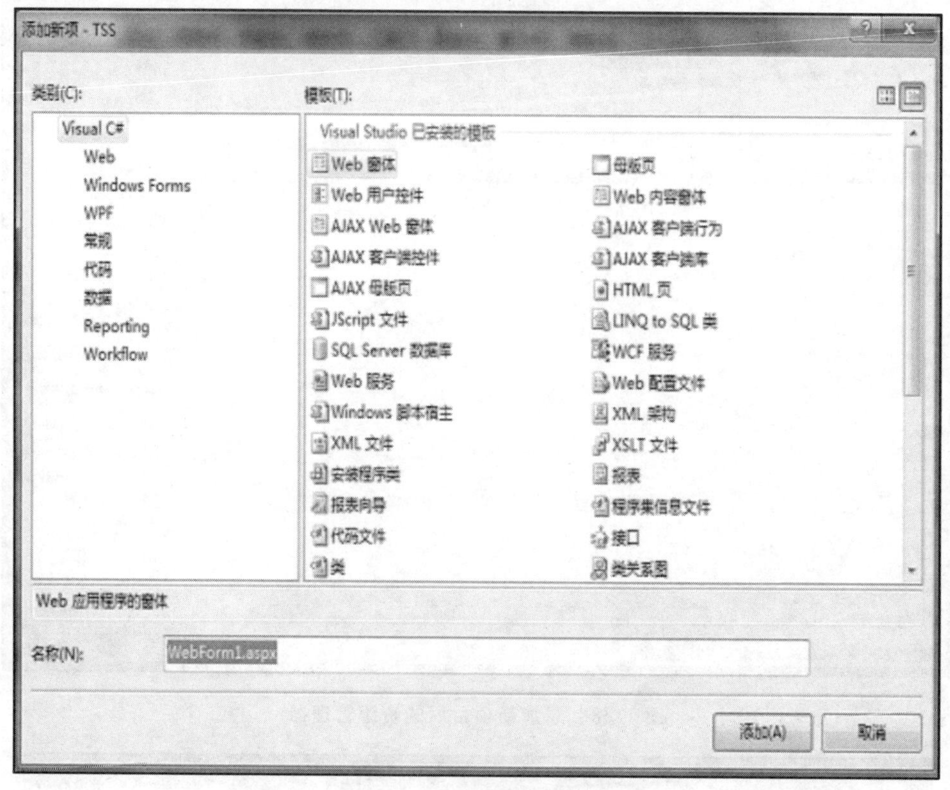

图 1.40 添加新项对话框

② 单击【确认】按钮,将在项目“TSS”下添加一个默认名为“WebForm1.aspx”的 Web 窗体,如图 1.41 所示。

解决方案资源管理器提供了解决方案和项目相关文件的层次化结构,利用它可以非常方便地管理项目涉及的文件。但项目和解决方案之间的一个重要区别是:

- 项目是一组要编译到单个程序集(在某些情况下,是单个模块)中的源文件和资源。例如,项目可以是类库,或一个 Windows GUI 应用程序。
- 解决方案是构成某个软件包(应用程序)的所有项目集。

为了说明这个区别,考虑一下在发布一个应用程序时,该程序可能包含多个程序集。例如,其中可能有一个用户界面,有某些定制控件和其他组件,它们都作为应用程序的库文件一起发布。不同的用户甚至还有不同的用户界面。每个应用程序的不同部分都包含在单独的程序集中,因此,Visual Studio .NET 把所有的项目看做一个解决方案,把该解决方案当做是可以读入的单元,并允许用户在其上工作;并且可以同时编写这些项目,使它们彼此连接起来。

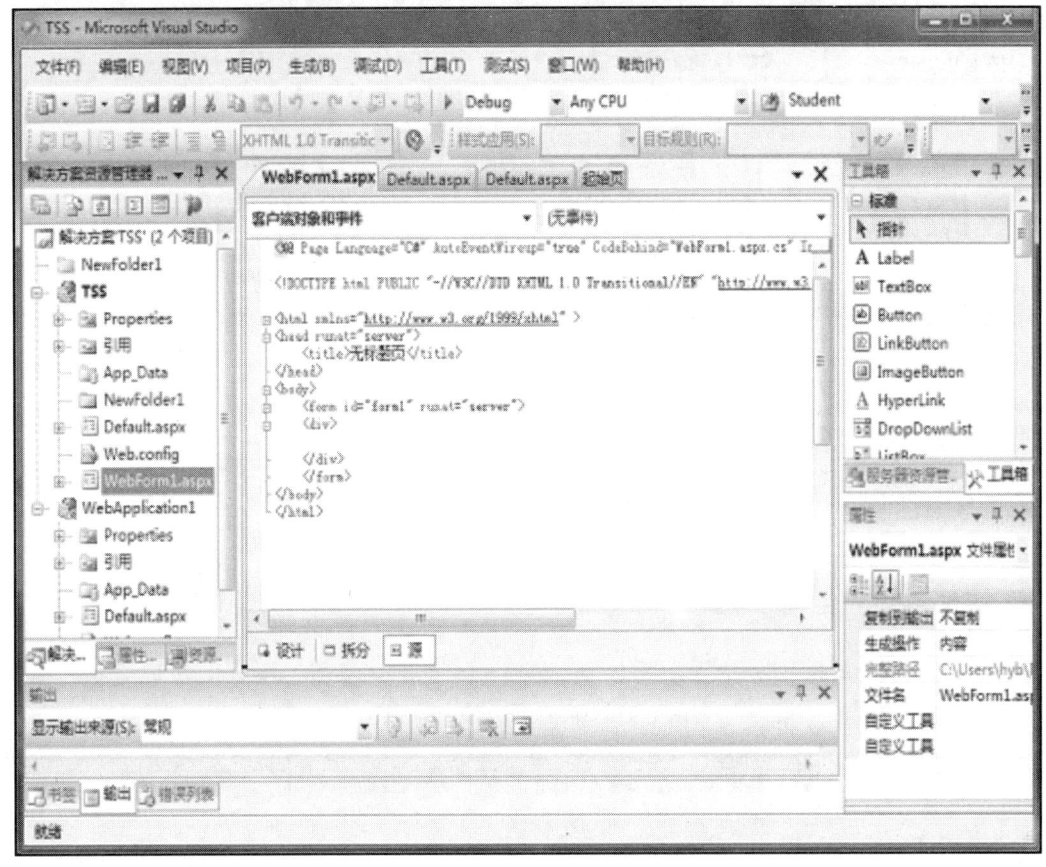

图1.41　添加新窗体后的对话框

1.4　应用程序类型

利用.NET Framework可以创建控制台程序、Windows Forms应用程序、Web应用程序、Web服务和其他各种类型的应用程序。

1.4.1　第一个控制台程序

控制台程序是指在Console下以命令行方式执行所有的输入和输出的程序，适用于执行一些类似批处理或用户不需要和机器交互的程序。下面是一个在标准输出设备上输出“Hello World!”的简单程序，其基本步骤为：

① 在【文件】菜单上，单击【新建项目】，将出现【新建项目】对话框。

② 在【项目类型】列表中选择【Visual C＃】，在模板中选择【控制台应用程序】，填写项目的名称、位置和解决方案名称，单击【确定】按钮，如图1.42所示。

③ Visual Studio将会为项目创建以项目标题命名的新文件夹和Class1.cs文件，并进入该文件的编辑窗口，如图1.43所示。

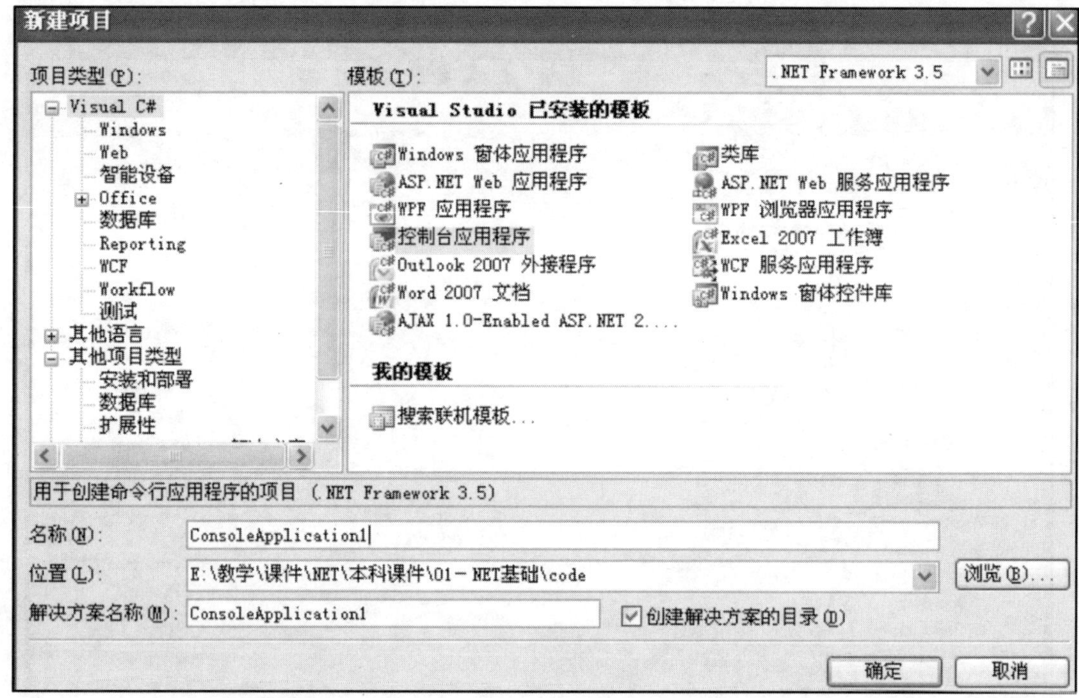

图 1.42 新建控制台程序对话框

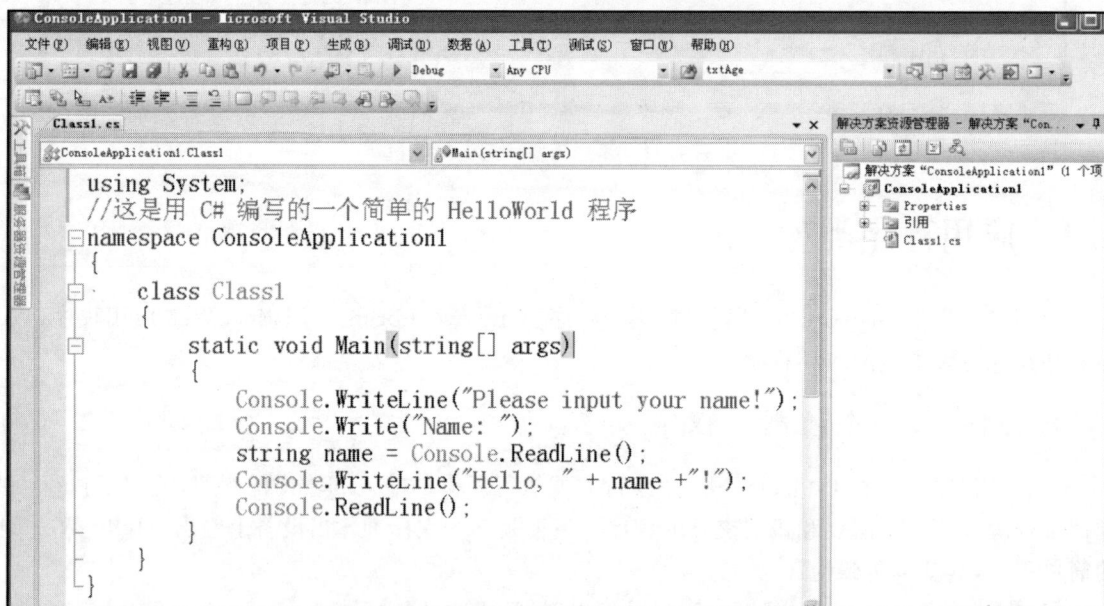

```
using System;
//这是用 C# 编写的一个简单的 HelloWorld 程序
namespace ConsoleApplication1
{
    class Class1
    {
        static void Main(string[] args)
        {
            Console.WriteLine("Please input your name!");
            Console.Write("Name: ");
            string name = Console.ReadLine();
            Console.WriteLine("Hello, " + name +"!");
            Console.ReadLine();
        }
    }
}
```

图 1.43 Class1.cs 源文件编辑器窗口

输入 Class1.cs 文件的源代码如下：

```
using System;//导入 System 命名空间
//这是用 C# 编写的一个简单的 HelloWorld 程序
namespace ConsoleApplication1 //声明命名空间
{
    class Class1 //声明类
```

```
    {
        static void Main(string[] args)//程序入口点,返回类型为 void
        {
            Console.WriteLine("Please input your name!"); //控制台类的 WriteLine 方法,
            用于输出
            Console.Write("Name: ");
            string name=Console.ReadLine();//控制台类的 ReadLine 方法,用于输入
            Console.WriteLine("Hello," + name +"!");
            Console.ReadLine();//等待退出,用于显示程序运行结果
        }
    }
}
```

程序说明:

● 程序中的第一条语句"using System;"的作用是导入命名空间,该语句类似于 C 和 C++ 中的 #include 命令。导入命名空间之后,就可以自由地使用其中的元素。

● 程序中注释部分不参与程序的编译,不会影响程序的执行结果。使用注释的目的是解释程序的功能,使程序易于阅读和交流。C# 提供了三种注释方法,用"//"来进行行注释,使用"/ * * /"来进行段注释,也可以输入"///"来对方法进行自动注释。如:

```
///</summary>
///<param name="sender"></param>
///<param name="e"></param>
```

● 从程序整体结构看,整个 HelloWorld 程序是由一个 Class1 类构成,程序的功能是依靠该类来完成的。C# 要求程序中的每个元素都要属于一个类。类中包括一个 Main()方法,其为应用程序的入口。一个程序中不允许出现两个或两个以上的 Main()方法,而且 C# 中 Main()方法必须被包含在一个类中。

● 在程序中引用了 System 命名空间中的 Console 类,其输入输出功能主要通过该类的 ReadLine()和 WriteLine()方法来完成。显然,类为 C# 应用程序的主要载体和交互的主体。

● C# 区分大小写。如 Console 不能写成 console,WriteLine 不能写成 Writeline,否则均会出错。一般的编程习惯规定 C# 的关键字都小写,命名空间、类型和成员名称以一个大写字母开头,中间的单词是首字母大写。

1.4.2 第一个 Windows Forms 应用程序

下面用一个实例来说明,本实例是在窗体上显示一张图片然后用户输入姓名,显示欢迎字词。具体步骤如下:

① 如图 1.44 所示,打开 VS2008,选择【文件】/【新建】/【项目】命令,打开【新建项目】对话框,在【项目类型】列表中选择【Visual C#】/【Windows】,在右边的模板中选择【Windows 窗体应用程序】;在【新建项目】对话框下方,在【名称】中为项目命名,如本例中,项目名称默认为"WindowsFormsApplication2",单击【浏览】按钮,选择新建项目的"位置"。

② 从工具栏中分别拖动加载 PictureBox、Label、TextBox、Button 控件,并设置 PictureBox 的 Image 属性,导入图片;分别设置 Label、TextBox、Button 的 ID 和 Text 属性,如图 1.45 所示。

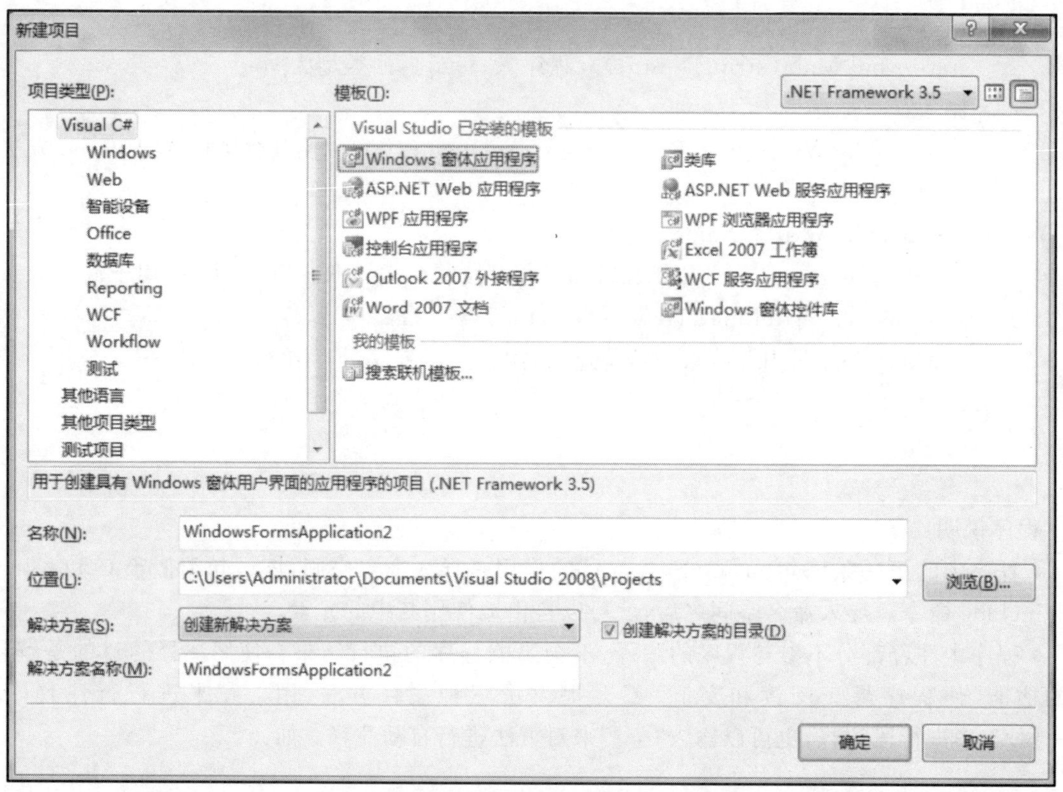

图 1.44　新建 Windows 窗体应用程序

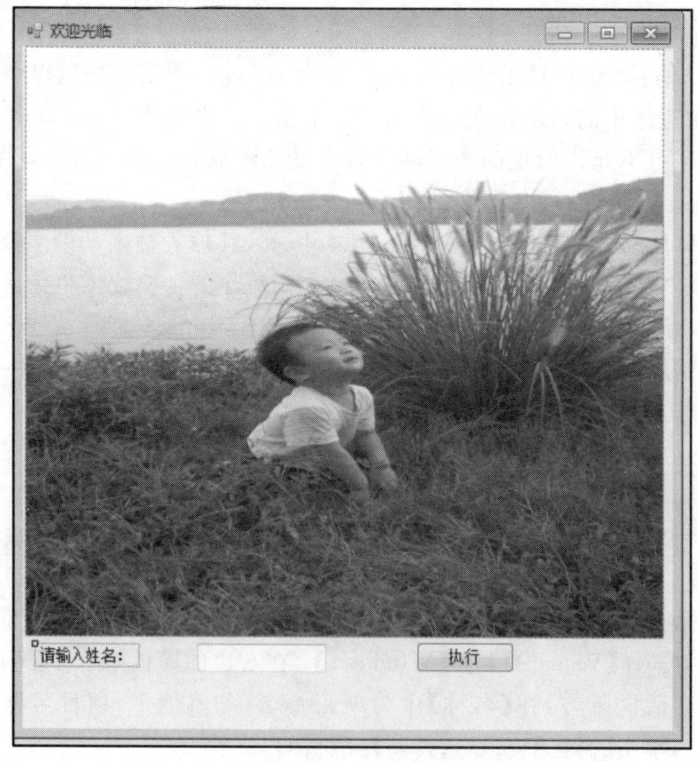

图 1.45　窗体应用程序外观

双击 Button 按钮进入后台执行代码 Form1.cs，编写 button1_Click 事件代码，实现欢迎词的显示。具体代码如下：

```
using System;
using System.Collections.Generic;
using System.ComponentModel;
using System.Data;
using System.Drawing;
using System.Linq;
using System.Text;
using System.Windows.Forms;
namespace WindowsFormsApplication1
{
    public partial class Form1 : Form
    {
        public Form1()
        {
            InitializeComponent();
        }
        private void button1_Click(object sender,EventArgs e)
        {
            label2.Text="Hello," + textBox1.Text +"!";
        }
    }
}
```

程序说明：

- 在 Form1.cs 文件中，public Form1()为 Form1 类的构造函数，在构造函数中调用方法 InitializeComponent()，这是 Windows 窗体设计器支持所必需的，用于初始化窗体，设置窗体属性。其函数如下：

```
private void InitializeComponent()
{
    this.components=new System.ComponentModel.Container();
    this.Size=new System.Drawing.Size(300,300);
    this.Text="Form1";
}
```

- Program.cs 是系统自动生成的，其中 static void Main 为应用程序的主入口点：

```
using System;
using System.Collections.Generic;
using System.Linq;
using System.Windows.Forms;
```

```
namespace WindowsFormsApplication1
{
    static class Program
    {
        ///<summary>
        ///应用程序的主入口点
        ///</summary>
        [STAThread]
        static void Main()
        {
            Application.EnableVisualStyles();
            Application.SetCompatibleTextRenderingDefault(false);
            Application.Run(new Form1());
        }
    }
}
```

● 工具箱主要包含 Windows 窗体控件，容器，公共控件，菜单和工具栏，数据等。它主要用于窗体应用的开发，用户可以采取拖曳、双击的方式加载。

1.4.3 第一个 Web 程序

① 新建一个项目如图 1.46 所示。选择 Visual C# 中的模板【ASP.NET Web 应用程序】输入命名，默认是 WebApplication1。

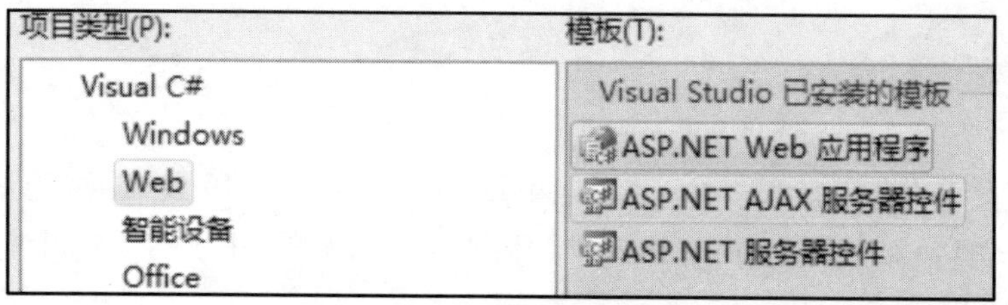

图 1.46 新建 Web 程序

② 展开解决方案栏，如图 1.47 所示。其中包含空默认文件夹 Properties 和引用，用户创建文件 Default.aspx，及其下面的子文件Default.aspx.cs、Default.aspx、designer.cs，文件 Web.config 为默认的配置文件。

③ 双击 Default.aspx 切换到设计界面，在左边的工具箱(见图1.48)中选择标准栏中的 Label 服务器控件，将其拖到项目中，按同样的方法加载 TextBox、Button、Image 控件。

④ 选中 Image，单击鼠标右键，选择【属性】，来设置其属性，如图 1.49 所示。重要的属性有 ID、ImageUrl 等，ImageUrl 用于选中图片的路径。对于本例，首先添加图片文件夹到项目，然后选中 ImageUrl 设置其路径。其他的可以用同样的方法设置其属性。

⑤ 然后双击 Button 控件进入文件 Default.aspx.cs。系统自动生成了默认代码。其具体构成会在后文的第 8 章进行详细介绍，这里不再赘述。在其 Button1_Click 事件中编写后台执行代码。其中，Default.aspx 窗体的 HTML 代码如下：

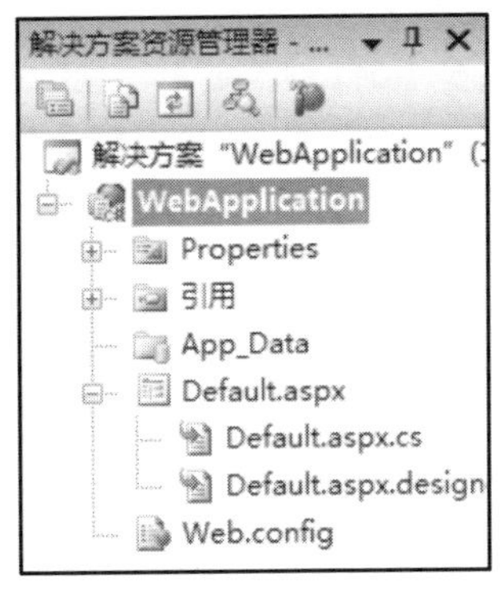

图 1.47　添加 Web 程序后的资源管理器

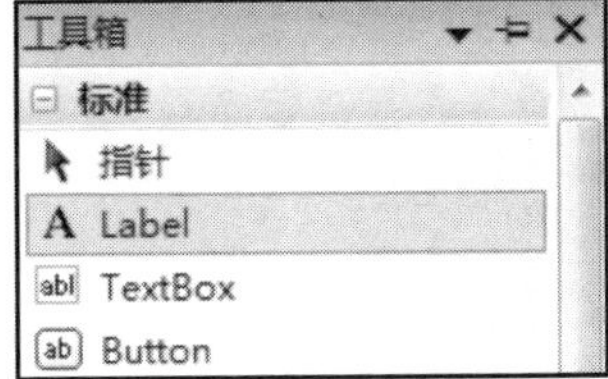

图 1.48　工具箱

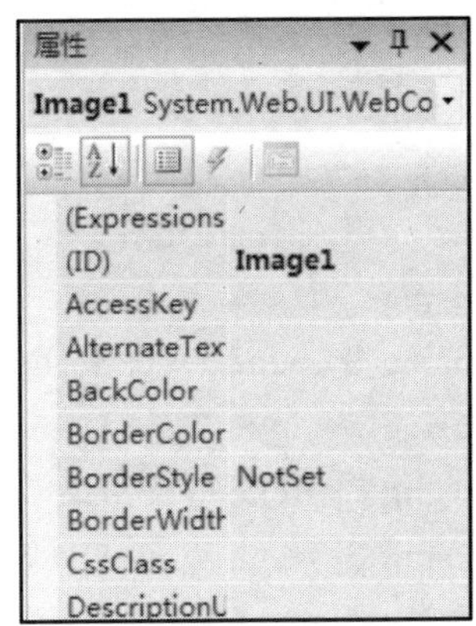

图 1.49　Image1 属性对话框

```
<%@Page Language="C#" AutoEventWireup="true" CodeFile="Default.aspx.cs" Inherits="_Default" %>
<!DOCTYPE html PUBLIC "-//W3C//DTD XHTML 1.0 Transitional//EN" "http://www.w3.org/TR/xhtml1/DTD/xhtml1-transitional.dtd">
<html xmlns="http://www.w3.org/1999/xhtml" >
<head id="Head1" runat="server">
    <title>欢迎</title>
</head>
<body>
    <form id="form1" runat="server">
    <div style="text-align:center">
        <asp:Image ID="Image1" runat="server"
              Width="262px"
               ImageUrl="~/pic/shawn.jpg" />
        <br />
        <asp:Label ID="Label1" runat="server" Text ="请输入姓名:"></asp:Label>
        <asp:TextBox ID="TextBox1" runat="server"></asp:TextBox>
        <asp:Button ID="Button1" runat="server" onclick="Button1_Click" Text ="执行" />
        <br />
        <asp:Label ID="Label2" runat="server" Font-Size="Large" ForeColor="#0033CC"></asp:Label>
     </div>
    </form>
</body>
</html>
```

后台隐藏代码 Default.aspx.cs 如下：

```
using System;
using System.Configuration;
using System.Data;
using System.Linq;
using System.Web;
using System.Web.Security;
using System.Web.UI;
using System.Web.UI.HtmlControls;
using System.Web.UI.WebControls;
using System.Web.UI.WebControls.WebParts;
using System.Xml.Linq;
public partial class _Default : System.Web.UI.Page
{
    protected void Page_Load(object sender,EventArgs e)
    {
    }
    protected void Button1_Click(object sender,EventArgs e)
    {
        Label2.Text="Hello," + TextBox1.Text +"!";
    }
}
```

本程序的功能是用户输入姓名，然后显示欢迎词。Web应用程序是采用安全的代码隐藏机制，表示层和逻辑层分离，保证了安全性。后缀名为aspx文件提供用户界面，aspx.cs隐藏后台执行代码，称为代码隐藏文件，其文件继承自Page类，表示文件继承自代码隐藏文件。其具体关系和用法会在后文详细介绍，这里不再赘述。

程序说明：

① 在Default.aspx文件中，@Page指令用于定义ASP.NET的页属性，如Language、AutoEventWrieup、CodeFile、Inherits等属性。Language用于指定内部代码的语言；AutoEventWrieup用于指定ASP.NET页的事件是否自动连接到事件处理函数；Inherits用于设置供页继承的代码隐藏类，它是从Page类派生的任何类，并与CodeFile属性一起使用。CodeFile="Default.aspx.cs"表示它与后台逻辑代码关联，当有事件要处理时它立即转向事件代码中去执行。

② Default.aspx.cs文件是后台执行代码，其中using System是命名空间。初始化时会包含Page_Load方法，利用Partial关键字将_Default设置为局部类。局部类是C#2.0的新特性，它允许将类、结构、接口的定义和实现代码分拆成功能小块，并且分开放置在多个源文件中。显然，如此设置方便了代码的开发和维护。

③ 程序的运行。运行.NET应用程序有两种方法：一是使用Visual Studio 2008自带的Web浏览器运行(其特点是有一个端口号，如：http://localhost:3032/Default.aspx，端口号为3032)。另一是使用IIS运行，具体IIS配置前面有详细介绍。

④ 工具箱。其中主要包含了网站开发的一些常用工具，如数据绑定控件、验证控件和导航控件等，用户可以直接拖拉或双击加载。同时，用户也可以手动添加工具箱中没有的控件。比如，将

一个 GridView 控件添加到数据绑定栏中的方法是：右键单击【数据绑定】栏，弹出一个列表框，在其中选择【.NET Framework 组件】选项卡，可以把 GridView 控件添加到工具箱中。

⑤ 属性窗口。用户可以通过菜单栏中的【视图】/【属性窗口】命令打开属性窗口（快捷键 F4）。在属性窗口中有属性列表和事件列表。

⑥ 解决方案资源管理器。其中包含的文件如表 1.1 所示。

表 1.1 Web 应用程序包含的文件列表

文件名	说明
App_Data	包含应用程序的本地数据存储，通常以文件（诸如 Microsoft Access 或 Microsoft SQL Server Express 数据库，XML 文件、文本文件以及应用程序保存至本地任何其他文件）形式包含数据存储。该文件夹内容不由 ASP.NET 处理，该文件夹是 ASP.NET 提供程序存储自身数据的默认位置
Default.aspx	是可视元素，包含标记、服务器控件和静态文本
Default.aspx.cs	该部分是页面编程逻辑，包含事件处理程序和其他代码
Web.config	以 XML 文件的形式存在于 ASP.NET 应用程序中，是 ASP.NET 应用程序的配置文件，包含程序调试、错误处理等

在 Web.config 文件中包含多个配置节，各个配置节用来配置系统所需的不同的环境参数，下面介绍几个常用的配置节：

(1) <connectionStrings>配置节

用户配置连接数据库的字符串，在配置连接数据库字符串时，要添加一对<add>标签，在标签中添加连接数据库的字符串。如：

```
<configuration>
    <appSettings/>
    <connectionStrings>
        <add name="con" connectionString="server=(local);database=Northwind;uid
        =sa;pwd=sa"/>
    </connectionStrings>
</configuration>
```

表示连接本机数据库服务器 server=(local)，数据库 database 为 Northwind，登录数据库服务器的用户名uid为 sa，登录密码 pwd 为 sa。

(2) <customErrors>配置节

运行错误时配置错误处理页面，处理应用程序的错误存在 On、Off 和 RemoteOnly 三种模式。① On表示始终显示友好信息。② Off 表示显示详细的 ASP.NET 错误信息。③ RemoteOnly 表示只对不在本地 Web 服务器上运行的用户显示自定义信息，配置例子如下：

```
<customErrors mode="RemoteOnly" defaultRedirect="GenericErrorPage.htm">
    <error statusCode="403" redirect="NoAccess.htm" />
    <error statusCode="404" redirect="FileNotFound.htm" />
</customErrors>
```

其中就使用了 RemoteOnly 方式。

(3) <Trace>配置节

用于配置应用程序级别跟踪，为应用程序的每页启用跟踪日志输出。

(4)<authentication>配置节

用于配置应用程序的身份验证策略，主要模式有：① None，不执行身份验证。② Windows，IIS 根据应用程序的设置执行身份验证。③ Forms，先为用户提供一个输入凭证的自定义窗口(Web 页)，然后可在应用程序中验证他们的身份。④ Passport，身份验证是通过 Microsoft 的几种身份验证服务执行的，它为成员站点提供单独登录和核心配置文件服务。如：

```
<! --通过<authentication> 节可以配置 ASP. NET 使用的安全身份验证模式，以
标识传入的用户。-->
<authentication mode="Windows"/>
```

上述代码表示是 Windows 身份验证。

第 2 章 C#基础知识

2.1 变量与常量

2.1.1 变量

在计算机中变量代表存储地址，变量的类型决定了存储在变量中的数据类型。C#是一种安全类型语言，它的编译器要求存储在变量中的数值具有适当的数据类型。要使用变量，首先需要声明它们，即给变量指定名称和类型。在 C#中，声明一个变量的格式如下：

变量类型 变量列表；

例如：

```
int num;        //声明了一个 int 型变量 num
string str1,str2,str3;
```

在第一行代码中，声明了一个名为 num 的整型变量；第二行代码中，声明了 3 个字符串型的变量，分别为 str1、str2 和 str3。关于 C#中的数据类型，我们将在后面具体讨论。在声明变量时，要注意变量名的命名规则。C#中的变量名是一种标识符，因此应该符合标识符的命名规范。C#中变量的命名规则如下：

① 变量名只能由字母、数字和下划线组成，而不能包含空格、标点符号、运算符等其他符号。

② 变量名必须以字母、@或下划线开头。

③ 变量名不能与 C#中关键字、库函数的名称相同。

④ 变量名是区分大小写的。

实际上，为了使声明的变量更容易理解，使编写的程序可读性更强，除了上面的命名规则外，还有一些为程序员普遍接受的命名约束。目前，在.NET Framework 名称空间中有两种命名约束，称为 PascalCase 和 camelCase。在名称中使用大小写表示它们的用途。它们都应用到由多个单词组成的名称中，并规定名称中的每个单词除了第一个字母大写外，其余字母都小写。在 camelCase 中，还有一个规则，即第一个字母以小写字母开头。

例如，camelCase 变量名：age、firstName、timeOfBirth。

例如，PascalCase 变量名：Age、FirstName、TimeOfBirth。

这里需要说明的是，在一些教材上，将变量声明的语法描述为：

访问修饰符 数据类型 变量列表；

其中访问修饰符指的是 C#中的 public、private、internal 和 protected，如在一个类中声明一个字段 name，可以写作：

```
class Program
```

```
{
    private string name;        //这里是正确的
    static void Main(string[] args)
    {
    }
}
```

但是如果我们试图在 Main 方法中按照上述规则声明一个变量，则会出错：

```
class Program
{
    static void Main(string[] args)
    {
    private string name;        //这里会报错
    }
}
```

错误提示是“无效的表达式项 private”。所以，为了使变量声明更具有一般性，这里不按这种语法描述。另外，通过上面的例子也可以看到，一个变量并不是可以声明在程序的任何地方，如果试图将一个变量声明在命名空间中，就会出错，如：

```
namespace Chapter2
{
    string name;  //这里会出错
    class Program
    {
        static void Main(string[] args)
        {
        }
    }
}
```

错误提示是“命名空间并不直接包含诸如字段或方法之类的成员”。实际上在 C# 中只能将变量声明在类或者是结构中，在 C# 的命名空间中只能定义类、结构、枚举或者委托。

在声明了一个变量之后，在使用前要对变量进行初始化，即给变量赋值。C# 不允许变量没有初始化就使用。可以在声明一个变量的同时，对变量进行初始化，如：

```
string str1="武汉理工大学",str2="管理学院",str3="信息管理与信息系统";
```

也可以先声明一个变量，然后在使用变量之前给变量赋值，如：

```
string name;
name="李刚"; //这里给 name 赋值,程序可以顺利执行
```

下面的程序演示了如何声明以及使用变量。

```
using System;
namespace Example_1
```

```
{
    //此程序演示如何声明和使用变量
    class Class1
    {
        static void Main(string[] args)
        {
            //声明布尔型、字符串型、整型、短整型或浮点型变量
            bool test=true;
            short num1=19;
            int num2=14000;
            string val="Jamie";
            float num3=14.5f;
            //显示变量值
            Console.WriteLine("布尔值=" + test);
            Console.WriteLine("短整型值=" + num1);
            Console.WriteLine("整型值=" + num2);
            Console.WriteLine("字符串值=" + val);
            Console.WriteLine("浮点值=" + num3);
        }
    }
}
```

2.1.2 常量

常量是值固定不变的量，其值在编译时就已经确定了，因此，不允许在程序执行过程中修改。常量必须在声明时初始化。在声明一个常量的时候必须给定一个值，不能在声明常量后又在程序的其他位置修改它的值 。在 C♯ 中，通常使用 const 关键字声明一个常量。常量的声明格式如下：

const 数据类型 常量名=常量值；

例如：

```
const float pi=3.14f;        //声明一个浮点型常量
const int months=12,weeks=52,days=365; //声明多个相同类型的常量
```

常量的数据类型只能是 sbyte、byte、short、ushort、int、uint、long、ulong、char、float、double、decimal、bool 或 string 类型以及枚举或对 null 的引用。如果一个常量被声明为枚举类型，那么这个常量的值只能是 null。而如果你尝试声明一个结构类型的常量，编译器就会提示不能将结构类型声明为 const。常量的命名规则跟变量相同，这里不再赘述。只要不会造成循环引用，用于初始化一个常量的表达式就可以引用另一个常量。例如：

```
const int c1=5;
const int c2=c1+100;
```

注意常量的这一点与变量是不同的，如下的代码将不能通过编译：

```
int a=1;
const int b=a;
```

这是因为常量的值必须是在编译的时候可以计算的表达式。例如,public const int a=123+456 可以通过编译,而 public const int a=Math.Sqrt(2.0)就无法通过编译,因为 Math.Sqrt 是一个方法,只能在运行时被调用。下面的程序演示了如何声明和使用常量:

```
using System;
namespace Example_2
{
    //此程序使用常量 PI 和由地球引力引起的加速度 (g) 计算钟摆的周期
    class PendulumPeriod
    {
        static void Main(string[] args)
        {
            const float _pi=3.14F;//常量 PI
            const float _gravity=980; //由地球引力引起的加速度常量,单位为 cm/s * s
            int length=40;//钟摆的长度
            double period=0;//钟摆的周期
            period=2 * _pi * Math.Sqrt(length / _gravity); //钟摆周期的计算公式
            Console.WriteLine("钟摆的周期为 {0} 秒",period);
        }
    }
}
```

2.2 C# 数据类型

2.2.1 C# 数据类型概述

C#是一种强类型语言。在变量中存储值之前,必须指定变量的类型,如以下示例所示:

```
int num=1;
string str="Hello";
```

C#支持两种变量类型:

- 值类型:是内置基元数据类型(如 char、int 和 float)以及用 struct 声明的用户定义类型。
- 引用类型:是从基元类型构造的类和其他复杂的数据类型,这种类型的变量不包含类型的实例而仅包含对实例的引用。

如果创建两个值类型变量 i 和 j,则 i 和 j 完全相互独立,例如:

```
int i=10;
int j=20;
```

为它们指定了独立的内存位置,如图 2.1 所示。

如果更改这两个变量中其中一个的值,另一个变量当然不受影响。例如,如果具有如下形式的

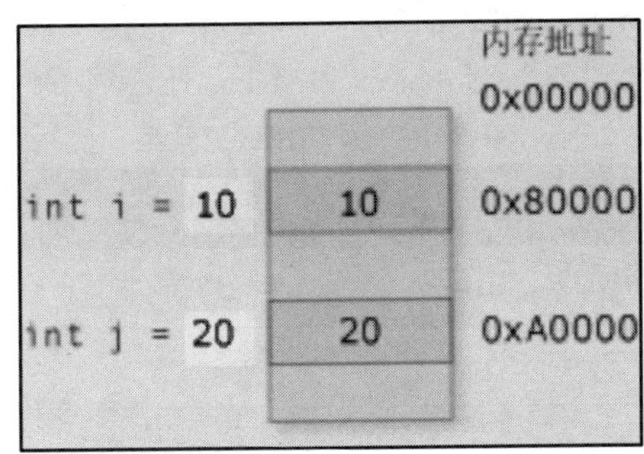

图 2.1　值类型的内存分布示意图

表达式，则这两个变量之间仍然没有关联：

```
int k=i;
```

也就是说，如果更改 i 的值，则 k 将保留赋值时 i 具有的值。

```
i=30;
System.Console.WriteLine(i.ToString());    //输出 30
System.Console.WriteLine(k.ToString());    //输出 10
```

但是，引用类型变量的行为则不同。例如，可以声明如下所示的两个变量：

```
Employee ee1=new Employee();
Employee ee2=ee1;
```

现在，因为类在 C# 中为引用类型，所以 ee1 被视为对 Employee 的引用。在前面的两行代码中，第一行在内存中创建 Employee 的一个实例，并设置 ee1 以引用该实例。因此，将 ee2 设置为等于 ee1 时，它包含了对内存中的类的重复引用。如果现在更改 ee2 上的属性，则 ee1 上的属性将反映这些更改，因为两者都指向内存中的相同对象，如图 2.2 所示。

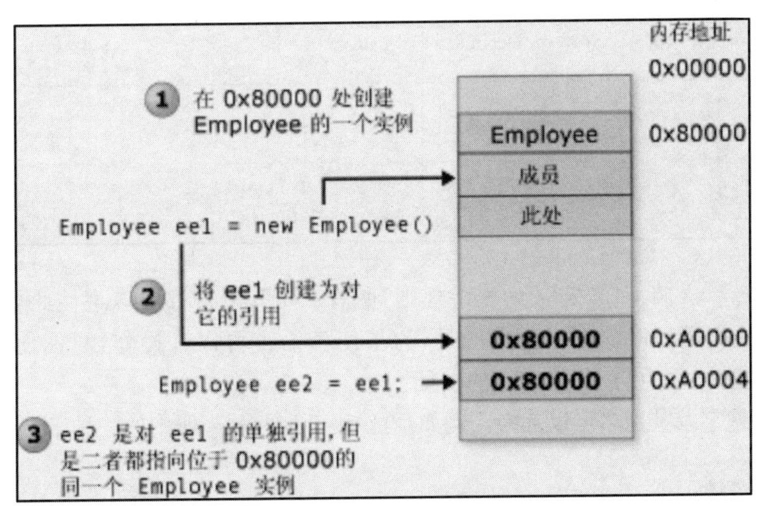

图 2.2　引用类型变量的内存分布示意图

在具体介绍 C# 中的值类型和引用类型之前，我们先来看一下 .NET Framework 系统数据类型。内建的 C# 数据类型实际上是一种简化符号，用来定义 System 命名空间中已定义的类型。C# 中的所有基元数据类型都是 System 命名空间中的对象。对于每个数据类型，都提供了一个简称(或别名)。例如,int 是 System. Int32 的简称,而 double 是 System. Double 的简写。表 2.1 提供了 C#常用数据类型列表及其别名,除了 object 和 string 外,表中的所有类型均称为简单类型。

表 2.1 C#常用数据类型

C#简化符号	判断符合 CLS	系统类型	范围	作用
sbyte	否	System. SByte	−128～127	带符号的 8 位数
byte	是	System. Byte	0～255	无符号的 8 位数
short	是	System. Int16	−32 768～32 767	带符号的 16 位数
ushort	否	System. UInt16	0～65535	无符号的 16 位数
int	是	System. Int32	−2 147 483 648～2 147 483 647	带符号的 32 位数
uint	否	System. UInt32	0～4 294 967 295	无符号的 32 位数
long	是	System. Int64	−9 223 372 036 854 775808～9 223 372 036 854 775 807	带符号的 64 位数
ulong	否	System. UInt64	0～18 446 744 073 709 551 615	无符号的 64 位数
char	是	System. Char	U0000～Uffff	一个 16 位的 unicode 字符
float	是	System. Single	1.5×10^{-45}～3.4×10^{38}	32 位浮点数
double	是	System. Double	5.0×10^{-324}～1.7×10^{308}	64 位浮点数
bool	是	System. Boolean	true 或 false	表示布尔值
decimal	是	System. Decimal	1.0×10^{-28}～7.9×10^{28}	96 位带符号数
string	是	System. String	受系统内存限制	表示一个 unicode 字符集合
object	是	System. Object	任何类型都可以保存在一个 object 变量中	. NET 世界中所有类型的基类

. NET Framework 将 CLS 定义为一组规则,所有. NET 语言都应该遵循此规则才能创建与其他语言可互操作的应用程序。但要注意的是,为了使各语言可以互操作,只能使用 CLS 所列出的功能对象,这些功能统称为与 CLS 兼容的功能。

C#类型的关键字及其别名可以互换。例如,可使用下列两种声明中的一种来声明一个整数变量:

```
int x=123;
System.Int32 x=123;
```

下面我们来具体看一看 C# 中的值类型和引用类型究竟有哪些。图 2.3 反映了 C# 中的所有数据类型及其分类关系。

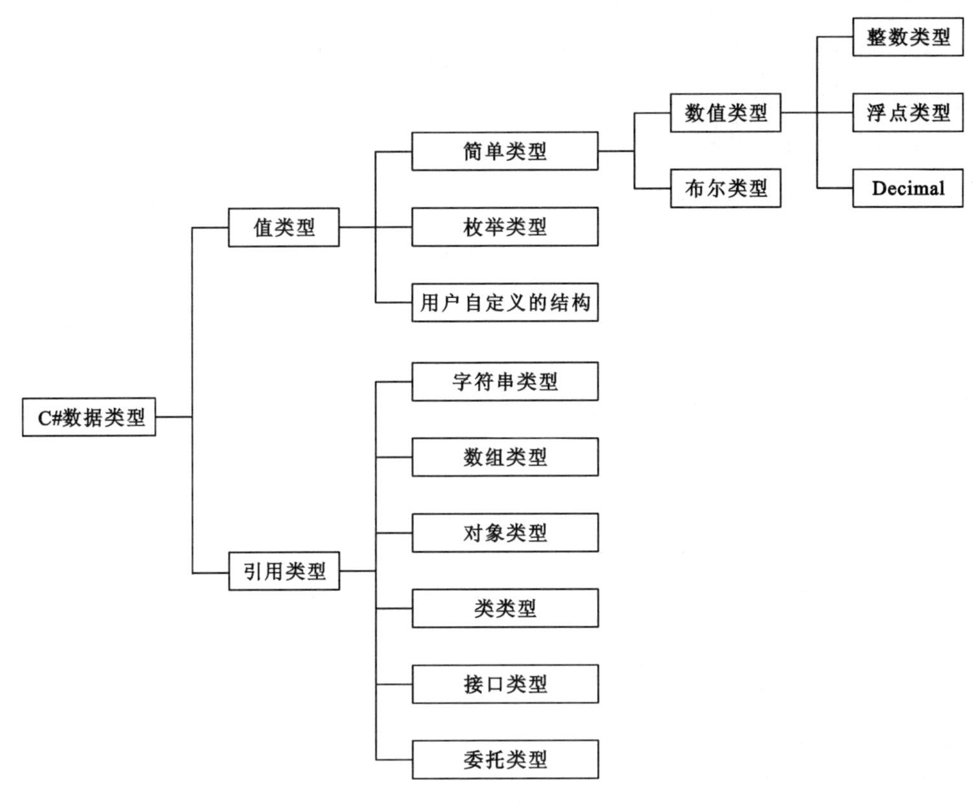

图 2.3　C#数据类型

2.2.2　值类型

在上一节我们已经列表介绍了简单变量，这里不再重复介绍，只对简单变量作一些补充说明。

默认情况下，赋值运算符右边的实数值被当做 double 类型。因此，为了初始化 float 或者 decimal变量，经常要使用后缀 f 或 F 以及 m 或 M。如：

```
float x=3.5f;
decimal myMoney=30.5m;
```

如果在声明的时候没有加后缀，在编译的时候就会报错。因为把 double 类型的数据赋值给 float 或者 decimal 类型会引起精度的降低，或者是范围的溢出。这实际上是数据类型转换，关于数据类型转换，将在本节的后面讨论。

由于所有值类型都提供了一个默认的构造函数，因此使用 new 关键字创建一个系统类型是允许的，它将变量的值设置为默认值。如以下示例所示：

```
int myInt;
```

那么在将其初始化之前，无法使用此变量。可使用下列语句将其初始化：

```
myInt=new int(); //调用整型的默认构造函数
```

此语句是下列语句的等效语句：

```
myInt=0;          //赋初始值 0
```

当然，可以用同一个语句进行声明和初始化，如下面示例所示：

```
int myInt=new int(); 或 int myInt=0;
```

使用 new 运算符时,将调用特定类型的默认构造函数并对变量赋以默认值。在上例中,默认构造函数将值 0 赋给了 myInt。结构类型也是用 new 创建,但是是在栈上分配的。结构的默认构造函数是保留的,不允许重定义。

```
MyPoint p=new MyPoint();
```

也可以不用关键字 new,但是要对每一个字段赋值。

```
MyPoint p1;
p1.x=100;
p1.y=200;
```

对于用户定义的类型,使用 new 来调用默认构造函数。例如,下列语句调用了 Point 结构的默认构造函数:

```
Point p=new Point(); //调用结构 Point 的默认构造函数
```

此调用过后,该结构被认为已被明确赋值,也就是说该结构的所有成员均已初始化为各自的默认值。

.NET 数值类型支持 MaxValue 和 MinValue 属性,可能还有其他更有用的成员,如System.Double 有 PositiveInfinity、NegativeInfinity 等成员。下面的程序演示了如何使用数值类型的 MaxVaule 和 MinVaule 属性。

```
using System;
using System.Collections.Generic;
using System.Text;
namespace Chapter2
{
    class Program
    {
        static void Main(string[] args)
        {
            Console.WriteLine("int 型数据的取值范围是:{0}~{1}",int.MinValue,
            int.MaxValue);
            Console.ReadKey();
        }
    }
}
```

下面是一个值类型的简单实例:

```
using System;
namespace Example_3
{
```

```
//此程序演示值类型这种数据类型的用法
class DataTypeTest
{
    static void Main(string[] args)
    {
        //声明一个值类型的整型数据类型
        int val=100;
        Console.WriteLine("该变量的初始值为{0}",val);
        Test(val);
        //由于该数据类型属于值类型,所以将恢复其初始值
        Console.WriteLine("该变量的值此时为{0}",val); //输出结果依然为100
    }
    static void Test(int getVal)
    {
        int temp=10;
        getVal=temp * 20;
    }
}
}
```

2.2.3　引用数据类型

通过前面的学习,我们知道值类型包括简单类型、枚举和结构,它们都分配在栈上,一旦离开定义的作用域,立即就会被从内存中删除。当一个值类型赋值给另一个值类型的时候,默认情况下完成的是一个成员到另一个成员的复制。就数值型和布尔型变量而言,唯一要复制的就是变量本身的值。结构也是值类型,具有在栈上分配数据效率的同时,又能发挥面向对象的最基本优点(如:封装性)。

C#中引用类型包括 string 类型、object 类型、数组、类、接口和委托,它们都分配在托管堆上,当托管堆被进行垃圾回收时,该类型的变量才会消失。当一个引用类型赋值给另一个引用类型时,默认情况下完成的是一个成员的内存地址到另一个成员的内存地址的复制。

(1) 值类型与引用类型的赋值比较

值类型变量赋值的时候,是复制各个值到赋值目标,实际上各自在栈中都有存在,对一个进行操作不会影响另一个。而引用类型赋值时,将会产生一个对该堆上同一个对象的新引用。也就是说,值类型的变量赋值,是将内存中的真实数据复制一份赋给新的变量,那么,在赋值之后内存中就将存在两份一模一样的数据。引用类型的变量赋值,也会有一个复制的动作,但是所复制的东西和值类型的赋值中所复制的不一样。值类型的赋值中所复制的是真实的数据,而引用类型的赋值中复制的只是真实数据的内存地址而已。所以在引用类型赋值后,内存中会存在两份引用,而真实数据仍然为一份,并且两份引用都指向这同一份真实数据。如果把识别卡比做引用,员工数据比做内存中的真实数据,识别卡的工号比做真实数据的内存地址,那么引用类型赋值就相当于新制作一张识别卡,然后填上同样的工号。这样识别卡就有 2 张了,但 HR 处该员工信息还是只有一份。我们可以使用这两张识别卡,而对这两张不同识别卡的使用却会同时影响到同一员工的数据(比如在食堂吃饭扣钱)。

(2) 包含引用类型的值类型

当值类型包含其他引用参数时，赋值将产生一个“引用”的副本。这样就有了两个独立的结构，每一个都包含指向内存中同一个对象的引用，称为“浅复制”。

如果想执行一个“深复制”，即将内部引用的状态完全复制到一个新对象中时，需要实现ICloneable接口。

```
//将这里的结构换成类可以观察出两者的不同
struct MyPoint
{
    public int x,y;
}
//这种数据类型将在一个结构的内部被使用
class ShapeInfo
{
    public string infoString;
    public ShapeInfo(string info)
    {infoString=info;}
}
//这个结构既有值类型的数据成员，也有引用类型的数据成员
struct MyRectangle
{
    public ShapeInfo rectInfo; //引用类型
    public int top,left,bottom,right;
    public MyRectangle(string info)
    {
        rectInfo=new ShapeInfo(info);
        top=left=10;
        bottom=right=100;
    }
}
class ValRefClass
{
    static void Main(string[] args)
    {
        /* 当使用默认构造函数(也就是不带参数的构造函数)创建值类型对象时，这里
        的"new"关键字是可选的，但在使用之前，一定要给每个数据成员赋值。 */
        Console.WriteLine("***** Value Types / Reference Types *****");
        //结构类型仍然是分配在堆栈上
        MyPoint p=new MyPoint();
        Console.WriteLine("-> Creating p1");
        MyPoint p1=new MyPoint();
```

```
        p1.x=100;
        p1.y=100;
        Console.WriteLine("-> Assigning p2 to p1");
        MyPoint p2=p1;
        //这里输出 p1 的数据成员的值
        Console.WriteLine("p1.x={0}",p1.x);//100
        Console.WriteLine("p1.y={0}",p1.y);//100
        //这里输出 p2 的数据成员的值
        Console.WriteLine("p2.x={0}",p2.x);//100
        Console.WriteLine("p2.y={0}",p2.y);//100
        //改变 p2.x 并不会影响 p1.x
        Console.WriteLine("-> Changing p2.x to 900");
        p2.x=900;
        //再次输出
        Console.WriteLine("-> Here are the X values again...");
        Console.WriteLine("p1.x={0}",p1.x);//100。如果将 MyPoint 改成类类型，
        此处会显示 900
        Console.WriteLine("p2.x={0}",p2.x);//900
        Console.WriteLine();
        //创建第一个 MyRectangle
        Console.WriteLine("-> Creating r1");
        MyRectangle r1=new MyRectangle("This is my first rect");
        //现在将 r1 赋给一个新的 MyRectangle
        Console.WriteLine("-> Assigning r1 to r2");
        MyRectangle r2;
        r2=r1;
        //改变 r2 的值
        Console.WriteLine("-> Changing all values of r2");
        r2.rectInfo.infoString="This is new info!";
        r2.bottom=4444;
        //输出改变 r2 后的值
        Console.WriteLine("-> Values after change:");
        Console.WriteLine("-> r1.rectInfo.infoString:{0}",r1.rectInfo.infoS-
        tring);//这里输出This is new info!
        Console.WriteLine("-> r2.rectInfo.infoString:{0}",r2.rectInfo.infoS-
        tring);//这里输出This is new info!
        Console.WriteLine("-> r1.bottom:{0}",r1.bottom);//这里输出 100
        Console.WriteLine("-> r2.bottom:{0}",r2.bottom);//这里输出 4444
        Console.ReadLine();
    }
}
```

(3) 传递引用类型参数

● 按值传递引用类型:通过值传递引用类型的参数,由于参数是对调用者对象的引用,所以有可能更改对象的值。但是,试图将参数重新分配到不同的内存位置时,该操作仅在方法内有效,并不影响原始的调用者对象。

● 按引用传递引用类型:使用 ref 或 out 关键字传递参数,被调用者可以改变对象的状态数据的值和所引用的对象,可重新赋值。

因此,如果按值传递引用类型,被调用者可能改变对象的状态数据的值,但不能够改变所引用的对象;如果按引用传递引用类型,被调用者可能改变对象的状态的值和所引用的对象。下面的例子演示了按值传递的引用类型和按引用传递的引用类型的区别:

```
class Person
{
    public string fullName;
    public int age;
    public Person(string n,int a)
    {
        fullName=n;
        age=a;
    }
    public void PrintInfo()
    {
        Console.WriteLine("{0} is {1} years old",fullName,age);
    }
}
class Program
{
        /*下面的例子中使用了关键字 params,C#中使用 params 关键字为函数指定
        一个特定的参数,这个参数必须是函数定义的最后一个参数,称为参数数组。这
        里我们只要理解传递给函数 ArrayOfObjects 的参数个数是可变的,但是都必须
        是 object 类型就可以了。*/
    public static void ArrayOfObjects(params object[] list)
    {
        for (int i=0;i<list.Length;i++)
        {
            if (list[i] is Person)//这里使用 is 运算符判断 list[i]是否是 Person 类型
            {
                ((Person)list[i]).PrintInfo();
            }
            else
                Console.WriteLine(list[i]);
        }
```

```
        Console.WriteLine();
    }
    public static void SendAPersonByValue(Person p)
    {
        //改变 p 的状态数据的值
        p.age=99;
        //调用完成后下面的操作将被忽略
        p=new Person("Nikki",999);
    }
    public static void SendAPersonByReference(ref Person p)
    {
        //改变 p 的状态数据的值
        p.age=555;
        //这里 p 被重新分配
        p=new Person("Nikki",999);
    }
    public static void Main()
    {
        //按值传递的引用类型
        Console.WriteLine("***** Passing Person object by value *****");
        Person fred=new Person("Fred",12);
        Console.WriteLine("Before by value call,Person is:");
        fred.PrintInfo();
        SendAPersonByValue(fred);
        Console.WriteLine("After by value call,Person is:");
        fred.PrintInfo();//年龄的更改会有效果,但是重新赋值不会起效
        //按引用传递的引用类型
        Console.WriteLine("\n***** Passing Person object by reference *
        ****");
        Person mel=new Person("Mel",23);
        Console.WriteLine("Before by ref call,Person is:");
        mel.PrintInfo();
        SendAPersonByReference(ref mel);
        Console.WriteLine("After by ref call,Person is:");
        mel.PrintInfo();//被重新赋予另外一个对象
        Console.ReadLine();
    }
}
```

值类型变量和引用类型变量的比较如表 2.2 所示。

表 2.2 值类型变量和引用类型变量的比较

问题	值类型变量	引用类型变量
该类型分配在哪里?	栈上:值类型变量的内容存储在堆栈上分配的内存中。例如,int x=42,值 42 存储在称为“栈”的内存区域中;由于定义变量的方法结束执行而使变量 x 超出范围时,其值则从栈中丢弃。使用栈效率较高,但值类型的生命周期有限,不适合在不同类之间共享数据	托管堆上:引用类型变量(例如,类或数组的实例)在另一个称为“堆”的内存区域中分配。例如,int[] numbers=new int[10],构成数组的 10 个整数所需的空间是在堆上分配的。在方法完成时,并不将此内存归还给堆;仅当 C# 的垃圾回收系统确定不再需要该内存时,才进行回收。声明引用类型变量需要更多系统开销,但它们的优点是可以从其他类进行访问
变量是如何表示的?	值类型变量是局部复制	引用类型变量指向被分配的实例所占用的内存
基类型是什么?	System. ValueType	除 System. ValueType 之外的任何类型,只要那个类型不是密封的
该类型能作为其他类型的基类吗?	不能。值类型总是密封的	是的。如果该类型不是密封的话
默认的参数传递行为是什么?	变量是按值传递的,一个变量的副本被传入被调用的函数	变量是按引用传递的,变量的地址传入被调用的参数
该类型能重写 System. Object. Finalize()吗?	不能。值类型不会放在堆上,因此不需要被终结	可以间接的重写
可以定义构造函数吗?	是的。但是默认的构造函数要被保留	当然
该类型变量何时消亡?	当它们越出定义的作用域时	当托管堆被垃圾回收时

2.2.4 System. Object 类

当定义一个不显式指定其基类的类时,它隐含着继承自 System. Object。System. Object 定义了一组实例级别和类级别(静态)成员。其中一些实例级别的成员是用 virtual 关键字声明的,因此可以被派生类重写。表 2.3 列出了 System. Object 类的一些核心实例方法,以及它们各自的作用。

表 2.3 System. Object 的核心成员

实例方法	作用
Equals()	默认情况下,这个方法仅当被比较的项是内存中的同一个项时才返回 true。因此,该方法用来比较对象的引用,而不是对象的状态。典型情况下,这个方法重写为仅当被比较的对象拥有相同的内部状态值时返回 ture(基于值的语义)。注意:如果重写了 Equals(),也应该重写 GetHashCode()
GetHashCode()	这个方法返回一个能够标识内存中指定对象的整数(hash 值)。如果打算将自定的类型包含进 System. Collections. Hashtable 类型中,强烈建议重写这个成员的默认实现
GetType()	这个方法返回一个全面描述当前项细节的 System. Type 对象。简而言之,这是一个对所有对象都可用的运行时类型信息方法
ToString()	这个受保护的方法返回一个新的对象,它是当前对象的逐个成员的副本。因此,如果对象包含到其他对象的引用,那么到这些类型的引用将被复制(也就是,它实现了浅复制)。如果对象包含值类型,得到的是值的完全副本
Finalize()	暂时可以将这个受保护的方法理解为当一个对象从堆中被删除的时候由.NET 运行库调用

前面提到 System. Object 一些实例级别的成员是用 virtual 关键字声明的，因此可以被派生类重写，下面就以它的 ToString()方法为例，重写 System. Object 的方法。实例代码如下：

```
using System;
using System.Collections.Generic;
using System.Linq;
using System.Text;
namespace OverrideToString
{
    class Person
    {
        string name;
        int age;
        public Person(string name,int age)
        {
            this.name=name;
            this.age=age;
        }
        public override string ToString()
        {
            string s=age.ToString();
            return "Person: " + name + "  " + s;
        }
    }
    class Program
    {
        static void Main(string[] args)
        {
            Person P=new Person("Tom",12);
            System.Console.WriteLine(P.ToString());
        }
    }
}
```

2.2.5　变量类型的转换

2.2.5.1　隐式转换

C#支持隐式和显式类型转换。如果是扩大转换，则为隐式转换。派生类向基类转换，这种转换总是可以成功，因此不需要在运行时进行任何检查。例如，下面从 int 到 long 的转换为隐式转换：

```
int int1=5;
long long1=int1; //隐式转换
```

表 2.4 是 .NET Framework 数据类型之间的隐式转换表。

表 2.4 隐式转换表

源类型	目标类型
byte	short、ushort、int、uint、long、ulong、float、double 或 decimal
sbyte	short、int、long、float、double 或 decimal
int	long、float、double 或 decimal
uint	long、ulong、float、double 或 decimal
short	int、long、float、double 或 decimal
ushort	int、uint、long、ulong、float、double 或 decimal
long	float、double 或 decimal
ulong	float、double 或 decimal
float	double
char	ushort、int、uint、long、ulong、float、double 或 decimal

需要注意的是：

- 从 int、uint 或 long 到 float 的转换以及从 long 到 double 的转换，其精度可能会降低，但数值大小不受影响。
- 不存在其他类型到 char 类型的隐式转换。
- 不存在浮点类型与 decimal 类型之间的隐式转换。
- int 类型的常数表达式可转换为 sbyte、byte、short、ushort、uint 或 ulong，前提是常数表达式的值处于目标类型的范围之内。

2.2.5.2 显式转换

显示转换也称强制类型转换，这类转换不能保证数据的正确性。其一般格式为：

(type)(表达式)

例如：

```
long long1=5;
int int1=(int)long1;
```

显式数值转换用于通过显式转换表达式，对变量的数值类型进行转换。表 2.5 显示了这些转换。

表 2.5 显示转换表

源类型	目标类型
sbyte	byte、ushort、uint、ulong 或 char
byte	sbyte 或 char
short	sbyte、byte、ushort、uint、ulong 或 char
ushort	sbyte、byte、short 或 char
int	sbyte、byte、short、ushort、uint、ulong 或 char
uint	sbyte、byte、short、ushort、int 或 char
long	sbyte、byte、short、ushort、int、uint、ulong 或 char

续表 2.5

源类型	目标类型
ulong	sbyte、byte、short、ushort、int、uint、long 或 char
char	sbyte、byte 或 short
float	sbyte、byte、short、ushort、int、uint、long、ulong、char 或 decimal
double	sbyte、byte、short、ushort、int、uint、long、ulong、char、float 或 decimal
decimal	sbyte、byte、short、ushort、int、uint、long、ulong、char、float 或 double

需要注意的是：

- 显式数值转换可能导致精度损失或引发异常。
- 将 decimal 值转换为整型时，该值将舍入为与 0 最接近的整数值。如果结果整数值超出目标类型的范围，则会引发名为 OverflowException 的异常。
- 将 double 或 float 值转换为整型时，值会被截断。如果该结果整数值超出了目标值的范围，其结果将取决于溢出检查上下文。在 checked 上下文中，将引发名为 OverflowException 的异常；而在 unchecked 上下文中，结果将是一个未指定的目标类型的值。
- 将 double 转换为 float 时，double 值将舍入为最接近的 float 值。如果 double 值因过小或过大而使目标类型无法容纳它，则结果将为 0 或无穷大。
- 将 float 或 double 转换为 decimal 时，源值将转换为 decimal 表示形式，并舍入为第 28 个小数位之后最接近的数(如果需要)。根据源值的不同，可能产生以下结果：

如果源值因过小而无法表示为 decimal，那么结果将为 0。

如果源值为 NaN(非数字值)、无穷大或因过大而无法表示为 decimal，则会引发名为 OverflowException的异常。

- 将 decimal 转换为 float 或 double 时，decimal 值将舍入为最接近的 double 或 float 值。

2.2.5.3 Convert 类/Parse 方法

Convert 类是专门进行类型转换的类，它能够实现各种基本数据类型之间的相互转换。Convert类常用的类型转换方法如表 2.6 所示。

表 2.6 Convert 类常用的类型转换方法

命令	结果
Convert. ToBoolean(val)	val 转换为 boolean
Convert. ToByte(val)	val 转换为 byte
Convert. ToChar(val)	val 转换为 char
Convert. ToDecimal(val)	val 转换为 decimal
Convert. ToDouble(val)	val 转换为 double
Convert. ToInt16(val)	val 转换为 short
Convert. ToInt32(val)	val 转换为 int
Convert. ToInt64(val)	val 转换为 long
Convert. ToSByte (val)	val 转换为 sbyte

续表 2.6

命令	结果
Convert. ToSingle(val)	val 转换为 float
Convert. ToString(val)	val 转换为 string
Convert. ToUInt16(val)	val 转换为 ushort
Convert. ToUInt32(val)	val 转换为 uint
Convert. ToUInt64(val)	val 转换为 ulong

下面的例子使用 Convert 类转换数据类型：

```
using System;
namespace TypeCast
{
    class Program
    {
        static void Main(string[] args)
        {
            float num1=82.26f;
            DateTime mydate=DateTime.Now;
            //Convert 类的方法进行转换
            int integer=Convert.ToInt32(num1);
            string str=Convert.ToString(num1);
            string strdate=Convert.ToString(mydate);
            Console.WriteLine("num1 转换为整型数据的值{0}",integer);
            Console.WriteLine("num1 转换为字符串{0}",str);
            Console.WriteLine("日期型数据转换为字符串值为{0}",strdate);
            Console.ReadKey();
        }
    }
}
```

需要注意的是，用 Convert 类转换数据类型时应注意数据表达方式的有效性，并不是任意类型之间都可以转换。

在 System 命名空间中定义的许多数据类型都包含一个 Parse 方法，该方法采用字符串参数并将其转换为数据类型。下面的例子将 string 类型转化成 int、long、float、double 等类型：

```
using System;
namespace TypeCast
{
    class Program
    {
        static void Main(string[] args)
```

```
        {
            string str="123";
            int int1=int.Parse(str);
            long long1=long.Parse(str);
            float float1=float.Parse(str);
            double double1=double.Parse(str);
            Console.WriteLine("转换为 int 类型:{0}",int1);
            Console.WriteLine("转换为 long 类型:{0}",int1);
            Console.WriteLine("转换为 float 类型:{0}",int1);
            Console.WriteLine("转换为 double 类型:{0}",int1);
            Console.ReadLine();
        }
    }
}
```

从上面的实例我们也可以看出，很多的数据类型其实都有一个 Parse 方法。

2.2.5.4 as 运算符

as 运算符用于将一个值显式地转换(使用引用转换或装箱转换)为一个给定的引用类型。但是，与强制转换表达式不同，如果转换不可行，as 会返回 null 而不会引发异常。

语法：expression as Type

等效于：expression is type? (type)expression: (Type)null

在 as 的运算中，expression 必须是一个表达式，Type 必须是一个引用类型。运算按下面这样计算：

① 如果 expression 编译时类型与 Type 相同，则结果就是 expression 的值。

② 否则，如果存在从 expression 编译时类型到 Type 的隐式引用转换或装箱转换，则执行该转换，且该转换的结果就是运算结果。

③ 否则，如果存在从 expression 编译时类型到 Type 的显式引用转换，则执行动态类型检查：

- 如果 expression 的值为 null，则结果为具有编译时类型 Type 的值 null。
- 否则，假设 Class 为 expression 引用的实例运行时的类型。如果 Class 和 Type 的类型相同，或者如果 Class 为引用类型且存在从 Class 到 Type 的隐式引用转换，或者如果 Class 为值类型且 Type 是由 Class 实现的一个接口类型，则结果为由 expression 给定的具有编译时类型 Type 的引用。
- 否则，结果为具有编译时类型 Type 的值 null。

注意：as 运算符只执行引用转换和装箱转换。不可能使用 as 运算符执行其他转换(如用户定义的转换)，用户定义的转换应改为使用强制转换表达式来执行这些转换。示例如下：

```
using System;
class Class1
{
}
class Class2
{
```

```
    }
    class MainClass
    {
        static void Main()
        {
            object[] objArray=new object[6];
            objArray[0]=new Class1();
            objArray[1]=new Class2();
            objArray[2]="hello";
            objArray[3]=123;
            objArray[4]=123.4;
            objArray[5]=null;
            for (int i=0; i<objArray.Length; ++i)
            {
                string s=objArray[i] as string;
                Console.Write("{0}:",i);
                if (s!=null)
                {
                    Console.WriteLine("'" +s+ "'");
                }
                else
                {
                    Console.WriteLine("not a string");
                }
            }
        }
    }
```

运行结果如下：

0:not a string

1:not a string

2:'hello'

3:not a string

4:not a string

5:not a string

2.3 装箱和拆箱

C#中的数据类型包括值类型、引用类型和指针类型，而指针类型只在不安全代码中使用。值类型包括简单类型、结构和枚举，引用类型包括类、接口、委托、数组和字符串等。为了保证效率，值类型是在栈中分配内存，在声明时初始化才能使用，不能为 NULL。而引用类型在堆中分配内存，初始化时默认为 NULL。值类型超出作用范围系统会自动释放内存，而引用类型是通过垃圾回收机制进行回收。由于 C# 中所有的数据类型都是由基类 System. Object 继承而来的，所以值类型和引用类型的值可以相互转换，而这一转换过程也就是所谓的装箱和拆箱。

2.3.1 装箱

装箱是指显式的通过在 System. Object 中保存变量来将值类型转换成对应的引用类型的过程。当装箱一个值时，CLR 在堆上分配一个新的对象，并将这个值类型的值复制到那个实例中，返回的是一个新分配对象的引用，其过程如图 2.4 所示。装箱用于在垃圾回收堆中存储值类型。

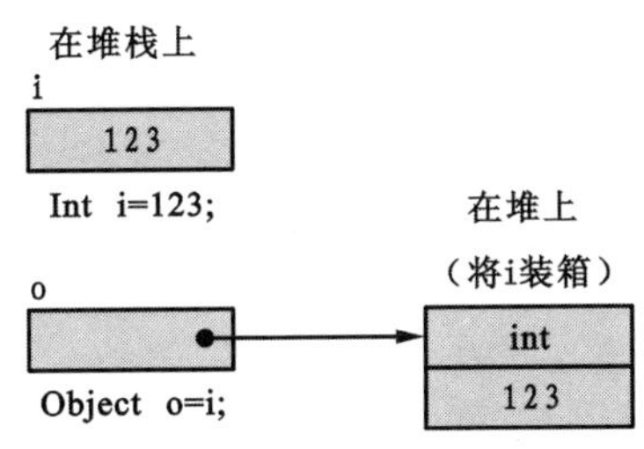

图 2.4　装箱示意图

例如：

```
using System;
namespace TestBoxing
{
    class Program
    {
        static void Main(string[] args)
        {
            int i=123;
            object o=i;//隐式装箱
            i=456;
            Console.WriteLine("值类型的值为{0}",i);
            Console.WriteLine("引用类型的值为{0}",o);
            Console.ReadLine();
        }
    }
}
```

结果输出：

值类型的值为 456

引用类型的值为 123

2.3.2 拆箱

拆箱是将对象引用所保存的值转换成对应的栈上的值类型的过程。拆箱操作包括两个步骤，即首先检查对象实例以确保其是给定值类型的装箱值，然后将该值从实例复制到值类型变量中，其过程如图 2.5 所示。拆箱到一个合适的数据类型是强制的。

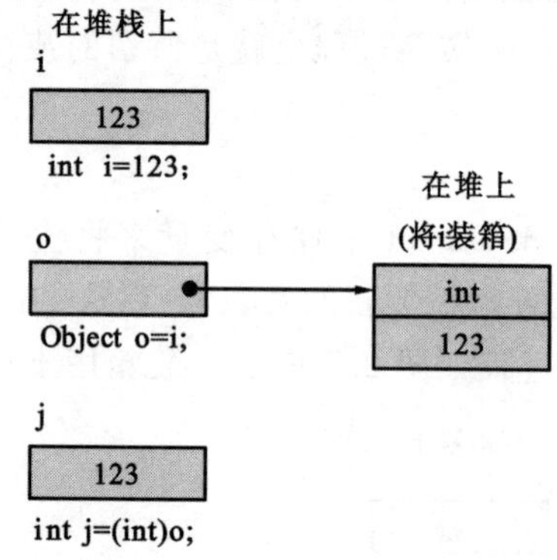

图 2.5 拆箱示意图

例如：

```
using System;
namespace TestUnBoxing
{
    class Program
    {
        static void Main(string[] args)
        {
            int i=123;
            object o=i;//隐式装箱
            try
            {
                int j=(short)o;//试着拆箱
                Console.WriteLine("拆箱成功。");
            }
            catch(System.InvalidCastException e)
            {
                Console.WriteLine("{0}错误:不正确的拆箱。",e.Message);
            }
            Console.ReadLine();
        }
    }
}
```

结果输出：

指定的转换无效。错误:不正确的拆箱。

要将 int j=(short)o 改为 int j=(int)o 就会显示拆箱成功。

另外一个例子：

```
int a=10;
double b;
b=a;//这叫装箱,"小"的放入"大"的
int a;
double b=10;
a=(int)b;//这叫拆箱,"大"的放入"小"的
```

事实上很少需要手工装箱和拆箱。大多数时候,C#的编译器会在适当的时候(如传递参数的时候)自动装箱变量。自动装箱也发生在.NET 基类库中的类型,如 System.Collections 命名空间中的一些类类型。装箱和拆箱会花费一定的时间,性能损失可以通过使用泛型来补偿。

2.4　C#运算符和表达式

如果说程序是一幢高楼大厦,那么表达式就是构成大厦的一砖一瓦,是最基本的单元。本节我们将学习C#中的运算符和表达式。

2.4.1　运算符和表达式的基本形式

运算符是个简明的符号,包括实际中的加、减、乘、除,它告诉编译器在语句中实际发生的操作,而操作数即操作执行的对象。表达式则是运算符和操作数的序列,运算符和操作数组成完整的表达式。如下式:

```
Result=Number * 10;
```

Result 与 Number 就是操作数,"=" 与" * " 称为运算符,而把它们结合起来的式子就叫做表达式。在程序中,表达式是最基本的单元,任何一个复杂的程序都是由一个一个的表达式构成的。

2.4.2　运算符类型

C#为开发人员提供了丰富的运算符与函数库,能让程序员很方便地完成程序的开发。一般情况下,将运算符的种类分为以下几种:算术运算符、赋值运算符、关系运算符、逻辑运算符、位运算符和其他运算符。

(1) 算术运算符

+、-、*、/和%运算符都被称为算术运算符,它们分别用于进行加、减、乘、除和求模运算。

- 加、减、乘运算:

C#中的+、-、*运算符都是执行标准的数学运算。例如:

```
static void Main(string[] args)
{
    int M1=45;
    int M2=10;
    int r1,r2,r3;
    r1=M1+M2;
    r2=M1-M2;
    r3=M1 * M2;
```

```
    Console.Write("两操作数相加的结果是： {0}\n",r1);
    Console.Write("两操作数相减的结果是： {0}\n",r2);
    Console.Write("两操作数相乘的结果是： {0}\n",r3);
    Console.Read();
}
```

程序运行结果为：55 35 450

- 除运算：

C＃中的/运算符用于执行算术除运算，用除数表达式除以被除数表达式得到商。例如：

```
static void Main(string[] args)
{
    int M1=45;
    int M2=10;
    int r1;
    r1=M1/M2;
    Console.Write("两个操作数的算术除运算结果为{0}",r1);
    Console.Read();
}
```

程序运行结果为：4

- 求模运算：

C＃中的％运算符可以返回除数与被除数相除之后的余数。例如：

```
static void Main(string[] args)
{
    int M1=45;
    int M2=10;
    int r1;
    r1=M1 % M2;
    Console.Write("两个操作数的取模运算结果为{0}",r1);
    Console.Read();
}
```

程序运行结果为：5

(2) 赋值运算符

赋值运算符用来为变量、属性等元素赋值，主要有“＝”、“＋＝”、“－＝”等。值得注意的是，赋值运算符两边的操作数如果不对应，则必须先进行类型转换，然后才能赋值。C＃中的赋值运算符及其运算规则如表 2.7 所示。

(3) 关系运算符

C＃为我们提供了关系运算符来实现两个值的比较运算，并返回一个布尔值。关系运算符的运算规则如表 2.8 所示。

(4) 逻辑运算符

逻辑运算符用于对两个表达式执行布尔逻辑运算，其运算规则如表 2.9 所示。

表 2.7　赋值运算符的运算规则

运算符	计算方法	表达式示例	求　值	结果(假定 X=10)
+=	运算结果=操作数 1+操作数 2	X+=5	X=X+5	15
-=	运算结果=操作数 1-操作数 2	X-=5	X=X-5	5
*=	运算结果=操作数 1 * 操作数 2	X*=5	X=X*5	50
/=	运算结果=操作数 1/操作数 2	X/=5	X=X/5	2
%=	运算结果=操作数 1% 操作数 2	X%=5	X=X%5	0

表 2.8　关系运算符的运算规则

运算符	说　明	表达式
>	检查一个数是否大于另一个数	操作数 1>操作数 2
<	检查一个数是否小于另一个数	操作数 1<操作数 2
>=	检查一个数是否大于或等于另一个数	操作数 1 >=操作数 2
<=	检查一个数是否小于或等于另一个数	操作数 1<=操作数 2
==	检查两个值是否相等	操作数 1==操作数 2
!=	检查两个值是否不相等	操作数 1!=操作数 2

表 2.9　逻辑运算符的运算规则

运算符	说　明	表达式
&&	对两个表达式执行逻辑“与”运算	操作数 1 && 操作数 2
||	对两个表达式执行逻辑“或”运算	操作数 1 || 操作数 2
!	对两个表达式执行逻辑“非”运算	! 操作数

(5) 其他运算符

① 条件运算符(?:)

条件运算符是 C# 中唯一一个三元运算符，它用来根据布尔型表达式的值返回两个值中的一个。如果条件为 true，则返回第一个表达式的值；如果为 false，则返回第二个表达式的值。例如：

```
static void Main(string[] args)
{
        string str=Console.ReadLine();
        int year=Int32.Parse(str);
        bool isLeapYear=((year % 400) ==0 || (year % 4) ==0 && (year % 100)
        !=0);
        string yesno=isLeapYear?"是":"不是";
        Console.Write("{0}年{1}闰年",year,yesno);
        Console.ReadLine();
}
```

当输入 2010 时，程序运行结果为：2010 年不是闰年。

② is 运算符

is 运算符用于检查对象是否与特定的类型兼容，即查看对象是否为该类型或派生于该类型。表达式为：

<expression> is <type>

- 如果<type>是一个类，而<expression>也是该类型，或者继承了该类型，或者它封箱到该类型中，则结果为 true。
- 如果<type>是一个接口类型，而<expression>也是该类型，或者它是执行了该接口的类型，则结果为 true。
- 如果<type>是一个值类型，而<expression>也是该类型，或者它被拆箱到该类型中，则结果为 true。

例如，要检查变量是否与 object 类型兼容：

```
int i=123;
if (i is object)
{
    Console.WriteLine("i is an object");
}
```

int 和从 object 继承而来的其他 C# 数据类型一样，执行表达式 i is object 将得到 true，并显示信息。

2.4.3 Equals()与==的区别

C# 中，所有的类都从 Object 基类中继承了 Equals()方法，而 C# 提供了==运算符，表面上看，它们都是用于比较，但是实际上它们有很大的差别。

对于普通的值类型及 string 类型来说，==及 Equals()方法的执行结果是一样的，这时==及 Equals()方法都是比较值是否相同。对于引用对象，==意为比较两个对象的引用地址是否相等，即是否为同一个对象；而 Equals()方法则是比较两者的值是否相等。例如：

```
static void Main(string[] args)
{
        int i1=1;
        int i2=1;
        string s1="s";
        string s2="s";
        Person c1=new Person(1);
        Person c2=new Person(1);
        Console.Write("{0}\n",i1==i2);
        Console.Write("{0}\n",i1.Equals(i2));
        Console.Write("{0}\n",s1==s2);
        Console.Write("{0}\n",s1.Equals(s2));
        Console.Write("{0}\n",c1==c2);
        Console.Write("{0}\n",c1.Equals(c2));
        Console.Read();
}
```

程序的运行结果为：True True True True False False

为什么会出现这个答案呢？因为值类型是存储在内存的堆栈（以后简称栈）中，引用类型的变量在栈中仅仅是存储引用类型变量的地址，而其本身则存储在堆中。==操作是比较两个变量的值是否相等，对于引用型变量表示的是两个变量在堆中存储的地址是否相同，即栈中的内容是否相同。

2.5　基本语句

2.5.1　选择结构

2.5.1.1　if…else 语句

对一个条件的判断通常有两种可能：true(1)或 false(0)。单分支结构只考虑了其条件为 true 的情况并给出相应的操作，而没有考虑当条件为 false 时程序应执行什么动作。当无论条件为 true 还是为 false 都需要执行不同的操作时，可以采用双分支选择结构。C#语言是通过 if…else 语句实现的。if…else 语句可以在条件为 true 或为 false 时执行指定的不同的动作。if…else 语句的执行过程如下：

```
if (expression)
    { 语句序列 1; }
else
    { 语句序列 2; }
```

其中：if 和 else 为 C#语言的关键字，只能使用 bool 型的 expression，由 if 引导条件为 true 时执行的操作，由 else 引导条件为 false 时执行的操作。语句序列表示当表达式的值为 true(或为 false)时执行的语句。可以是一条语句或多条语句，如果是多条语句，需要采用复合语句形式，用花括号{ }将这组语句括起来。在 if…else 结构中，if 体和 else 体中的语句都应该采用"右缩进"的格式书写。整个程序的缩进距离应该是一致的，使得程序清晰、易读。不遵循统一的缩进格式会使程序难以阅读。执行过程如下(参见图 2.6)：

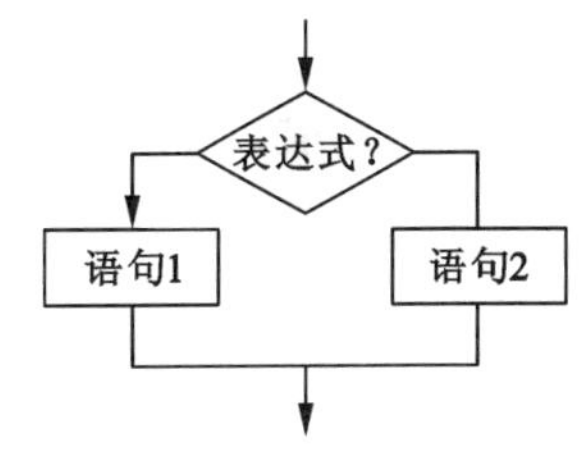

图 2.6　if-else 程序结构

当表达式结果为 true 时，执行语句 1，放弃语句 2 的执行，之后执行 if 语句的下一条语句；当表达式结果为 false 时，执行语句 2，放弃语句 1 的执行，然后执行 if 语句的下一条语句。无论如何，对于一次条件判断，语句 1 和语句 2 只能有一个被执行，不能同时被执行。例如：下面程序片段对及格和不及格学生的成绩信息分别输出。

```
int grade;
grade=int.Parse(Console.Read());
if(grade>=60)
    Console.Write("{0},Passed\n",grade);
else
    Console.Write("{0},Failed\n",grade);
```

通常情况下，单分支结构也可以写成双分支结构的形式。因为双分支结构形式是一种对称形式，它更符合人们的思维习惯，写出来的程序也比较明确、清晰、易读。

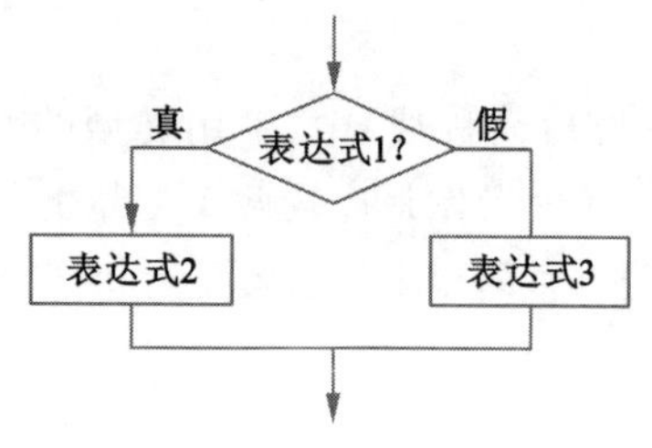

图 2.7 条件表达式实现的分支程序结构

在 C# 语言中，除了采用 if…else 语句可以实现双分支结构外，还可以通过条件表达式实现双分支结构。C# 语言提供的条件表达式的格式：

表达式 1? 表达式 2:表达式 3

执行过程如图 2.7 所示。

求解表达式 1 的值，若该值为真(非 0)则将表达式 2 的计算结果值作为整个表达式的结果；否则将表达式 3 的计算结果值作为整个表达式的结果。例如：

```
if(a<0) absa=-a;
else absa=a;
```

上述程序可以由语句 absa=(a<0)?-a:a;替换。

使用条件表达式实现双分支结构的条件是：

- 可以由一个 if 语句实现的双分支结构；
- 无论条件的结果是 true 或是 false，所执行的只能是一条简单的语句，并且这条语句只能是给同一个变量赋值的赋值语句。

用条件表达式来代替 if 语句实现双分支结构，可以使程序变得简洁，以提高执行速度。若要同时处理多个条件，还可以使用 else-if 来扩展 if 语句，其语法如下：

```
if(表达式 1) 语句块 1;
else if(表达式 2) 语句块 2;
else if(表达式 3) 语句块 3;
else 语句块 4;
```

当执行上述语句时，首先计算布尔表达式 1 的值，如果为真则执行语句块 1；否则计算布尔表达式 2 的值，如果为真则执行语句块 2；否则计算布尔表达式 3 的值，依此类推。如果所有布尔表达式的值都为假，则执行语句块 4，其中的各语句块可以是单条语句也可以是多条语句。

2.5.1.2 switch 语句

采用 if…else if…语句格式实现多分支结构，实际上是将问题细化成多个层次，并对每个层次使用单、双分支结构的嵌套。采用这种方法时，一旦嵌套层次过多，将会造成编程、阅读、调试的困难。当某种算法要用某个变量或表达式单独测试每一个可能的整数值常量，然后做出相应的动作时，可以通过 switch 语句直接处理多分支选择结构。switch 语句的一般格式如下：

```
switch (表达式)
{
   case 常量 1:
     语句块 1;
     break;
   case 常量 2:
     语句块 2;
     break;
     …
   case 常量 n:
```

```
        语句块 n;
        break;
    default:
        语句 S;
}
```

说明：

● 表达式可以控制程序的执行过程，表达式的结果必须是整数类型。

● case 后面的常量标号，其类型应与表达式的数据类型相兼容。表示根据表达式计算的结果，可能在 case 的标号中找到，标号不允许重复，具有唯一性，所以只能选中一个 case 标号。尽管标号的顺序可以是任意的，但从可读性角度而言，标号应按顺序排列。

● 语句块是 switch 语句的执行部分。针对不同的 case 标号，语句块的执行内容是不同的，每个语句块允许由一条语句或多条语句组成，但是 case 中的多条语句不需要按照复合语句的方式处理(用{}将语句括起来)。

● break 是中断跳转语句，表示在完成相应的 case 标号规定的操作之后，不继续执行 switch 语句的剩余部分而直接跳出 switch 语句之外，继而执行 switch 结构后面的第一条语句，如果不在 switch 结构的 case 中使用 break 语句，程序就会接着执行下面的语句。

● 当表达式的值与任何一个 case 都不匹配时，则执行 default 语句。尽管可以省略 default 语句，但是提供一条 default 语句可以对那些不满足条件的情况加以说明，从而防止有些条件被忽略测试。

执行过程如图 2.8 所示。

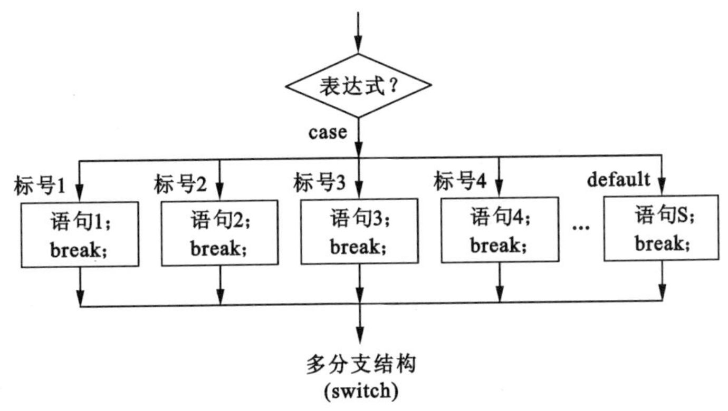

图 2.8　switch 语句执行流程

从流程图中可以看出：每一个 case 可以拥有一个或多个动作，每一个 case 的结束处都有一条 break 语句，这条语句可以使控制流程立即退出 switch 结构。switch 语句的执行过程如下：

● 计算表达式的值。

● 将表达式的值依次与每一个 case 后的常量标号进行比较。如果与某个 case 标号相等，则执行该 case 标号后的语句；如果在所有语句执行之后有 break 语句，则立即退出 switch 结构，标志整个 switch 多分支选择结构处理结束。假设没有 break 语句，将无条件地执行下一条 case 语句(这时，不需要对下一个 case 标号进行检查比较，也许是该语句后面的所有 case 语句)。

● 如果表达式的值与所有的 case 标号比较后没有找到与之匹配的标号，则做如下处理：若有 default 语句则在执行 default 语句后的语句后结束多分支结构。若没有 default 语句，则不执行 switch 语句的任何语句，直接结束 switch 语句的执行。

例如：编写一个程序，完成两个数的四则运算(数与运算符由键盘给入)。

```
float x,y;
Char op;
Console.Write("type in your expression:\n");
x=float.Parse(Console.ReadLine());
op=(char)Console.Read();
y=float.Parse(Console.ReadLine());
Switch(op)
{       case '+':
                Console.Write("{0,10}{1}{2,10}={3,10}\n",x,op,y,x+y);
                Break;
        case '-':
                Console.Write("{0,10}{1}{2,10}={3,10}\n",x,op,y,x-y);
                Break;
        case '*':
                Console.Write("{0,10}{1}{2,10}={3,10}\n",x,op,y,x*y);
                Break;
        case '/':
                if(0 ==y)
                  Console.Write("error! \n");
                else
                  Console.Write("{0,10}{1}{2,10}={3,10:F4}\n",x,op,y,x/y);
                Break;
        default:
                Console.Write("expression error! \n");
                Break;
}
```

程序运行结果：

type in your expression:5+6

5.00+6.00=11.00

2.5.2 循环结构

在编程解决实际问题的过程中，经常会遇到许多有规律性的重复计算或处理的问题，处理此类问题的时候，需要将程序中的某些语句反复地执行多次，如计算一组数的累加和。这样的问题可以通过迭代结构来完成求解。C#提供了4种类型的循环控制语句：for语句、do/while语句、while语句和foreach语句。其中foreach语句主要用于遍历数组或集合中的每一个元素，将在本节末介绍。

2.5.2.1 for循环

for语句是循环控制结构中使用最广泛的一种循环控制语句，其功能是将某段程序代码反复执行若干次。该语句特别适合已知循环次数的情况。for循环的语句格式如下：

```
for (表达式 1;表达式 2;表达式 3)
{语句序列;}
```

要点:

● 表达式 1:通常为赋值表达式,用来确定循环结构中的控制循环次数的变量的初始值,实现循环控制变量的初始化。

● 表达式 2:通常为关系表达式或逻辑表达式,用来判断循环是否继续进行,将循环控制变量与某一值进行比较,以决定是否退出循环。

● 表达式 3:通常为表达式语句,用来描述循环控制变量的变化,多数情况下为自增或自减表达式(复合加或复合减语句),实现对循环控制变量的修改。

● 循环体(语句序列):当循环条件满足时应该执行的语句序列,通常这个序列要用{}括起来。它可以是简单语句、复合语句。若只有一条语句,则可以省略{}。

执行过程如图 2.9 所示。

① 计算表达式 1 的值,为循环控制变量赋初值。

② 计算表达式 2 的值,如果其值为真则执行循环体语句,否则退出循环,执行 for 循环后的语句。

③ 如果执行了循环体语句,则在每一次执行循环体结束时,都要计算一次表达式 3 的值,调整循环控制变量,然后返回②步重新计算表达式 2 的值,依此重复过程,直到表达式 2 的值为假时,退出循环。

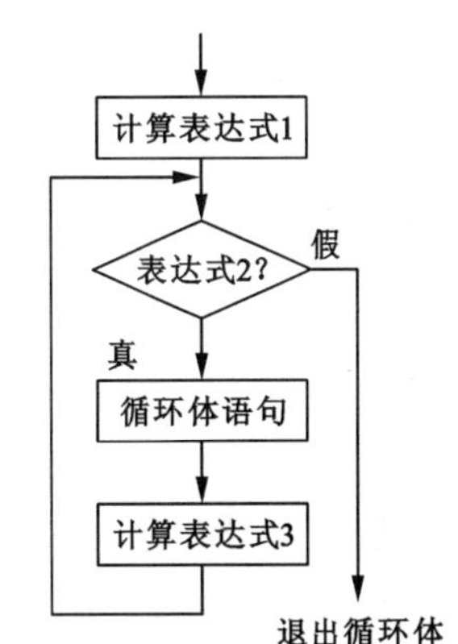

图 2.9　for 循环语句流程图

for 语句很好地体现了正确表达循环结构应注意的三个问题:循环控制变量的初始化、循环控制的条件以及循环控制变量的更新。例如:输出 1～100 之间的自然数之和的 C# 程序如下:

```
int sum,count;
for(cout=1;count<=100;count++)
    sum+=count;
Console.Write("the sum from 1 to 100 is {0}\n",sum);
```

程序运行结果:

the sum from 1 to 100 is 5050

从该程序的执行过程可以看出:for 结构用控制变量指定了循环所需要的每一个方面的内容。当执行 for 结构时,count 作为循环控制变量的初始值为 1,由于满足循环条件表达式 count<=100,执行 sum=sum+count语句(sum 为 1),然后计算 count=count+1 的值(为 2),再次测试循环控制条件 count<=100,仍然满足条件,继续循环,直到 count 的值变化为 101 为止,由于不再满足循环条件 count<=100,退出循环,执行 for 结构的下一条语句 Console.Write("the sum from 1 to 100 is {0}\n",sum)输出结果。

一般情况下,在 for 结构中只体现循环控制变量的初始化以及循环控制变量的更新的表达式,如上例中的循环控制变量 count。而其他变量的操作应放在循环之前或循环体中,如对例题中的 sum 的处理。循环中常见的错误是循环控制条件使用了不正确的表达式,例如:例题中循环进行的条件是 count<=100,如果错误地写成 count<100,则循环只进行了 99 次。如果 for 循环中不止一条语句,则需要用{ }将循环体括起来,表示当循环条件满足时需要执行的若干条语句,否则将导致逻辑错误。在使用 for 语句时,经常会运用省略 for 语句的某一表达式的形式,常用的 for 语句

的几种省略格式为：

(1) for(;;)语句；

for 语句的三个表达式都是可以省略的，但分号";"绝对不能省略。这是一个无限循环语句，与 while(1)的功能相同，一般处理方法是：在循环体内的适当位置，利用条件表达式与 break 语句的配合中断循环，即当满足条件时，用 break 语句跳出 for 循环。例如：

```
for(;;)
{ …
 if(x==0) break;
 …
}
```

表示当 x 等于 0 时，使用 break 语句退出循环。

(2) for(;表达式 2;表达式 3)语句；

这是省略<表达式 1>的形式，实际上<表达式 1>可以写在 for 语句结构的外面。例如：

```
n=20;
for(;n<k;n++) 语句;
```

它等价于 for(n=20;n<k;n++)语句格式。

使用这种格式的一般原因是：循环控制变量的初值不是已知常量，而是需要通过前面语句的执行计算得到。

(3) for(表达式 1;表达式 2;)语句；

省略<表达式 3>的形式，C#语言允许在循环体内改变循环控制变量的值，这在某些程序设计中很有用。一般当循环控制变量呈非规则变化，并且在循环体中有更新循环控制变量的语句时使用。例如：

```
for(n=1;n<=100 ;)
{
  …
  n=3 * n-1;
  …
}
```

循环控制变量的变化为：1、2、5、11、…

(4) for(逗号表达式 1;表达式 2;逗号表达式 3)语句；

在 for 语句中，<表达式 1>和<表达式 3>都可以是一项或多项。当多于一项时，各项之间用逗号","分隔，形成一个逗号表达式，例如：

```
for(n=1,m=100;n<m;n++,m--)
{…}
```

其中：表达式 1 同时为 n 和 m 赋初值，表达式 3 同时改变 n 和 m 的值。表示循环可以有多个控制变量，但是，逗号表达式可以与循环有关，也可以与循环无关。

(5) for(表达式 1;表达式 2;表达式 3);

循环体为空语句，表达当循环条件满足时空操作。一般用于延时处理。例如：

```
for(n=1;n<=10000 ;n++)
 {;}
```

表示循环变量空循环了 10000 次，占用了一定的时间，起到了延时等待的效果。

(6) for(表达式 1；；表达式 3)；

表示不用判断循环条件是否成立，循环条件总是满足的，它等价于：while(1)格式。

注意：

● 循环初始值(表达式 1)、循环的条件(表达式 2)和循环控制变量改变语句(表达式 3)中可以包含算术表达式。例如：a=1，b=2，则有语句 for(i=a+2;i<=10 * a+b;i+=b-a)等价于语句 for(i=3;i<=12;i+=1)。

● 尽管可以在 for 结构的循环体中修改循环控制变量的值，但一般情况下，循环控制变量仅用来控制循环，尽量不在循环体中作其他用途，因为这样可能导致令人费解的错误。

● 表达式 3 不仅可以自增，也可以自减，还可以是加/减一个整数，例如：

```
for(i=100;i>=1;i--)/ * 循环控制变量从 100 递减到 1 * /
for(i=0;i<=10;i+=2)/ * 循环控制变量从 1 变化到 10，每次增加 2 * /
for(i=10;i>=0;i-=2)/ * 循环控制变量从 10 变化到 0，每次减少 2 * /
```

当进行递增操作时，循环向上计数，表达式 1 的值要大于表达式 2 的值；当进行递减操作时，循环向下计数，表达式 1 的值要大于表达式 2 的值，否则将成为无限循环。

● 如果继续循环的条件一开始就为假，就不执行循环体，而是执行 for 结构之后的语句。这一点与 while 语句一致，都是先判断条件后执行循环体语句。“while”语句和“ for”语句具有相似性，多数情况下，while 循环可以用等价的 for 循环结构表示。

将 for(表达式 1;表达式 2;表达式 3)语句;格式转换为等价的 while 格式为：

```
表达式 1;
while (表达式 2)
{
  语句;
  表达式 3;
}
```

2.5.2.2　while 和 do…while 循环

(1) while 循环

用于首先判断循环条件，当条件为真时，程序重复执行某些操作。语句格式：

```
while (条件表达式)
 {
   语句;
 }
```

其中 while 是 C#语言的关键字，表示这是当型循环。条件表达式一般是关系表达式或逻辑关系表达式，也可以是其他表达式，其结果值为逻辑真(1)或逻辑假(0)，用来描述控制循环的条件，规定循环语句被执行到什么时候终止。语句是 while 的要被反复执行的部分，即循环体。循环体

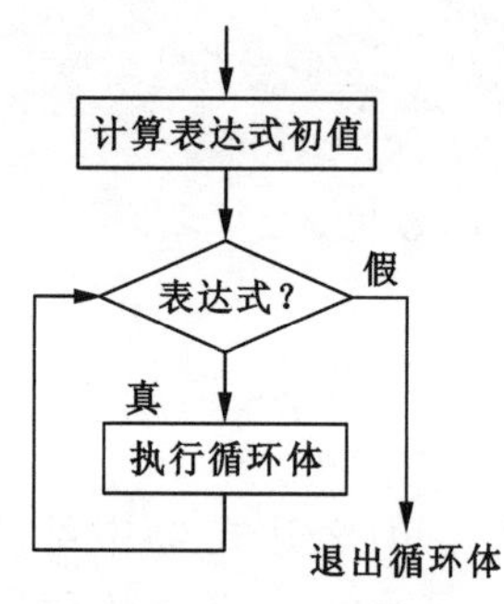

图 2.10 while 循环结构程序流程

可以是一条简单语句，也可以是由多条语句构成的复合语句(用{}括起来)。执行过程如图 2.10 所示。

判断计算表达式的结果值是否为真，如果为真则执行循环体，重复上述过程，直到表达式的结果值为假，退出循环，转而执行 while 语句的后续语句。

while 语句的特点是：首先判断循环条件，然后执行循环体语句。所以循环的次数一般不能事先确定，需要根据循环条件(表达式的值)来判定，如果开始时循环条件就为假，则循环体一次也不执行(执行 0 次)。循环体中必须有使循环趋于结束的语句，以保证循环正常结束。否则，因为没有对控制变量的改变，循环将无限进行，造成死循环。如循环格式 while(1)表示无限循环，除非在循环体中有退出语句，否则将导致程序错误。

实例：输入一组整数，分别统计正整数和负整数的个数(0 作结束标志)。通过反复读入数据，并对读入的数据进行判断，如果读入的是一个大于 0 的数，则统计正整数的变量增 1，如果读入的数据是一个小于 0 的数，则统计负整数的变量值增 1。当读入的数据为 0 时，结束循环。程序清单如下：

```
int sum1=0,sum2=0,n;
n=int.Parse(Console.ReadLine());
while(0!=n)
{
    if(n>0)
        sum1+=1;
    else
        sum2+=1;
    n=int.Parse(Console.ReadLine());
}
Console.Write("sum1={0},sum2={1}\n",sum1,sum2);
```

程序运行结果：

10 −2 12 −9 345 0

sum1=3,sum2=2

在本例中，循环控制变量的初值是通过 Console 类的 Read()函数读入的，在循环体中，循环控制变量的改变同样是通过此函数的读入实现的。

(2) do…while 循环

用于首先执行一次循环体语句，然后开始测试循环条件，当条件为真时继续循环的处理过程。语句格式：

```
do
{ 语句; }
while(表达式);
```

其中：表达式可以是关系表达式、逻辑表达式或其他表达式，其结果为真与假，用以描述循环进行下去的条件。循环体可以是简单语句和复合语句，如果只有一条语句，可以不使用花括号{}。执行过程如图 2.11 所示。

这类循环程序首先执行一次循环体语句；然后测试循环进行的条件，即判断表达式的结果，如果结果为真则重复执行循环体语句；直到表达式的结果值为假时，退出 do…while 循环，执行 do…while 循环后面的语句。

do…while 结构的表达式后面必须有分号，其循环的次数不能确定，需要根据循环条件（表达式的值）来判定需要循环的次数。于是首先执行循环体语句，然后判断循环条件，因此即使循环条件不满足，循环体也至少被执行一次。

实例：找出 1～100 之间的整数中，是 3 的倍数或 5 的倍数这样的数的个数。循环控制在 1～100 之间，从中查找是 3 的倍数或是 5 的倍数的数据，条件是该数除 3 的余数为 0 或除 5 的余数为 0，然后计算出符合这个条件的数据个数。程序清单如下：

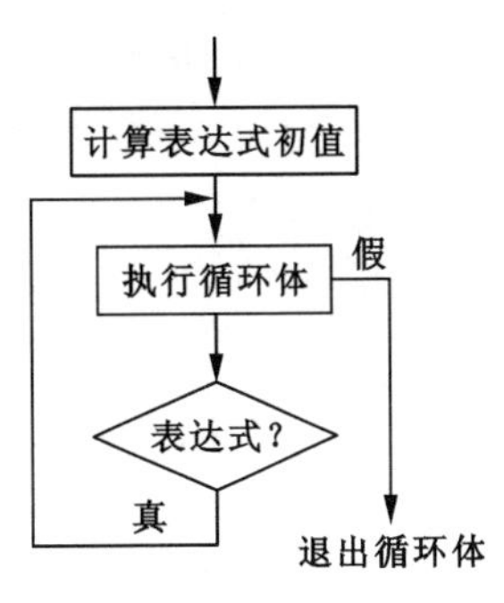

图 2.11　do…while 循环结构程序流程图

```
int count=0,n=1; /* count 为满足条件的数的个数的统计结果；n 为循环控制变量，范围为
                          1～100。 */
do{
  if(n%3==0 || n%5==0)
  count++;
  n++;
  } while (n<=100);
Console.Write("The total number is {0}",count);
```

通过设置循环控制变量 n 的初始值为 1，采用一条单分支 if 语句首先判断该数是否是 3 的倍数或是 5 的倍数，如果是则 count 值加 1，否则不做任何处理，然后将循环控制变量加 1，测试是否满足继续循环的条件，直到 count 的值为 101 为止。程序执行结果：

The total number is 47

2.5.2.3　foreach 循环

foreach 语句提供一种简明的方法来循环访问集合以获取所需信息，但不应用于更改集合内容以避免产生不可预知的副作用。foreach 语句为数组或对象集合中的每个元素重复一个嵌入语句组。嵌入语句为数组或集合中的每个元素执行，当为集合中的所有元素完成迭代后，控制传递给 foreach 块之后的下一个语句。可以在 foreach 块的任何点使用 break 关键字跳出循环，或使用 continue 关键字直接进入循环的下一轮迭代。foreach 循环还可以通过 goto、return 或 throw 语句退出。

例如，下面的代码将创建一个名为 numbers 的数组，并用 foreach 语句循环访问该数组，输出数组中每个元素：

```
int[] numbers={ 4,5,6,1,2,3,-2,-1,0 };
foreach (int i in numbers)
{
   Console.WriteLine(i);
}
```

由于有了多维数组，可以使用相同方法来循环访问元素，例如：

```
int[,] numbers2D=new int[3,2] { { 9,99 },{ 3,33 },{ 5,55 } };
foreach (int i in numbers2D)
{
    Console.Write("{0} ",i);
}
```

该示例的输出为：

9 99 3 33 5 55

在编程实践中，对于多维数组，使用嵌套的 for 循环可以更好地控制数组元素。

2.6 结构与枚举

2.6.1 结构

结构是由多个不同数据类型的相关元素组合在一起而形成的一种数据结构。在日常工作中，经常会用到结构类型。例如，学生的姓名、性别、年龄、电话、学科成绩等数据项，它们具有密切的相关性，但又具有各自不同的数据类型，就可以把它们组成一个整体。声明结构类型的一般形式如下：

```
struct 结构名
{
    结构成员声明语句 1;
    结构成员声明语句 2;
    ...
    结构成员声明语句 n;
}
```

例如下面的语句声明了一个 Student 结构：

```
struct Student
{
    public string name;
    public string sex;
    public uint age;
    public string phone;
    public uint score;
}
```

结构与枚举都不能作为一个整体被引用，程序只能以“结构名.结构成员名”的形式访问结构中的成员，可以对其执行读写操作。

实例：创建一个名为 Student 的结构，并且对它的成员执行读写操作。

```
struct Student
{
    public string name;
    public string sex;
```

```
    public int age;
    public string phone;
    public int score;
}
Student student1;    //创建一个 Student 类型的实例
Student1.name=Console.ReadLine();
Student1.sex=Console.ReadLine();
Student1.age=int.Parse(Console.ReadLine());
Student1.phone=Console.ReadLine();
Student1.score=int.Parse(Console.ReadLine());
Console.WriteLine("the student info:"); //学生信息输出
Console.WriteLine("name {0},sex {1},age {2},phone {3},score{4}",student1.name,
student1.sex,studen1.age,student1.phone,student1.score);
```

输入以下数据：

田一妮

女

19

68752220

100

最后的输出结果为：

the student info:

name 田一妮,sex 女,age 19,phone 68752220,score 100

2.6.2　枚举

C#枚举类型(也称为枚举)为定义一组可以赋给变量的命名整数常量提供了一种有效的方法。例如，假设必须定义一个变量，该变量的值表示一周中的一天。该变量只能存储七个有意义的值。若要定义这些值，可以使用枚举类型。枚举类型是使用 enum 关键字声明的。例如：

```
enum Days
{Sunday,Monday,Tuesday,Wednesday,Thursday,Friday,Saturday };
enum Months : byte {Jan,Feb,Mar,Apr,May,Jun,Jul,Aug,Sep,Oct,Nov,Dec };
```

枚举类型在定义时须赋初值，默认计数方案是将第一个元素设置为 0，以后依次递增。可以改变第一个值，以下的依次递增。也可以指定全部的或部分的值，指定时并不必遵循有序的原则，只是将来指定值的元素设置为上一元素的值加 1。可以将任意值赋给枚举类型的枚举数列表中的元素，也可以使用计算值：

```
enum MachineState
{
    PowerOff=0,
    Running=5,
    Sleeping=10,
```

```
    Hibernating=Sleeping + 5
}
```

默认情况下，枚举中每个元素的基础类型是 int。可以使用冒号指定另一种整数值类型，如前面的示例所示。即默认枚举每一个项目的存储类型映射到 System. Int32。可以改变这个设置。例如：

```
enmu EmpType:byte
{
    Manager=10,
    Grunt =1,
    Contractor=100,
    VP=9
}
```

一个枚举的值必须总是带着含有前缀的枚举名称被应用，例如 EmpType. Grunt 而不是 Grunt。

● System. Enum 基类

枚举类都隐式的派生自 System. Enum，该基类定义了很多静态方法，如表 2.10 所示。

表 2.10　部分 System. Enum 静态方法

方　法	作　用
Format	根据指定的格式将指定的枚举类型的值转换成和它等价的字符串表示
GetName	在指定的、具有指定值的枚举中获取常量名称或一个包含全部名称的数组
GetNames	
GetUnderlyingType	返回用来保存给定枚举值的底层数据类型
GetValues	在指定的枚举中获取常量值的数组
IsDefined	返回一个值指示值的常量是否存在于指定的枚举中
Parse	将一个或多个枚举常量的名称或数值的字符串表示转换成一个等价的枚举对象，返回的是 System. Object，因此需要强制转换

下面的程序综合了 System. Emu 基类各方法的应用：

```
//自定义枚举类型
enum EmpType : byte
{
    Manager=10,
    Grunt=1,
    Contractor=100,
    VP=9
}
Class Program
{
    #region Helper function
    //Enums as parameters.
    Public static void AskForBonus(EmpType e)
```

```
{
    switch (e)
    {
        case EmpType.contractor:
            Console.WriteLine("You already get enough cash…");
            break;
        case EmpType.Grunt:
            Console.WriteLine("You have got to be kidding…");
            break;
        case EmpType.Manager:
            Console.WriteLine("How about stock options instead?");
            break;
        case EmpType.VP:
            Console.WriteLine("VERY GOOD,Sir!");
            break;
        default: break;
    }
}
#endregion
static void Main(string[] args)
{
    Console.WriteLine("* * * * * Enums as parameters * * * * *");
    EmpType fred;
    fred=EmpType.VP;
    AskForBonus(fred);
    //Print out string version of 'fred'.
    Console.WriteLine("\n* * * * * ToString() * * * * *");
    Console.WriteLine(fred.ToString());
    //Get underlying type.
    Console.WriteLine("\n* * * * * Enum.GetUnderlyingType() * * * * *");
    Console.WriteLine(Enum.GetUnderlyingType(typeof(EmpType)));
    //Get Fred's type,hex and value.
    Console.WriteLine("\n* * * * * Enum.Format() * * * * *");
    Console.WriteLine("You are a {0}",fred.ToString());
    Console.WriteLine("Hex value is {0}",Enum.Format(typeof(EmpType),
    fred,"x"));
    Console.WriteLine("Int value is {0}",Enum.Format(typeof(EmpType),fred,"D"));
    //Parse.
    Console.WriteLine("\n* * * * * Enum.Parse() * * * * *");
    EmpType sally=(EmpType)Enum.Parse(typeof(EmpType),"Manager");
```

```
            Console.WriteLine("Sally is a {0}",sally.ToString());
            //Get all stats for EmpType.
            Console.WriteLine("\n***** Enum.GetValues() *****");
            Array obj=Enum.GetValues(typeof(EmpType));
            Console.WriteLine("This enum has {0} members:",obj.Length);
            //Now show the string name and associated value.
            foreach (EmpType e in obj)
            {
                Console.Write("String name: {0}",Enum.Format(typeof(EmpType),e,"G"));
                Console.Write(" ({0})",Enum.Format(typeof(EmpType),e,"D"));
                Console.Write(" hex: {0}\n",Enum.Format(typeof(EmpType),e,"X"));
            }
            //Does EmpType have a SalePerson value?
            Console.WriteLine("\n***** Enum.IsDefined() *****");
            if (Enum.IsDefined(typeof(EmpType),"SalesPerson"))
                Console.WriteLine("Yep,we have sales people.");
            else
                Console.WriteLine("No,we have no profits…");
            Console.WriteLine("\n*****<and>*****");
            EmpType Joe=EmpType.VP;
            EmpType Fran=EmpType.Grunt;
            if (Joe<Fran)
                Console.WriteLine("Joe's value is less than Fran's value.");
            else
                Console.WriteLine("Fran's value is less than Joe's value.");
            Console.ReadLine();
        }
    }
```

2.7 String、StringBuilder 和 DateTime

2.7.1 String 类型及其方法

String(字符串)是任何一种编程语言最常使用的数据类型,string 表示文本,即一系列 Unicode 字符。String 是.NET 框架中 System.String 类型的别名,是使用 string 关键字生成的一个字符数组,如下例所示:

```
String string1="Hello! ";
String string2="World";
string1+=string2;//连接两个字符串
System.Console.WriteLine(string1);
```

字符串对象是“不可变的”，一旦创建无法更改。对字符串进行操作实际返回的是新的字符串对象，如上例，+=后的 string1 是个新创建的完全不同的字符串。

C#支持同 C 语言基本一致的转义字符，如下：\'、\"、\\、\a、\n、\r、\t。例如：

```
String hello="Hello! \nWorld"
```

C#引入了以@为前缀的字符串字面量记法，称为“逐字字符串”。例如：

```
Console.WriteLine(@"C:\MyApp\bin\debug");
```

还可以容许重复“标记向一个字面量字符串插入一个双引号”，例如：

```
Console.WriteLine(@"Cerbus said ""Darrr!""");
```

和所有从 Object 派生的对象一样，数值类型也提供 ToString 方法用于将值转换为字符串。例如：

```
int year=2010;
String string1="他毕业于" + year.ToString();
Console.WriteLine(string1);
```

尽管 String 是一个引用类型，但是相等性运算符(==和!=)被定义为比较字符串对象的值而不是它们所引用的内存，这使得对字符串的相等性测试更为直观。

```
String a="Hello";
String b="H";
b+="ello";
Console.WriteLine(a==b);//输出 true
Console.WriteLine((object)a==(object)b);//a 与 b 具有不同的引用，输出 false
```

String 类型有 Length()、Contains()、Format()、Insert()、PadLeft()、PadRight()、Remove()、Replace()、SubString()、ToCharArray()、ToUpper()、ToLower()等方法，其常用方法如表 2.11 所示。

表 2.11　String 常用方法

方　法	说　明	示　例	输　出
Trim	从开始位置和末尾移除空白字符	String s1="Visual C# Express "; Console.WriteLine(s1.Trim());	Visual C# Express
SubString	用于指定的字符位置开始且具有指定的长度取子字符串	String s1="Visual C# Express "; Console.WriteLine(s1.Substring(7,2));	C#
Replace	将指定的 String 的所有匹配项替换为其他指定的 String	String s1="Visual C# Express "; Console.WriteLine(s1.Replace("C#","Basic"));	Visual Basic Express
IndexOf	IndexOf()在一个字符串中搜索另一个字符串，如果未找到搜索字符串，IndexOf()返回-1；否则，返回它出现的第一个位置的索引(从 0 开始)	String s1="Visual C# Express "; Console.WriteLine(s1.IndexOf("C#"));	7
ToUpper	将字符串中的字母更改为大写	String s1="Visual C# Express "; Console.WriteLine(s1.ToUpper());	VISUAL C# EXPRESS

续表 2.11

方 法	说 明	示 例	输 出
ToLower	将字符串中的字母更改为小写	String s1="Visual C# Express"; Console. WriteLine(s1. ToLower());	visual c# express
Split	使得分隔符(如空格字符)分隔char数组。并返回一个字符串数组	String[] strs="Visual C# Express". Split[](new char{' '});	"Visual"," C#"," Express"
Join	连接字符串	Console. WriteLine(String. Join("_","Visual C# Express". Split(new char[]{' '})));	"Visual_C#_Express"
Format	将各类数据格式化为字符串	String. Format("{0:C}",123);	$123.00

针对String类的静态方法String. Format(string format,params Object[] args),可以将各类数据格式化为字符串并输出,类似于C语言中printf函数的用法。其中format参数指定了输出的格式,format参数的格式及含义如表2.12所示。

表 2.12 数值格式化

字 符	说 明	示 例	输 出
C	货币	String. Format("{0:C3}",123)	$123.000
D	十进制	String. Format("{0:D5}",123)	00123
E	科学计数法	String. Format("{0:E}",123)	1.23E+002
G	常规	String. Format("{0:G}",123)	123
N	用逗号隔开的数字	String. Format("{0:N}",123000)	123,000.00
X	十六进制	String. Format("{0:X000}",123)	7B
0	占位符	String. Format("{0:000.000}",12.3)	012.300

2.7.2 StringBuilder属性和方法

由于String一旦建立,它的值就不能再修改,因此在处理大文本数据时效率低下,而StringBuilder提供了对底层缓冲区的直接访问,因此效率更高。每次使用String类中的方法之一或进行运算时(如赋值、连接等),都要在内存中创建一个新的字符串对象,这就需要为该新对象分配新的空间,且与创建新的String对象相关的系统开销可能会非常大;而StringBuilder则不会,在需要对字符串执行重复修改的情况下,如果要修改字符串而不创建新的对象,则可以使用System. Text. StringBuilder类。例如,当在一个循环中将许多字符串连接在一起时,使用StringBuilder类可以提升性能。

StringBuilder对象是动态对象,允许扩充它所封装的字符串中字符的数量,可以为它可容纳的最大字符数指定一个值。此值成为该对象的容量。默认StringBuilder的容量是16。不应将它与当前的StringBuilder对象容纳的字符串长度混淆。可通过构造函数或属性赋值方式来设置StringBuilder对象的容量,例如:

```
StringBuilder MyStringBuilder=new StringBuilder("Hello World!",25);
或 MyStringBuilder.Capacity=25;
```

EnsureCapacity 方法可用来检查当前 StringBuilder 的容量。如果容量大于传递的值，则不进行任何更改；但是，如果容量小于传递的值，则会更改当前的容量以使其与传递的值匹配。也可以查看或设置 Length 属性，如果将 Length 属性设置为大于 Capacity 属性的值，则自动将 Capacity 属性更改为与 Length 属性相同的值。如果将 Length 属性设置为小于当前 StringBuilder 对象内的字符串长度的值，则会缩短该字符串。

StringBuilder 的基本方法如表 2.13 所示。

表 2.13　StringBuilder 的基本方法

方法名	说　明
Append	将信息追加到当前 StringBuilder 的结尾
AppendFormat	用带格式文本替换字符串中传递的格式说明符
Insert	将字符串或对象插入到当前 StringBuilder 对象的指定索引处
Remove	从当前 StringBuilder 对象中移除指定数量的字符
Replace	替换指定索引处的指定字符

下面的代码演示如何调用由 StringBuilder 类定义的多个方法。

```
Using System;
Using System. Text;
Public sealed class App
{
  Static void Main()
  {
    //创建带有字符串"ABC"的一个 StringBuilder 新实例 sb，容量为 50
    StringBuilder sb=new StringBuilder("ABC",50);
    //将三个字符(D,E,F)追加到当前 StringBuilder 的结尾
    sb. Append (new char[] { 'D', 'E', 'F'});
    //向此实例追加格式化字符串。每个格式规范有相应的对象参数的字符串替换。
    sb. AppendFormat("GHI{0}{1}", 'J', 'k');
    //显示字符串长度和内容
    Console. WriteLine( "{0}chars:{1}",sb. Length,sb. ToString());
    //将字符串插入到当前 StringBuilder 对象的指定索引处
    sb. Insert(0, "Alphabet:");
    sb. Replace( 'k', 'K');//将此实例中所有的指定字符 k 换成 K
    Console. WriteLine( "{0}chars:{1}",sb. Length,sb. ToString());
  }
}
```

程序运行结果：

11 chars:ABCDEFGHIJk

21 chars:Alphabet:ABCDEFGHIJK

2.7.3 DateTime 类型

DateTime类型包含了表示某个日期（年、月、日）的数据以及时间值，其表示值范围在公元1753年1月1日午夜12:00:00到公元9999年12月31日晚上11:59:59之间的日期和时间。（如果不需要覆盖这么大范围的日期和时间，可以使用SmallDateTime型数据。它与DateTime型数据同样使用，只不过它能表示的日期和时间范围比DateTime型数据小，而且不如DateTime型数据精确。一个SmallDateTime类型的变量能够存储从1900年1月1日到2079年6月6日的日期，它只能精确到秒。）TimeSpan表示时间间隔，其值的范围在MinValue和MaxValue之间。TimeSpan值可以表示为［－］d. hh:mm:ss. ff，其中减号是可选的，它指示负时间间隔，d分量表示天，hh表示小时（24小时制），mm表示分钟，ss表示秒，而ff为秒的小数部分。即，时间间隔包括整的正负天数、天数和剩余的不足一天的时长，或者只包含不足一天的时长。实例如下：

```
DateTime.Now.ToString();//今天
DateTime dt=new DateTime(2011,2,28,12,12,12); //利用构造函数接受年、月、日和时间
Console.WriteLine("The day of {0} is {1}",dt.Date,dt.DayOfWeek);
                                                        //显示日期是星期几
Console.WriteLine(dt.DayOfYear); //显示日期是该年中第几天
Console.WriteLine("Daylight savings: {0}",dt.IsDaylightSavingTime());
//是否在当前时区夏时制范围
dt=dt.AddMonths(2); //向后推2个月份
dt=DateTime.Now.AddDays(7).ToShortDateString();//7天后
dt=DateTime.Now.ToString("yyyy-MM-01");//本月第一天
dt=DateTime.Parse(DateTime.Now.ToString("yyyy-MM-01")).AddMonths(1).AddDays
(-1).ToShortDateString();//本月最后一天
dt = DateTime.Parse(DateTime.Now.ToString("yyyy-MM-01")).AddMonths(-1).
ToShortDateString();//上月第一天
dt=DateTime.Parse(DateTime.Now.ToString("yyyy-MM-01")).AddDays(-1).ToShort-
DateString();//上月最后一天
TimeSpan ts=new TimeSpan(4,30,0);//构造函数接受小时、分钟和秒
Console.WriteLine(ts.Subtract(new TimeSpan(0,15,0)));
                                      //从当前TimeSpan减去15分钟并且输出结果
dt=dt.Add(ts); //在日期值上加4小时30分钟
```

第3章 数组、集合对象和泛型

3.1 简单数组

3.1.1 数组概述

数组是包含若干相同类型对象的集合。在数组的术语中，元素表示数组中存储的值，数组长度指数组中存储值的总数，数组秩指数组的总维数。C#数组从0开始建立索引并按索引访问元素，索引标识了对象在数组中的存储位置或槽。数组的最大长度是int类型最大的数字，在创建数组时需要确定其大小。数组既可用于存储引用类型，也可用于存储值类型。声明数组时，方括号[]必须跟在类型后面（而不是跟在标识符后面），且指明数组的大小。数组是对象，声明数组并不实际创建它们，在使用数组时必须将其实例化。一维数组的声明和实例化语法为：

```
type[] arrayName;
arrayName=new type[长度];
```

或用一行代码来表示为：

```
type[] arrayName=new type[长度];
```

例如，想要储存学生分数，可通过定义多个同类型变量方式实现，代码如下：

```
int score1;//第一位学生的分数
System.Console.ReadLine(score1);
...
int score7;//第七位学生的分数
System.Console.ReadLine(score7);
```

上述程序对应的数组代码为int[ ] score= new int[7];则第一位学生的分数为score[0]，第二位学生的分数为score[1]，依此类推，第七位学生的分数为score[6]。如果在声明时就知道数组的值，可以在大括号中指定这些值。如：int[ ] score= new int[7]{80,70,75,70,90,60,85};。这种情况下，数组的大小和new关键字都是可选的。上行代码等价于：

```
    int[ ] score=new int[]{80,70,75,70,90,60,85};
或：int[ ] score={80,70,75,70,90,60,85};
```

如果声明的数组大小小于初始化的个数将会导致编译错误。数组具有以下特征：

- 数组是同一数据类型的一组值，数组可以是一维、多维或交错的。
- 数组的索引从0开始，具有n个元素的数组的索引是从0到n－1。

● 数组元素可以是任何类型，包括数组类型；数值类型数组元素的默认值设置为0，而引用类型数组元素的默认值设置为null；数组元素初始化或给数组元素赋值都可以在声明数组时或在程序的后面阶段中进行。

● 交错数组是数组的数组，因此，它的元素是引用类型，初始化为null。

● 数组类型是从抽象基类型System. Array派生的引用类型，存储在堆内存中。由于此类型实现了IEnumerable，因此可以对C#中的所有数组使用foreach迭代；也可以使用静态的System. Array. CreateInstance()方法来创建一个带有任意下界的数组。

● 数组可以作为参数传递，也可以当作成员返回值接收。

3.1.2 多维数组和交错数组

数组可以具有多个维度，从概念上来说，两维数组类似于网格，三维数组则类似于立方体。以下实例声明创建一个两行三列的二维数组并初始化值，最后利用foreach语句来循环访问该数组的元素。

```
int[,] array=new int[2,3] {{1,2,3},{4,5,6}};
foreach(int i in array)
{
  Console.Write("{0} ",i);
}
```

运行结果为：1 2 3 4 5 6

交错数组是以数组为元素的数组，即由数组组成的数组。交错数组是一维数组，且每个元素自身是一个数组，交错数组元素的维度和大小可以不同。交错数组声明方式如下：

```
int[][] numbers=new int[2][]{new int[]{1,2,3},new int[]{4,5,6,7,8,9}};
```

可省略第一个数组的大小，如下所示：

```
int[][] numbers=new int[][]{new int[] {1,2,3},new int[]{4,5,6,7,8,9} };
或：int[][] numbers={new int[]{1,2,3},new int[]{4,5,6,7,8,9} };
```

3.2 Array数组类

3.2.1 System. Array概述

System. Array类是所有数组类型的抽象基类型，具有一些常用属性和方法。例如，使用Length属性获取数组的长度，使用Rank属性获取数组的维数。因为Array类是一个抽象类，所以不能使用构造函数来创建数组。但可以使用如下方式：

```
//Array array=new Array();//错误，不能使用构造函数来创建数组
Array array=new int[] {1,2,3,4};
```

也可以使用静态方法CreateInstance()创建数组，尤其适合事先不知道数组元素类型的情况。Array. CreateInstance()方法声明为：

```
public static Array CreateInstance(Type elementType,int[] lengths,int[] lowerBounds);
```

其中，elementType 参数表示要创建的数组的数据类型；lengths 参数为一维数组，包含要创建的数组的每个维度的大小；lowerBounds 参数也为一维数组，包含要创建的数组的每个维度的下限（起始索引）。例如：

```
Array array=Array.CreateInstance(typeof(int),4);
```

该语句创建一个一维数组，数组的名称为 array，类型为 int 类型，长度为 4。System.Array 类提供了创建、操作和排序数组的方法，除 CreateInstance()方法外，还可以用 SetValue()方法设置值，用 GetValue()方法读取值等。

3.2.2　System.Array 的属性和方法

System.Array 类提供许多有用的属性和方法，如用于排序、搜索和复制数组。具体属性和方法如表 3.1 和表 3.2 所示。

表 3.1　System.Array 的主要属性

属　性	描　述
Length	只读属性，用来获取一个数组中元素的数目
Rank	获取 Array 数组的秩（维数）
IsReadOnly	判断 Array 数组是否为只读
IsFixedSize	判断 Array 数组是否具有固定大小的值

表 3.2　System.Array 的主要方法

方　法	描　述
BinarySearch	该静态方法使用二进制搜索方法搜索一维排序数组中的某个值
Copy	复制数组中从指定源索引开始的一组元素，并将其粘贴到另一个从指定目标索引开始的数组
CreateInstance	初始化 Array 类的新实例
GetLowerBound	获取数组指定维度的下限
GetUpperBound	获取数组指定维度的上限
LastIndexOf	返回数组或部分数组中某个值的最后一个匹配项的索引
SetValue	将数组中的指定元素设定为指定值
Clear	该静态方法将数组中一个范围内的数值类型元素设置为 0，引用类型设置为 null
CopyTo	将一个数组中的所有元素复制到另一个数组中
GetLength	获取数组中的元素个数
GetValue	获取当前数组中所指定的元素值
IndexOf	返回给定值在一维数组中第一次出现时的位置索引
Reverse	该静态方法反转一个一维数组的内容
Sort	对数组中的元素进行排序

以下是 System.Array 的属性和方法的实例，代码如下：

```
static void Main(string[] args)
{
    /*构建 objNames 数组,使用 CreateInstance 方法将 objNames 实例化为字符串对象并
      且其中存放 5 个元素*/
    Array objNames=Array.CreateInstance(typeof(string),5);
    //使用 SetValue() 方法存储字符串
    objNames.SetValue("A",0);
    objNames.SetValue("B",1);
    objNames.SetValue("C",2);
    objNames.SetValue("D",3);
    objNames.SetValue("E",4);
    Console.WriteLine("数组值");
    for(int i=0 ; i < 5; i++)
    {
        Console.WriteLine("元素 {0}: {1}",i+1,objNames.GetValue(i));
                                              //使用 GetValue() 方法检索数组值
    }
    Console.WriteLine("\n 数组中元素的总数是{0}",objNames.Length.ToString());
                                              //显示 objNames 数组的长度
    Console.WriteLine("\n 数组秩是 {0}",objNames.Rank.ToString());
                                              //使用 Rank 方法来输出数组秩
    Array.Reverse(objNames); //反转数组并输出
    Console.WriteLine("\n 反转数组后");
    for(int i=0 ; i < 5; i++)
    {
        Console.WriteLine("元素 {0}: {1}",i + 1,objNames.GetValue(i));
    }
}
```

3.3 集合对象

3.3.1 System.Collections 简介

.NET 集合提供了一种结构化组织任意对象的方式,其包含丰富的集合数据类型,数组只是众多方式中的一种。根据集合对象实现的接口不同,可把 System.Collections 命名空间中的"内置"集合划分成三种类别:

- 有序集合:仅仅实现 ICollection 接口的集合,通常情况下,其数据元素的插入顺序控制着从集合中取出数据元素的顺序。System.Collections.Stack 和 System.Collections.Queue 类是有序集合的典型例子。
- 索引集合:实现 Ilist 的集合,能从 0 开始检索数据元素,就像数组一样。System.Collec-

tions. ArrayList 类是索引集合的一个例子。

● 键式集合：实现 IDictionary 接口的集合，集合中的数据通常按键值方式存储，可以按某些类型的键值检索。System. Collections. Hashtable 类是键式集合的一个例子。

表 3.3 列出了 System. Collections 命名空间下包括的集合类和接口。

表 3.3　非泛型集合类和接口

	类/接口	说　明
非泛型集合类	ArrayList	数组集合类，使用大小可动态增加的数组实现 Ilist 接口
	BitArray	布尔集合类，管理位值的压缩数组，该值为布尔值
	Queue	队列，表示对象的先进先出集合
	Stack	堆栈，表示对象的简单的后进先出集合
	Hashtable	哈希表，表示键/值对的集合，这些键/值对根据键的哈希代码进行组织
	SortedList	排序集合类，表示键/值对的集合，这些键和值按键排序并可按键和索引访问
非泛型接口	ICollection	定义所有集合的大小，枚举器和同步方法
	IComparer	比较两个对象的方法
	IList	表示可按照索引单独访问一组对象
	IDictionary	表示键/值对的集合
	IDictionaryEnumerator	枚举字典的元素
	IEnumerator	支持在集合上进行简单迭代
结构体	DictionaryEntry	包括一个键（Key）和值（Value）变量，即键/值对。Hashtable 和 SortedList 的变量数据类型为 DictionaryEntry，因此可以通过 DictionaryEntry 来遍历 Hashtable 和 SortedList

3.3.2　ArrayList

ArrayList 类是一个可动态维护长度的集合，可以通过添加和删除元素动态改变集合的长度。ArrayList 与 Array 数组相比较而言，Array 创建后具有固定大小（数组在创建之后不允许添加或移除元素，但允许修改现有元素），试图改变数组大小都会引发一个异常；而 ArrayList 具有 Add、Clear、Contains、IndexOf、Insert、Remove、RemoveAt 等方法，可动态地添加、清除、包含、搜索、插入和移除集合元素。

（1）ArrayList 的初始化

构造 ArrayList 时可以使用默认的初始容量，也可以自定义初始容量。在使用 ArrayList 时必须引入 System. Collections 命名空间，否则 ArrayList 无效。在应用 ArrayList 集合对象之前须实例化，实例化时可以指定其初始长度。例如：

```
using System.Collections;//引入命名空间
ArrayList Students=new ArrayList();//实例化一个对象
ArrayList Teachers=new ArrayList(30);//可以指定长度
```

（2）从 ArrayList 中添加元素

可使用 Add 方法将元素添加到 ArrayList 集合对象的末尾，其引用格式如下：

```
ArrayListObject.Add(Object value); //添加一个元素到集合对象的末尾，返回 int 型索引
```

当向 ArrayList 集合指定索引处插入一个元素时，可使用 Insert 方法，其引用格式如下：

```
ArrayListObject.Insert(int index,Object value); //index 表示索引
```

(3) 从 ArrayList 中移除元素

ArrayList 类提供了 Remove 方法从集合对象中移除特定对象的第一个匹配项，其引用格式如下：

```
ArrayListObject.Remove(Object obj);
```

当需移除特定索引处的元素时，可使用 RemoveAt 方法，该方法引用格式如下：

```
ArrayListObject.RemoveAt(int index);//Index 表示索引
```

如果需要移除一定范围的元素，则可使用 RemoveRange 方法，其引用格式如下：

```
ArrayListObject.RemoveRange(int index,int count);
                                  //index 表示索引,count 表示从索引处开始的数目
```

如果需要移除 ArrayList 中的所有元素，则可使用 Clear 方法，其引用格式如下：

```
ArrayListObject.Clear();
```

(4) 查找 ArrayList 中元素

ArrayList 类提供了 Contains 方法来判断元素是否在 ArrayList 集合中，返回值为布尔型，其引用格式如下：

```
ArrayListObject.Contains (Object obj);
```

例如：

```
Console.Write(aList.Contains("e"));//判断字母 e 是否在 ArrayList 集合中
```

也可以使用 IndexOf 方法从索引零开始搜索指定的 Object，并返回整个 ArrayList 集合中第一个匹配项，其引用格式如下：

```
ArrayListObject. IndexOf (Object obj);
```

而 LastIndexOf 方法也用来搜索指定的 Object，但返回的是整个 ArrayList 集合中最后一个匹配项，其引用格式如下：

```
ArrayListObject. LastIndexOf (Object obj);
```

(5) 反转 ArrayList 中元素

ArrayList 类提供了 Reverse 方法来对集合中元素的顺序反转，其引用格式如下：

```
ArrayListObject.Reverse();
```

(6) 排序 ArrayList 中元素

ArrayList 类提供了 Sort 方法对 ArrayList 集合中的元素进行排序，如果元素对象是数值型，则根据数值大小排序；若元素对象为字符型，将按照 ASCⅡ码顺序进行排序。其引用格式如下：

```
ArrayListObject.Sort();
```

(7) 遍历 ArrayList 中元素

可以使用 foreach 语句遍历 ArrayList 集合中元素。对于集合中数值元素和对象元素，在遍历赋值时存在一定差异，例如：

```
public struct Student
 {
    public Student(string name,int age)
    { Name=name; Age=age; }
    public string Name;
    public int Age;
 }
 class StudentClass
 {
    private string name;
    private int age;
    public StudentClass(string _name,int _age)
    {
        name=_name;
        age=_age;
    }
    public string Name
    {
        set {name=value;}
        get {return name;}
    }
    public int Age
    {
        set { age=value; }
        get { return age; }
    }
}
    Student stu1=new Student("张三",20);
    Student stu2=new Student("李四",20);
    Student stu3=new Student("王五",20);
    ArrayList students=new ArrayList();
    students. Add(stu1);
    students. Add(stu2);
    students. Add(stu3);
    //初始化代码将结构加入 ArrayList 集合
    Console. WriteLine("将结构加入 ArrayList 集合");
    foreach (Student stu in students)
    {
       Student myStudent=(Student)stu;
       myStudent. Age=60;
```

```
        }
        foreach (Student stu in students)
        {
            Console.WriteLine(stu.Age);
        }
        //类对象加入 ArrayList 集合
        Console.WriteLine("将类对象加入 ArrayList 集合");
        StudentClass stuClass1=new StudentClass("张三",20);
        StudentClass stuClass2=new StudentClass("李四",20);
        StudentClass stuClass3=new StudentClass("王五",20);
        ArrayList studentsClass=new ArrayList();
        studentsClass.Add(stuClass1);
        studentsClass.Add(stuClass2);
        studentsClass.Add(stuClass3);
        foreach (StudentClass stu in studentsClass)
        {
            stu.Age= 60;
        }
        foreach (StudentClass stu in studentsClass)
        {
            Console.WriteLine(stu.Age);
        }
            Console.ReadKey();
```

程序运行结果为：

将结构加入 ArrayList 集合

20

20

20

将类对象加入 ArrayList 集合

60

60

60

以下程序综合演示 ArrayList 类的常用方法，代码如下：

```
ArrayList list =new ArrayList();
list.Add("a");
list.Add("b");
list.Add("c");
list.Insert(1,"b");
list.RemoveAt(2);
```

```
list.Reverse();
list.Sort();
foreach(string str in list)
{
Console.WriteLine(str);
}
Console.ReadLine();
```

程序运行结果为：

a

b

c

3.3.3　Hashtable

Hashtable通常称为哈希表，用于处理(key，value)的键值对，其中key通常可用来快速查找，同时key是区分大小写的；value用于存储对应于key的值。Hashtable中(key，value)键值对均为Object类型，所以Hashtable可以支持任何类型的(key，value)键值对。Hashtable类的构造和初始化与ArrayList完全相同，方法类似，只是将参数(Object obj)改成(Object key)，因为Hashtable类是依据key来处理集合中的数值。例如：

```
HashtableObject.Add(Object key,Object value);
                                        //key是要添加元素的键,value是添加元素的值
HashtableObject.Remove(Object key);//key是要移除的元素的键
HashtableObject.Contains(key);
```

同ArrayList一样，遍历哈希表也可用foreach语句来实现，不同的是遍历哈希表需要用到DictionaryEntry来进行遍历。以下程序综合演示Hashtable类的常用方法，代码如下：

```
using System;
using System.Collections; //使用Hashtable时,必须引入这个命名空间
using System.Linq;
using System.Text;
namespace HashtableExample
{
    class Program
    {
        static void Main(string[] args)
        {
            Hashtable objFriendDetails=new Hashtable(); //实例化Hashtable对象
            objFriendDetails.Add(101,"David Blake");
            objFriendDetails.Add(102,"Michael John");
            objFriendDetails.Add(103,"Mark Lee");
            objFriendDetails.Add(104,"Susan Jones");
```

```
            objFriendDetails.Remove(101); //移除 Hashtable 中指定元素
            Console.WriteLine(objFriendDetails.Count);
            Console.WriteLine(objFriendDetails.Contains(104));
            foreach(DictionaryEntry de in objFriendDetails)
            {
                Console.WriteLine(de.Key);//de.Key 对应于(key,value)键值对 key
                Console.WriteLine(de.Value);//de.Value 对应于(key,value)键值对 value
            }
            Console.ReadLine();
        }
    }
}
```

3.4 泛型

3.4.1 泛型简介

非泛型集合在处理值类型时，出现装箱和拆箱操作，影响性能；当处理引用类型时，虽没有装箱和拆箱操作，但仍需要类型转换操作，而且程序运行时的类型转换可能引发异常。而泛型是将类型参数用作它所有存储的对象的类型占位符的类、结构、接口和方法，通常在类型后加“<T>”，这个“<T>”就是需要指定集合的数据或对象类型。使用泛型集合类可以提供更高的类型安全性和更高的性能，避免了非泛型集合的重复的装箱和拆箱。泛型集合类来自于 System. Collections. Generic 命名空间，表 3.4 列出了常用的非泛型集合类以及对应的泛型集合类：

表 3.4 非泛型集合类与对应的泛型集合类

非泛型集合类	泛型集合类	描 述
ArrayList	List<T>	用于替代 ArrayList 类的集合泛型类
Hashtable	Dictionary<T>	存储键值对的集合泛型类
Queue	Queue<T>	先进先出的队列泛型类
Stack	Stack<T>	后进先出的堆栈泛型类
SortedList	SortedList<T>	类似于 Dictionary，但按键自动排序

3.4.2 List<T>

List<T>是 ArrayList 类的泛型等效类，它也是使用一个整数索引访问此集合中的强类型列表元素，索引从 0 开始。它也提供用于对列表进行添加、删除、搜索和排序等方法。参照 ArrayList 部分实例，对于 List<T>集合中的结构元素和对象元素，遍历赋值时所执行的代码如下：

```
//将结构加入 List<>集合
Console.WriteLine("将结构加入 List<>集合");
List<Student> studentsList=new List<Student>();
```

```
studentsList.Add(stu1);
studentsList.Add(stu2);
studentsList.Add(stu3);
foreach (Student stu in students)
{
    Student myStudent=stu;
    myStudent.Age=60;
}
foreach (Student stu in students)
{
    Console.WriteLine(stu.Age);
}
Console.ReadKey();
//将类加入 List<>集合
Console.WriteLine("将类加入 List<>集合");
List<StudentClass> studentsListClass=new List<StudentClass>();
studentsListClass.Add(stuClass1);
studentsListClass.Add(stuClass2);
studentsListClass.Add(stuClass3);
foreach (StudentClass stu in studentsListClass)
{
    stu.Age=60;
}
foreach (StudentClass stu in studentsListClass)
{
    Console.WriteLine(stu.Age);
}
```

程序运行结果为：

```
将结构加入 List<>集合
20
20
20
将类对象加入 List<>集合
60
60
60
```

3.4.3 Dictionary<K,V>

Dictionary 泛型类是作为一个哈希表来实现的，它提供了从一组键到一组值的映射，集合中每个添加项都由一个值及其相关联的键组成。键都必须是唯一的，Key 和 Value 可以是任何类型。

综合运用 Dictionary 方法的实例如下：

```
Dictionary<string,int> dictionary=new Dictionary<string,int>();
dictionary.Add("C#",0);
dictionary.Add("C++",1);
dictionary.Add("C",2);
dictionary.Add("VB",3);
foreach (KeyValuePair<string,int> kvp in dictionary)//通过 KeyValuePair 遍历元素
{
    Console.WriteLine("Key={0},Value={1}",kvp.Key,kvp.Value);
}
dictionary.Remove("C#");
if (dictionary.ContainsKey("C#"))//通过 Key 查找元素
{
    Console.WriteLine("Key:{0},Value:{1}","C#",dictionary["C#"]);
}
else
{
    Console.WriteLine("不存在 Key:C#");
}
```

3.4.4 数组、集合对象与泛型的比较

数组、集合与泛型三者相比，数组长度固定，实例化时需要指定数组的大小；集合的容量是可变的，能添加、插入或删除元素；而泛型集合则有类型安全的特点，其性能优于对应的非泛型集合类型。通常情况下，都建议使用泛型集合。三者性能特点之间的详细比较见表 3.5。

表 3.5 数组、集合与泛型的比较

类型	子项	定义	定位	长度	存取单元类型	增加	删除	赋值/取值特征	
数组	[]	int[] score= new int[7];	索引	固定	指定	不能	不能	通过赋值语句给集合的元素赋值	通过索引访问集合的元素
	Array	Array objNames= Array.CreateInstance (typeof(string),5);	索引	固定	指定	不能	不能	objNames.SetValue("A",0);	objNames.GetValue(i));
非泛型集合	ArrayList	using System.Collections; ArrayList Students = new ArrayList();	索引	可变	Object	students.Add(Jack);	students.RemoveAt(0);	需要装箱拆箱	通过索引访问集合的元素
	Hashtable	using System.Collections; Hashtable Students=new Hashtable();	Key	可变	DictionaryEntry	students.Add (Jack.Name,Jack);	students.Remove(Jack.Name);	需要装箱拆箱	通过 Key 获取 Value

续表 3.5

类型	子项	定义	定位	长度	存取单元类型	增加	删除	赋值/取值特征	
泛型	List<T>	System. Collections. Generic; List < Student > students =new List <Student>();	索引	可变	指定	students. Add(Jack);	students. RemoveAt(0);	增加元素时类型严格检查,无需装箱拆箱	通过索引访问集合的元素
	Dictionary <K,V>	System. Collections. Generic; Dictionary < string, Student > students=new Dictionary<string,Student>();	Key	可变	指定	students. Add (Jack. Name,Jack);	students. Remove(Jack. Name);	增加元素时类型严格检查,无需装箱拆箱	通过 Key 获取 Value

第 4 章 面向对象基础

面向对象的程序开发早在 1960 年就开始了，但直到 20 世纪 90 年代才真正地渗透到软件开发的各个领域，并逐渐形成软件开发的主流。面向对象的程序开发是一套全新的思想方法，它是一种用计算机程序来描述现实问题的新思路，也是一种更直观、更高效的解决问题的方法。支持面向对象的程序设计语言很多，例如：Simula、Smalltalk、C＋＋、Java 等，都支持对象、类、继承机制等特征，C＃则是微软于 2000 年推出的新一代面向对象的编程语言。本章将首先介绍面向对象的基本思想，然后介绍面向对象的基本概念（包括类、对象、继承以及多态性等），再介绍 C＃程序设计中如何定义类、类的属性和方法、类的引用、索引器等内容。

4.1 继承面向对象的基本思想和概念

4.1.1 面向对象的由来和发展

在面向对象出现以前，面向过程的结构化程序设计方法是程序设计的主流。结构化程序设计方法采用自顶向下、逐步求精的思想，以数据结构和算法为组成核心，将整个程序结构划分成若干个功能相对独立的模块；每个模块用顺序、选择、循环三种基本结构来实现；每个模块只有一个入口和一个出口。面向过程的开发方法解决了早期计算机程序的难于阅读、理解和调试，难于维护和扩充以及开发周期长、不易控制程序的质量等问题，方便新功能模块的扩充；功能独立的模块可以组成子程序库，有利于实现软件复用等。

结构化程序设计的核心思想是功能的分解，把程序定义为“数据结构＋算法”，程序中数据与处理这些数据的算法（过程）相分离。这样，对不同的数据结构作相同的处理，或对相同的数据结构作不同的处理，都要使用不同的模块，从而降低了程序的可维护性和可复用性。同时，由于这种分离，导致了数据可能被多个模块使用和修改，难于保证数据的安全性和一致性。因此，对于小型程序和中等复杂程度的程序来说，它是一种较为有效的技术，但对于复杂的、大规模的软件开发来说，结构化程序设计方法开发的软件可维护性和可重用性差，开发效率低。

如图 4.1 所示，因开发软件系统所侧重的目标不同，凭借程序员的智能和技巧形成了许多种软件开发方法。到了现阶段，各种方法都归结到面向对象方法，因为面向对象符合人类看待事物的一般规律。面向对象程序设计的核心思想是数据的分解，其重点放在被操作的数据上而不是实现操作的过程上。它把数据及其操作视为一个整体，作为构成程序的基本单元——对象，对象封装的数据本身不能被外部过程直接存取。从相同类型的对象中抽象出新型数据类型——类，对象是类的实例。类的成员中不仅包含有描述类对象属性的数据，还包含有对这些数据进行处理的程序代码（这些程序代码被称为对象的行为或操作）。面向对象的程序一般是由类和对象组成，程序中的一切操作都通过向对象发送消息来实现，对象接收到消息后，调用有关对象的行为来完成相应的操作。用这种方法开发的软件可维护性和可复用性高。

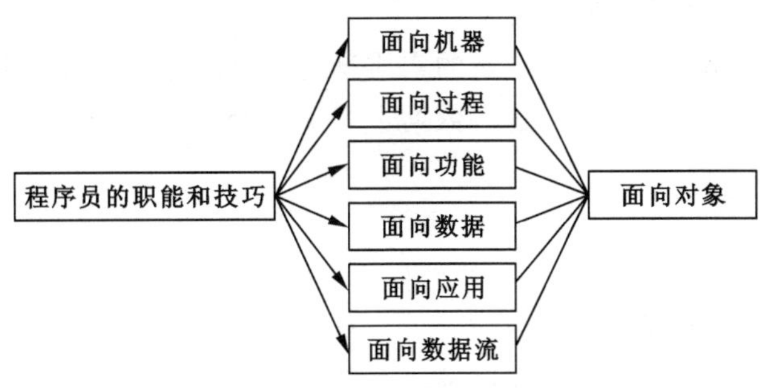

图 4.1　软件开发方法

4.1.2　面向对象的基本思想

面向对象从根本上来讲是一种思想，这种思想要求从现实世界中客观存在的事务(对象)出发，运用人类的自然思维方式去构造一个系统。归结起来，用到面向对象程序设计过程中的思维方式包括分类、抽象和封装等。

(1) 分类

面向对象方法是将系统分解成若干对象，对象之间的相互作用构成了整个系统。类是创建对象的样板，在整体上代表一组对象，设计类而不是对象可以避免重复的编码工作，类只需编码一次，就可以创建所有的对象。所以，解决实际问题时，需要正确地进行分类。

类的确定和划分没有统一的方法，基本依赖设计人员的经验、技巧和对实际问题的理解与把握。一个基本的原则是：寻求系统中各事物的共性，将具有共性的事物划分成一个类。

同一系统，达到的目标不同，确定和划分的类也不相同。例如，一个学校系统，目标是教学管理，划分的类可能是教师、学生、教材、课程、教室等。目标是后勤管理，划分的类可能是宿舍、食堂、后勤工作人员、教室等。

确定和划分一个类的步骤是：先判断该事物是否有一个以上的实例对象，有则可能是一个类；再判断该事物的对象是否有绝对的不同点，没有就可确定它是一个类。

由于问题的复杂性，不能指望一次就能正确地确定和划分类，需要不断地对实际问题进行分析和整理，反复修改才能得出正确的结果。另外，不能简单地将面向过程中的一个模块直接变成类，类不是模块函数的集合。设计类时应有明确的标准，设计的类应该是容易理解和使用的。

(2) 抽象

抽象是面向对象的核心思想。人们总是将世界的各种事物分成不同的类来管理，而抽象是人类对事物进行分类的最基本的方法和手段。面向对象程序设计中的抽象是对一类对象进行分析和认识，经过概括，抽出一类对象的公共性质，并加以描述的过程。通常需将现实世界中的物体抽象成对象，将物体之间的关系抽象成软件系统中对象之间的关系，将具有共同特征的对象抽象成类，将具有共同特征的类抽象出基类和派生类。

对一个事物的抽象一般包括两个方面：数据抽象和行为抽象。数据抽象是对对象的属性和状态的描述。行为抽象是对数据需要进行的处理的描述，它描述了一类对象的共同行为特征，使一类对象具有共同的功能，因此，又称为代码抽象。

例如，要设计绘制圆的图形程序，通过分析可知，圆是这个问题中的唯一事物。对于具体的圆，有的大些，有的小些，圆的位置也不尽相同，但用三个数据即圆心的横、纵坐标和圆的半径就可以描述圆的位置和大小，这就是对圆这个事物的数据抽象。由于抽象后没有具体的数据，它不能是一个具体的圆，只能代表一类事物——圆类。要画出圆，该程序还应有设置圆形位置、半径大小、绘制圆形的功能，这就是对圆这个事物的行为抽象。

由上面的例子可以看出，类的数据成员的实质就是解决问题所需要的数据，它是数据抽象的结果；而成员函数的实质是完成对类中的这些数据进行加工处理的代码，它是类的行为，用行为抽象来描述。

(3) 封装

所谓封装，就是把一个事物包装起来，使外界不了解它的内部的具体情况。在面向对象的程序设计中，封装就是把相关的数据和代码结合成一个有机的整体，形成数据和操作代码的封装体，它将对象的大部分行为的实现隐蔽起来，仅通过一个可控的接口与外界交互，达到对数据访问权的合理控制。封装使对象的外表特征和内在实现细节分开，减少程序中各部分之间的相互联系，提高了程序的安全性，简化了程序代码的编写工作，是面向对象程序设计的重要思想。

面向对象程序设计的封装机制是通过对象来实现的。对象中的成员不仅包含数据，也包含对这些数据进行处理的操作代码。对象中的成员可以根据需要定义为公有的或私有的。私有成员在对象中被隐蔽起来，对象以外的访问被拒绝；公有成员提供了对象与外界的接口，外界只能通过这个接口与对象发生联系。可见，对象有效地实现了封装的两个目标：对数据和行为的结合及信息隐蔽。

抽象和封装是互补的。一个好的抽象有利于封装，封装的实体则帮助维护抽象的完整性，但抽象先于封装。

面向对象方法正是利用分类、抽象、封装等基本思想，借助于对象、类、继承、消息传递等概念进行软件系统构造的软件开发方法。

4.1.3 面向对象的基本概念

4.1.3.1 对象和类

(1) 现实世界中的对象和类

对象是现实世界中的实体，是我们认识世界的基本单元，世界就是由这些基本单元组成，如一个人、一辆车、一次购物、一次演出等。对象既可以很简单，也可以很复杂，复杂的对象可由若干个简单对象组成。现实世界中的对象具有以下特性：

- 每个对象都有一个用于与其他对象相区别的名字。
- 具有某些特征，称它为属性或状态。
- 有一组操作，每一个操作决定对象的一种行为即对象能干什么。
- 对象的状态只能被自身的行为所改变。
- 对象之间以消息传递的方式相互通信。

现实世界中的类是对一组具有共同属性和行为的对象的抽象。如人这个类是由老人、小孩、男人、女人等个别的人构成，具体的某个人是人这个类的一个实例。类和对象是抽象与具体的关系。

世界中存在着很多事物，也存在很多很多的对象，不可能在构造系统时把所有可能存在的对象都放到系统之中。而且，这些对象可能具有很多的行为和很多的特征。那么在构造一个软件系统的时候，并不是说要把所有这些行为和特征都放到系统之中。所以我们要做的事情是一个问题领域，就是说对我们所关心的那个领域之内的一些信息，抽取出我们所感兴趣的一些内容。比如说要做一个学籍管理系统，那么我们所关心的是学生的年龄、专业以及他的学籍等方面的信息，而我们并不关心他具有什么样的家庭背景、政治面貌等，这就是对我们所关心的问题进行处理。

（2）面向对象中的对象和类

① 面向对象中的对象：在面向对象程序设计中，对象是构成软件系统的基本单元，是由描述其属性的数据和定义在数据上的一组操作组成的实体，是数据单元和过程单元的集合体。如学生李东是一个对象，由描述他的特征的数据和他能提供的一组操作来表征：

对象名：李东

属性：年龄：20，性别：男，身高：173 厘米，体重：71 公斤，特长：篮球，专业：计算机科学和技术

操作：回答有关自己的提问，计算机软件开发、维护、组网

这里的属性说明了李东这个对象的特征，操作说明了李东能做什么。

② 面向对象中的类：是一组对象的抽象，这组对象有相同的属性结构和操作行为，并对这些属性结构和操作行为加以描述和说明。类是创建对象的样板，它没有具体的值和具体的操作，只有以它为样板创建的对象才有具体的值和操作。类用类名来相互区别。

③ 对象和类的关系：类是从相同类型的对象中抽象出一种新型的数据类型，一个对象是类的一个实例，有了类才能创建对象。当给类中的属性和行为赋予实际的值之后，就得到了类的一个对象。例如人这个类：

类名：人

属性：年龄，性别，身高，体重，特长，专业

操作：回答提问，对外服务

当给类名赋予实际的值李东，类的属性和操作赋予李东的属性和操作的实际值以后，就用人这个类创建了一个对象李东。

④ 属于一个类的对象具有相同的行为，当某个行为作用于对象时，称该对象执行了一个方法，这个方法定义了该对象要执行的一系列计算步骤，所以方法是对象操作过程的算法。

特别要指出的是，在面向对象程序设计中，类只出现在源程序代码中，不会出现在正在内存运行的程序中。换句话说，类只是在编译时存在，为对象的创建提供样板。对象作为类的实例出现在内存运行的程序中，占用内存空间，是运行时存在的实体。所以类实际上是一个新的数据类型，使用它时，要在源程序中说明，而说明部分的代码是不在内存中运行的。在内存中运行的是类的对象，对象在内存中分派空间并完成计算任务，对象通过类来定义。对象（类）之间的关系包括继承、组合、消息等。

4.1.3.2　继承性

（1）继承的概念

在面向对象程序设计中，继承表达的是对象（类）之间的关系，这种关系使得一类对象可以继承另一类对象的属性（数据）和行为（操作），从而提供了通过现有的类创建新类的方法，提高了软件复用的程度。

（2）继承关系的特征

类之间如果有了继承关系，它们之间就有如下特征：

- 类间具有共享特征，包括数据和代码的共享。
- 类间具有差别或新增部分，包括非共享的数据和代码。
- 类间具有层次关系。

（3）基类、派生类和类的层次

设有两个类 A 和 B，若类 B 继承类 A，则类 B 是由类 A 派生出来的，类 B 的对象就具有了类 A 的一切特征，包括数据和操作，此时称类 A 为基类（也称父类或超类），称类 B 为派生类（也称子类）。

若类 B 由类 A 派生而来，而类 C 又由类 B 派生而来，则这三个类就形成了层次结构关系。此时，称类 A 是类 B 的直接基类，是类 C 的间接基类。类 C 不但继承了直接基类的所有特征，还继承了它的所有间接基类的特征。

类的继承特性，给创建派生类提供了一种方法：创建派生类时，不必重新描述基类的所有特征，只需让它继承基类的特征，然后描述与基类不同的那些特征。也就是说，派生类的特征由继承来的和新添加的两部分组成，继承允许派生类使用基类的数据和操作，还可以拥有自己的数据和操作。

继承机制提高了软件复用的程度，避免了公用代码的重复开放，减少了代码和数据的冗余，增强了类之间的一致性，减少了模块间的接口和界面，不仅使软件的质量得到了保证，也大大减轻了开发人员的工作量。

(4) 继承的分类

继承有两种分类方法，一种从继承源上分，一种从继承内容上分。

① 从继承源上分

a. 单继承

每个派生类只直接继承一个基类的特征。如 Windows 操作系统中窗口之间的继承关系就是单继承。

b. 多继承

每个派生类直接继承了不止一个基类的特征。如小孩的玩具车这个类，就同时继承了玩具类和车类的特征。

② 从继承源上分

a. 取代继承

如徒弟继承了师傅的所有技术，在需要师傅的地方可以由徒弟代替。

b. 包含继承

如讲桌继承了桌子的所有特征，但讲桌仍然是一张桌子。

c. 受限继承

如鸵鸟继承了鸟的一些特征，但没有继承鸟会飞的特征。

d. 特化继承

如猎犬具有一般犬的特征，但它比一般的犬具有更多的狩猎特征。

(5) 继承与封装的关系

继承机制并不影响对象的封装性。封装的单位是对象，是将属于某个类的一个对象封装起来，使其操作和数据成为一个整体。如果该对象所在的类是派生类，这个派生类只要把从基类那里继承来的数据和操作与自己的数据和操作一并封装起来就行了，对象依然是一个封装好的整体，仍然只能通过消息传递与别的对象交互，不能直接调用。可见，在引入继承机制以后，无论对象是基类的实例还是派生类的实例，都是一个被封装的实体，继承并不影响封装性。

另一方面，继承和封装都提供了共享代码的手段，增加了代码的复用性。只不过，继承的代码共享是静态的，当派生类对象被激活以后，自动共享其基类中的代码，从而实现基类对象与派生类对象共享一段代码。而封装的代码共享是动态的，当在一个类中说明了一段代码，属于该类的多个实例在程序运行时共享这段代码。

4.1.3.3 多态性

多态性是面向对象程序设计的重要特性之一，是指不同的对象收到相同的消息时产生不同的操作行为，或者说同一个消息可以根据发送消息的对象不同而采用多种不同的操作行为。例如，当用鼠标单击不同的对象时,各对象就会根据自己的理解作出不同的动作,产生不同的结果,这就是多态性。简单地说,多态性就是:一个接口,多种方式。

4.1.3.4　消息

现实世界中的对象之间存在着各种各样的联系,正是这种联系和相互作用,才构成了世界中的不同系统。同样,面向对象程序设计中的对象之间也存在着联系,称之为对象的交互,提供对象交互的机制称为消息传递。

一个对象向另一个对象发出的服务请求称为消息,它是一个对象要求另一个对象执行某个操作的规格说明,通过消息传递才能完成对象之间的相互请求和协作。例如,学生对象请求教师对象辅导,学生对象向教师对象发出消息,教师接收到这个请求或消息后,才决定做什么辅导并执行辅导。通常把发送消息的对象称为消息的发送者或请求者,而把接收消息的对象称为消息的接收者或目标对象。接收者只有在接收到消息时,才能被激活,之后才能根据消息的要求调用某个方法完成消息的传递。所以,消息传递的实质是方法的调用。消息具有如下性质:

- 同一对象可以接收不同形式的多个消息并作出不同的响应。
- 相同形式的消息可以传递给不同的对象,作出的响应可以是不同的。
- 消息的发送可以不考虑具体的接受者,对象可以响应,也可以不响应。
- 消息的发送者和接收者都是对象。

消息一般由四大要素组成:发送者、接收者、服务、参数(信息)。一个对象所能接收的消息及其所带的参数,就构成了该对象的外部接口。

消息分为公有消息和私有消息两类,公有消息是由其他对象发送来的消息,私有消息是自己向自己发送的消息。公有消息和私有消息的区分与消息调用所执行的方法有关。如果被调用的方法在对象类中使用 public 说明,则为公有消息;如果使用 private 说明,则为私有消息。私有消息只能发送调用属于自己的方法。

由此可见,类提供了完整的解决特定问题的能力,它描述了数据结构(对象属性)、算法(方法)和外部接口(消息)。对象通过外部接口接收它能识别的消息,按照自己的方式来解释这个消息并调用某个方法来执行对数据的处理,从而完成对特定问题的解决。

4.2　类结构

4.2.1　类的基础知识

类类型是 C# 中最重要、最常见的类型,用于在程序中模拟现实生活的事物。C# 的类是一种对数据成员、函数成员和嵌套类型进行封装的数据结构。其中数据成员可以是常量、字段(域)。函数成员可以是构造函数、析构函数、属性、索引器、方法、事件。C# 中的许多特性都可以通过类类型来体现。类的声明中,类的主体代码通常包含类的成员变量和成员方法。C# 使用 class 关键字来定义类,其基本结构如下:

```
[访问修饰符] class <类名>
{
    //类的主体(成员变量、成员方法)
}
```

示例：

```
public class Person
{
  public string name; //字段
  public Person() //构造函数
  {
      name="unknown";
  }
  public void SetName(string newName) //方法
  {
      name=newName;
  }
}
class TestPerson
{
    static void Main()
    {
        Person person=new Person();
        Console.WriteLine(person.name);
        person.SetName("John Smith");
        Console.WriteLine(person.name);
        Console.WriteLine("Press any key to exit.");
        Console.ReadKey();
    }
}
```

从类的定义可以看出，它在形式上类似于第 3 章中讲述的结构，但它和结构还是有本质的区别。类和结构的区别，如表 4.1 所示。

表 4.1 类和结构的区别

类	结　　构
类是引用类型在堆上分配，类的实例进行赋值只是复制了引用，都指向同一段实际对象分配的内存	结构是值类型在栈上分配，结构的赋值将分配产生一个新的对象
类有构造和析构函数	结构没有构造函数，但可以添加。结构没有析构函数
类可以继承和被继承	结构不可以继承自另一个结构或被继承，但和类一样，可以继承自接口

4.2.2 修饰符

修饰符用于限定类型以及类型成员的声明，按功能可分为类修饰符、成员修饰符和存取修饰符三类。

- 类修饰符

  abstract：指示一个类只能作为其他类的基类。

sealed:指示一个类不能被继承。

- 成员修饰符

static:指示一个成员属于类型本身,而不是属于特定的对象。

abstract:指示该方法或属性没有实现。

const:指定域或局部变量的值不能被改动。

event:声明一个事件。

extern:指示方法在外部实现。

override:对由基类继承成员的新实现。

readonly:指示一个域只能在声明时或同一类的构造函数内被赋值。

virtual:指示一个方法或存取器的实现可以在继承类中被覆盖。

- 存取修饰符

public:成员既可以从一个对象变量访问,又可以从任何派生类访问。

private:成员仅能被这个类的方法访问。所有的成员默认为 private。

protected:所属类或派生自所属类的类型可以访问。

internal:成员可以被同一个程序集内的任何类型访问,但是不能被程序集外任何类型访问。

protected internal:成员的访问被限制在当前程序集,或者当前程序集中从定义它的类所派生的类型中。

针对类而言,其访问修饰符可以是三种类型修饰符的组合。常见的类的访问修饰符及其作用如表 4.2 所示。

表 4.2　常见的修饰符及其含义

修饰符	含义
无或 internal	类只能在当前项目中访问
public	类可以在任何地方访问
abstract 或 internal abstract	类只能在当前项目中访问,不能实例化,只能继承
public abstract	类可以在任何地方访问,不能实例化,只能继承
sealed 或 internal sealed	类只能在当前项目中访问,不能派生
public sealed	类可以在任何地方访问,不能派生

4.3　构造函数

4.3.1　构造函数基础

构造函数是类的一种特殊方法,其名与类名相同,每次创建类的实例时都会调用它。不写构造函数时,系统会提供一个缺省的构造函数。除了名字外,构造函数的另一个特别之处是没有返回值类型,这与返回值类型为 void 的函数不同。在访问一个类的方法、属性或任何其他东西之前,执行的第一条语句是包含有相应类的构造函数。具体语法如下:

```
[访问修饰符] <类名>()
{
  //构造函数的主体
}
```

示例：

```
class Student
{
    private string _name;
    private char _gender;
    private string _class;
    private uint _grade;
    //默认构造函数
    private Student()
    {
       _class="信管";
    }
    static void Main(string[] args)
    { //调用默认构造函数
     Student obj=new Student();
     Console.WriteLine("班级= " + obj._class);
     Console.WriteLine("成绩= " + obj._grade);
    }
}
```

4.3.2 参数化构造函数

一般都是用缺省参数，特殊情况下需要传递参数。具体语法如下：

```
[访问修饰符] <类名> ([参数列表])
{
  //构造函数的主体
}
```

示例：

```
class Student
{
    private string _name;
    private char _gender;
    private string _class;
    private uint _grade;
    //默认构造函数
    private Student()
```

```
    {
        _class="信管";
    }
    //参数化构造函数
    private Student(string strclass,string strName,char gender,uint grade)
    {
        _class= strclass;
        _name=strName;
        _gender=gender;
        _grade=grade;
    }
    static void Main(string[] args)
    {//调用默认构造函数
        Student obj=new Student();
        //调用参数化构造函数
        Student obj1=new Student("信管 08","张亮亮",'男',98);
        Console.WriteLine("默认构造函数输出:\n 班级="+obj._class);
        Console.WriteLine("\n 参数化构造函数输出:\n 班级= "+obj1._class);
    }
}
```

4.4 析构函数

对象的初始化工作在构造函数中完成，清除工作则在析构函数中完成。当对象被创建时，构造函数被执行；当对象消亡时，析构函数被自动执行。因而，析构函数是用于析构类的实例，由垃圾回收器控制。类的析构函数由带有"~"前缀符的类名来声明。进行垃圾回收时，就执行析构函数中的代码，释放资源。在调用这个析构函数后，还将隐式地调用基类的析构函数，包括对 System.Object 根类中的 Finalize()方法的调用。析构函数的特征：

- 不能在结构中定义析构函数，只能对类使用析构函数。
- 一个类只能有一个析构函数。
- 无法继承或重载析构函数。
- 无法调用析构函数，它们是被自动调用的。
- 析构函数既没有修饰符，也没有参数。

例如：

```
class Student
{
    ~ Student () //destructor
    {
        //cleanup statements...
    }
}
```

该析构函数隐式地对对象的基类调用 Finalize()方法。这样,前面的析构函数代码被隐式地转换为以下代码:

```
protected override void Finalize()
{
    try
    {
        //Cleanup statements...
    }
    finally
    {
        base.Finalize();
    }
}
```

程序员无法控制何时调用析构函数,因为这是由垃圾回收器决定的。垃圾回收器检查是否存在应用程序不再使用的对象。如果垃圾回收器认为某个对象符合析构,则调用析构函数并回收用来存储此对象的内存。程序退出时也会调用析构函数。

4.5 数据成员

4.5.1 成员常量

const 关键字用来修改字段或局部变量的声明,以指定字段或局部变量的值是常数,不能被修改。不同于 C++,在 C# 中,const 关键字不能被用来限定参数或返回值,常量成员也不能被赋给对象的引用或放到构造函数里。要赋给常量的值必须在编译期间就知道,因为它在运行时是不存在的,在编译中所有变量引用将被实际值替换掉。示例:

```
static class Constants
{ public const double Pi=3.14; }
class Program
{
    static void Main()
    {
        double radius=5.3;
        double area=Constants.Pi * (radius * radius);
    }
}
```

4.5.2 成员变量

成员变量又称为字段或域,它是描述对象状态的数据,是类中很重要的组成成分。变量定义在某个方法中,被称为局部变量;成员变量是定义在类中,并和其他成员处于同一层次。定义成员变量的语法如下:

＜访问修饰符＞ 数据类型 成员变量；

成员变量通常定义在类的开始部分。成员变量有 public、private、internal、protected 等 4 种访问权限可供选择。如果是公共成员变量、受保护的成员变量、内部成员变量，使用帕斯卡(Pascal)命名法，如 Name，Gender 等。如果是私有成员变量，使用骆驼(Camel)命名法，并以下划线开头。如_age，_score 等。

例如，下面代码声明一个 Student 类，类中包含私有成员变量_namer、_scorer_、subjectr、_grade。

```
class Strdent
{
    private string _name; //姓名
    private string _score; //分数
    private string _subject; //科目
    private string _grade; //年级
}
```

成员变量的类型可以是 C# 中的任意数据类型，包括基本类型、数组、类和接口。在一个类中，成员变量应该是唯一的，但是成员变量的名字可以和类中某个方法的名字相同，但这会引起不必要的混淆。

4.5.3　只读成员变量

使用关键字 readonly 创建一个只读成员变量。它与 const 关键字不同，const 字段只能在该字段的声明中初始化，而 readonly 字段可以在声明或构造函数内被指定。因此，根据所使用的构造函数，readonly 字段可能具有不同的值。另外，const 字段为编译时常数，而 readonly 字段可用于运行时常数。readonly 关键字和 const 关键字的区别如表 4.3 所示，例如：

```
class Emplyee
{
    public readonly string SSN;
    public Employee(string empSSN)
    {
        SSN=empSSN;
    }
}
```

表 4.3　readonly 与 const 的比较

比　较	readonly	const
性质	readonly 修饰符表示只读域，程序运行时进行赋值，赋值完成后便无法更改，因此称其为只读变量	const 修饰符表示不变常量，程序编译时将对常量值进行解析，并将所有常量引用替换为相应值，因此称其为编译常量
赋值	readonly 修饰的只读变量只能在声明初始化或构造器初始化的过程中赋值，其他地方不能进行赋值操作	const 修饰的编译常量必须在声明的同时赋值，而且要求编译器能够在编译时计算出这个确定的值
引用	readonly 修饰的只读变量可以是实例变量，也可以是静态变量	const 修饰的编译常量只能为静态变量，定义后就和 static 静态变量一样(但不需要 static 关键字)，不能为对象所获取

4.6 类的方法

方法表示类所能执行的操作，包含了一系列的语句。程序通过调用类的方法并指定所需的方法参数来执行相应的语句。在C#中，每个执行指令都是在方法的上下文中执行的。Main方法是每个C#应用程序的入口点，在启动程序时由公共语言运行时(CLR)调用。

4.6.1 方法的声明

方法声明是指定义方法的访问级别、可选修饰符、返回值、名称和方法参数，也称为方法的签名。方法的声明语法：

```
[访问修饰符] 返回类型 <方法名>([参数列表])
{
  //方法主体
}
```

方法的基本要素按定义时书写的顺序依次包括方法的访问修饰符、返回类型、方法名、参数列表和方法的执行体。访问修饰符可选，默认情况下为private；参数列表包含在一对小括号中；如果有多个参数，则相互之间用逗号分割。而方法的执行体为一对大括号括起来的代码。方法的声明中，只有参数列表可以为空，其他3项则不可缺少。

方法必须使用return关键字返回一个类型与方法返回类型相同的表达式。如果语句中return关键字的后面是与返回类型匹配的值，则该语句将该值返回给方法调用方，剩余的代码将被跳过；如果没有返回值，则要声明方法的返回类型为void，可使用没有值的return语句来停止方法的执行；如果没有return关键字，方法将执行到代码块末尾。例如：

```
class Point
{
    int x;
    int y;
    void SetPoint()
    {
        System.Console.WriteLine("输入点的x和y坐标");
        x=int.Parse(System.Console.ReadLine());
        y=int.Parse(System.Console.ReadLine());
        return ; //可取消此行代码
    }
}
```

4.6.2 方法的调用

在对象上调用方法类似于访问字段。在对象名称之后，依次添加句点、方法名称和括号。参数在括号内列出，并用逗号隔开。语法：

对象名.方法名([参数列表]);

示例：

```
namespace ComplexNumberExample
{
    class ComplexNumber
    {
        private double _real,_imaginary;
        private void Create()
        {
            Console.WriteLine("请输入实部:");
            _real=int.Parse(Console.ReadLine());
            Console.WriteLine("请输入虚部:");
            _imaginary=int.Parse(Console.ReadLine());
        }
        void PrintResult()
        {
            Console.WriteLine("两复数相加之和为:");
            Console.WriteLine(_real + "+" + _imaginary + "i");
        }
        //此方法用于将两个复数相加
        ComplexNumber ComplexAdd(ComplexNumber Param1)
        {
            Param1._real += _real ;
            Param1._imaginary += _imaginary;
            return Param1;
        }
        static void Main(string[] args)
        {
            ComplexNumber Number1=new ComplexNumber();
            ComplexNumber Number2=new ComplexNumber();
            Number1.Create();
            Number2.Create();
            ComplexNumber Temp=Number1.ComplexAdd(Number2);
            Temp.PrintResult();
            Console.ReadKey();
        }
    }
}
```

程序运行结果为：

请输入实部:1

请输入虚部:2

请输入实部:3

请输入虚部:4
两复数相加之和为:4+6i

4.6.3 方法的参数传递

方法定义指定所需任何形参的名称和类型。调用代码在调用方法时,将为每个形参提供称为实参的具体值。实参必须与形参类型兼容,但调用代码中使用的实参名称不必与方法中定义的形参名称相同。具体方法参数修饰符如表 4.4 所示:

表 4.4 C#参数修饰符

参数修饰符	作 用
无	默认为按值传递,意味着被调用的方法收到原始数据的一份副本
out	输出参数是由被调用的方法赋值的,因此是按引用传递,如果被调用的方法没有给输出参数赋值,会出现编译错误
params	该参数允许将一组可变个数的相同类型的参数作为单独的逻辑参数进行传递。方法只能有一个 params 修饰符,而且必须是方法的最后一个参数
ref	调用者赋初值,且可以由被调用的方法可选地重新复制,数据是按引用传递的

(1) 默认的参数传递

默认情况下,将值类型传递给方法时,传递的是副本而不是对象本身。因此,被调用者对参数的更改对于调用方法中的原始副本没有影响。例如:

```
class Lion
{
    private int weight;
    private string gender;
    public void SetInfo(int newWeight,string newGender)
    {
            weight=newWeight;
            gender=newGender;
    }
    static void Main(string[] args)
    {       Lion bigLion=new Lion();
            bigLion.SetInfo(250,"Male");
            Console.WriteLine("狮子的重量是:{0},性别是:{1}。",bigLion.weight,bigLion.
            gender);
    }
}
```

(2) out 修饰符

out 为输出返回传递,在被引用方法中一定要有返回值。如果调用者在调用之前对变量进行了赋值,那么该值在调用后将会消失。使用 out 参数可以让调用者只使用一次方法调用就能获得多个返回值。定义和使用时,调用者和被调用者都需要添加 out 关键字。例如:

```
public void GetInfo(out int newWeight,out string newGender)
{
     newWeight= 250;
     newGender="Male";
}
Lion bigLion=new Lion();
 int bigLionWeight;
 string bigLionGender;
 bigLion.GetInfo(out bigLionWeight,out bigLionGender);
 Console.WriteLine("狮子的重量是:{0},性别是:{1}。",bigLionWeight,bigLionGender);
```

(3) ref 修饰符

ref 为引用参数,与 out 参数的作用相似,都是为了传递值变量的地址,使量的值被方法改变。但不同的是:ref 参数要求变量在方法外初始化,而 out 参数则要求变量在方法内初始化。例如:

```
public void GetNewInfo(ref int newWeight,ref string newGender)
{
      newWeight=newWeight + 10;
      weight=newWeight;
      gender=newGender;
 }
Lion bigLion=new Lion();
 int bigLionWeight=250;
 string bigLionGender="Male";
 bigLion.GetNewInfo(ref bigLionWeight,ref bigLionGender);
 Console.WriteLine("狮子的重量是:{0},性别是:{1}。",bigLionWeight,bigLionGender);
```

(4) params 修饰符

params 修饰符用来将一组具有相同类型的参数封装为一个对象传递给方法。在方法声明中,params 关键字之后不允许有任何其他参数,并且只允许有一个 params 关键字。例如:

```
public void GetInfo(params string[] values)
         {
      weight=int.Parse(values[0]);
      gender=values[1];
         }
string[] values={ "250","Male" };
bigLion.GetInfo(values);
Console.WriteLine("狮子的重量是:{0},性别是:{1}。",bigLion.weight,bigLion.gender);
```

4.6.4　方法的重载

“重载”是面向对象编程的一个重要特性,是类的多态的一种实现。方法重载是指在同一个类中定义多个方法名相同、方法间参数个数和参数顺序不同的方法。当一个重载方法被调用时,C#

根据调用该方法的参数列表自动调用具体的方法来执行。例如：

```
Class Payment
{
    void PayBill(int telephoneNumber)
    {
        //此方法用于支付固定电话话费
    }
    void PayBill(long consumerNumber)
    {
        //此方法用于支付电费
    }
    void PayBill(long consumerNumber,double amount)
    {
        //此方法用于支付移动电话话费
    }
}
```

对于上述代码，三个方法名称相同但参数列表不同就构成了方法重载。方法重载不关心返回值的类型不同，在 C# 中不允许存在方法名和参数列表相同、返回值不同的方法。方法的修饰词、返回值以及参数顺序的不同不可以决定方法是否构成重载。例如：

```
Class MethodExample
{
    public void MethodName(int i){} //方法一
    private int MethodName(int i){} //方法二
    public void MethodName(float f,int i){} //方法三
    public void MethodName(int i,float f){} //方法四
    public int MethodName(int i,float f){} //方法五
}
```

判断一个类型里的同名方法是否构成重载主要依据参数列表，而方法一和方法二只是修饰符和返回值不相同，不能构成重载；方法三、方法四和方法五只是参数列表的顺序或返回值不相同，也不能构成重载。

方法重载的主要好处就是不用为不同的参数列表写多个方法。多个方法用同一个名字，但参数列表不同，调用的时候，虽然方法名字相同，但根据参数列表可以自动调用对应的方法。这样用户在调用方法时，就不需要记住过多的方法名称，而只需知道方法的功能就可以直接给它传递不同的参数，编译器会明确地识别调用哪一个方法。

4.6.5 方法的 XML 代码注释功能

当方法定义前输入三个正斜杠符（///）后，Visual Studio. NET 就会插入几行 XML 注释。在///之后，用户可以使用预先定义的标签注释方法的代码，也可以插入用户自己定义的标签，用户定义的标签将会在随后加入到生成的注释文档中。例如：

```
/// <summary>
/// 给狮子的重量和性别赋值
/// </summary>
/// <param name="newWeight"></param>
/// <param name="newGender"></param>
public void SetInfo(int newWeight,string newGender)
{
    weight=newWeight;
    gender=newGender;
}
```

上述 XML 注释中，<summary>标签表示类型或类型成员的通用描述，<param>标签用于描述一个参数。在代码编辑器中，当在对象名后面输入“.”操作符后，Visual Studio .NET 就会显示一个列表，该列表中包含了所有类相关的成员，当选择方法后，就会在光标下方显示该方法的功能和参数的说明，如图 4.2 所示。

```
static void Main(string[] args)
{
    Lion bigLion = new Lion();
    int bigLionWeight ;
    string bigLionGender;
    //默认
    bigLion.SetInfo(250, "Male");
    Console.void Lion.SetInfo(int newWeight, string newGender) 0},性别是：{1}。", bigLion.weight, bigLion.gender);
           给狮子的重量和性别赋值
```

图 4.2　方法功能的自动感知

4.7　关键字 static

static 修饰符表示静态的意思，用于声明属于类型本身而不是属于特定对象的静态成员，它不会随着实例化的对象不同而不同。static 修饰符可用于变量、构造函数、方法、属性、事件和类自身，但不能用于索引器、析构函数或类以外的类型。

4.7.1　静态成员变量

如果需要定义一个独立于类的任何对象的成员变量(即所有的对象都共用同一个成员变量)，可在成员变量前加上 static 标识符将其定义为静态成员变量。相对于实例成员变量，静态成员变量具有如下特征：

- 只分配一次，在所有对象实例之间共享，因此又被称为类变量。
- 它不属于某个具体对象，也不是保存在某个对象的内存区域中，而是保存在类的公共存储单元。因此，它在类的对象被创建之前就能使用。
- 它通过“类名.变量名”的方式访问。
- 非静态方法也可以访问修改静态数据。

静态成员变量使用示例：

```
class Program
{
    class Class1
```

```
    {
        public static String staticStr="Class";
        public String notstaticStr="Obj";
    }
    static void Main(string[] args)
    {
      //静态变量通过类进行访问,该类所有实例的同一静态变量都是同一个值
      Console.WriteLine("Class1's staticStr: {0}",Class1.staticStr);
      Class1 tmpObj1=new Class1();
      tmpObj1.notstaticStr="tmpObj1";
      Class1 tmpObj2=new Class1();
      tmpObj2.notstaticStr="tmpObj2";
      //非静态变量通过对象进行访问,不同对象的同一非静态变量可以有不同的值
      Console.WriteLine("tmpObj1's notstaticStr: {0}",tmpObj1.notstaticStr);
      Console.WriteLine("tmpObj2's notstaticStr: {0}",tmpObj2.notstaticStr);
    }
  }
```

程序输出结果如下：

Class1's staticStr:Class

tmpObj1's notstaticStr:tmpObj1

tmpObj2's notstaticStr:tmpObj2

静态变量的另一个用途是定义静态常量，例如：

```
public static double PI=3.1415926;
```

这样的静态常量无需创建对象就可以直接使用，省略了创建对象的步骤，类似于C语言中用define定义的常量。这样定义常量，不仅使用方便，而且节省内存空间。

4.7.2 静态构造函数

静态C#构造函数是用来对静态数据进行初始化的方法成员。静态C#构造函数不能有参数，不能有修饰符而且不能被调用，当类被加载时，类的静态C#构造函数自动被调用。例如：

```
class SavingAccount
{
static double currInterestRate;
static SavingAccount()
    {
        Console.WriteLine("In static constructor!");
        currInterestRate=0.04;
    }
private void ShowinterestRate()
{
```

```
        Console.WriteLine("Current interest rate is:{0}",currInterestRate.ToString());
    }
    static void Main()
    {
        SavingAccount account=new SavingAccount();
        account.ShowinterestRate();
        Console.ReadKey();
    }
}
```

静态构造函数具有以下特性：

- 一个给定的类(结构)只能定义一个静态构造函数。
- 静态构造函数仅执行一次,与创建了多少这种类型的对象无关。
- 静态构造函数不带访问修饰符,也不带任何参数。
- 当静态构造函数创建这个类的实例时,或者在调用者访问第一个静态成员之前,运行库会调用静态构造函数。
- 静态构造函数在任何实例级别的构造函数之前执行。

4.7.3 静态方法

静态方法与静态成员变量一样,属于类本身而不是类的一个对象。相比而言,非静态方法可以访问类的静态成员,也可以访问类的非静态成员;而静态方法则需在返回类型前需加 static 关键字,且只能访问类的静态成员,不能访问类的非静态成员。静态方法的声明语法为：

```
<访问修饰符> static 返回类型 方法名(参数列表)
{ //方法体 }
```

静态方法不能使用实例来调用,只能使用类名来调用。其调用语法为:类名.静态方法名(参数值),例如：

```
using System;
using System.Collections.Generic;
using System.Linq;
using System.Text;
namespace StaticMethod
{
    class Program
    {
        int x=10;
        static int y=20;
        class Class1
        {
            public static string staticStr="Class";
            public string notstaticStr="Obj";
```

```
        }
        static void Main(string[] args)
        {
            //静态方法中不能使用非静态成员
            Console.WriteLine("x={0}",x); //出错,不能访问非静态成员变量
            Console.WriteLine("y={0}",y);
            //静态变量通过类进行访问,该类所有实例的同一静态变量都是同一个值
            Console.WriteLine("Class1's staticStr: {0}",Class1.staticStr);
            Class1 tmpObj1=new Class1();
            tmpObj1.notstaticStr="tmpObj1";
            Class1 tmpObj2=new Class1();
            tmpObj2.notstaticStr="tmpObj2";
            //非静态变量通过对象进行访问,不同对象的同一非静态变量可以有不同的值
            Console.WriteLine("tmpObj1's notstaticStr: {0}",tmpObj1.notstaticStr);
            Console.WriteLine("tmpObj2's notstaticStr: {0}",tmpObj2.notstaticStr);
            Console.ReadLine();
        }
    }
}
```

程序运行结果为:

```
y=20
Class1's staticStr: Class
tmpObj1's notstaticStr: tmpObj1
tmpObj2's notstaticStr: tmpObj2
```

4.7.4 静态类

使用关键字 static 声明的静态类作为不与特定对象关联的方法的组织单元,只能包含静态方法和静态变量。不能用 new 关键字创建静态类的实例,可以直接使用它的属性与方法。静态类是密封的,因此不可被继承,它相当于一个 sealed abstract 类。静态类不能包含构造函数,但仍可声明静态构造函数以分配初始值或设置某个静态状态。静态类在加载包含该类的程序或命名空间时由 .NET Framework 公共语言运行库(CLR)自动加载,编译器能够执行检查以保证不会创建此类的实例。例如,下述代码用于创建静态类 CompanyInfo,并在类内声明用于获取有关公司名称和地址信息的静态方法:

```
static class CompanyInfo
{
    public static string GetCompanyName(){return "CompanyName"; }
    public static string GetCompanyAddress(){return "CompanyAddress"; }
}
```

注意:

- 静态类仅包含静态成员,不能有实例构造器和实例成员,不能被实例化。

- 静态类是密封的，不能使用 abstract 或 sealed 修饰符，也不能有 protected 或 protected internal 访问保护修饰符。
- 静态类默认继承自 System. Object 根类，不能显式指定任何其他基类。
- 静态类不能指定任何接口实现。

4.8　关键字 this

this 修饰符应用在类的实例成员内部，表示对象本身的一个实例。this 修饰符仅限于在构造函数、析构函数和类的实例方法中使用，不能用于静态方法中。具体而言：

- 在类的构造函数中出现，作为引用类型，表示对正在构造的对象本身的引用；
- 在类的方法中出现，作为引用类型，表示对调用该方法的对象的引用；
- 在结构的构造函数中出现，作为值类型，表示对正在构造的结构的引用；
- 在结构的方法中出现，作为值类型，表示对调用该方法的结构的引用。

以下示例演示如何在构造函数和实例方法中应用 this 关键字。

```
using System;
using System.Collections.Generic;
using System.Linq;
using System.Text;
namespace ThisExample
{
    class Program
    {
        public int x=10;
        private static string str="Hello world";
        public static void Main()
        {
            //Console.WriteLine("The value of x is:{0}",x);//非静态的变量 x 必须来自于一个实例
            Console.WriteLine(str);
            //Console.WriteLine("The value of this.x is: {0}",this.x);//静态方法中不能用 this
            //Console.WriteLine(this.str);//this 关键字不能用来引用静态变量
            Point p=new Point(100,100);
            p.ShowMsg();
            Console.ReadLine();
        }
    }
    public class Point
    {
        public int x,y;
        public Point(int x,int y)
        {
```

```
            this. x=x;
            this. y=y;
        }
        public void ShowMsg()
        {
        Console. WriteLine("The value of this. x is:{0}",this. x);
        Console. WriteLine("The value of this. y is:{0}",this. y);
        }
    }
}
```

4.9 属性

属性是用来封装类的域，即封装类的内部变量。当用户不想让外部随便访问修改该字段时，就可以使用属性来访问。C#通过属性特性读取和写入成员变量，而不直接读取和写入，以此来提供对类中字段的保护。属性是C#面向对象技术中封装性的体现。属性的结构为：

```
public <返回类型> <属性名>
{
    get { return <需要访问修改的字段>;}
    set { <需要访问修改的字段>=value; }
}
```

属性声明时要求返回类型应与要修改和访问的字段同类型，属性名与字段不同名，通常用同一单词，属性名第一个字母大写、字段名第一个字母小写来区分。当使用属性来访问该字段时，就会调用里面的get方法；当要修改该字段时，就会调用set方法。get方法和set方法不是每个属性必有的，当只有get的时候，只能访问不能修改，即为只读属性；当只有set的时候，只能修改，不能访问，即为只写属性。实例如下：

```
using System;
namespace Properity
{
    public class VideoStore
    {
        private int vcd=0;
        public int Vcd
        {
            get{ return vcd;}
            set{ vcd=value; }
        }
    }
    class Class1
    {
```

```
        [STAThread]
        static void Main(string[] args)
        {
            VideoStore objVideo=new VideoStore();
            objVideo.Vcd=400;
            Console.WriteLine("Vcd 的价格= {0}",objVideo.Vcd);
            Console.ReadKey();
        }
    }
}
```

属性和变量的区别：

● 变量成员本质上就是变量，而属性成员更大程度上是函数成员的一种，属性成员是变量的扩展，源于变量，操作时形式比较类似变量访问；属性成员并不占用实际的内存，变量成员占内存位置及空间。

● 属性成员可以对接收的数据范围作限定，也就是增加了数据的安全性，而变量成员不能；属性成员在访问修饰符的基础上通过 get/set 函数提供对属性的更为灵活、安全的访问控制，可为(私有的)变量成员多一层逻辑保护，而变量成员只能通过访问修饰符提供基本的数据隐藏功能；属性成员可通过只公开 get/set，实现成员的只读/只写，而变量要么全部可见要么全不可见。

● 属性可以被其他类访问，而大部分变量不能直接访问；属性是被外部使用，字段是被内部使用。如变量成员实例：

```
class Card
{
  public string No;
}
```

属性实例：

```
class Card
{
  private string _No;
  public string No
  {
    get { return this._No;}
    set { this._No =value;}
  }
}
```

两种代码都实现了类的存取值功能，更进一步考虑下列情况：

情景 1：当要求 No 的长度为 8 时，在给 No 赋值时，第一种方式需在类外另加检验规则，如：

```
  Card card=new Card();
  string str;
  str=Console.ReadLine();
  if (str.Length==8)
      card.No=str;
```

而第二种方法则可以在类内增加检验规则，如：

```
class Card
{
  private string _No;
  public string No
  {
    get { return this._No;}
    set { if(value.length==8) this._No =value;}
  }
}
```

情景 2：当要求 No 的长度由原 8 位变成 10 位时，第一种情况需要修改所有调用 Card 的地方，维护程序不方便；而第二种情况则只需修改类本身，与调用类无关，实现一处修改多处作用。

显然，采用属性比变量方式能更好地对类进行封装，既封装了值，也封装了相关的规则；同时较好地实现了类与类的调用者之间的功能分离，提高了系统的可维护性。

4.10 索引器

索引器是 C# 引入的一个新型的类成员，它使得对象可以像数组那样被方便、直观地进行索引。从定义的形式上看，索引器非常类似于属性，属性可以像访问字段一样访问对象的数据，索引器可以像访问数组一样访问类成员。索引器的数据类型同时为 get 语句块的返回类型和 set 语句块中 value 关键字的类型，且 value 关键字只能在 set 下作为传递参数。与属性相比，索引器可以有参数列表，且必须具备至少一个参数，该参数位于 this 关键字之后的中括号内；索引器的参数只能是传值类型，不可以有 ref(引用)和 out(输出)修饰；索引器不必根据整数值进行索引，而是由用户定义查找机制，C# 根据不同的参数签名来进行索引器的多态辨析；索引器只能作用在实例对象上，不能在类上直接引用。索引器定义的语法如下：

```
<访问修饰符>  类型名称 this [类型名称 参数名]
{
    get{//获得属性的代码}
    set{ //设置属性的代码}
}
```

实例：

```
using System;
using System.Collections.Generic;
using System.Linq;
using System.Text;
namespace IndexExample
{
    class Student
    {
        string name;
```

```
    public Student(string _name)
    {
        this.name=_name;
    }
    public string Name
    {
        get
        {
            return name;
        }
    }
}
class Grade
{
    //该数组用于存放学生信息
    Student[] students;
    public Grade(int capacity)
    {
        students=new Student[capacity];
    }
    public Student this[int index]
    {
        get
        {
            if (index<0||index >= students.Length)//验证索引范围
            {
                Console.WriteLine("索引无效");
                return null;//使用 null 指示失败
            }
            return students[index];//对于有效索引,返回请求的学生信息
        }
        set
        {
            if (index<0||index >= students.Length)
            {
                Console.WriteLine("索引无效");
                return;
            }
            students[index]=value;
        }
```

```
        }
        public Student this[string name]
        {
            get
            {
                foreach (Student s in students) //遍历数组中的所有学生信息
                {
                    if (s.Name == name)//将照片中的标题与索引器参数进行比较
                        return s;
                }
                Console.WriteLine("未找到");
                return null; //使用 null 指示失败
            }
        }
    static void Main(string[] args)
    {
        Grade grade=new Grade(3);//创建一个容量为 3 的相册
        //创建 3 张学生照片
        Student first=new Student("Shawn");
        Student second=new Student("Smith");
        Student third=new Student("Jeny");
        //向相册加载学生照片
        grade[0]=first;
        grade[1]=second;
        grade[2]=third;
        Student objStudent1=grade[2];//按索引检索
        Console.WriteLine(objStudent1.Name);
        Student objStudent2=grade["Shawn"];//按名称检索
        Console.WriteLine(objStudent2.Name);
        Console.ReadLine();
    }
  }
}
```

定义索引器应注意：

- 所有索引器都使用 this 关键词定义索引。Class 或 Struct 只允许定义一个索引器，而且总是命名为 this。
- get 访问器返回值，set 访问器分配值，value 关键字用于定义由 set 索引器分配的值。
- 索引器的方括号中可以是任意参数列表，可以有多个形参。索引器不一定根据整数值进行索引，而是根据编程要求指定参数类型。
- 索引器修饰符包括 public、protected、private、internal、new、virtual、sealed、override、ab-

stract、extern，可被重载。

索引器与属性都是类的成员，语法上非常相似。但它们之间又存在一些区别，具体如表 4.5 所示。

表 4.5　属性与索引器的比较

属　性	索引器
类的每一个属性都需有唯一的名称	类里定义的每一个索引器都以关键字 this 命名，可以实现索引器重载，需有唯一的签名或者参数列表
类似于数据成员	类似于一个数组
get 访问器没有参数，属性访问仅通过简单的名称进行	get 访问器具有与索引器相同的形参表，索引器访问需传递参数
可以为静态成员或实例成员	必须为实例成员
其 set 访问器包含隐式 value 参数	除了 value 参数外，其 set 访问器还具有与索引器相同的形参表

4.11　命名空间

命名空间就是一个程序集内相关类型的一个分组，在命名空间中，可以声明类、接口、结构、枚举、委托。通过命名空间从逻辑上把相关类型组织起来，以防止命名冲突。例如：System.IO 命名空间包含了有关文件 I/O 的类型，System.Data 命名空间定义了基本的数据库访问类型等。一个程序集可以包含任意个命名空间，每个命名空间又可以包含多种类型，一个命名空间的名称在它所属的命名空间内必须是唯一的。命名空间隐式地定义为 public，而且在命名空间的声明中不能包含任何访问修饰符。用户可以用 namespace 关键字声明一个命名空间，格式为：

```
namespace [命名空间名][.命名空间名]
{
    [using 指令;]
    [命名空间体]
}
```

命名空间名称可以是单个标识符或者是由“.”标记分隔的标识符序列。后一种形式允许一个程序直接定义一个嵌套命名空间，而不必按词法嵌套若干个命名空间声明。例如：

```
namespace ParentNamespace.ChildNamspace
{
    class A {}
    class B {}
}
```

在语义上等效于：

```
namespace ParentNamespace
{
    namespace ChildNamspace
    {
        class A {}
        class B {}
```

```
    }
}
```

在[命名空间体]前，可选用零个或多个 using 指令来导入其他命名空间和类型的名称，这样就可以直接使用这些被导入的类型的标识符而不必加上它们的限定名。例如：

```
namespace SiblingsNamspace
{
        using ParentNamespace. ChildNamspace;
        class C
        {
            public static void Main()
            {
            A a=new A();//如果使用 using ParentNamespace;导入命名空间则会出错
            }
        }
}
```

当同一编译单元或命名空间体中的 using 命名空间指令导入多个命名空间时，如果它们所包含的类型中有重名的，则直接引用该名称被认为是不明确的，此时需用完全限定名来限定引用类(类名前加上命名空间名)。例如：

```
using System;
using System. Collections. Generic;
using System. Linq;
using System. Text;
namespace Philips
{
    class Monitor
    {
        public void ListModels()
        {
        Console. WriteLine("供应以下型号的显示器:");
        Console. WriteLine("15\",17\" \n");
        }
    }
}
namespace Sony
{
    public class Monitor
    {
        public void ListModelStocks()
        {
```

```
            Console.WriteLine("以下是 Sony 显示器的规格及其库存量:");
            Console.WriteLine("15\"=500,17\"=2000,19\"=3000");
        }
        static void Main(string[] args)
        {
            Philips.Monitor objPhilips=new Philips.Monitor();
            Monitor objSony=new Monitor();
            objPhilips.ListModels();
            objSony.ListModelStocks();
            Console.ReadLine();
        }
    }
}
```

上例命名空间 Philips 和 Sony 中都有 Monitor 类,引用该类时就需用完全限定名来唯一标识用户指定命名空间中的类型,否则表示来自当前命名空间中的类型。

using 指令还可以用于为一个命名空间或类型指定一个别名,其格式为:

using 标识符=命名空间或类型名称;

例如:

```
namespace SiblingsNamspace
{
    using A=ParentNamespace.ChildNamspace.A;
    class B:A {}
}
```

或:

```
namespace SiblingsNamspace
{
    using P=ParentNamespace.ChildNamspace;
    class B: P.A {}
}
```

第5章
继承和接口

5.1 继承

5.1.1 继承的基础知识

继承是面向对象程序设计的主要特征之一，其目的是实现代码的重用，节省程序设计的时间。继承的实质就是在类之间建立一种相交关系，创建以相交部分为基类的派生类。继承使得新定义的派生类的实例可以继承已有的基类的特征和能力，而且可以加入新的特性或者是覆盖已有的特性建立起类的层次。

一个类从另一个类派生出来时，派生类从基类那里继承特性。派生类也可以作为其他类的基类。从一个基类派生出来的多层类形成了类的层次结构。在C#中，派生类只能从一个类中继承。基类的所有成员(实例构造函数、析构函数和静态构造函数除外)都由派生类型继承。C#中，派生类从它的直接基类中继承成员，包括方法、域、属性、事件、索引指示器。除了构造函数和析构函数，派生类隐式地继承了直接基类的所有成员。如下面示例：

```
class Animal //定义动物类
{
   int eyes,nose; //成员变量
   Animal()
   {
       eyes=2;
       nose=1;
   }
   AnimalActive()
   {
            //定义
   }
}
class Dog:Animal//从动物基类派生一个狗类
{
   private Barking()
   {
   //定义吠叫行为
```

```
    }
    private Wagging_Tail()
    {
    //摇尾巴行为
    }
}
```

Animal 作为基类，体现了“动物”这个实体具有的公共性质：所有动物都有两只眼睛和一个鼻子，有自身行为。Dog 类继承了 Animal 的这些性质，并且添加了自身的特性：可以吠叫和摇尾巴。

C＃中的继承遵循下列规则：

- 继承是可传递的。如果 C 从 B 中派生，B 又从 A 中派生，那么 C 不仅继承了 B 中声明的成员，同样也继承了 A 中的成员。在 C＃中，Object 类是所有类的基类。
- 派生类是对基类的扩展。派生类可以添加新的成员，但不能除去已经继承的成员的定义。
- 基类中的构造函数和析构函数不能被继承。
- 派生类如果定义了与基类的成员同名的新成员，就可以覆盖已继承的成员。但这种覆盖并不会在派生类中删除这些成员，只是不能再访问这些成员。
- 类可以定义虚方法、虚属性以及虚索引指示器，它的派生类能够重载这些成员，从而实现类的多态性。
- 派生类只能从一个类中继承，可以通过接口实现多重继承。

下面的代码是一个派生类继承基类的例子：

```
using System;
public class BaseClass
{
    public BaseClass( )
    {Console.WriteLine("基类构造函数。");}
    public void ShowMsg( )
    {Console.WriteLine("I'm a Base Class Method。");}
}
public class DerivedClass: BaseClass
{
    public DerivedClass( )
    {Console.WriteLine("派生类构造函数。");}
    public static void Main( )
    {
        DerivedClass derived=new DerivedClass( ) ;
        derived.ShowMsg( );
    }
}
```

程序运行输出：

基类构造函数。

派生类构造函数。

I'm a Base Class Method。

冒号“:”用来表明后面的标识符是基类,“public class DerivedClass:BaseClass”语句说明 BaseClass 是 DerivedClass 的基类。C# 仅支持单一继承,因此只能指定一个基类。基类在派生类初始化之前自动进行初始化,因此 BaseClass 类的构造函数在 DerivedClass 的构造函数之前执行。调用 derived 对象的 ShowMsg( ) 方法时,该派生类实例并没有自己的 ShowMsg( )方法,它使用了 BaseClass 中的 ShowMsg( )方法。

注意:

(1) 不允许多重继承

假定 Student 和 Employee 都为类,继承两个类的派生类 Graduate 声明将导致语法错误:

```
public class Graduate:Student,Employee
{
    //成员变量
    //成员函数
}
```

(2) 继承中对使用可访问性级别的限制

声明类型时,直接基类或其成员必须至少与派生类或其成员具有同样的可访问性。以下声明将导致编译器错误,因为基类 BaseClass 的可访问性小于 DerivedClass:

```
class BaseClass {...}
public class DerivedClass:BaseClass {...} //错误
```

5.1.2 关键字 base

通过 base 关键字访问基类的成员,调用基类上已被其他方法重写的方法。基类访问只能在构造函数、实例方法或实例属性访问器中进行。与 this 相似,不能从静态方法中使用 base 关键字,因为静态方法没有实例。

下面程序中基类 Person 和派生类 Employee 都有一个名为 ShowMsg 的方法。通过使用 base 关键字,可以从派生类中调用基类上的 ShowMsg 方法。示例如下:

```
using System;
public class Person
{
    protected string ssn="104972007001";
    protected string name="刘勇军";
    public Person(string st)
    {
        Console.WriteLine(st);
    }
    public virtual void ShowMsg()
    {
        Console.WriteLine("姓名:{0}",name);
        Console.WriteLine("编号:{0}",ssn);
```

```
    }
}
class Employee:Person
{
    public string qq="494244991";
    public Employee( ):base("From Derived.")
    {
        Console.WriteLine("Child Constructor.") ;
    }
    public override void ShowMsg()
    {
        base.GetInfo();//调用基类的 ShowMsg 方法
        Console.WriteLine("成员 qq:{0}",qq) ;
    }
}
class TestClass
{
    public static void Main()
    {
        Employee E=new Employee() ;
        E.ShowMsg();
        ((Person)E).ShowMsg();
    }
}
```

程序运行输出：

```
From Derived.
Child Constructor.
姓名:刘勇军
编号:104972007001
成员 qq:494244991
姓名:刘勇军
编号:104972007001
```

上面代码演示了在子类的构造函数定义中，如何运用冒号“:”和关键字 base 来调用带有相应参数的基类的构造函数。运行时，基类的构造函数最先被调用。Employee 类的 ShowMsg( )方法覆盖了 Person 中的 ShowMsg()方法，并运用 base 调用 Person 类中的 ShowMsg( ) 方法。还可以通过显式类型转换来访问基类成员，语句“((Person)E). ShowMsg();”就将对象 E 转换成基类的一个实例来执行 Person 中的 ShowMsg()方法。

5.1.3　关键字 virtual 和 override

virtual 用在基类中，指定一个虚方法(属性)，表示这个方法(属性)可以重写；override 用在派生类中，表示对基类虚方法（属性）的重写。基类和派生类是相对的，B 是 C 的基类，也可以是 A 的派生类，B 中既可以对 A 中的 virtual 虚方法用 override 重写，也可以指定 virtual 虚方法供 C 重写。override 声明不能更改 virtual 方法的可访问性，override 方法和 virtual 方法必须具有相同的访问级别修饰符。

重写的基方法必须是 virtual、abstract 或 override 的，不能重写非虚方法或静态方法。override 也可以重写是因为基类中的 override 实际上是对基类的基类进行重写，由于继承可传递，所以也可以对基类中 override 的方法进行重写。重写属性声明必须指定与继承属性完全相同的访问修饰符、类型和名称，并且被重写的属性也必须是 virtual、abstract 或 override 的。不能使用修饰符 new、static、virtual 或 abstract 来修改 override 方法。示例：

```
class Student
{
    public virtual void StuInfo()
    {  Console.WriteLine("此方法显示学生信息。")； }
}
class ITStudent:Student
{
      public override void StuInfo()
      {
            base.StuInfo()；
            Console.WriteLine("此方法重写 base 方法。")；
      }
      static void Main(string[] args)
      {
            ITStudent objStudent=new ITStudent()；
            objStudent.StuInfo()；
            Student objSuper=objStudent；
            objSuper.StuInfo()；
      }
}
```

程序运行输出：

此方法显示学生信息。

此方法重写 base 方法。

此方法显示学生信息。

5.1.4 关键字 new

new 关键字用于显式隐藏从基类继承的成员，包括字段、属性、索引器和方法等。若要隐藏基类具有相同名称的成员，在派生类中声明方法时用 new 修饰符修饰该成员。示例：

```
public class BaseClass
{
    public static int val=123；
}
```

在派生类中用 val 名称声明成员会隐藏基类中的 val 字段，即：

```
public class DerivedBase:BaseClass
{
    new public static int val=456;
     public static void Main()
     {
       Console.WriteLine(val);
     }
}
```

new 和 override 的区别：

new 关键字跟继承没有关系，可以用于一个类的子类。当子类的一个方法用到 new，且子类的实例显性转换为父类对象时，调用的时候会运行父类的同名方法，而不会调用子类有 new 关键字的方法。override 只是在继承的时候才会用到，用于子类要覆盖父类方法的方法。当一个子类的方法用到 override 关键字，且子类的实例显性转换为父类对象时，在调用的时候会运行子类中相应的方法。如以下程序示例所示：

```
public class ParentClass//基类
{
    public ParentClass()
    {     Console.WriteLine("基类的构造方法");}
    public virtual void Method()
                                //用 virtual 关键字才可以在子类中用 override，而 new 不需要这样
    {Console.WriteLine("基类的方法 Method()");}
}
public class ChildClass1:ParentClass//继承基类，看看 override 状态
{
      public ChildClass1()
      {    Console.WriteLine("ChildClass1 的构造方法");}
      public override void Method()//使用 override，重新定义基类的方法
      {Console.WriteLine("ChildClass1 的方法 Method()，use override"); }
}
public class ChildClass2:ParentClass//继承基类，看看 new 状态
{
      public ChildClass2()
      {    Console.WriteLine("ChildClass2 的构造方法");}
      new public void Method()/*使用 new，不是说用到基类的方法，而是重新定义一个子类
                                      方法，只不过，方法名称与基类相同*/
      {    Console.WriteLine("ChildClass2 的方法 Method()"); }
}
public class Test
```

```
{
    static void Main()
    {
        ParentClass Parent=(ParentClass) new ChildClass1();
                                        //用 override 子类指向一个基类对象句柄
        Parent.Method();
        ParentClass NewParent=(ParentClass) new ChildClass2();
                                        //用 new 子类指向一个基类对象句柄
        NewParent.Method();
        ChildClass2 NewParent1=new ChildClass2();//一个子类句柄
        NewParent1.Method();
    }
}
```

程序运行结果：
基类的构造方法
ChildClass1 的构造方法
ChildClass1 的方法 Method(),use override
基类的构造方法
ChildClass2 的构造方法
基类的方法 Method()
基类的构造方法
ChildClass2 的构造方法
ChildClass2 的方法 Method()

5.1.5 关键字 abstract

abstract 修饰符可以和类、方法、属性、索引器及事件一起使用。在类声明中使用 abstract 修饰符以表示该类只能是其他类的基类，不能被实例化。抽象成员不包括实现代码，标记为抽象或包含在抽象类中的成员必须通过派生类来实现。

定义抽象类和抽象方法的语法为：

```
abstract class ClassName
{
    //定义抽象方法、定义抽象访问器等
    public abstract void MethodName();
}
```

抽象类具有的特性：

- 抽象类不能实例化。
- 抽象类可以包含抽象方法和抽象属性的访问器等。
- 不能用 sealed 修饰符修改抽象类。
- 从抽象类派生的非抽象类必须包括继承的所有抽象方法和抽象属性的访问器的实现。

抽象方法和属性具有的特性：

- 在方法或属性声明中使用系统 abstract 修饰符以指示方法或属性不包含实现。
- 抽象方法是隐式的虚方法；系统只允许在抽象类中使用抽象方法声明。
- 抽象方法声明不提供实现，没有方法体；方法声明以一个分号结束，并且在签名后没有大括号（{}）。
- 在抽象方法声明不能使用 static 或 virtual 修饰符。
- 在派生类中，通过包括使用 override 修饰符的属性声明，重写抽象的属性。除了在声明和调用语法上不同外，抽象属性的行为与抽象方法一样。

抽象类中的方法不一定都是抽象方法，抽象类也可以容纳有具体实现的方法或者称为具体方法。但是含有抽象方法的类必然是抽象类。示例：

```
abstract class BaseClass
{
public abstract void Method1();
}
//派生类
class SonClass:BaseClass
{
    public override void Method1()
    {   Console.WriteLine("在 SonClass 中实现的抽象方法");}
}
//派生自 SonClass 的子类
class GrandSonClass:SonClass
{
   public void Method2()
   {
      //未实现 Method1 抽象方法
      Console.WriteLine("在 GrandSonClass 中未实现的抽象方法 ");
   }
}
static void Main(string[] args)
{
 GrandSonClass objSubClass=new GrandSonClass();
 objSubClass.Method2 ();
}
```

虚方法与抽象方法的区别，如表 5.1 所示。

表 5.1　虚方法与抽象方法的区别

虚 方 法	抽 象 方 法
用 virtual 修饰	用 abstract 修饰
必须要有方法体，哪怕是一个分号	不允许有方法体
可以被子类覆盖(override)	必须被子类覆盖(override)
除了密封类外，可以重写	只能存在于抽象类中
virtual 修饰的非抽象类可以创建实例	abstract 修饰的类不能创建实例

5.1.6　关键字 sealed

当类没有被继承的必要时，可采用密封类(sealed class)。密封类在声明中使用 sealed 修饰符，这样就可以防止该类被其他类继承。密封类中不可能有派生类，如果密封类实例中存在虚成员函数，该成员函数可以转化为非虚的，函数修饰符 virtual 不再生效。因为抽象总是希望被继承的，所以密封类不能同时又是抽象类。例如：

```
abstract class A
{
      public abstract void Method( ) ;
}
sealed class B:A
{
     public override void Method ( )
     {//Method 的具体实现代码 }
}
```

如果写下面的代码"class C:B{}"，C# 会提示错误信息。

sealed 修饰符也可以修饰类的方法使其成为密封方法，以防止派生类中对该方法的重载。在对基类的虚方法进行重载实现密封方法，需要同时使用 sealed 修饰符和 override 修饰符。例如：

```
class A
{
     public virtual void Method1( )
     {Console.WriteLine("A.Method1") ;}
     public virtual void Method2( )
     {Console.WriteLine("A.Method2") ;}
}
class B:A
{
     sealed override public void Method1( )
     {Console.WriteLine("B.Method1") ;}
     override public void Method2( )
     {Console.WriteLine("B.Method2") ;}
}
class C:B
{
      override public void Method2( )
      {Console.WriteLine("C.Method2") ;}
}
```

类 B 对基类 A 中的两个虚方法均进行了重载，其中 Method1 方法使用了 sealed 修饰符，成为一个密封方法。Method2 方法不是密封方法，所以在 B 的派生类 C 中，可以重载方法 Method2，但不能重载方法 Method1。

5.2　接口

5.2.1　接口的基础知识

类的继承实现了共享父类的公共功能，简化了程序的编写和维护，但类的继承无法实现多态性。由此，在对功能定义抽象的基础上引入接口的概念。接口是把隐式公共方法和属性组合起来，以封装特定功能的一个集合，是一组包含了函数型方法的数据结构。接口中不包括任何实现其成员的代码，只定义了类实现的规范，成员的实现将在接口的派生类中实现。接口不能单独存在，不能进行实例化。与类相比，接口与类都需要定义自身的成员，但接口不能实现成员的功能。类的继承是实现对象的抽象，而接口是实现功能的抽象。

接口的关键词是 interface，一个接口可以扩展一个或者多个其他接口。接口的名字通常以大写字母“I”开头。定义接口的一般形式为：

[attributes] [modifiers] interface identifier [：base-list] {interface-body}[；]

说明：

- attributes（可选）：附加的定义性信息。
- modifiers（可选）：允许使用的修饰符有 new 和四个访问修饰符，分别是：public、protected、internal 和 private。new 修饰符只能出现在嵌套接口中，表示覆盖了继承而来的同名成员；public、protected、internal 和 private 修饰符定义了对接口的访问权限；默认是 public。
- 指示器和事件。
- identifier：接口名称。
- base-list（可选）：包含一个或多个显式基接口的列表，接口间由逗号分隔。一个接口可从一个或多个基接口继承。
- interface-body：对接口成员的定义，包含方法、属性、索引器等成员的签名。

示例：

```
public interface IPicture
{
    void DeleteImage();
    void ShowImage();
}
public class MyPicture:IPicture
{
    //第一个方法的实现
    public void DeleteImage()
    {
    Console.WriteLine("DeleteImage 实现!");
    }
    //第二个方法的实现
    public void ShowImage()
    {
```

```
            Console.WriteLine("ShowImage 实现!");
        }
        static void Main(string[] args)
        {
            MyPicture objM=new MyPicture();
            objM.ShowImage();
            objM.DeleteImage();
        }
    }
```

5.2.2 多重接口实现

C# 不允许多重类继承,但允许多重接口实现。这意味着一个类可以继承一个基类和多个接口。以下代码是实现多重接口的示例:

```
public class BaseIO
{
    public void Open()
    {
        Console.WriteLine("BaseIO 的 Open 方法");
    }
}
public interface IPicture
{
    void DeleteImage();
    void ShowImage();
}
public interface IDrawPicture
{
    void DrawPicture();
}
public class MyPicture:BaseIO,IPicture,IDrawPicture
{
  public void DeleteImage()
  {
      Console.WriteLine("DeleteImage 实现!");
  }
  public void ShowImage()
  {
      Console.WriteLine("ShowImage 实现!");
  }
  public void DrawPicture()
```

```
    {
        Console.WriteLine("DrawPicture 实现!");
    }
    static void Main(string[] args)
    {
        MyPicture objM=new MyPiture();
        objM.ShowImage();
        objM.DeleteImage();
        objM.DrawPicture();
        objM.Open();
    }
}
```

一个接口可以从零或多个接口继承,那些被继承的接口称为这个接口的显式基接口。例如:

```
public interface IPicture
{
    void ShowImage();
    void DeleteImage();
}
public interface IDrawPicture
{
    void ShowImage();
    void DrawPicture();
}
//继承多重接口
public interface IPictAll:IPicture,IDrawPicture
{
    void EditPicture();
}
```

如果存在多个基接口的方法同名,就需显示实现接口的重名方法。上例中 ShowImage()方法在 IPicture 接口和 IDrawPicture 接口都存在,因而实现 IPictAll 接口就需显示实现接口。具体代码如下:

```
public class MyPicture:IPictAll
{
    public void DeleteImage()
    {
    Console.WriteLine("DeleteImage 实现!");
    }
    public void DrawPicture ()
    {
    Console.WriteLine("DrawPicture 实现!");
```

```
        }
        void IPicture. ShowImage()
        {
        Console. WriteLine("ShowImage 的 IPicture 实现");
        }
        void IDrawPicture. ShowImage()
        {
        Console. WriteLine("ShowImage 的 IDrawPicture 实现");
        }
    }
```

5.2.3 接口作为参数传递和返回

接口作为参数传递,传递的是实现了接口的对象;接口作为类型返回,返回的是实现了接口的对象。以下程序示例可以用来说明接口作为参数传递和返回的运行机制:

```
namespace InterfaceReference
{
    public interface IHomeworkCollector
    {   void CollectHomework();}
    public class Person
    {
        private string _Name;//用户姓名
        public Person(string name)
        {   _Name=name; }
        public string Name
        {
            get {return _Name;}
            set {_Name=value;}
        }
    }
    public class Student:Person,IHomeworkCollector
    {
        public Student(string name):base(name){ }
        public void CollectHomework()
        {Console. WriteLine("{0}报告老师,作业收集完毕!",this. Name);}
    }
    public class Teacher:Person,IHomeworkCollector
    {
        public Teacher(string name):base(name){ }
        public void CollectHomework()
        {Console. WriteLine("{0}老师自己把作业收集完毕!",this. Name);}
```

```
    }
    class Homework
    {
        private void DoCollectHomework(IHomeworkCollector collector)
        {
            //不管是老师还是学员收作业,都不需要做任何改变
            collector.CollectHomework();
        }
        private IHomeworkCollector CreateHomeworkCollector(string type,string name)
        {
            //创建实现了接口的类的对象作为参数传递
            IHomeworkCollector collector=null;
            switch (type)
            {
                case "student":
                    collector=new Student(name);
                    break;
                case "teacher":
                    collector=new Teacher(name);
                    break;
            }
            return collector;
        }
        static void Main(string[] args)
        {
            Homework homework=new Homework();
            homework.DoCollectHomework(homework.CreateHomeworkCollector("
            student","小张"));
            homework.DoCollectHomework(homework.CreateHomeworkCollector("teach-
            er","刘勇军"));
            Console.ReadKey();
        }
    }
}
```

通过分析,可以看出接口和用 abstract 定义的抽象类有些相似,实际上二者的区别还是很明显的,二者的联系与区别如表 5.2 所示。

表 5.2 接口和抽象类的对比

比　较	抽象类	接　口
不同点	用 abstract 定义	用 interface 定义
	只能继承一个类	可以实现多个接口
	非抽象派生类必须实现抽象方法	实现接口的类必须实现所有成员
	需要 override 实现抽象方法	直接实现
相同点	不能实例化、包含未实现的方法、派生类必须实现未实现的方法	

第6章
委托和事件

6.1 委托

6.1.1 委托的引入

要编写 GreetPeople 方法实现向某人问好，可用以下示例程序：

```
public void GreetPeople(string name)
 {EnglishGreeting(name);}
public void EnglishGreeting(string name)
 {Console.WriteLine("Good Morning," + name +"!");}
```

在执行 GreetPeople 方法时，将调用 EnglishGreeting 方法，并再次传递 name 参数，EnglishGreeting 则用于向某人用英文说 Good Morning。现在假设这个程序需要进行全球化，再加个中文版的问候方法：

```
public void ChineseGreeting(string name)
 {   Console.WriteLine("早上好," + name+ "!");}
```

这时候，GreetPeople 也需要改动，不然程序不知道到底用哪个版本的 Greeting 问候方法。由此再定义一个枚举类型作为判断的依据：

```
public enum Language
{  English,Chinese}
public void GreetPeople(string name,Language lang)
{   swith(lang)
    {
        case Language.English:
            EnglishGreeting(name);
            break;
        case Language.Chinese:
            ChineseGreeting(name);
            break;
    }
}
```

如果我们还需要再添加韩文版、日文版，就不得不反复修改枚举类型和 GreetPeople 方法，以适应新的需求，显然这个解决方案的可扩展性很差。

假如 GreetPeople()方法可以接受一个代表方法的参数变量，当给这个变量赋值 English-Greeting 的时候，它代表 EnglsihGreeting()方法，当给它赋值 ChineseGreeting 的时候，它又代表着 ChineseGreeting()方法。我们就不再需要枚举类型参数了，因为在给这个代表方法参数变量赋值的时候动态地决定 GreetPecPle 使用哪个方法(ChineseGreeting 或 EnglsihGreeting)。如果我们将这个参数变量命名为 DoGreeting，那么就可以如同给 name 赋值时一样，在调用 GreetPeople()方法的时候，给这个 DoGreeting 参数也赋值 (ChineseGreeting 或 EnglsihGreeting 等)。然后，我们在方法体内，也可以像使用别的参数一样使用 DoGreeting。GreetPeople()方法修改如下：

```
public void GreetPeople(string name, *** DoGreeting)
{    DoGreeting(name);}
```

***位置是代表着方法的参数类型，那么这个代表着方法的 DoGreeting 参数到底应该是什么类型的？显然，DoGreeting 的参数类型定义应该能够确定 DoGreeting 可以代表的方法种类，也就是 DoGreeting 可以代表的方法的参数类型和返回类型。我们看看 DoGreeting 参数所能代表的 ChineseGreeting()和 EnglishGreeting()方法的签名：

```
public void EnglishGreeting(string name)
public void ChineseGreeting(string name)
```

于是委托该出场了。本例中委托的定义如下：

```
public delegate void GreetingDelegate(string name);
```

可以与上面 EnglishGreeting()方法和 ChineseGreeting()方法的签名对比一下，除了加入了 delegate 关键字以外，其余的完全一样。现在我们用 GreetingDelegate 代替 ***位置，再次改动 GreetPeople()方法，如下所示：

```
public void GreetPeople(string name,GreetingDelegate DoGreeting)
{    DoGreeting(name);}
```

现在，请看看这个示例的完整代码：

```
using System;
using System.Collections.Generic;
using System.Text;
namespace Delegate
{
    //定义委托，它定义了可以代表的方法的类型
    public delegate void GreetingDelegate(string name);
        class Program
        {
            private static void EnglishGreeting(string name)
                {Console.WriteLine("Good Morning," + name +"!");}
            private static void ChineseGreeting(string name)
                {Console.WriteLine("早上好," + name +"!");}
            //注意此方法，它接受一个 GreetingDelegate 类型的方法作为参数
            private static void GreetPeople(string name,GreetingDelegate DoGreeting)
            {
```

```
            DoGreeting(name);
        }
        static void Main(string[] args)
        {
            GreetPeople("Yongjun Liu",EnglishGreeting);
            GreetPeople("刘勇军",ChineseGreeting);
            Console.ReadKey();
        }
    }
}
```

输出如下：

Good Morning,Yongjun Liu!

早上好,刘勇军!

小结:委托定义了方法的类型,使得可以将方法当做另一个方法的参数来进行传递。这种将方法动态地赋给参数的做法,可以避免在程序中大量使用 if-else(switch)语句,同时使得程序具有更好的可扩展性。

6.1.2　委托的含义

从上述示例可以看出,委托是一种定义方法签名的类型。当实例化委托时,可以将其实例与任何具有兼容签名的方法相关联。用户可以通过委托实例来调用方法。委托具有以下特点：

- 委托是一种类型,即它与 class、interface、struct、enum 处于同一级别,而且它是引用类型。委托在编译的时候会编译成类,所以在任何可以声明类的地方都可以声明委托。
- 委托类似于 C++ 函数指针,但它们是类型安全的。
- 任何委托类型都是 System.Delegate 类的派生类,但不允许从 System.Delegate 类显式派生新类。
- 可用 delegate 关键词定义一个委托类型。
- 委托类型用于封装对方法的调用,委托允许将方法作为参数传递。
- 可以将多个方法绑定到委托。
- 委托用于事件与事件处理程序的关联。

6.1.3　委托的语法

① 定义委托类型:用于定义委托将要调用的方法的签名。格式如下：

```
public delegate 返回值类型 类型名称(形参列表);
```

② 实例化委托类型:即得到委托对象,确定要代理方法的对象及方法的名称。方法分为静态方法和非静态方法两类。针对非静态方法的委托实例化,其格式如下：

```
委托类型　委托对象=new 委托类型(对象名.方法名);
```

针对静态方法的委托实例化,其格式如下：

```
委托类型　委托对象=new 委托类型(类型名.方法名);
```

③ 委托的调用:调用委托,实现对方法的调用。可以给委托对象传递参数,得到委托对象的返回值。格式如下：

```
委托对象(实参);
```

④ 方法的绑定和取消:可以使用+=将方法绑定到委托,也可以使用-=取消方法的绑定。若使用委托将多个方法绑定到同一个委托变量,则在调用此变量时,将依次调用所有绑定的方法。给委托变量再绑定(或取消绑定)一个方法的格式:

```
委托对象+=(-=)方法名;
```

委托 GreetingDelegate 和类型 String 的地位一样,都是定义了一种参数类型,因此,程序也可改为:

```
static void Main(string[] args)
{
    GreetingDelegate delegate1,delegate2;
    delegate1=EnglishGreeting;
    delegate2=ChineseGreeting;
    GreetPeople("Yongjun Liu",delegate1);
    GreetPeople("刘勇军",delegate2);
}
```

委托不同于 string 的一个特性就在于它可以将多个方法赋给同一个委托,或者将多个方法绑定到同一个委托,当调用这个委托的时候,将依次调用其所绑定的方法。在这个程序例子中,就实现了将多个方法绑定到同一个委托。

```
static void Main(string[] args)
{
    GreetingDelegate delegate1;
    delegate1=EnglishGreeting;//先给委托类型的变量赋值
    delegate1 += ChineseGreeting; //给此委托变量再绑定一个方法
    GreetPeople("Yongjun Liu",delegate1); //将先后调用 EnglishGreeting 和 ChineseGreeting 方法
    delegate1 ("Yongjun Liu");//直接先后调用 EnglishGreeting 与 ChineseGreeting 方法
    delegate1 -= EnglishGreeting;//取消对 EnglishGreeting 方法的绑定
    GreetPeople("刘勇军",delegate1);//将仅调用 ChineseGreeting
}
```

输出为:

Good Morning,Yongjun Liu!
早上好,Yongjun Liu!
Good Morning,Yongjun Liu!
早上好,Yongjun Liu!
早上好,刘勇军!

也可以使用下面的代码来简化赋值和绑定过程:

```
GreetingDelegate delegate1=new GreetingDelegate(EnglishGreeting);
delegate1+=ChineseGreeting; //给此委托变量再绑定一个方法
```

注意第一次用的"=",是赋值的语法;第二次,用的"+="是绑定的语法。如果第一次就使用"+=",将出现"使用了未赋值的局部变量"的编译错误。

6.2 事件

6.2.1 事件的引入

假设有个高档的空调，我们给它通上电，当室温达到 25 摄氏度的时候：① 扬声器会开始发出语音，告诉你室温；② 液晶屏也会改变室温的显示。现在我们需要写程序来模拟空调制冷的过程，我们将定义一个类 AirConditioner 来代表空调，它有代表室温的字段，叫做 temperature；还有一个制冷方法 Cooling()，一个发出语音警报的方法 MakeAlert()，一个显示室温的方法 ShowMsg()。

```
class AirConditioner
{
   private int temperature; //室温
   public void Cooling() //制冷
   {
        for (int i=45;i >=20;i--)
        {
           temperature=i;
           if (temperature <=25)
           {
               MakeAlert(temperature);
               ShowMsg(temperature);
           }
        }
   }
   //发出语音警报
   private void MakeAlert(int param)
   { Console.WriteLine("Alarm:水已经 {0} 摄氏度了:",param);}
   //显示室温
   private void ShowMsg(int param)
   { Console.WriteLine("Display:当前温度:{0}摄氏度。",param);}
}
class Program
{
    static void Main()
    {
      AirConditioner ac=new AirConditioner();
      ac.Cooling();
    }
}
```

现在假设空调由制冷器、警报器、显示器三部分组成，它们来自于不同厂商并进行了组装。那么，制冷器仅仅负责制冷，它不能发出警报也不能显示室温；到合适温度时由警报器发出警报、显示器显示提示信息。这时候，上面的例子就需修改为：

```
//警报器
public class Alarm
{
    public void MakeAlert(int param)
        {Console.WriteLine("Alarm:嘀嘀嘀,室温 {0} 摄氏度了:",param);}
}
//显示器
public class Display
{
    public static void ShowMsg(int param)
        {Console.WriteLine("Display:当前室温:{0}摄氏度。",param);}
}
//制冷器
public class AirConditioner
{
        private int temperature;
        public delegate void CoolHandler(int param); //声明委托
        public event CoolHandler CoolEvent;          //声明事件
        //制冷方法
        public void Cooling()
        {
            for (int i=45;i >=20;i--)
            {
                temperature=i;
                if (temperature<=25)
                    if (CoolEvent!=null) //如果有对象注册
                        CoolEvent(temperature); //调用所有注册对象方法
            }
        }
}
class Program
{
        static void Main()
        {
            AirConditioner airConditioner=new AirConditioner ();
            Alarm alarm=new Alarm();
            airConditioner.CoolEvent+=new CoolHandler(alarm.MakeAlert);//注册方法
            airConditioner.CoolEvent+=new CoolHandler((new Alarm()).MakeAlert);
                                                                //给匿名对象注册方法
            airConditioner.CoolEvent+=new CoolHandler(Display.ShowMsg); //注册静态方法
            airConditioner.Cooling();
        }
}
```

上述程序实现了制冷器、警报器、显示器三个对象功能的独立实现，使得任一对象功能实现的变更都不需修改其他对象；对象之间的通信通过 CoolEvent 事件来建立联系。由此可以看出，事件是对象发送的消息，是当对象发生某些事情时，该类向其他类提供通知的一种方法。这些事情可能是由用户交互（如鼠标单击）引起的，也可能是由某些其他的程序逻辑触发的。引发事件的对象称为事件发送者（airConditioner）。捕获事件并对其作出响应的对象叫做事件接收者（alarm、Display）。

6.2.2　事件的含义

事件是一件事情，是对象对接收对象发送的消息，以发信号通知操作发生。事件的角色分为事件发行者和事件订阅者。

① 事件发行者又称事件发送者 Sender：当某一事情发生时就触发一个事件，并通知所有的事件订阅者。

② 事件订阅者就是对事件感兴趣的对象，也称为事件接收者 Receiver。可以注册感兴趣的事件，在事件发行者触发一个事件后，自动执行这段程序代码内容。

事件发生后可能要进行一些处理。在事件通信中，事件发送者不知道哪个对象或方法将接收到（处理）它引发的事件，需要在事件与事件处理程序之间定义一个 Delegate 类型来进行关联。事件的触发通常是对象发生了一件事情或对象的状态发生了变化。如：按钮被用户点击了，窗口被关掉了，一个形态的颜色从红色变成蓝色等。事件具有以下特点：

- 事件是类型的成员，本身不是类型。
- 事件的类型是事件定义好的某种委托类型。
- 发行者确定何时引发事件，订阅者确定执行何种操作来响应该事件。
- 事件发生时，委托对象会调用相关联的方法，即事件的处理程序。
- 一个事件可以有多个接收者。一个接收者可处理来自多个发送者的多个事件。如果一个事件有多个接收者，当引发该事件时，会同步调用多个事件处理程序。
- 没有接收者的事件永远不会被调用。

6.2.3　事件的编码规范

编写一个 Windows 窗体应用程序，当输入学生姓名并选择专业后，显示学生的信息。设计界面如图 6.1 所示。

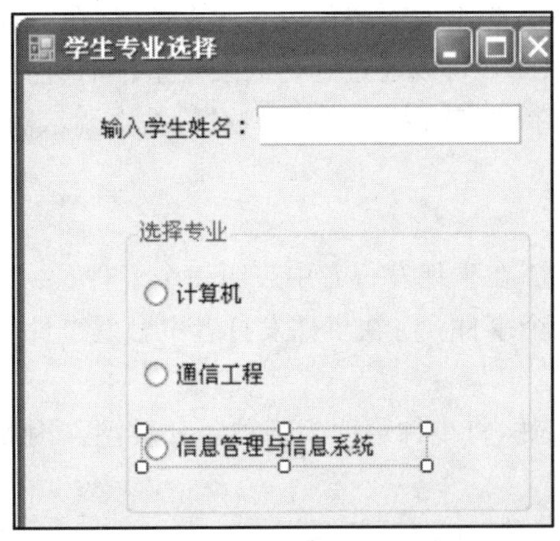

图 6.1　简单的 Windows 窗体

当双击三个 RadioButton 后，Form1.cs 文件中自动产生三个 RadioButton 的 CheckedChanged 事件的方法。

```
private void radComputer_CheckedChanged(Object sender,EventArgs e)
{
}
private void radCommunication_CheckedChanged(Object sender,EventArgs e)
{
}
private void radInformationSytem_CheckedChanged(Object sender,EventArgs e)
{
}
```

在 Form1. Designer. cs 文件 InitializeComponent()方法中,自动产生了事件关联程序。

```
this. radInformationSytem. CheckedChanged+=new
System. EventHandler(this. radInformationSytem_CheckedChanged);
this. radCommunication. CheckedChanged+=new
System. EventHandler(this. radCommunication_CheckedChanged);
this. radComputer. CheckedChanged += new System. EventHandler ( this. radComputer_
CheckedChanged);
```

从示例中可以看出,事件的方法接受两个传入参数,一律命名为 sender 与 e,参数类型是 Object和 EventArgs。Object 表示引发事件的对象;EventArgs 表示包含有关事件的其他有用信息的对象。在事件与事件的方法关联时,运用 EventHandler 事件委托。显然,在 .NET Framework 类库中,事件是基于 EventHandler 委托和 EventArgs 基类的。.NET Framework 有针对事件的编码规范,具体有:

- 委托类型的名称都应该以 EventHandler 结束。
- 委托的原型定义:有一个 void 返回值,并接受两个输入参数:一个是 Object 类型,一个是 EventArgs 类型(或继承自 EventArgs)。
- 事件的命名为委托去掉 EventHandler 之后剩余的部分。
- 继承自 EventArgs 的类型应该以 EventArgs 结尾。
- 委托声明原型中的 Object 类型的参数代表事件发送者,在空调示例中是 airConditioner。回调函数(比如 Alarm 的 MakeAlert)可以通过它访问触发事件的对象(airConditioner)。
- EventArgs 对象包含了事件订阅者感兴趣的数据,在空调示例中是 temperature。

6.2.4 事件的语法

定义事件包含四个步骤:① 在事件发行者中声明一个事件;② 在事件订阅者中定义事件处理程序;③ 向事件发行者订阅一个事件;④ 在事件发行者中触发事件。具体语法为:

(1) 声明事件

在引发事件的类中声明事件,将事件声明为某种委托类型。因此要同时定义一个委托的类型和一个事件。

```
public delegate void 委托类型(Object sender,EventArgs e);
public event 某委托类型 事件名称;
```

(2) 定义事件处理程序

```
public void 方法名(Object sender,EventArgs e)
{
}
```

(3) 订阅事件

给事件赋值,值为委托类型的实例,即一个委托对象。委托实例化时已决定要调用哪个方法。

```
发行者.事件名称+=new 委托类型(订阅者. 方法名);
```

与委托不同,委托第一个方法注册用“=”,是赋值语法,因为要进行实例化,第二个方法注册则用的是“+=”;而事件只能使用“+=”注册方法。事件也可以使用“-=”取消注册。

(4) 引发事件

定义事件触发的方法,在引发事件的类中调用委托。

```
if(事件名称! =null)
{事件名称(sender,e);}
```

事件与委托的区别:

① 事件只能在本类型外部用“+=”和“-=”去订阅或取消订阅委托,委托不管在本类型外部还是内部都可以用“+=”、“-=”和“=”订阅或取消订阅代理。

② 事件只能在本类型内部“触发”,委托不管在本类型内部还是外部都可以“调用”。

③ 委托其实就是方法的传递,并不定义方法的实现。事件其实就是标准化了的委托,为了事件处理过程特制的、稍微专业化一点的组播委托。事件实现了更好地对类进行封装,实验部分的对照将会清晰说明这一点。

6.2.5 事件的实验

本次实验创建了 eventexample 解决方案,包含 6 个项目。traditionmethod 项目是运用方法调用方法的方式实现,observer 项目是运用 Observer 设计模式来实现,Delegate 项目是运用委托来实现,eventexample 项目是运用事件来实现,WindowsEvent 项目是展示.NET 框架中事件的编码规范,eventregulation 项目是遵循.NET 框架中事件的编码规范而修改 eventexample 项目实现的。observer 项目代码如下:

```
namespace observer
{
    public class AirConditioner
    {
        private int temperature;
        Alarm alarm=new Alarm();
        //制冷
        public void Cooling()
        {
            for (int i=45;i >= 20;i--)
            {
                temperature=i;
```

```
                if (temperature <= 25)
                {
                    alarm.MakeAlert(temperature); //类内调用 alarm 对象的方法
                    Display.ShowMsg(temperature); //类内 Display 类的静态方法
                }
            }
        }
    }
    //警报器
    public class Alarm
    {
        public void MakeAlert(int param)
        {
            Console.WriteLine("Alarm:嘀嘀嘀,室温已经 {0} 摄氏度了:",param);
        }
    }
    //显示器
    public class Display
    {
        public static void ShowMsg(int param)
        {//静态方法
            Console.WriteLine("Display:当前温度:{0}摄氏度。",param);
        }
    }
    class Program
    {
        static void Main()
        {
            AirConditioner ac=new AirConditioner();
                ac.Cooling(); //调用对象的制冷方法
            Console.ReadKey();
        }
    }
}
```

如果增加 AirConditioner 类对其他类的方法调用时,就必须修改 AirConditioner 类中的调用程序。显然,不采用事件方式实现时,对 AirConditioner 类的封装性不好。

eventregulation 项目代码如下:

```
namespace eventregulation
{
    //制冷器
```

```
public class AirConditioner
{
    private int temperature;
    public string type="RealFire 001";          //添加型号作为演示
    public string area="China Xian";            //添加产地作为演示
    //声明委托
    public delegate void CoolEventHandler(Object sender,CoolEventArgs e);
    public event CoolEventHandler Cool; //声明事件
    //定义 CoolEventArgs 类,传递给 Observer 所感兴趣的信息
    public class CoolEventArgs:EventArgs
    {
        public readonly int temperature;
        public CoolEventArgs(int temperature)
        {
            this.temperature=temperature;
        }
    }
    //制冷
    public void Cooling()
    {
        for (int i=45;i >= 20;i--)
        {
            temperature=i;
            if (temperature <= 25)
            {
                //建立 CoolEventArgs 对象。
                CoolEventArgs e=new CoolEventArgs(temperature);
                if (Cool != null)
                {
                    Cool(this,e);
                }
            }
        }
    }
}
//警报器
public class Alarm
{
    public void MakeAlert(Object sender,AirConditioner.CoolEventArgs e)
    {
```

```
            AirConditioner ac=(AirConditioner)sender;        //这里是不是很熟悉呢?
            //访问 sender 中的公共字段
            Console.WriteLine("Alarm:{0} - {1}:",ac.area,ac.type);
            Console.WriteLine("Alarm:嘀嘀嘀,室温已经 {0} 摄氏度了:",e.temperature);
            Console.WriteLine();
        }
    }
    //显示器
    public class Display
    {
        public static void ShowMsg(Object sender,AirConditioner.CoolEventArgs e)
        {   //静态方法
            AirConditioner ac=(AirConditioner)sender;
            Console.WriteLine("Display:{0} - {1}:",ac.area,ac.type);
            Console.WriteLine("Display:当前温度:{0}摄氏度。",e.temperature);
            Console.WriteLine();
        }
    }
    class Program
    {
        static void Main()
        {
            AirConditioner ac=new AirConditioner();
            Alarm alarm=new Alarm();
            ac.Cool+=alarm.MakeAlert;        //注册方法
            ac.Cool+=(new Alarm()).MakeAlert;        //给匿名对象注册方法
            ac.Cool+=new AirConditioner.CoolEventHandler(alarm.MakeAlert);
                                                                    //也可以这么注册
            ac.Cool+=Display.ShowMsg;        //注册静态方法
            ac.Cooling();      //制冷,会自动调用注册过对象的方法
            Console.ReadKey();
        }
    }
}
```

相比 observer 项目而言,就不需修改 AirConditioner 类,而只需在 Main()方法中注册新的方法。所以,采用事件方式实现了 AirConditioner 类的较好封装性。

第7章
测试、调试和异常处理

7.1 错误类型

7.1.1 应用程序的要求

(1) 无错误

在应用程序发布之前，必须首先检查该应用程序中存在的错误，并修正这些错误。任何应用程序都难免存在未被发现的 Bug，这就要求程序员尽力搜寻和排除错误。

(2) 可靠

除了检测应用程序没有语法错误外，还需确保其输出结果正确、可靠，然后才能成功地部署应用程序。

(3) 稳健

我们既要保证应用程序在正常情况下能正确运行，也要保证在一些特殊情况发生时，程序能做出合理的处理。例如：断电、网络故障、用户数过多等情况。

7.1.2 错误的分类

(1) 语法错误

当语句不符合.NET 框架规则时，就会发生这类错误。例如：关键字名错误、中文标点符号、大小写混淆、少写配对语句、缺少括号、语法错误等。这类错误比较简单，在程序编译阶段就能够检查出来，编译器会给出具体的错误信息或警告信息和所在行，以便进行改正。

(2) 逻辑错误

应用程序没有语法错误并不能保证运行结果正确，当程序员设计的算法有错误时，对于计算机来说并没有发生编译错误或运行时错误，但未运行出所期望的结果，这类错误称为逻辑错误或语义错误。这类错误仅出现在运行时，计算机不会给出任何的错误信息或提示，是最难发现的程序错误。检测此类错误的唯一方式是测试应用程序，分析输出结果，以确保其输出的结果为预期结果。

(3) 运行时错误

当应用程序试图执行无法实施的操作时，就会产生运行时错误。此类错误发生在运行时，如：在程序运行过程中一个作除数的变量值为 0、内存泄漏、索引越界等。

7.2 调试过程

程序调试是将编辑的源程序运用手工或编译程序等方法进行测试，修正语法错误和逻辑错误的过程。如果发现任何不正常的情况，可使用程序跟踪来观察程序是否按预期的流程运行、程序中某些变量的值是否符合预期，从而判定出错误的具体原因和位置，以便加以纠正。调试是保证信息系统安全可靠而必不可少的步骤。Visual Studio. NET 调试器提供了计算变量的值和编辑变量、暂挂或暂停程序执行、查看寄存器的内容以及查看应用程序所耗内存空间等功能，以便程序员观察程序运行时的行为并跟踪变量的值，从而确定错误的位置。

7.2.1　设置断点

通过设置断点后进入调试模式，再在监视窗口查看计算变量和表达式的值。当程序在调试器中运行时，断点会暂停程序的执行，从而使开发人员能够控制调试器。用 Visual Studio 进行程序调试非常方便，程序员可以在任一行设置一个断点，当程序执行到断点所在行时就会暂停，此时可以单步执行程序，并查看此时各种变量的值。

设置断点可在想要暂停的行点击右键，然后单击【断点】/【设置断点】菜单，或直接单击行左边缘，设置断点后，就可以看见当前行的最左端有一个暗红色的大圆点，结果如图 7.1 所示。可以单击断点或单击鼠标右键在快捷菜单中选择【断点】/【删除断点】来删除断点。也可以通过 F9 键来切换断点。

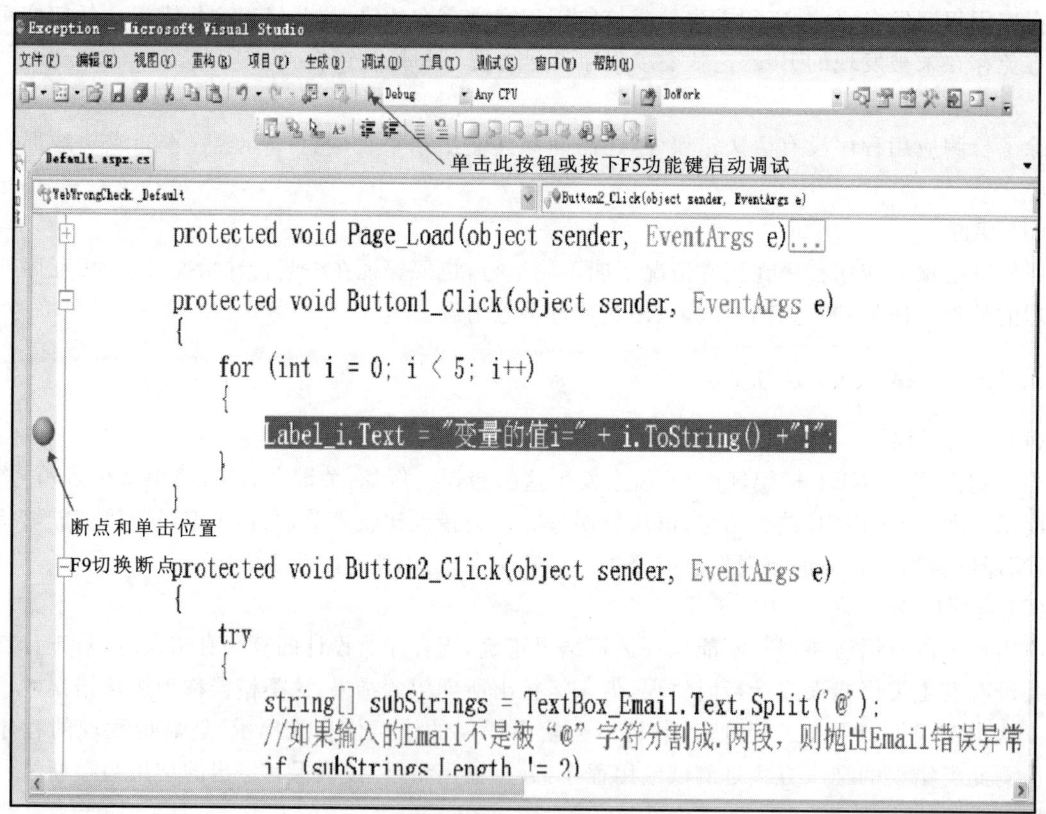

图 7.1　断点的设置界面

通过点击菜单栏上的"调试运行按钮(F5)"可以启动调试，程序将自动编译、连接、运行，然后停在设定断点的行上。此时可选择的运行方式有：

- 继续运行(F5)：表示继续执行程序，直到碰见下一个断点为止。
- 重新运行(Ctrl+Shift+F5)：表示重新从头开始运行程序。
- 停止调试(Shift+F5)：表示中止现在的调试界面，返回到代码编写界面。
- 逐语句(F11)：单步执行命令。如果下一条即将执行的语句是一条函数调用语句，那么就进入到函数体内。

● 逐过程(F10)：单步执行命令。如果下一条即将执行的语句是一条函数调用语句，它不会进入函数体内，而是直接执行整个函数，并停到函数返回后的第一条语句上。

检查变量值时，可将鼠标指针移到变量上以获得它的基本值。

7.2.2　调试窗口

VS.NET 调试器提供有多个窗口，用以监控程序执行。其中可在调试过程中使用的部分窗口包括局部变量窗口、监视窗口、即时窗口等。

(1) 局部变量窗口

局部变量窗口显示局部变量中的值，它只列出当前作用域(即正在执行的方法)内的变量并跟踪它们的值。局部变量窗口见图 7.2。控制权一旦转到类中的其他方法，系统就会从局部变量窗口中清除列出的变量，并显示新方法的变量。检查变量值时，可将鼠标指针移到变量上以获得它的基本值。也可以通过选择菜单项【调试】/【窗口】/【局部变量】来打开局部变量窗口，观察变量的值。

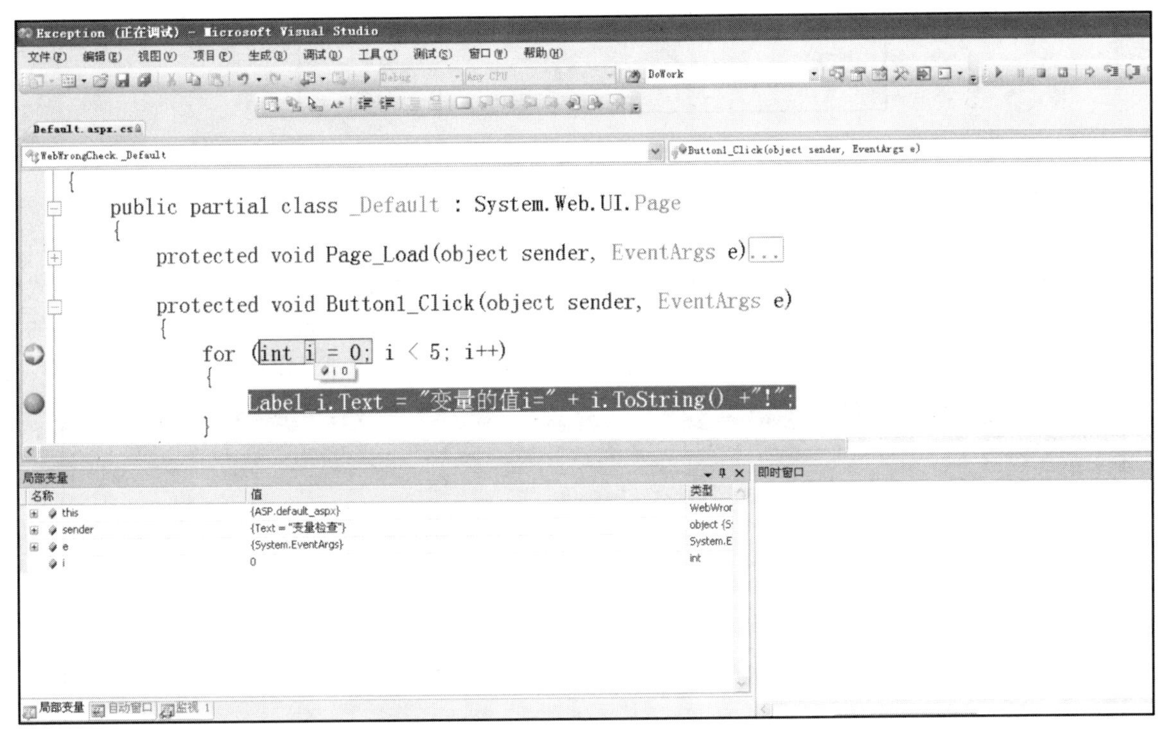

图 7.2　局部变量窗口

(2) 监视窗口

监视窗口用于计算变量和表达式的值，并通过程序跟踪它们的值，也可以用来编辑变量的值。监视窗口如图 7.3 所示。与局部变量窗口不同，监视变量由开发人员提供，且可以指定不同方法中的变量，可以同时打开多个监视窗口。同打开局部变量窗口类似，可以通过单击菜单项【调试】/【窗口】/【监视】/【监视 1】来打开监视窗口。然后再在监视窗口中单击鼠标右键来添加监视和删除监视。也可以通过单击菜单项【调试】/【快速监视】来打开快速监视窗口。用户可在最上面的输入框中输入想查看的变量或者表达式，然后单击【重新计算】按钮获得这个变量或表达式现在的值，这个值将在下面的显示区中显示，也可以单击【添加监视】按钮把这个变量或表达式加入到【监视显示区】中。

图 7.3　监视窗口

(3) 即时窗口

即时窗口可用于检查变量的值、给变量赋值以及运行一行代码。要查找变量的值，必须在变量的名称前添加问号(?)，例如获取变量 i 和 sender 的值，如图 7.4 所示。当应用程序处于中断模式时，值将显示在即时窗口中。同样，在此窗口中键入赋值代码，然后按下 Enter 键，即可更改变量的值。同打开局部变量窗口类似，可以通过选择菜单项【调试】/【窗口】/【即时窗口】来打开即时窗口。

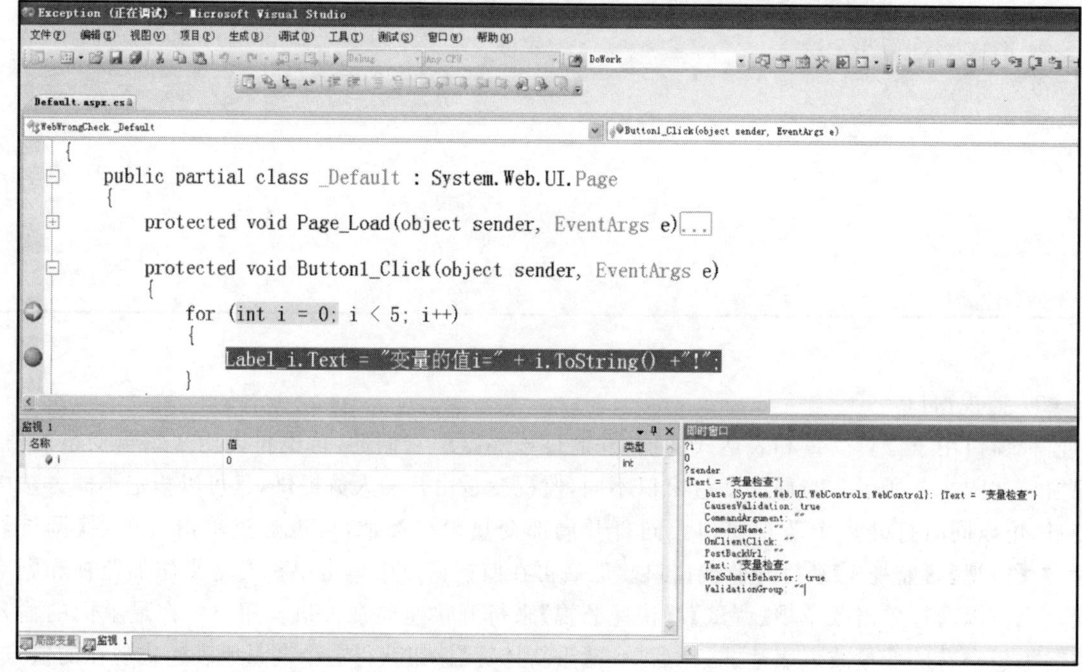

图 7.4　即时窗口

软件测试和调试的区别：

软件测试是为了发现软件中的缺陷而执行待测程序的过程，其目的是发现软件中的缺陷。软件调试是对已发现的缺陷进行定位，并对定位到的缺陷进行修改。测试一般用来发现问题，调试是用来解决问题。

7.3 异常处理

7.3.1 异常的含义

异常是程序执行时遇到的任何错误情况或意外行为。有许多原因可以导致程序运行失败，具体原因有：算术溢出、堆栈溢出、内存不足、参数越界、数组索引越界、试图访问已经释放的资源等。C# 为一些常见程序错误定义了标准异常，比如除以 0 或索引超出范围。要响应这些错误，程序必须处理这些异常。如果当前运行方法没有处理异常，该异常将会被 CLR 处理，它将终止程序运行。

异常处理就是在程序中定义一块代码，当发生错误时自动执行该代码。有了异常处理，就不需要在每次具体操作或方法调用时手工检查成功还是失败。如果发生了错误，异常处理程序就会进行相应处理。

7.3.2 System.Exception 类

在 C# 中，所有异常类必须从内置异常类 System.Exception 派生。System.Exception 类是所有异常的基类型。System.Exception 没有向 Exception 中添加任何内容，它只定义标准异常层次结构的顶层。.NET 框架定义了从 System.Exception 派生的几个内置异常，其层次结构如图 7.5 所示，图中的各个异常类再派生的内置子类在程序开发中经常用到，常见的内置异常类及其功能描述见表 7.1。

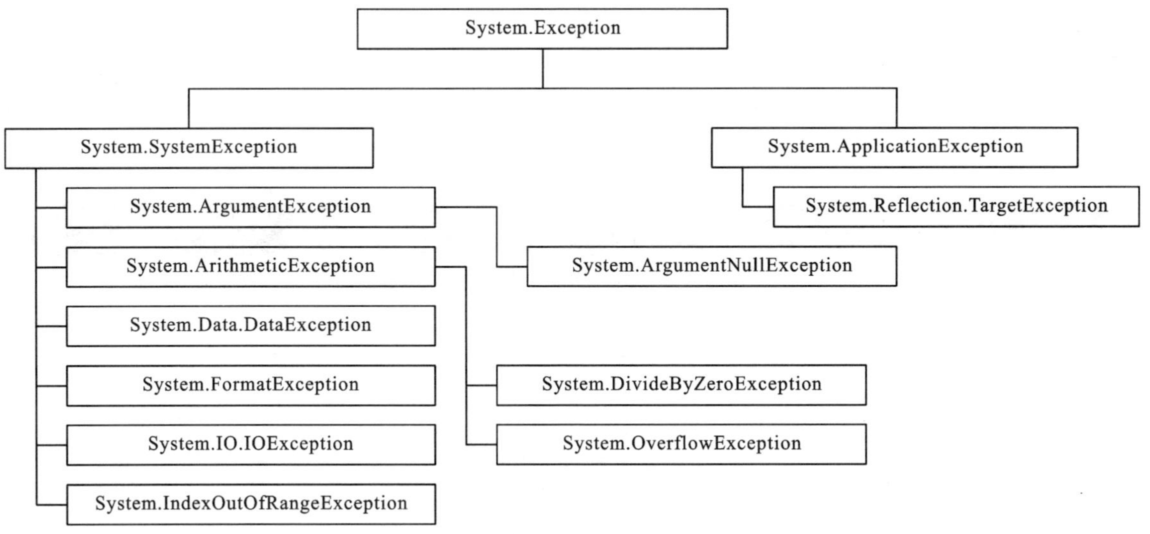

图 7.5 异常类的层次结构图

表 7.1　内置异常类

异常类名称	简单功能描述
MemberAccessException	访问错误:类型成员不能被访问
ArgumentException	参数错误:方法的参数无效
ArgumentNullException	参数为空:给方法传递一个不可接受的空参数
ArithmeticException	算术运算操作所引发异常的基类
ArrayTypeMismatchException	存储元素的实例类型与数组的实际类型不匹配
DivideByZeroException	除数为零引发的异常
FormatException	参数的格式不正确
IndexOutOfRangeException	索引超出边界,小于 0 或比最后一个元素的索引大
InvalidCastException	非法强制转换,在显式转换失败时引发
MulticastNotSupportedException	合并两个非空代表失败时引发
NotSupportedException	调用的方法在类中没有实现
NullReferenceException	引用空引用对象时引发
OutOfMemoryException	无法为 new 语句分配内存时,引发内存不足
OverflowException	算术操作溢出
StackOverflowException	栈溢出
TypeInitializationException	静态构造函数有问题时引发
NotFiniteNumberException	无限大的值:数字不合法

System. Exception 类具有一些所有异常共享的属性,其中 Message 是 string 类型的一个只读属性,它包含关于所发生异常的原因的描述。通过这些信息,开发人员能够很方便地了解发生异常的原因。InnerException 也是一个只读属性,如果它的值不是 null,则表示导致当前异常的 Exception 实例,即表示当前异常是由 InnerException 指向的异常 catch 块所引发的。具体如表 7.2 所示。

表 7.2　Exception 类属性

属性名	属性描述
Message	描述当前异常的消息,即异常发生的原因
InnerException	导致当前异常的 Exception 实例
Source	导致错误的应用程序或对象的名称
Data	用户定义的其他异常信息的"键/值"对的集合
HelpLink	此当前异常相关的帮助文件的链接
HResult	分配给特定异常的编码数值
TargetSite	引发当前异常的方法
StackTrace	当前异常发生时,堆栈上的帧的字符串表示形式

7.3.3　try…catch…finally 语句

try…catch 语句用来捕捉和处理有可能发生的异常。异常发生时，执行将终止，同时将控制权交给最近的异常处理语句。有些程序总是必须执行，则放入 finally 块。在 C# 中，try…catch…finally语句由一个 try 块、一个或多个 catch 子句和可选的 finally 块构成。语句的具体形式如下：

```
try
{try 语句块}
catch (异常声明 1)
{catch 语句块 1}
catch (异常声明 2)
{catch 语句块 2 }
…
[finally
{finally 语句块}]
```

其中：

- try 语句块：包含有可能会引发异常的语句块。
- 异常声明：声明有可能会引发的异常类型，如 ArgumentNullException 异常。
- catch 语句块：指定的异常引发后，对异常进行相应处理。
- finally 块：用于清除 try 块中分配的任何资源以及运行必须执行的代码，无论是否发生异常，总是执行 finally 块中的语句。

7.3.4　throw 语句

throw 语句用于发出在程序执行期间出现反常情况(异常)的信号，throw 语句会显式无条件地引发一个异常，throw 语句通常与 try…catch…finally 语句一起使用。throw 语句也可以抛出用户自己创建的异常，用户自定义异常通常以“Exception”作为异常类名的结尾。例如自定义邮件地址检查异常类：

```
public class EmailCheckException:ApplicationException
{
    public string _mes;
    //重写构造函数
    public EmailCheckException():base()
    {     _mes=null; }
    public EmailCheckException(string message):base()
    {         _mes=message.ToString(); }
    //Message 属性的重载
    public override string Message
    {
        get     {return "邮件格式错误";}
    }
}
```

throw 语句的示例：

```
try
{
    string[] subStrings=TextBox_Email.Text.Split('@');
    //如果输入的 Email 不是被"@"字符分割成两段,则抛出 Email 错误异常
    if (subStrings.Length !=2)
    {  throw new EmailCheckException(); }
    else
    {  int index=subStrings[1].IndexOf(".");
       /*查找被"@"字符分成的两段的后一段中"."字符的位置,没有"."或者"."
字符是第一个字符,则抛出 EmailErrorException 异常*/
       if (index <= 0)
       {        throw new EmailCheckException(); }
       //如果"."字符是最后一个字符,抛出 EmailErrorException 异常
       if (subStrings[1][subStrings[1].Length - 1] == '.')
       {      throw new EmailCheckException(); }
    }
}
catch (EmailCheckException err)
{
   ClientScript.RegisterStartupScript(this.GetType(),"myscript","<script> alert('"
+err.Message.ToString()+"!');</script> ");
}
```

第8章
Web 页面、母版和用户控件

Web 服务器页面的基本执行过程是：客户端通过在浏览器的地址栏输入地址来发送请求到服务器端；服务器接收到请求之后，发给相应的服务器端页面（也就是脚本）来执行，脚本产生客户端的响应，发送回客户端；客户端浏览器接收到服务器传回的响应，对 Html 进行解析，将图形化的网页呈现在用户面前。针对传统的服务器脚本语言（如 ASP、JSP 等）而言，编写服务器脚本的方式是在 Html 中嵌入解释或编译执行的代码，由服务器平台执行这些代码来生成 Html。页面的生存周期就是从开头至末尾执行完所有的代码。

ASP. NET 的出现打破了传统模式，ASP. NET 采用 codebehind 技术和服务器端控件，引入服务器端的事件的概念，改变了脚本语言编写的模式，更加贴近 Windows 编程风格，使 Web 编程更加简单、直观。但是 ASP. NET 的 Web 页面并没有脱离 Web 编程的基本模式，它仍然是以"请求—接收请求—处理请求—发送响应"这样的模式在工作，只是封装了一些细节、提供了一些易用的功能，使代码更容易编写和维护。

8.1 Page 对象

在 ASP. NET 中每个页面都派生自 Page 类，并继承这个类公开的所有方法和属性。Page 类与扩展名为. aspx 的文件相关联，这些文件在运行时被编译为 Page 对象，并被缓存在服务器内存中。

8.1.1 Web 页面组成

ASP. NET 提供了两种构造页面的代码模式，第一种是内置代码模型，即所有的代码都包含在一个. aspx 页面中；第二种是代码隐藏（codebehind）编码模型，即将页面的显示代码与其业务逻辑代码分离。按代码隐藏模式新建一个 Web 页面时，将会自动产生. aspx、. aspx. cs 和. aspx . designer. cs 三个文件。

其中. aspx 文件是在服务器端靠服务器编译执行的动态网页。ASP 使用脚本语言，每次请求的时候，服务器调用脚本解析引擎来解析执行其中的程序代码；而. aspx 使用. NET 技术，可以运用多种语言编写，且是全编译执行的，因而比 ASP 快、安全性高。. aspx 文件可以用 DreamWaver 修饰、Vsual Studio. NET 编辑。

. aspx. cs 是与. aspx 相对应的页面 codebehind 代码，在. aspx 中添加控件的事件，它的代码都在. aspx. cs 中。. aspx 文件基本上只负责信息的表示和外观，而所有的服务器端动作都是在. aspx. cs 中定义的。在编译之后，. aspx. cs 变成了 bin 目录下的. dll，而. aspx 文件没什么变化，部署时只需要发布. aspx 和. dll 就可以。. aspx. cs 文件作为源代码不需要发布出去，保护了开发人员的知识产权。. aspx 是前台，表示设计页面；. aspx. cs 是后台，是代码功能实现，信息表示和逻辑处理相分离，这种设计模式代码清晰，功能模块化性能好。

.aspx.cs 文件中存放有一个类(如_Default),在向服务器请求该页面时,ASP.NET 就会将.aspx.cs中的类作为基类,把当前的页面(.aspx 文件)及基类编译生成一个新类,然后由该类产生对象在服务器端生成 Html 文件发送给客户端。例如:<%@ Page Language="C#" AutoEventWireup="true" CodeFile="Default.aspx.cs" Inherits="_Default" %>表示 Default.aspx 页面的 codebehind 文件是 Default.aspx.cs,继承于_Default 类。

.aspx.designer.cs 文件是 Web 窗体设计器工具自动生成的代码文件,作用是对 Web 窗体上的控件做初始化工作。由于这部分代码一般不用手工修改,在 VS2005 以后把它单独分离出来形成一个 designer.cs 文件与窗体对应。

.aspx 文件中可以嵌入 CSS 和 JavaScript(VBScript)代码,为了使代码清晰,功能细分,也可以将 CSS 和 JavaScript(VBScript)代码封装到独立的文件中,然后再在.aspx 中注册代码来源。例如:

```
<link href="CSS/Styles.css" rel="stylesheet" type="text/css" />
<script type="text/javascript" src="JS/photomoving.js"></script>
```

可以像新建 Web 窗体一样创建样式表和 Javascript 文件,然后再在解决方案资源管理器窗口拖动对应的 CSS 和 JavaScript 文件到指定的位置,系统将会自动产生上述代码。新建一个 Web 窗体时,系统会自动生成一系列应用程序文件,其中的默认应用程序如表 8.1 所示。

表 8.1 默认的 Web 应用程序文件

创建的文件	说明
WebForm1.aspx. WebForm1.aspx.cs	它们组成一个单独的 Web 窗体页。.aspx 文件包含 Web 窗体页的可视化元素,而.aspx.cs 则包含用于 Web 窗体页的代码隐藏类
AssemblyInfo.cs	项目信息文件,包含有关某一个项目中程序集的元数据
Web.config	存储应用程序配置信息
Global.asax Global.cs	用于处理应用程序级事件的可选文件
Styles.css	级联样式表文件
.vsdisco	基于 XML 的文件,包含的链接指向为 XML Web 服务提供发现信息的资源

8.1.2 页面指令

ASP.NET 页面指令是编译器编译页面时使用的命令,用于控制 ASP.NET 页面的行为。在 ASP.NET 页面或用户控件中有 11 个指令,如表 8.2 所示。无论页面是使用后台编码模型还是内置编码模型,都可以在应用程序中使用这些指令。

页面指令的格式如下:

```
<%@[Directive] [Attribute=Value] [Attribute=Value] %>
```

通常把这些指令放在页面或控件的顶部,在指令语句中可以添加多个属性。

表 8.2 ASP.NET 中的页面指令

指令	说明
Page	定义 ASP.NET 页解析器和编译器所使用的特定页面的属性,只能用在.aspx 文件中
Master	指定 master 页面在解析或编译页面时使用的特定属性和值,只能用在.master 文件中
Control	用户控件(.ascx)使用的指令,其含义与 Page 指令相当,只能用在.ascx 文件中
Register	用于注册页面中的用户控件,以便使用它们

续表 8.2

指　　令	说　　明
Reference	把页面或用户控件链接到当前的页面或用户控件上
Assembly	将程序集引入到当前页面或用户控件中，以便它所包含的类和接口能够适用于页面中的代码
Import	在页面或用户控件中显式地引入一个名称空间
Implements	在页面或用户控件中实现一个.NET 接口
OutputCache	控制页面或用户控件的输出高速缓存策略
MasterType	用于当通过 Master 属性访问母版页时，创建对该母版页的强类型引用
PreviousPageType	用于指定跨页面的传送过程起始于哪个页面

下面简要介绍表 8.2 中的各指令。

(1) @Page 指令

@Page 指令的属性如表 8.3 所示。

表 8.3　@Page 指令的属性

属　　性	说　　明
AspCompat	若其值为 True，就允许页面在单线程的单元中执行，默认设置为 False
Async	指定 ASP.NET 页面是同步或异步处理
AutoEventWireUp	设置为 True 时，指定页面与某些特殊的事件方法绑定，自动识别这些具有特定名称的事件，不需要进行委托。默认设置为 True
Buffer	确定是否启用 HTTP 响应缓冲。默认设置为 True
ClassName	指定编译页面时绑定到页面上的类名
CodeFile	指定指向页引用的代码隐藏文件的路径
CodePage	指定用于响应的编码方案的值
CompilerOptions	编译器字符串，指定页面的编译选项
ContentType	把响应的 HTTP 内容类型定义为标准 MIME 类型
Culture	指定页面的文化设置。ASP.NET 允许把 Culture 属性的值设置为 Auto，支持自动检测需要的文化
Debug	指定是否应使用调试符号编译该页
Description	提供页面的文本描述。ASP.NET 解析器忽略这个属性及其值
EnableSessionState	设置为 True 时，支持页面的会话状态。默认设置为 True
EnableTheming	设置为 True 时，页面可以使用主题。默认设置为 False
EnableViewState	设置为 True 时，在页面中维护视图状态。默认设置为 True
EnableViewStateMac	指定当页从客户端回发时，ASP.NET 是否应该对页的视图状态运行计算机身份验证检查 (MAC)。默认设置为 False
ErrorPage	指定在出现未处理页异常时用于重定向的目标 URL
Explicit	指定是否使用 Visual Basic Option Explicit 模式来编译页。默认设置为 False
Language	定义内置显示和脚本块所使用的语言

续表 8.3

属　　性	说　　明
LCID	为 Web Form 的页面定义区域设置标识符
LinePragmas	指定得到的程序集是否使用行附注
MasterPageFile	指向页面所使用的 master 页面的地址。这个属性在内容页面中使用
MaintainScrollPositionOnPostback	表示在回送页面时，页面是位于相同的滚动位置上，还是在最高的位置上重新生成页面
ResponseEncoding	指定页面内容的响应编码方案的名称
Src	指定包含链接到页的代码的源文件路径
Strict	指定是否使用 Visual Basic Strict 模式编译页面，默认设置为 False
Theme	使用 ASP. NET 的主题功能，把指定的主题应用于页面
Title	应用页面的标题，主要用于必须应用页面标题的内容页面，而不是应用 master 页面中指定内容的页面
Trace	指定是否激活页面跟踪，默认设置为 False
TraceMode	指定激活跟踪功能时如何显示跟踪消息。这个属性的设置可以是 SortByTime 或 SortByCategory，默认设置为 SortByTime
Transaction	指定页面上是否支持事务处理。这个属性的设置可以是 NotSupported、Supported、Required 和 RequiresNew，默认设置为 NotSupported
UICulture	指定用于页的用户界面区域性设置，设置为 Auto 值则支持自动检测 UICulture
ValidateRequest	指定是否应发生请求验证。设置为 True 时，根据一组潜在危险的值检查窗体输入值，帮助防止 Web 应用程序受到有害的攻击，如 JavaScript 攻击。默认设置为 True
WarningLevel	指定希望编译器将警告视为错误的编译器警告等级，其值可以是 0～4

开发人员可以利用@Page 指令对 Web 窗体页指定多个配置选项，例如：

```
<%@Page Title="母版页示例" Language="C#" MasterPageFile="~/Site. Master" AutoEventWireup="true"CodeBehind="ContentPage. aspx. cs" Inherits="_01. ContentPage" %>
```

这段代码表示页面的母版页是 Site. Master 文件，页面的标题是“母版页示例”，页面隐藏代码在 ContentPage. aspx. cs 文件中，代码使用 C#语言编写，命名空间_01 内定义了继承 page 类的 ContentPage 类，页面事件自动触发 Page_Init、Page_Load、Page_DataBind、Page_PreRender 和 Page_Unload 等事件方法。

(2) @Control 指令

@Control 指令是在建立 ASP. NET 用户控件时使用的，类似于@Page 指令，但可用属性比@Page指令少。具体包括：AutoEventWireUp、ClassName、CodeFile、CompilerOptions、CompileWith、Debug、Description、EnableTheming、EnableViewState、Explicit、Inherits、Language、LinePragmas、Src、Strict、WarningLevel。

(3) @Import 指令

@Import 指令用于向 ASP. NET 页面或用户控件中导入命名空间，使其可以使用该命名空间中的所有类和接口。这个指令只支持一个属性 Namespace，且不能包含多个属性值。如果要导入多个命名空间，就需将指令放在多行代码上，如下所示：

```
<%@Import Namespace="System.Data" %>
<%@Import Namespace="System.Data.OleDB" %>
```

(4) @Implements 指令

@Implements 指令允许 ASP.NET 页面实现特定的.NET Framework 接口，这个指令只支持一个 Interface 属性。下面是@Implements 指令的一个例子：

```
<%@Implements Interface="System.Web.UI.IValidator" %>
```

(5) @Register 指令

@Register 指令把别名与命名空间和类名关联起来，作为定制服务器控件语法中的记号。把用户控件拖放到.aspx 页面上，Visual Studio 就会在页面的顶部创建一个@Register 指令。这样就在页面上注册了用户控件，该控件就可以通过特定的名称在.aspx 页面上访问了。@Register 指令属性如表 8.4 所示。

表 8.4　@Register 指令属性

属　性	说　明
Assembly	与 TagPrefix 关联的程序集
Namespace	与 TagPrefix 关联的命名空间
Src	用户控件的位置
TagName	与类名关联的别名
TagPrefix	与命名空间关联的别名

下面是使用@Register 指令把用户控件导入 ASP.NET 页面的一个例子：

```
<%@Register src="WebUserControl.ascx" tagname="WebUserControl" tagprefix="uc1"
%>
<uc1:WebUserControl ID="WebUserControl1" runat="server" />
```

(6) @Assembly 指令

@Assembly 指令在编译时把程序集(.NET 应用程序的构建块)关联到 ASP.NET 页面或用户控件上，使该程序集中的所有类和接口都可用于页面。这个指令支持 Name 和 Src 两个属性。Name 属性表示允许指定用于关联页面文件的程序集名称，程序集名称应只包含文件名，不包含文件的扩展名。例如，如果文件是 MyAssembly.cs，Name 属性值应是 MyAssembly。Src 属性表示允许指定编译时使用的程序集文件源。下面是使用@Assembly 指令的例子：

```
<%@Assembly Name="MyAssembly" %>
<%@Assembly Src="MyAssembly.cs" %>
```

(7) @PreviousPageType 指令

@PreviousPageType 指令用于处理 ASP.NET 提供的跨页面传送功能。该指令只包含 TypeName 和 VirtualPath 两个属性。TypeName 属性用于设置回送时的派生类名，VirtualPath 属性用于设置回送时所传送页面的地址。

(8) @MasterType

@MasterType 指令把一个类名关联到 ASP.NET 页面上，以获得特定 master 页面中包含的强类型化引用或成员。这个指令支持 TypeName 和 VirtualPath 两个属性。TypeName 属性用于设置从中获得强类型化的引用或成员的派生类名，VirtualPath 属性用于设置从中检索这些强类型化的引用或成员的页面地址。下面是使用@MasterType 指令的一个例子：

```
<%@MasterType VirtualPath="~/Wrox.master" %>
```

（9）@OutputCache 指令

@OutputCache 指令控制 ASP.NET 页面或用户控件的输出高速缓存策略，其属性如表 8.5 所示。

表 8.5 @OutputCache 指令属性

属　性	说　明
CacheProfile	用于定义与该页关联的缓存设置的名称。默认值为空字符
DiskCacheable	指定高速缓存是否能存储在磁盘上
Duration	指定 ASP.NET 页面或用户控件存储在系统高速缓存中的持续时间，单位是秒
Location	用于指定输出缓存项的位置，枚举型值，默认为 Any。它只对.aspx 页面有效，不能用于用户控件。其他值有 Client、Downstream、None、Server 和 ServerAndClient
NoStore	指定是否阻止敏感信息的二级存储
SqlDependency	标识一组数据库/表名称对的字符串值，页或控件的输出缓存依赖于这些名称对
VaryByControl	用分号分隔开的字符串列表，用于改变用户控件的输出高速缓存
VaryByCustom	指定自定义输出缓存要求的任意文本
VaryByHeader	用分号分隔开的 HTTP 标题列表，用于改变输出高速缓存
VaryByParam	用分号分隔开的字符串列表，用于改变输出高速缓存

下面是使用@OutputCache 指令的一个例子：

```
<%@OutputCache Duration="180" VaryByParam="None" %>
```

（10）@Reference 指令

@Reference 指令声明另一个 ASP.NET 页面或用户控件应与当前活动的页面或控件进行链接，链接后可用 Page.LoadControl 方法进行加载。这个指令支持 TypeName 和 VirtualPath 两个属性。TypeName 属性用于设置从中引用活动页面的派生类名，VirtualPath 属性用于设置从中引用活动页面的页面或用户控件地址。下面是使用@Reference 指令的一个例子：

```
<%@Reference VirtualPath="~/MyControl.ascx" %>
```

（11）@Master 指令

@Master 指令非常类似于@Page 指令，但@Master 指令用于 master 页面(.master)。在使用@Master 指令时，要指定和站点上的内容页面一起使用的母版页面的属性。内容页面（使用@Page 指令建立）可以继承 master 页面上的所有内容（在母版页面上使用 @Master 指令定义的内容）。尽管这两个指令是类似的，但@Master 指令的属性比@Page 指令少，属性的含义与@Page 指令的属性相同。下面是使用@Master 指令的一个例子：

```
<%@Master Language="C#" CodeFile="MasterPage1.master.cs" AutoEventWireup
="false" Inherits="MasterPage" %>
```

8.1.3　Page 对象的属性

(1) IsPostBack 属性

IsPostBack 属性可以检查.aspx 页是否为传递回服务器的页面，常用于页面的 Load 事件中判断页面是否为首次加载。只有在首次加载页面时，Page.IsPostBack 属性值为 false。如果服务器控件事件触发时，页面会回传服务器(如：点击按钮)，IsPostBack 值变为 true；当页面重新刷新时，IsPostBack 值又变为 false。例如：

```
<p>登录时间:<asp:Label ID="lblTime" runat="server"></asp:Label></p>
protected void Page_Load(Object sender,EventArgs e)
{
    if (!IsPostBack)
    {
        lblTime.Text =System.DateTime.Now.ToString();
    }
}
```

(2) IsValid 属性

IsValid 属性用于判断页面中的所有输入内容是否已经通过验证，它是一个布尔值的属性。当需要使用服务器端验证时，可以使用该属性。

(3) IsCrossPagePostBack 属性

IsCrossPagePostBack 属性用于判断页面是否使用跨页提交，它是一个布尔值的属性。

8.1.4　Page 对象的事件

Page 对象的事件如表 8.6 所示。

表 8.6　Page 类常用的事件

事　件	说　明
Page_Init	初始化页面时触发该事件
Page_Load	加载页面时触发该事件
Validate	验证操作时触发该事件
Form_Event_Handler	处理事件时触发该事件
Page_PreRender	页面显示之前触发该事件
Page_Unload	页面卸载时触发该事件

Web 窗体的生命周期实际上就是 Page 对象创建及销毁的全过程。Page 类提供了四个顺序执行的事件 Init、Load、PreRender 和 Unload，这四个事件是一条主线，依次标明了 Page 类执行的各个阶段。Init 事件发生在所有服务器端控件的状态(ViewState)被存储之前。Load 事件发生在所有服务器端控件的状态被存储之后和所有的事件被触发之前。PreRender 事件发生在所有事件被触发之后和要回发给客户端的 Html 还没有回发(这个过程也叫"呈现")之前。Unload 事件发生在所有 Html 都回发完成以后。从这四个事件可以了解 Page 类的大致执行步骤。

具体 Page 类事件执行顺序是：获得客户端的 post 请求→Page 类的继承类被构造→Page 类的 ProcessRequest 方法被调用→Init 事件被执行→Page 类的虚函数 CreateChildControls 被调用→

服务器端控件的状态(来自 post 变量和 ViewState)被存储→Load 事件被执行→用户自定义的服务器端控件的事件被执行→PreRender 事件被执行→Page 类的虚函数 Render 方法被调用→Page 类的虚函数 RenderChildren 方法被调用→HTTP 响应发往客户端→Unload 事件被执行→Page 类的继承类被解构。

8.1.5　页面中弹出窗体

在.NET 程序的开发过程中，常常需要和用户进行信息交互。比如执行某项操作是否成功，"确定"还是"取消"，以及选择按钮后是否需要跳转到某个页面等。具体方法有：

① 点击页面上的按钮，弹出一个对话框提示是"确定"还是"取消"操作，可采用在按钮中添加属性的方法来完成。例如：

```
public System.Web.UI.WebControls.Button btnDelete;
btnDelete.Attributes.Add("onclick","return confirm('确定要删除吗?');");
```

② 点击页面上的按钮，弹出一个对话框提示是"确定"还是"取消"操作，可采用 Response.Write()方法来跳转到相应的页面。例如：

```
string str_Msg,strUrl_Yes,strUrl_No;
Response.Write("<Script Language='JavaScript'>if ( window.confirm('"+str_Msg+"')) { window.location.href='" + strUrl_Yes + "'} else {window.location.href='"+ strUrl_No +"' };</script>");
Response.Write("<script>alert('删除成功!')</script>");
Response.Write("<script>alert('操作成功!');window.location.href ='www.whut.edu.cn'</script>");
```

③ 利用 RegisterStartupScript 方法来向 Page 中的 ASP.NET 服务器控件发出客户端脚本块，语法：

```
public virtual void RegisterStartupScript(string key,string script);
```

其中：key 是表示标识脚本块的唯一键，script 表示要发送到客户端的脚本的内容。例如：

```
Page.RegisterStartupScript("starup","<script language='javascript'>window.open('"+url+"','','toolbar=no,resizable=yes,scrollbars=yes')</script>")
Page.RegisterStartupScript("","<script>alert('"+str_Message+"');</script>");
```

④ 针对 Button 类控件，可通过将客户端脚本块赋值给 OnClientClick 属性来实现，例如：

```
<asp:Button ID="Button1" runat="server" OnClick="Button1_Click" Text="添加" OnClientClick= "return confirm( '你确定要添加吗? ');" />
<asp:LinkButton ID="RecordDelete" runat="server" OnClientClick= "return confirm( '你确定要添加吗?');">删除记录</asp:LinkButton>
```

以下编写的是实现弹出对话框包含多方法重载的类：

```
using System;
using System.Web;
namespace _01
{
    public class ShowMessageClass
```

```
    {
        public static void ShowMessage(string strMsg)
        {
            System.Web.HttpContext.Current.Response.Write("<Script Language='JavaScript'>window.alert('" + strMsg + "');</script>");
        }
        public static void ShowMessage(System.Web.UI.Page page,string strMsg)
        {
            page.Response.Write("<Script Language='JavaScript'>window.alert('" + strMsg + "');</script>");
        }
        public static void ShowMessage(string strMsg,string Url)
        {
            System.Web.HttpContext.Current.Response.Write("<Script Language='JavaScript'> window.alert('" + strMsg + "');window.location.href ='" + Url + "'</script>");
        }
        public static void ShowMessage(System.Web.UI.Page page,string strMsg,string Url)
        {
            page.Response.Write("<Script Language='JavaScript'>window.alert('" + strMsg + "');window.location.href ='" + Url + "'</script>");
        }
        public static void ShowConfirm(string strMsg,string strUrl_Yes,string strUrl_No)
        {
            System.Web.HttpContext.Current.Response.Write("<Script Language='JavaScript'>if ( window.confirm('" + strMsg + "')) { window.location.href='" + strUrl_Yes + "' } else {window.location.href='" + strUrl_No + "' };</script>");
        }
    }
}
```

8.2　母版页

8.2.1　页面布局

基于 Web 标准的网站设计的核心在于如何使用各项 Web 技术来达到表现与内容的分离，即网站的结构、表现和行为三者的分离。只有真正实现了结构分离的网页设计，才是真正意义上的符合 Web 标准的网页设计。页面布局表示页面的框架，主要的页面布局技术有：

(1) 表格布局

表格布局的优势在于：可以有效地定位网页中不同的元素，而又不用担心不同元素之间的影响。而且表格在定位图片和文本方面比用 CSS 更加方便。表格布局的缺点是：最后生成的网页代码除了表格本身的代码,还有许多没有任何意义的图像占位符及其他元素,文件量庞大,最终导致浏览器下载及解析速度变慢。表格布局的代码最常见的是在 HTML 标签中间加入大量的设计代码,如 width=100%,border=0 等。大量的样式设计代码混杂在表格和单元格中,使得可读性大大降低,维护成本也相对提高。

(2) 框架布局

如同表格布局一样,框架结构把不同对象放置到不同页面加以处理,因为框架可以取消边框,所以一般来说不影响整体美观。框架布局的缺点是它的兼容性较差,它需要浏览器支持。

(3) DIV+CSS 的样式布局

在新的 HTML 4.0 标准中,层叠样式表 CSS 被提出来,它能完全精确的定位文本和图片。CSS 布局的重点不在表格元素的设计上,而是采用另外一种元素——DIV。DIV 可以理解为层或者是块。DIV 是一种比表格简单的元素,从语法上只有<div></div>这样简单的定义。DIV 的功能仅仅是将一段信息标记出来用于后期样式的定义。通过使用 DIV,可以将网页中的各个元素划分到各个 DIV 中,成为网页中的结构主体,而样式表现由 CSS 完成。DIV 在使用时不再需要像表格一样通过单元格来组织版式,通过 CSS 强大的样式定义功能可以比表格更简单、更自由地控制页面版式和样式。目前,DIV+CSS 的样式布局已成为一个好的布局方法。常见模式如图 8.1 所示。

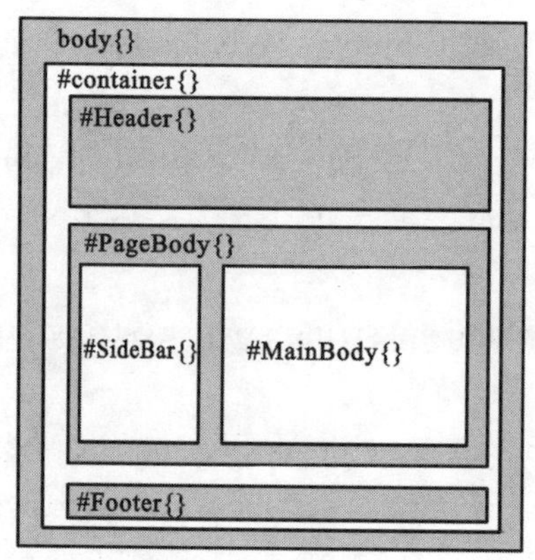

图 8.1 DIV+CSS 的样式布局常见模式

DIV 结构如下:

```
| body {}   /* 这是一个 HTML 元素 */
└# Container {}   /* 页面层容器 */
        ├# Header {}   /* 页面头部 */
        ├# PageBody {}   /* 页面主体 */
        |   ├# Sidebar {}   /* 侧边栏 */
        |   └# MainBody {}   /* 主体内容 */
        └# Footer {}   /* 页面底部 */
```

8.2.2 母版页的定义

母版页类似于基类,可以利用母版页在不同的内容页间共享公共的内容。在 Web 程序开发中,母版页可以为站点定义公用的结构和界面元素,例如,可以将网站 logo、导航链接和横幅广告放在一个母版页里,以此为母版的内容页就会自动地显示这些内容。开发人员可以利用母版页创建一个单页布局,然后将其应用到多个内容页中。母版页具有以下特征:

- 母版页为具有扩展名.master 的 ASP.NET 文件。
- 母版页由特殊的 @Master 指令识别，该指令替换了用于普通.aspx 页的@Page 指令。
- 母版页可以包含静态文本、HTML 元素、服务器控件以及代码。
- 母版页还可以包含 ContentPlaceHolder 控件。ContentPlaceHolder 定义了一个母版页呈现区域，可由与母版页关联的内容页来替换。ContentPlaceHolder 还可以包含默认内容。

母版页技术具有以下优势：

- 有利于站点修改和维护，降低了开发人员的工作强度。使用母版页可以集中处理页的通用功能，以便只在一个位置上进行更新，在很大程度上提高了工作效率。
- 提供高效的内容整合能力。使用母版页可以方便地创建一组公共控件和代码，并将其应用于网站中所有引用该母版页的网页。
- 有利于实现页面布局。使用母版页，可以为 ASP.NET 应用程序页面创建一个统一的外观。
- 提供一种便于利用的对象模型。由内容页和母版页组成的对象模型，能够为应用程序提供一种高效、易用的实现方式，并且这种对象模型的执行效率比以前的处理方式有了很大的提高。

8.2.3　母版页的使用

内容页为绑定到特定母版页占位符控件的 ASP.NET 页(.aspx 文件以及可选的代码隐藏文件)。内容页与母版页关系紧密，母版页定义 Web 页面的外观和标准行为；各内容页定义 Web 页面要显示的特殊内容。这两个页用作各自控件的独立容器，内容页用作母版页的容器。内容页主要创建页面中的非公共内容，从编程的角度来看，在内容页代码中可以引用母版页成员。创建内容页的具体操作步骤如下：

① 右击【解决方案资源管理器】中的项目名称，在弹出的菜单中选择【添加新项】命令，弹出【添加新项】对话框；或在母版页任意位置单击鼠标右键，点击添加内容页。

② 在【添加新项】对话框中选择【Visual C#】为该窗体页的语言，选择【Web 内容窗体】选项；给该控件命名，一定要以.aspx 为后缀名。

③ 单击【添加】按钮，将会打开【选择母版页】对话框，在【文件夹内容】列表中选择需要引用的母版页文件，然后单击【确定】按钮。

也可以将普通页面修改为使用母版页的内容页，具体操作步骤如下：

① 在@Page 标记中指定 MasterPageFile 位置；

② 去除内容页的多余 html 标签；

③ 去除 form 标记；

④ 创建<asp:Content>标签，并放入对应的内容；

⑤ 指定相应的 ContentPlaceHolderID。

下面是一段母版页代码示例：

```
<%@ Master Language="C#" AutoEventWireup="true" CodeBehind="Site.master.cs"
Inherits="_01.Site" %>
<div id="contain">
    <asp:ContentPlaceHolder ID="ContentPlaceHolder1" runat="server">
    </asp:ContentPlaceHolder>
</div>
```

下面是一段内容页代码示例：

```
<asp:Content ID="Content2" ContentPlaceHolderID="ContentPlaceHolder1" runat="server">
    <asp:Button ID="Button2" runat="server" onclick="Button2_Click" Text ="Button" />
</asp:Content>
```

8.2.4 母版页事件顺序

母版页按照以下步骤运行：

① 用户通过输入内容页的 URL 来请求某页。

② 获取该页后，读取@Page 指令。如果该指令引用一个母版页，则也读取该母版页。如果是第一次请求这两个页，则两个页都要进行编译。

③ 包含更新的内容的母版页合并到内容页的控件树中。

④ 各个 Content 控件的内容合并到母版页中相应的 ContentPlaceHolder 控件中。

⑤ 浏览器中呈现得到的合并页。

内容页的事件执行顺序为：Page_PreInit→MasterPage_Init→Page_Init→Page_InitComplete→Page_PreLoad→Page_Load→MasterPage_Load→Button 事件触发！→Page_LoadComplete→Page_PreRender→MasterPage_PreRender→Page_PreRenderComplete→Page_SaveStateComplete。

8.3 用户控件

8.3.1 用户控件生成

除使用 Web 服务器控件外，用户还可以使用用于创建网页的相同技术创建可重复使用的自定义控件，即用户控件。用户控件的扩展名为.ascx，与.aspx 在结构上相似，也是在页面中加载的功能模块。只是用户控件不能单独作为页面运行，必须嵌入到 aspx 页面中，或者嵌入到其他用户控件中使用。在一个大系统中，有时候只有几个 *.aspx 页面，其余的都做成 *.ascx 页面，如网站的导航、网页的头部和底部。这样可以增强页面之间的耦合性。将每一个用户控件 *.ascx 都作为一个独立的功能块，需要修改某一功能时，只需要修改相应的 *.ascx 文件即可。

用户控件是一种复合控件，工作原理非常类似于 ASP.NET 网页。建立用户控件的步骤是：在【解决方案资源管理器】中选中项目，单击鼠标右键，选中【添加新项...】，再在【添加新项】窗口中选择【Web 用户控件】并给定名称。在一个.ascx 文件中不能包含 head、form 或者 body 标签，因为包含此.ascx 文件的.aspx 文件已经包含了这些标签。一个.ascx 文件只能包含方法、函数以及和用户控件相关的内容。例如：

```
<%@Control Language="C#" AutoEventWireup="true" CodeFile="WebUserControl.ascx.cs"
Inherits="WebUserControl" %>
```

在建立一个.ascx 文件之后，可以向用户控件中添加现有的 Web 服务器控件和标记，并定义控件的属性和方法，然后可以将控件嵌入 ASP.NET 网页中充当一个单元。例如：

```
<div><asp:Label ID="Label1" runat="server" Text="输入您的姓名："></asp:Label>
        <asp:TextBox ID="txtName" runat="server"></asp:TextBox> <br />
        <asp:Label ID="Label2" runat="server" Text="输入您的年龄："></asp:Label>
```

```
        <asp:TextBox ID="txtAge" runat="server"></asp:TextBox> <br />
        <asp:Button ID="btnSubmit" runat="server" onclick="btnSubmit_Click" Text="提
交"/> <br />
    <asp:Label ID="lblMessage" runat="server"></asp:Label> </div>
```

8.3.2 Web 窗体向用户控件转化

用户控件比 Web 窗体页面少了<html>、<body>和<form>等元素。知道了用户控件和 Web 窗体页面的差别，就可以通过添加、删除和修改相应的元素，并且将 aspx 页面中的@Page 指令变成@Control 指令，实现 Web 窗体页面和用户控件的相互转化。

8.3.3 用户控件注册

用户控件的使用类似于其他服务控件的使用。在页面设计窗口中，可以直接拖动用户控件页面到设计页面的指定位置，即可实现用户控件的自动添加和注册。用户控件注册的代码如下：

```
    <%@Register Src="WebUserControl.ascx" TagName="WebUserControl" TagPrefix="
uc1" %>
```

Src：指向控件的资源文件。资源文件使用虚路径（如："control.ascx" 或 "/path/control.ascx"），不能使用物理路径（如："C:\pathcontrol.ascx."）。

TagName：指向所使用控件的名字。在同一个命名空间里的控件名是唯一的。控件名一般都表明控件的功能。

TagPrefix：定义控件位置的命名空间。有了命名空间制约，就可以在同一个网页里使用不同功能的同名控件。

控件注册之后，通过定义目标前缀（TagPrefix）和目标名（TagName），就可以像使用服务端内建控件一样来进行操作。同时，也确定了使用服务端运行（runat="server"）方式。下面是网页调用用户控件的基本方式：

```
    <uc1:WebUserControl ID="WebUserControl1" runat="server" />
```

第 9 章
导航技术

9.1 页面导航系统

在 ASP. NET 应用中，Web 表单之间的导航有超链接和页面重定向两种方式。

9.1.1 超链接

(1) a 链接

a 链接的语法为：<a href="转向网页" 属性="属性值"…>< /a>，也可以将分格属性独立放入 CSS 文件中。例如：

```
<a href="navigation. aspx" class="navigation">SiteMapPath 控件</a>
```

其中 CSS 代码为：

```
a. navigation:link
{
   font-weight:bold ;
   text-decoration:none ;color:#c00 ;
}
a. navigation:visited
{
   font-weight:bold ;text-decoration:none ;color:#c30 ;
}
a. navigation:hover
{
   font-weight:bold ;
   text-decoration:underline ;
   color:#f60 ;
}
a. navigation:active
   {
      font-weight:bold ;
      text-decoration:none ;
      color:#F90 ;
   }
```

（2）LinkButton 服务器控件

LinkButton 服务器控件常用属性及说明，如表 9.1 所示。

表 9.1　LinkButton 服务器控件常用属性

属　性	说　明
ID	控件 ID
Text	获取或设置在 LinkButton 控件中实现的文本标题
Width	控件的宽度
CausesValidation	指示单击 LinkButton 控件时是否执行了验证
Enabled	指示是否启用 Web 服务器控件
PostBackUrl	获取或设置单击 LinkButton 控件时从当前页发送到网页的 URL

该控件大部分属性设置同 Button 控件类似，PostBackUrl 属性用来设置要链接到的网页地址，例如：

```
<asp:LinkButton ID="LinkButton1" PostBackUrl="~/treeview.aspx" runat="server">
TreeView 控件</asp:LinkButton>
```

（3）HyperLink 服务器控件

HyperLink 服务器控件专用于实现导航功能，其常用属性及说明如表 9.2 所示。

表 9.2　HyperLink 服务器控件常用属性

属　性	说　明
ID	控件 ID
Text	获取或设置 HyperLink 服务器控件的文本标题
ImageUrl	获取或设置为 HyperLink 服务器控件显示的图像路径
NavigateUrl	获取或设置单击 HyperLink 服务器控件时链接到的 URL
Target	获取或设置单击 HyperLink 服务器控件时显示链接到的 Web 页内容的目标窗口或框架
Enabled	指示是否启用 Web 服务器控件

NavigateUrl 属性用来设置要链接到的网页地址，例如：

```
<asp:HyperLink ID="HyperLink1" runat="server" NavigateUrl="~/menu.aspx">menu
控件</asp:HyperLink>
```

9.1.2　页面重定向

① Response.Redirect　这个跳转页面的方法跳转速度不快，因为它要走两个来回（两次 postback）。其跳转机制是首先发送一个 http 请求到客户端，通知需要跳转到新页面，然后客户端再发送跳转请求到服务器端。Redirect 可以跳转到任何页面，没有站点页面限制，但不能跳过登录保护，速度慢，跳转后内部空间保存的所有数据信息将会丢失。

② Server.Transfer　速度快，只需要一次 postback，但必须是在同一个站点下，因为它是

Server 的一个方法。另外，它能跳过登录保护，不会弹出登录页面。执行完新的网页后，并不返回原网页，而是停止执行。这个方法的重定向请求发生在服务器端，所以浏览器的 URL 地址保留的仍然是原页面的地址。

③ Server. Execute　该方法用来停止执行当前网页，跳转同一站点下新的页面，执行完毕后返回原网页，继续执行 Execute 方法后面的语句。当需要将一个页面的输出结果插入到另一个. aspx 页面的时候使用该方法，大部分是在表格中，将某一个页面以类似于嵌套的方式存在于另一页面。三个方法的示例如下：

```
Response.Redirect("~/navigation.aspx");
Server.Transfer("~/treeview.aspx");
Server.Execute("~/menu.aspx");
```

总结：

- 当需要把用户跳转到另一台服务器上的页面的时候，使用 Redirect；当需要把用户跳转到非 aspx 页面时（如 Html），使用 Redirect；需要把查询字符串作为 URL 的一部分保留传给服务器的时候，因为其他两种方法不能做到两次 postback，把数据先带回服务器，需使用 Redirect。使用 Redirect方法在查询字符串中使用汉字时，经常出现乱码，原因是 URL 不支持汉字。这个时候需要先转换，再使用查询字符串。例如：

```
string message =server.urlencode("欢迎进入导航系统");
Response.Redirect("navigation.aspx? msg="+message);
```

- 当需要 aspx 页面间转换，不涉及登录，使用 Transfer。
- 当需要把 aspx 页面的输出结果插入到另一个 aspx 页面的时候使用 Execute 方法。

9.2　站点导航系统

每个站点都需要一致的导航解决方案，以帮助用户在不同的页面之间进行跳转。传统的超链接方式需要大量的手工编码和维护；而页面重定向方式则需要编程，增加了程序开发的复杂性。与传统方案相比，ASP. NET 站点导航功能则提供了灵活、方便的导航系统。ASP. NET 网站导航主要围绕着 SiteMapPath、TreeView、Menu 三个控件进行，这三个控件主要负责可视化网站导航结构。另外，依赖于 SiteMapDataSource 数据源控件以及 *. sitemap 导航结构文件共同组成了 ASP. NET 的网站导航解决方案。各控件或文件的层次关系和交互方式如图 9. 1 所示。

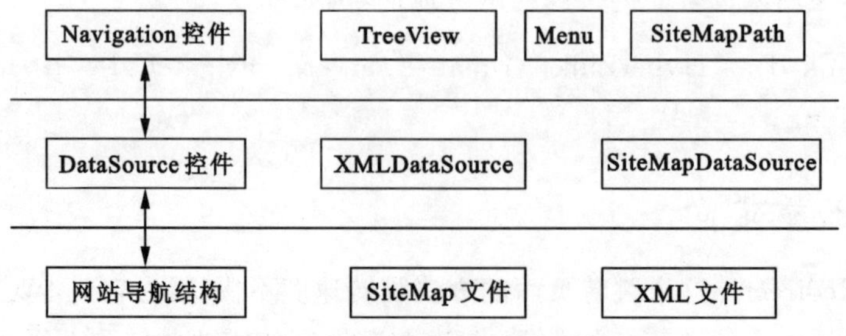

图 9. 1　ASP. NET 网站导航的系统架构

9.2.1 站点地图

一个站点地图是一个具有.sitemap扩展名的XML文件，由一系列相联系的SiteMapNode对象组成，用于详细地描述网站的整个导航布局。这些SiteMapNode以一种层次方式联系在一起，该层次包含单个根节点。层上SiteMapNode代表网站的一个逻辑部分，每一部分都有一个标题，URL，描述等。图9.2显示了一个网站的目录结构。

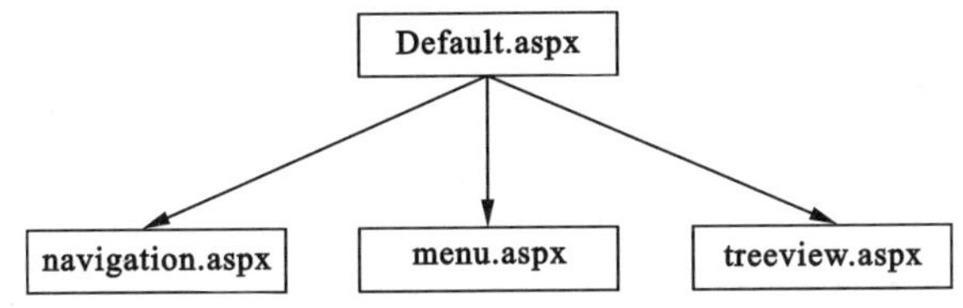

图9.2 网站的目录结构

现创建一个站点地图来描述这个网站的结构，其步骤如下：

① 使用VS.NET创建一个新网站。

② 右击该网站并且选择【添加新项】。

③ 在弹出的窗口中的模块部分选择【站点地图】，并命名。

站点地图文件的根是siteMap。它包含一个结点siteMapNode，并且根据用户的网站结构，它可以包含若干siteMapNode结点。例如Web.sitemap文件为：

```
<? xml version="1.0" encoding="utf-8" ? >
<siteMap xmlns="http://schemas.microsoft.com/AspNet/SiteMap-File-1.0" >
  <siteMapNode url="~/default.aspx" title="导航介绍">
      <siteMapNode url="~/navigation.aspx" title="SiteMapPath 介绍"/>
      <siteMapNode url="~/treeview.aspx" title="treeview 介绍"/>
      <siteMapNode url="~/menu.aspx" title="menu 信息"/>
  </siteMapNode>
</siteMap>
```

站点地图必须包含唯一根<siteMap>节点，<siteMap>节点必须有且只有一个<siteMapNode>元素子节点，<siteMapNode>元素可以嵌套到任何深度。<siteMapNode>标签具有四个重要的属性，如表9.3所示。

表9.3 <siteMapNode>标签的重要属性

属　性	描　述
url	显示这个结点描述的页面的URL，每一个URL必须是唯一的
title	显示URL的标题
description	显示提示内容
roles	指定允许存取这个页面的角色

有三种常见方式来使用站点地图文件：使用SiteMapPath控件、使用SiteMap数据源控件和使用SiteMap类。SiteMapPath控件显示各种层级的导航，用户可以点击父或根级以退回到上级导航或顶层。ASP.NET带有一组良好的导航控件，包括TreeView和Menu控件。借助于SiteMap

数据源控件,可以把站点地图文件与这些控件绑定到一起。有时内置的导航控件可能无法满足用户的要求,这就要求用户以编程的方式利用 SiteMap 类获取这个站点地图文件中的 siteMapNode 结点,再使用 siteMapNode 的 title 和 url 属性生成一个定制的导航结构。

注意:

① 站点地图文件 Web. sitemap 通常位于应用程序的根目录。

② 站点地图根节点为<siteMap>元素,每个文件有且仅有一个根节点。

③ <siteMap>下一级有且仅有一个<siteMapNode>节点。

④ <siteMapNode>下面可以包含多个新的<siteMapNode> 节点,以创建层次结构。

⑤ 站点地图中,同一个 URL 仅能出现一次,通常包含 url、title 和 description 属性。

9.2.2 Web. config 文件设置

在 Web. config 文件中设置 siteMapFile 和 SiteMapproviders 的属性值,以便为 SiteMapPath 控件提供数据源和数据适配器。应用权限的时候,需将 securityTrimmingEnabled 属性配置为 "true"。例如:

```
<? xml version="1.0" encoding="utf-8"? >
<configuration>
  <system. web>
    <! -- 站点地址设置 -->
    <siteMap>
      <providers>
        <add siteMapFile="Web. sitemap" name="WebMap" type="System. Web. Xml-
SiteMapProvider, System. Web, Version = 2. 0. 0. 0, Culture = neutral, PublicKeyToken =
b03f5f7f11d50a3a"/>
      </providers>
    </siteMap>
    <compilation debug="false" />
    <authentication mode="Windows" />
  </system. web>
</configuration>
```

使用站点导航服务器控件,通过绑定控件到站点地图数据源,可以动态读取站点地图中的导航信息,在 Web 页面上生成导航超链接。ASP. NET 提供的站点导航服务器控件包括:

① SiteMapPath:显示一些链接的列表,这些链接表示用户的当前页以及返回至网站根目录的层次路径。

② TreeView:提供树状结构导航超链接。允许用户展开或折叠选定节点。

③ Menu:提供菜单式导航超链接。将光标悬停在菜单上时,将展开包含子节点的节点。

9.2.3 SiteMapPath 控件

SiteMapPath 控件以导航路径的方式显示当前页在站点中的位置,定义好站点地图后,只需将该控件拖到. aspx 页面上,然后设定其属性。SiteMapPath 控件就会自动读取站点地图所提供的数据,显示当前页以及返回至网站根目录的层次路径,不需要开发者编写任何代码。SiteMapPath 控件的常用属性及说明如表 9.4 所示。

表 9.4　SiteMapPath 控件的常用属性

属　性	说　明
NodeStyle	获取用于站点导航路径中所有节点显示文本的样式
NodeTemplate	获取或设置一个节点模板，用于站点导航路径的所有功能节点
PathSeparator	获取或设置用于分隔导航中的每个节点的字符串，缺省为“>”
PathDirection	获取或设置导航路径节点的呈现顺序。值为 RootToCurrent 时，显示方式为顶部节点到根部节点；值为 CurrentToRoot 时，显示方式为从当前节点到根部节点
PathSeparatorTemplate	获取或设置一个分隔符模板，用于站点导航路径的路径分隔符
SiteMapProvider	获取或设置用于呈现站点导航控件的 SiteMapProvider 的名称，即获取站点地图的数据源
ParentLevelsDisplayed	获取或设置 SiteMapPath 控件显示相对于当前节点的父节点的级数。默认值为 −1，表示所有节点完全展开
ShowToolTips	当属性值设置为 true(缺省值)，如果站点地图节点有描述值，那么导航节点将显示此描述值

在 9.2.2 节定义的站点地图数据源及其配置的基础上，设置 SiteMapPath 控件的属性，其代码如下：

```
<asp:SiteMapPath ID="SiteMapPath1" runat="server" SiteMapProvider="WebMap" Font-Names="Verdana"
  Font-Size="0.8em"  PathSeparator=":">
            <PathSeparatorStyle Font-Bold="True" ForeColor="#5D7B9D" />
            <CurrentNodeStyle ForeColor="#333333" />
            <NodeStyle Font-Bold="True" ForeColor="#7C6F57" />
            <RootNodeStyle Font-Bold="True" ForeColor="#5D7B9D" />
  </asp:SiteMapPath>
```

9.2.4　SiteMapDataSource 控件

SiteMapDataSource 控件可以处理存储在 Web 站点的 SiteMap 配置文件中的数据。定义好 SiteMapDataSource 控件的数据源后，就可以在 TreeView 控件或 Menu 控件设置数据源时指向该控件，从而与 SiteMapDataSource 控件进行数据绑定。操作方式类似于其他 ASP.NET 控件，即从工具箱数据选项卡中拖动 SiteMapDataSource 控件到页面中，然后设定其属性。其中 SiteMapProvider 属性指向 web.config 文件中设置的<SiteMap>配置节下<providers>子配置节中定义项的 name 属性值。例如：

```
<asp:SiteMapDataSource ID="SiteMapDataSource1" runat="server" SiteMapProvider="WebMap" />
```

9.3　TreeView 控件

9.3.1　TreeView 控件概述

在显示站点导航时，TreeView 控件和 Menu 控件都使用 SiteMapDataSource 控件来读取站点地图的内容。TreeView 服务器控件提供树状结构导航超链接，允许用户展开或折叠选定节点，见图9.3。TreeView 服务器控件属于导航控件，在工具箱的导航类选项卡内。TreeView 控件实现导航界面的结构化以及层次化，使用户操作起来更加直观和方便，其主要功能如下：

- 通过与 SiteMapDataSource 控件进行数据绑定，实现站点导航功能。数据绑定方式还可以使控件节点与 XML、表格、关系型数据等结构化数据建立紧密联系。
- 控件的节点文字既可显示为普通文本也可显示为超链接文本，实现导航功能。
- 通过设置 PopulateNodesFromClient 等属性值，实现节点客户端的动态构建功能。
- 可设置控件节点显示为 CheckBox 控件的功能。
- 通过外观设置，自定义树形和节点的样式以及主题等外观特征，也可套用模板样式。
- 可根据不同类型和浏览器，自适应地完成控件呈现。

图 9.3　TreeView 直观图

9.3.2　TreeView 控件的属性

通过设置 TreeView 服务器控件的相关属性，可以实现控件的不同功能的实现和不同信息的调用以及控件的页面显示。属性的设置可以直接在设计界面的属性窗口中设置，也可以通过代码来实现。TreeView 服务器控件的常用属性如表 9.5 所示。

表 9.5　TreeView 服务器控件的常用属性

类别	属性名	功能说明
数据	DataSource	获取或设置绑定到 TreeView 控件的数据源对象
	DataSourceID	获取或设置绑定到 TreeView 控件的数据源控件的 ID，一般是 SiteMapDataSource 控件的 ID 值
行为	AutoGenerateDataBindings	获取或设置 TreeView 控件是否自动生成树节点绑定
	EnableClientScript	获取或设置 TreeView 控件是否呈现客户端脚本以处理展开和折叠事件
	ExpandDepth	获取或设置默认情况下 TreeView 控件展开层次。当属性值设置为“0”时，默认只显示根节点。默认值为 FullyExpand，表示将所有节点完全展开
	MaxDataBindDepth	获取或设置要绑定到 TreeView 控件的最大树级别数
	PopulateNodesFromClient	获取或设置是否启用由客户端构建节点的功能
	ShowCheckBoxes	获取或设置哪些节点类型将在 TreeView 控件中显示复选框，可选值有“None”、“Root”、“Parent”、“Leaf”和“All”

续表 9.5

类　别	属性名	功能说明
外观	CollapseImageToolTip	获取或设置可折叠节点的指示符所显示的图像的提示文字
	CollapseImageUrl	获取或设置节点在折叠状态下所显示的图像的 URL 地址
	ExpandImageToolTip	获取或设置可展开节点的指示符所显示图像的提示文字
	ExpandImageUrl	获取或设置用于可展开节点的指示符的自定义图像的 URL 地址
	ImageSet	获取或设置 TreeView 控件的图像组，是 TreeViewImageSet 枚举之一
	LineImagesFolder	获取或设置用于链接子节点和父节点的线条图像的文件夹路径
	NodeIdent	获取或设置 TreeView 控件的子节点缩进量，以像素为单位
	NodeWrap	获取或设置空间不足时节点中的文本是否换行
	NoExpandImageUrl	获取或设置不可展开节点的指示符的自定义图像的 URL
	ShowExpandCollapse	获取或设置是否显示展开节点的指示符
	ShowLines	获取或设置是否显示链接子节点和父节点的线条
杂项	CheckedNodes	获取 TreeView 控件中被用户选中 CheckBox 的节点结合
	Nodes	用于获取 TreeView 控件中所有根节点的 TreeNodeCollection 对象集合。可通过编程的方法对树形结构中的 TreeNode 对象进行检索、添加、删除、修改等操作
	PathSeparator	获取或设置用于分隔由 ValuePath 属性指定的节点值字符，为防止冲突和得到错误的数据，节点的 Value 属性中不应当包含分隔符字符
	SelectedNode	获取 TreeView 控件中选定的节点的 TreeNode 对象
	SelectedValue	获取 TreeView 控件中选定的节点的值
	Target	获取或设置单击节点时网页内容的目标窗口或框架名

综合运用 TreeView 服务器控件属性的代码如下：

```
<asp:TreeView ID="TreeView2" runat="server" DataSourceID="SiteMapDataSource1"
        ImageSet="News" NodeIndent="10">
        <ParentNodeStyle Font-Bold="False" />
        <HoverNodeStyle Font-Underline="True" />
        <SelectedNodeStyle Font-Underline="True" HorizontalPadding="0px"
            VerticalPadding="0px" />
        <NodeStyle Font-Names="Arial" Font-Size="10pt" ForeColor="Black"
            HorizontalPadding="5px" NodeSpacing="0px" VerticalPadding="0px" />
</asp:TreeView>
```

TreeView 控件支持绑定多种数据源，如关系型数据库、XML 文件等。下面介绍 TreeView 控件利用 XmlDateSource 控件绑定到 XML 文件的代码：

```
    <asp:TreeView ID="TreeView1" runat="server" DataSourceID="XmlDataSource1"
Width="161px">
```

```
        <DataBindings>
            <asp:TreeNodeBinding DataMember="Root" NavigateUrlField="url" TextField ="title" />
            <asp:TreeNodeBinding DataMember="Node" NavigateUrlField="url" TextField ="title" />
        </DataBindings>
    </asp:TreeView>
    <asp:XmlDataSource ID="XmlDataSource1" runat="server" DataFile="~/App_Data/
XMLFile.xml" />
```

其中:NavigateUrlField 属性设置为"url"表示链接绑定的属性;TextField 属性设置为"title"表示文字绑定的属性;DataFile 属性设置为"~/App_Data/ XMLFile.xml"表示指定 XML 文件的路径,具体内容如下:

```
<?xml version="1.0" encoding="utf-8"?>
<Root title="管理员控制面版" url="index.aspx">
    <Node title="用户模版" url="User.aspx">
      <Node title="用户登录" url="UserLogin.aspx"></Node>
      <Node title="用户列表" url="ManageAllUsers.aspx"></Node>
      <Node title="用户更新" url="UpdateUser.aspx"></Node>
      <Node title="密码修改" url="ModifyPassword.aspx"></Node>
    </Node>
    <Node title="软件开发" url="Develop.aspx">
      <Node title="C#程序设计" url="CSharpDevelop.aspx"></Node>
      <Node title="ASP.NET 程序开发" url="ASPXDevelop.aspx"></Node>
    </Node>
    <Node title="网页制作" url="WebDevelop.aspx">
      <Node title="CSS 实战手册" url="CSSDevelop.aspx"></Node>
      <Node title="AJAX 程序开发" url="AJAXDevelop.aspx"></Node>
    </Node>
</Root>
```

9.3.3 TreeView 控件的事件

通过调用 TreeView 服务器控件的事件,可以让用户在网页中使用控件时实现更快捷的操作。部分事件如表 9.6 所示。

表 9.6 TreeView 控件的事件

名　称	事件说明
SelectedNodeChanged	当选中 TreeView 控件中的某个节点时触发事件
TreeNodeCheckChanged	选中的节点使用复选框,当向服务器两次发送的过程之间状态有改变时触发事件
TreeNodeCollapsed	当折叠 TreeView 控件中的节点时触发事件
TreeNodeDataBound	当数据项绑定到 TreeView 控件中的节点时触发事件
TreeNodeExpanded	当展开 TreeView 控件中的节点时触发事件
TreeNodePopulate	当其 PopulateOnDemand 属性设置为 True 的节点在 TreeView 控件中展开时触发事件

TreeView 服务器控件的节点有选择和导航两种模式，默认情况下，节点文字为选择模式。当节点文字的 NavigateUrl 属性设置不为空时，该节点处于导航模式。当 TreeView 服务器控件的节点处于选择模式时，当用户单击 TreeView 服务器控件的不同节点的文字时，将触发 SelectedNodeChanged 事件，在该事件下可以获得所选节点对象。例如：

```
protected void TreeView1_SelectedNodeChanged(Object sender,EventArgs e)
{
    Label1.Text="TreeView 控件触发了 SelectedNodeChanged 事件。";
    Label1.Text += "<br>";
    Label2.Text="您选择了 "+TreeView1.SelectedNode.Text+" 控件";
}
```

演示截图如图 9.4 所示。

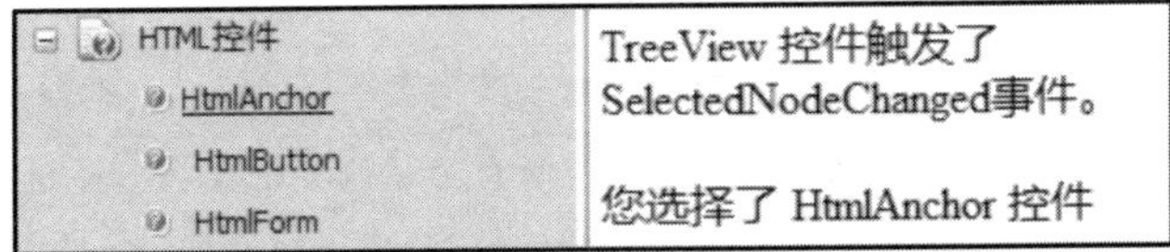

图 9.4　选择节点触发 SelectedNodeChanged 事件

9.4　Menu 控件

9.4.1　Menu 控件概述

Menu 服务器控件用来在页面上生成下拉菜单，提供菜单式导航超链接。根据菜单项显示方式，Menu 控件可分为两种类型：静态菜单和动态菜单。静态菜单显示意味着 Menu 控件始终是完全展开的，整个结构都是可视的，用户可以单击任何部位；动态菜单显示的菜单中，只有指定的部分是静态的，将光标悬停在菜单上时，将展开包含子节点的父节点，子菜单项在显示短暂时间后，将自动消失，通过设置属性值可以调整子菜单的延迟显示时间。根据菜单项的排列方向，Menu 控件可分为水平菜单和垂直菜单。Menu 控件的主要功能如下：

- 支持数据绑定。即允许通过数据绑定方式，使菜单控件与 XML、数据库等结构化数据建立紧密联系。
- 支持站点导航功能，可通过绑定 SiteMapDataSource 控件实现站点导航功能。
- 可使用主题、样式属性等，实现自定义外观特性。
- 支持动态功能。通过编程访问 Menu 对象模型，完成动态创建菜单、构造菜单选项和设置属性等任务。

9.4.2　Menu 控件的属性

Menu 控件的属性，如表 9.7 所示。

表 9.7 Menu 控件的常用属性

名　称	说　明
DataSource	获取或设置绑定到 Menu 控件的数据源
DataSourceID	获取或设置绑定到 Menu 服务器控件的数据源 ID
DisappearAfter	获取或设置当鼠标离开 Menu 控件后菜单的延迟显示时间
DynamicHorizontalOffset	获取或设置动态菜单相对于其父菜单项的水平移动像素数，默认值为 0。如果将此属性设置为负值即可反方向移动动态菜单。如果显示的是垂直菜单，负值则会导致动态菜单和其父菜单重叠
DynamicHoverStyle	设置鼠标指针置于动态菜单项上时菜单项的外观
DynamicMenuItemStyle	设置动态菜单中的菜单项的外观
DynamicMenuStyle	设置动态菜单的外观
DynamicSelectedStyle	设置用户所选动态菜单项的外观
DynamicVerticalOffset	获取或设置动态菜单相对于其父菜单项的垂直移动像素，默认值为 0
Items	获取或设置 Menu 控件中所有菜单选项的集合。通过该属性，可循环访问所有菜单选项或者访问特定选项。另外，还可以通过特定方法，对菜单选项进行添加、删除、修改等操作，所有操作将会自动更新菜单
ItemWrap	获取或设置时如文本空间不足，是否自动拆分在下一行继续显示，默认值为 false
MaximumDynamicDisplayLevels	获取或设置动态菜单中显示的最大级数，默认值为 3。当该属性值设置为 0 时，将不会显示任何动态菜单
Orientation	获取或设置 menu 菜单的显示方向。有两个选项：水平(Horizontal)或垂直(Vertical)
SelectedItem	获取选定的菜单项。当用户选中某菜单项时，将激发 MenuItemClick 事件，可以自定义事件处理程序
SelectedValue	获取选定的菜单项的值，默认值为空，表示当前无选项被选中，当需要获取菜单选项 Text 属性值时，可使用该属性；如果需要访问其他属性，则必须访问 SelectedItem 属性
StaticDisplayLevels	获取或设置静态菜单的显示级数，默认值为 1。在该级以下的菜单选项，均显示为动态属性
StaticHoverStyle	设置鼠标指针置于静态菜单项上时的菜单项外观
StaticMenuItemStyle	设置静态菜单中的菜单项的外观
StaticMenuStyle	设置静态菜单的外观
StaticSelectedStyle	设置用户在静态菜单中选择的菜单项的外观
StaticSubMenuIndent	获取或设置静态菜单中子菜单的缩进间距(以像素为单位)

与 TreeView 控件类似，Menu 控件有一个 MenuItemCollection 类型的 Items 集合属性，每个 MenuItem 又具有一个 MenuItemCollection 类型的 ChildItems 集合属性。使用这两个属性就可以将菜单项关联起来以形成一个菜单列表。例如：

```
<asp:Menu ID="Menu1" runat="server" ItemWrap="True" BackColor="#FFFBD6" DynamicHorizontalOffset="2" Font-Names="Verdana"
        Font-Size="0.8em" ForeColor="#990000" StaticSubMenuIndent="10px">
    <StaticSelectedStyle BackColor="#FFCC66" />
```

```
<StaticMenuItemStyle HorizontalPadding="5px" VerticalPadding="2px" />
<DynamicHoverStyle BackColor="#990000" ForeColor="White" />
<DynamicMenuStyle BackColor="#FFFBD6" />
<DynamicSelectedStyle BackColor="#FFCC66" />
<DynamicMenuItemStyle HorizontalPadding="5px" VerticalPadding="2px" />
<StaticHoverStyle BackColor="#990000" ForeColor="White" />
<Items>
    <asp:MenuItem Text="计算机编程" Value="计算机编程">
    <asp:MenuItem Text="Java" Value="Java"></asp:MenuItem>
    <asp:MenuItem Text="C" Value="C"></asp:MenuItem>
    <asp:MenuItem Text="C++" Value="C++">
    </asp:MenuItem>
    <asp:MenuItem Text="VB" Value="VB"></asp:MenuItem>
    <asp:MenuItem Text="C#" Value="C#">
    <asp:MenuItem Text ="TreeView 控件" Value="TreeView 控件"></asp:MenuItem>
    <asp:MenuItem Text ="Menu 控件" Value="Menu 控件"></asp:MenuItem>
    <asp:MenuItem Text ="SiteMapPath" Value="SiteMapPath"></asp:MenuItem>
    </asp:MenuItem>
    </asp:MenuItem>
</Items>
<StaticItemTemplate>
    <%# Eval("Text") %>
</StaticItemTemplate>
</asp:Menu>
```

程序的运行结果如图 9.5 所示。

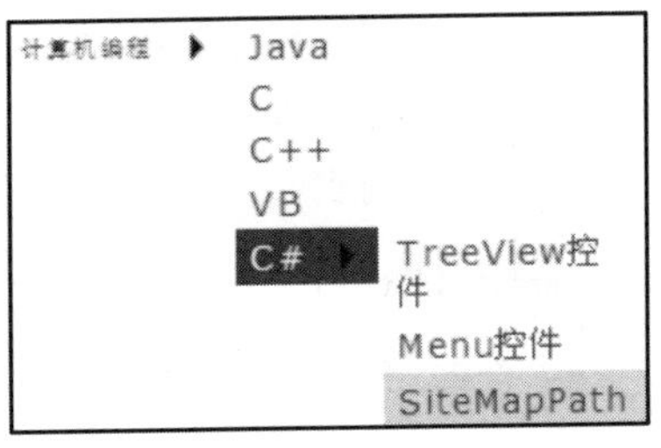

图 9.5　Menu **控件运行效果图**

9.4.3　使用 Menu 控件导航

作为一种导航控件，Menu 控件与 TreeView 控件类似，它同样可以轻松地绑定到 SiteMapDataSource 控件来实现站点导航，也可以利用 XMLDataSource 控件与 XML 文件绑定，只需指定 Menu 控件的 DatasourceID 属性为该 SiteMapDataSource 控件或 XMLDataSource 控件。Menu 控件提供了大量的外观控制项，其中 MenuItemStyle 菜单样式定义了与菜单项相关的属性，如 ItemSpacing、HorizontalPadding 和 VerticalPadding，用户可以为不同层次的菜单定义不同的样式。由于 Menu 控件具有静态样式(Static)和动态样式(Dynamic)两种菜单模式,因此分别提供了对这两种模式的样式定义。表 9.8 列出了 Menu 中的一些样式及其含义。

表 9.8 Menu 控件的样式

静态样式	描述	动态样式	描述
StaticMenuStyle	设置静态菜单的外观	DynamicMenuStyle	设置动态菜单的外观
StaticMenuItemStyle	设置静态菜单中的菜单项的外观	DynamicMenuItemStyle	设置动态菜单中的菜单项的外观
StaticSelectedStyle	设置用户所选静态菜单中菜单项的外观	DynamicSelectedStyle	设置用户所选动态菜单中菜单项的外观
StaticHoverStyle	设置鼠标指针置于静态菜单项时的菜单项外观	DynamicHoverStyle	设置鼠标指针置于动态菜单项时的菜单项外观

菜单项的模板用于为菜单中的菜单项定义 HTML 输出,使开发人员可以完全控制 Menu 控件的外观。VS 提供了简单的选项用于将菜单项变为模板,然后可以根据生成的模板代码进行控制(点击 Menu 控件右上角的按钮,如图 9.6 所示)。

Menu 任务
自动套用格式...
选择数据源: XmlDataSource1
配置数据源...
刷新架构
视图: 静态
编辑 MenuItem Databindings...
重置 DynamicItemTemplate
转换为 StaticItemTemplate
编辑模板

图 9.6 Menu 控件设置

9.4.4 以编程的方式添加菜单项

用户可以以编程的方式从数据库、文件等多种数据源中导入菜单项数据,再向 Menu 控件的 Items集合属性中添加菜单项来实现动态添加菜单项的效果。最常用的场合就是根据用户权限动态产生菜单项,在大型应用系统开发中经常被用到。实例代码如下:

```
protected void Page_Load(Object sender,EventArgs e)
{
    if (!IsPostBack)
    {
        this.Menu1.Orientation=Orientation.Horizontal;//设置菜单水平显示
        this.Menu1.StaticDisplayLevels=1;//只显示第一级菜单
        this.Menu1.Target="_blank";//指定在新的窗口打开页面
        MenuItem register=new MenuItem();//定义子菜单
        register.Text="treeview 导航";
        register.NavigateUrl="~/register.aspx";
        this.Menu1.Items[0].ChildItems.Add(register);//添加子菜单
```

```
        MenuItem Login=new MenuItem();
        Login.Text="menu 导航";
        Login.NavigateUrl="~/Login.aspx";
        this.Menu1.Items[0].ChildItems.Add(Login);
        MenuItem help=new MenuItem();//定义第二项菜单的子菜单
        help.Text="帮助";
        help.NavigateUrl="~/help.aspx";
        this.Menu1.Items[1].ChildItems.Add(help);
        MenuItem About=new MenuItem();
        About.Text="关于";
        About.NavigateUrl="~/About.aspx";
        this.Menu1.Items[1].ChildItems.Add(About);
    }
}
```

程序运行结果如图 9.7 所示。

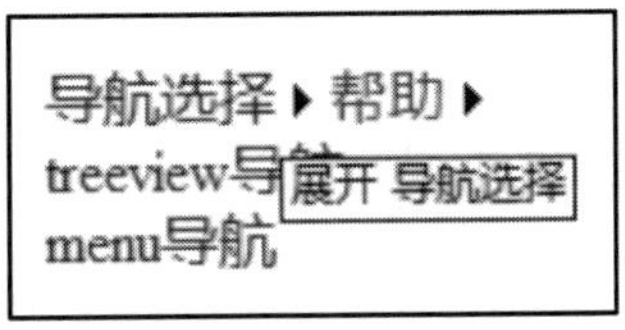

图 9.7　动态菜单实现

第10章
ASP.NET 常用对象

ASP.NET 能够成为一个体系，其中一个重要的因素就是它提供了许多无需创建即可直接调用和访问的内置对象，其中包括 Response、Request、Server、Application、Session、Cookie 和 ViewState。当 Web 应用程序运行时，这些对象就可以完成许多功能，例如，跳转网页、在网页之间传递变量、向客户端输出数据、网站的状态管理以及记录变量值等。正是由于这些内置对象的支撑，采用 ASP.NET 技术 Web 应用程序才显得方便有效。在.NET 框架中，这些内置对象是由封装好的类来定义的，在初始化页面请求时自动创建，无需再对类进行实例化。

10.1 Response 对象

10.1.1 Response 对象的含义

Response 对象是 HttpResponse 类的一个对象，与一个 HTTP 响应相对应，用于动态响应客户端请求，控制发送给用户的信息，并将动态生成响应。通过该对象的属性和方法可以将服务器端的信息发送到客户浏览器，包括将服务器端的数据用超文本格式发送到客户端浏览器上，或重定向浏览器到另一个 URL，或设置 Cookie 的值。

10.1.2 Response 对象的属性

要掌握 Response 对象的使用，必须了解其属性和方法。Response 对象的常用属性说明如表10.1所示。

表 10.1 Response 对象的属性

属 性	说 明
Buffer	指定是否将 Web 窗体创建的输出存储在 IIS 缓存中，直到处理完当前页面中的所有服务器脚本
Cache	获得网页的缓存策略(过期时间、保密性等)
ContentType	获得或指定响应的 HTTP 内容 (MIME) 类型为标准 MIME 类型(如 text/xml 或 image/gif)。默认的 MIME 类型是 text/html。客户端浏览器从输出流中指定的 MIME 类型获得内容的类型
Cookie	用于获得 HttpResponse 对象的 Cookie 集合
Expires	指定浏览器中缓存的页面过期之前的时间(以分钟为单位)
Output	启用到输出 HTTP 响应流的文本输出
OutputStream	启用到输出 HTTP 内容主体的二进制输出，并作为响应的一部分
Write	用于向当前 HTTP 响应流写入文本，使其成为返回页面的一部分
End	停止处理至客户端的输出，返回目前为止已创建的页面内容并触发 Application 对象的 EndRequest 事件
Redirect	将用户从请求页面重新定向或带到另一页面

10.1.3　Response 对象的方法

利用 Response 对象的方法可以实现诸如向客户端输出信息、跳转网页等功能，具体如表 10.2 所示。

表 10.2　Response 对象的方法

方　法	说　明
WriteFile	将文件输出到客户端
Write	将数据输出到客户端浏览器
Redirect	将网页重新转到另一地址
Flush	将缓冲区的数据输出到客户端浏览器
End	停止并结束 ASP 网页的处理
Close	关闭客户端的联机
ClearHeaders	清除缓冲区中的页面标题
Clear	清除缓冲区的数据
BinaryWrite	将二进制字符或字符串输出到客户端浏览器
AppendToLog	将自定义的数据加入到 IIS 日志文件中(Log File)，以便追踪与分析记录

10.1.4　Response 对象的应用

(1) 从输出页面读取/写入文本

用户可以运用 Response.Write 方法向浏览器输出内容流，也可以利用 Response.WriteFile 方法向浏览器输出文本文件内容，代码如下：

```
Response.Write("ASP.NET 可以使用的编程语言:");
Response.Write("<UL>");
Response.Write("<LI>Visual Basic .NET");
Response.Write("<LI>Visual C# .NET");
Response.Write("<LI>JScript .NET");
Response.Write("</UL>");
Response.Write("<img src='file/pic.jpg' width='250'/>");
Response.Write("<Script language='JavaScript'>alert('hello!');</script>");
Response.WriteFile("file/file.txt"); //输出文本文档中的内容
```

Write 方法的参数是希望输出到 HTML 流的字符串，可以是字符串常量，也可以是字符串变量。而且其中可以包含以<script>和</script>说明的脚本语言。WriteFile 方法的参数用于说明文件的名称及路径，在使用 WriteFile 方法将文件写入 HTML 流之前，应使用 contentType 属性说明文件的类型或标准 MIME 类型。

(2) 将用户重新定向到另一个页面

利用 Response.Redirect 方法可以将客户端重定向到新的 URL，实现页面跳转，代码如下：

```
string name=tbName.Text;
string love=tblLove.Text;
Response.Redirect("~/ShowGetMessage.aspx? tbName=" +name+ "&tbLove=" +love);
```

使用该方法实现跳转时，浏览器地址栏中将显示目标 URL；执行该方法时，重定向操作发生在客户端，涉及两个不同页面或两个 Web 服务器之间的通信，第一阶段是对原页面的请求，第二阶段是对目标 URL 的请求；该方法执行后内部控件保存的所有信息将丢失。

(3) 有条件地结束应用程序连接

利用 Response.End 方法可以实现结束应用程序连接，例如：在一个事件当中，同时存在以下代码：

```
Response.Write("<script>alert('会话过期，请重新登录!')</script>"); //弹出窗体事件
Response.Redirect("protocol.aspx"); //将网页重新转到另一地址页面
```

页面会执行页面跳转事件。如果为下述代码：

```
Response.Write("<script>alert('会话过期，请重新登录!')</script>");
Response.End();
Response.Redirect("protocol.aspx");
```

则页面就不会执行第三行来跳转到另一页面。

(4) 设置/获取输出内容类型

服务器发送给客户端的数据包类型可能是 text/html 文本，也可能是 gif/jpeg 图像文件。所以每次传输前，都必须告知客户端将要传输的文件类型，一般默认情况下为 text/html(网页格式)类型。一些常用的其他类型如下：

```
    <% response.contenttype="image/gif" %>
    <% response.contenttype="image/jpeg" %>
    <% response.contenttype="text/plain" %>
    <% response.contenttype="image/jpeg" %>
    <% response.contenttype="application/x-cdf" %>
    Response.ContentType="image/jpeg";
```

(5) 检查客户端与服务器的连接状态

用户可以使用 IsClientConnected 属性来检查请求页的客户端是否仍与服务器连接，示例代码如下：

```
  if (Response.IsClientConnected)
  {
      Response.Redirect("protocol.aspx",false);
  }
  else
  {
      Response.End();
  }
```

上述代码表示如果 IsClientConnected 为 true，此代码将调用 Redirect 方法，因此客户端将可以查看另一页。如果 IsClientConnected 为 false，此代码将调用 End 方法，所有页处理将终止。

（6）读取/写入 Cookie

对象 Request 和 Response 都提供了一个 Cookies 集合。可以利用 Response 对象设置 Cookies 的信息，而使用 Request 对象获取 Cookies 的信息。下面我们举个例子，在新网页中调用 response.aspx，代码如下：

```
<body>
    <form id="form1" runat="server">
    <div>
        <table class="style1">
            <tr>
                <td colspan="3"> <asp:Label ID="Label1" runat="server"></asp:Label></td>
            </tr>
            <tr>
                <td> <asp:Label ID="Label2" runat="server"></asp:Label> </td>
                <td><asp:TextBox ID="TextBox1" runat="server"></asp:TextBox></td>
                <td><asp:Button ID="Button1" runat="server" Text="创建 Cookie" on-
click="Button1_Click" /></td>
            </tr>
        </table>
    </div>
    </form>
</body>
```

在 response.aspx.cs 文件里的 Page_LOad 事件中加入如下代码：

```
protected void Page_Load(object sender,EventArgs e)
{
    HttpCookie cookie=Request.Cookies["test"];
    if (cookie==null)
    {  Label1.Text="<b>未知的用户</b>";}
    else
    {  Label1.Text="<b>发现客户</b><br>";
       Label1.Text="欢迎,"+cookie.Values["Name"] +"登录我们的网站";
    }
}
```

在 response.aspx.cs 文件的按钮事件中加入如下代码：

```
protected void Button1_Click(Object sender,EventArgs e)
{
    HttpCookie cookie=Request.Cookies["test"];
    if (cookie == null)
    {cookie=new HttpCookie("text");}
    cookie.Values.Add("Name",this.TextBox1.Text.ToString());
```

```
        cookie.Expires=DateTime.Now.AddYears(1);
        Response.Cookies.Add(cookie);
        Label1.Text="<b>Cookie 被创建</b><br>";
        Label1.Text="新用户姓名:"+cookie.Values["Name"];
    }
```

运行该实例，当从 Cookie 的数据里发现客户姓名时就会向该客户发出问候。

10.2 Request 对象

10.2.1 Request 对象的含义

Request 对象实际上操作 System.Web 命名空间中的 HttpRequest 类。当客户发出请求执行 ASP.NET 程序时，客户端的请求信息会包装在 Request 对象中，这些请求信息包括请求报头(Header)、客户端的机器信息、客户端浏览器信息、请求方法(如 post、get)、提交的窗体信息等。简而言之就是从客户端获得数据。

10.2.2 Request 对象的属性

Request 对象的属性如表 10.3 所示。

表 10.3 Request 对象的属性

属　性	说　明
Browser	获得有关请求浏览器能力的信息
Form	获得网页中定义的窗体变量的集合
QueryString	获得以名/值对表示的 HTTP 查询字符串变量的集合
Params	获得由以名/值对表示的 QueryString、Form、Cookie 和 ServerVariables 组成的集合
HttpMethod	当前客户端网页的传送方式(get/post)
UserAgent	传回客户端浏览器的版本信息
UserHostAddress	传回远方客户端机器的主机 IP 地址
UserHostName	传回远方客户端机器的 DNS 名称
Path	当前网页在服务器端的虚拟路径
PhysicalPath	当前网页在服务器端的绝对路径
Url	返回有关当前请求的 URL 信息

10.2.3 Request 对象的方法

Request 对象的方法如表 10.4 所示。

表 10.4 Request 对象的方法

方法	说明
BinaryRead	执行对当前输入流进行指定字节数的二进制读取
MapPath	将请求 URL 中提到的虚拟路径映射到服务器上资源的实际物理路径
SaveAs	将 HTTP 请求保存到磁盘

10.2.4 页面提交的 get 和 post 方法

HTTP 定义了与服务器交互的不同方法，最基本的方法是 get 和 post。在 Form 提交的时候，可以使用 post 也可以使用 get，默认为 get 请求。两者之间的主要区别有：

- get 是从服务器上获取数据，post 是向服务器传送数据。
- get 请求将提交的数据放置在 HTTP 请求协议头中，而 post 提交的数据则放在实体数据中。所以，get 安全性非常低，post 安全性较高。如果这些数据是中文数据而且是非敏感数据，那么使用 get；如果用户输入的数据包含敏感数据，则最好使用 post。
- 以 get 方式提交时需要用 Request. QueryString 来获取变量的值，而 post 方式提交时，必须通过 Request. Form 来访问提交的内容。
- get 方式提交的数据最多只能有 1024 字节，而 post 传送的数据量较大，一般被默认为不受限制。

get 方式提交网页的实例代码如下：

```
<form method="get" action="ShowGetMessage.aspx">
    姓名:<input id="Text1" name="tbName" type="text" /><br />
    兴趣:<input id="Text2" name="tbLove" type="text" /><br />
    <input id="Submit1" type="submit" value="提交" />
</form>
```

ShowGetMessage. aspx 页面的获取提交信息的代码为：

```
string username=Request.QueryString["tbName"];
string love=Request.QueryString["tbLove"];
Response.Write("姓名:"+username+"<br>兴趣:"+love);
```

Post 方式提交网页的实例代码如下：

```
<form method="post" action="ShowPostMessage.aspx">
    姓名:<input id="Text1" name="tbName" type="text" /><br />
    兴趣:<input id="Text2" name="tbLove" type="text" /><br />
    <input id="Submit1" type="submit" value="提交" />
</form>
```

ShowPostMessage. aspx 页面的获取提交信息的代码为：

```
string username=Request.Form["tbName"];
string love=Request.Form["tbLove"];
Response.Write("姓名:"+username+"<br>兴趣:"+love);
```

10.2.5 Request 对象的应用

(1) 利用 Request 对象获取客户端表单信息

在 Web 应用程序中，经常会在一个页面中填入一些信息，然后提交该页面到另外一个页面执行。通过 Request 对象可以获得提交的客户端表单的信息。根据用于提交信息方法的不同，Request 对象可以分别使用 QueryString 和 Form 集合活动客户端的表单信息。

(2) 利用 Request 对象获取客户端浏览器信息

通过 Request 对象的 Browser 属性可以获得客户端浏览器的信息，该属性实际为一个 HttpBrowserCapabilities 对象。例如：

```
Response.Write("你使用的浏览器名称：" + Request.Browser.Type + "<br/>");
Response.Write("你使用的浏览器版本：" + Request.Browser.Version + "<br/>");
Response.Write("你使用的操作系统是：" + Request.Browser.Platform + "<br/>");
```

(3) 利用 Request 对象获取客户端的机器信息

通过 Request 对象的属性还可以获取客户端的机器信息，例如通过 UserHostAddress 属性获取客户端的主机地址，通过 UserHostName 属性获取客户端的 DNS 名称等。例如：

```
Response.Write("客户端 IP 地址：" + Request.UserHostAddress + "<br>");
Response.Write("当前请求的 URL：" + Request.Url + "<br>");
Response.Write("当前请求的虚拟路径：" + Request.Path + "<br>");
Response.Write("当前请求的物理路径：" + Request.PhysicalPath + "<br>");
```

(4) 利用 Request 对象获取 HTTP 中的信息

Request 对象的 Headers 属性包含了 HTTP 的头部信息，通过 NameValueCollection 对象来表示 Headers 属性返回的集合，由于 NameValueCollection 类包括在 System.Collections.Specialized 命名空间中，因此在程序的开始首先要引入命名空间。NameValueCollection 对象的 AllKeys 属性可以返回所有的键 Key 的数组，对于每一个键 Key，可以通过 NameValueCollection 对象的 GetValues 方法返回该键 Key 对应的键值。这样通过循环就可以显示 Header 属性的全部内容。例如：

```
int loop1,loop2;
NameValueCollection coll;
coll=Request.Headers;
String[] arr1=coll.AllKeys;
for (loop1=0;loop1 < arr1.Length;loop1++)
{
    Response.Write("Key:" + arr1[loop1] + "<br>");
    String[] arr2=coll.GetValues(arr1[loop1]);
    for (loop2=0;loop2 < arr2.Length;loop2++)
    {
    Response.Write("Value "+loop2+":"+Server.HtmlEncode(arr2[loop2])+"<br>");
    }
}
```

10.3　Session 对象

10.3.1　Session 对象的作用

HTTP 协议的工作过程是用户发出请求，服务器端做出响应。在服务器端完成响应请求后，服务器端不能持续与该浏览器保持连接，这种用户端和服务器端之间的联系是离散、非连续的，不能跟踪用户的请求。因此，当用户在多个主页间转换时，就根本无法知道他的身份。Session 的出现填补了 HTTP 协议的局限，Session 对象是 HttpSessionState 的一个实例，可以使用 Session 对象存储特定用户会话所需的信息。这样，当用户在应用程序的 Web 页之间跳转时，存储在 Session 对象中的变量将不会丢失，而是在整个用户会话中一直存在下去。该类还提供了对可用于存储信息的会话范围的缓存的访问，以及控制如何管理会话的方法。

当用户第一次请求给定的应用程序中的.aspx 文件时，ASP.NET 将生成一个 SessionID。SessionID 是由一个复杂算法生成的号码，它唯一标识每个用户会话。在新会话开始时，服务器将 SessionID 作为一个 cookie 存储在用户的 Web 浏览器中。在将 SessionID 存储于用户的浏览器之后，即使用户请求了另一个.aspx 文件，或请求了运行在另一个应用程序中的.aspx 文件，ASP.NET 仍会重用该 cookie 跟踪会话。如果用户故意放弃会话或让会话超时，然后再请求另一个.aspx 文件，那么 ASP.NET 将以同一个 cookie 开始新的会话。只有当服务器管理员重新启动服务器，或用户重新启动 Web 浏览器时，此时存储在内存中的 SessionID 设置才被清除，用户将会获得新的 SessionID。要注意的是，会话状态仅在支持 cookie 的浏览器中保留，如果客户关闭了 cookie 选项，Session 就不能发挥作用。

10.3.2　Session 对象的属性

Session 对象的属性如表 10.5 所示。

表 10.5　Session 对象的属性

属　性	说　明
Contents	应用程序状态集合中的对象名
StaticObjects	包含所有的在 Session 对象范围中使用<Object>标记创立的对象
SessionID	用户的会话标识符
Timeout	Session 对象限定时间

下面对各属性的具体用法作一些说明。

(1) Contents 集合属性

Session.Contents 集合可用于确定指定会话项的值或遍历集合并检索出会话中所有项的列表。

例如有以下赋值：

```
Book book=new Book();
book.ISBN="978-7-5629-3448-6";
book.BookName="面向对象的程序开发——C#&ASP.NET 实现";
book.Price=30.00M;
book.Count=130;
```

```
Session["BookCart"]=book;
Session["Name"]="Yongjun Liu";
```

则 Contents 集合有：

```
Book book=Session.Contents[0]as Book;或 book=Session.Contents["BookCart"] as Book;
string Name=Session.Contents[1] as string;或 Name=Session.Contents["Name "] as string;
```

也可以直接取值：

```
string Name=Session["Name"] as string;
Book book=Session["BookCart"] as Book;
```

(2) StaticObjects 集合属性

StaticObject 集合包含 Session 对象范围中用<Object>标记创建的所有对象。该集合可用于确定对象特定属性的值，或用于遍历集合并获取所有对象的全部属性。

(3) SessionID 属性

SessionID 属性返回用户的会话标识符。在创建会话时，服务器会为每一个会话生成一个单独的标识符。会话标识符以长整型数据类型返回。在很多情况下，SessionID 可以用于 Web 页面注册统计。

(4) Timeout 属性

Timeout 属性设置 Session 的最大间隔时间，为应用程序的 Session 对象指定超时时限。间隔时间是指客户端从最近一次向 Web 服务器发出要求，到下一次向 Web 服务器发出要求的时间。如果用户在该超时时限之内不刷新或请求网页，则该会话将终止。Timeout 属性是以分钟为单位，默认值为 20 分钟。

10.3.3 Session 对象的方法

Session 对象的方法如表 10.6 所示。

表 10.6 Session 对象的方法

方法	说明
Contents.Remove("变量名")	从 Session.Contents 集合中删除指定的变量
Contents.Removeall()	删除 Session.Contents 集合中的所有变量
Abandon()	删除所有存储在 Session 对象中的对象

Contents.Removeall()和 Abandon()两个方法都会释放当前用户会话的所有 Session 变量，不同的是 Contents.Removeall()单纯地释放 Session 变量的值而不终止当前的会话，而 Abandon()除了释放 Session 变量外还会终止会话引发 Session_OnEnd 事件。

10.4 Application 对象

10.4.1 Global.asax 文件

在解决方案资源管理器中选中项目并单击鼠标右键，然后选择【添加】/【新建项...】时，会打开添加新项对话框。在这个对话框中选择【全局应用程序类】后，会添加一个 Global.asax 文件。

ASP. NET 应用程序只能有一个 Global. asax 文件，该文件用于保存应用程序级别的事件、对象和变量，这些都可以在整个应用程序的范围内访问。类似于在. aspx 页面中使用页面级别的事件，在 Global. asax 文件中也可以使用应用程序级事件，具体可以构建的事件如表 10.7 所示。

表 10.7　Global. asax 文件中的事件

事　件	说　明
Application_Start	在应用程序接收到第一个请求时调用
Application_End	应用程序的最后一个会话结束时或用 Internet 服务管理器管理单元停止 Web 应用程序时触发
Application_BeginRequest	每次页面请求开始时触发
Application_AuthenticateRequest	用以设置请求的定制身份验证，每个请求都会触发该事件
Application_Error	在应用程序的任意位置抛出一个错误时引发该事件，适合于提供应用程序级别的错误处理或把错误记录到服务器的事件日志中
Application_EndRequest	每次页面请求结束时触发
Session_Start	终端用户第一次访问应用程序时触发
Session_End	会话结束时触发

除了 Global. asax 文件允许访问的全局应用程序事件之外，还可以在该文件中使用@Application、@Assembly、@Import 等指令，含义与它们用在 ASP. NET 页面时相同。

10.4.2　Application 对象的作用

Application 对象是 HttpApplicationState 类的一个实例，在客户端第一次从某个特定的 ASP. NET 应用程序虚拟目录中请求任何 URL 资源时创建。Application 对象是一个集合对象，用于表示整个网站应用程序的状态，这些状态通过 Application 对象实现数据的共享。因为多个用户可以共享一个 Application 对象，所以必须要有 Lock 和 Unlock 方法以确保多个用户无法同时改变某一属性。对于 Web 服务器上的每个 ASP. NET 应用程序都要创建一个单独的实例，然后通过内部 Application 对象公开对每个实例的引用。利用 Application 特性，可以创建聊天室和网站计数器等常用网页应用程序。Application 对象的具体特征有：

- Application 对象是应用程序级对象，除了存储含文本信息外，也可以存储对象。
- Application 对象对于同一网站来说是公用的，可以在多用户间共享，它与 Session 对象有着本质的区别。在网页再次被访问时，所存储的变量或对象的内容还可以被重新调出来使用。同时 Application 对象不会因为某一个甚至全部用户离开就消失，一旦建立了 Application 对象，那么它就会一直存在直到网站关闭或者这个 Application 对象被卸载。
- 由于 Application 对象创建后不会自己注销，因此要特别小心地使用，它会占用内存，要斟酌使用以免降低服务器对其他工作的响应速度。Application 对象被中止的方法有 3 种：服务被中止、Global. asax 被改变或者该 Application 对象被卸载。
- Application 对象变量应该是经常使用的数据，如果只是偶尔使用，可以把信息存储在磁盘的文件中或者数据库中。
- 如果站点开始就有很大的通信量，则建议使用 web. config 文件进行处理，不用 Application 对象变量。

10.4.3　Application 对象的属性

Application 对象的属性如表 10.8 所示。

表 10.8 Application 对象的属性

属　性	说　明
Contents	应用程序状态集合中的对象名
StaticObjects	包含所有的在 Application 对象范围中使用＜Object＞标记创立的对象

(1) Contents 集合属性

Application 变量都存放在 Contents 集合中，当创建一个新的 Application 变量时，就会在 Contents 集合中添加一项。例如：

```
Application("greeting")="hello";
```

等效于：

```
Application.Contents("greeting")="hello";
```

由于 Application 变量存在集合里，所以可以使用 foreach 来遍历整个集合。

```
foreach (item in Application.Contents)
{
    Response.Write("<br>"&item&Application.Contents(item));
}
```

(2) StaticObjects 集合属性

StaticObject 集合包含所有在 Application 对象范围中使用＜Object＞标记创建的对象，可以使用该集合确定某对象指定属性的值或遍历集合，以及检索所有静态对象的所有属性。例如：

```
HttpStaticObjectsCollection pageObjects=Application.StaticObjects;
```

10.4.4 Application 对象的方法

Application 对象的方法如表 10.9 所示。

表 10.9 Application 对象的方法

方　法	说　明
Lock	阻止其他客户修改存储在 Application 对象中的变量，以确保在同一时刻仅有一个客户可以修改和存取 Application 变量
Unlock	使其他客户端在使用 Lock 方法锁住 Application 对象后，修改存储在该对象中的变量

(1) Lock 方法

Lock 方法可以阻止其他客户修改存储在 Application 对象中的变量，以确保在同一时刻仅有一个客户可以修改和存取 Application 变量。如果用户没有明确调用 Unlock 方法，则服务器将在页面文件结束或超时时解除对 Application 对象的锁定。

(2) Unlock 方法

Unlock 方法用于解除对象的锁定，可以使其他客户端在使用 Lock 方法锁住 Application 对象后，修改存储在该对象中的变量。如果未显式调用该方法，Web 服务器将在页面文件结束或超时后解锁 Application 对象。

下面通过实现聊天功能的实例演示 Application 对象的应用，其中页面 ApplicationExample.

aspx 中核心源码如下：

```
姓名：<asp:TextBox ID="tbName" runat="server"></asp:TextBox><br />
发言内容：<asp:TextBox ID="tbSpeak" runat="server" Height="83px" TextMode ="MultiLine"
Width="406px"></asp:TextBox><br />
<asp:Button ID="Button1" runat="server" OnClick="Button1_Click" Text="提交" />
```

在代码隐藏文件 ApplicationExample.aspx.cs 的 Page_PreRender 事件和 Button1_Click 中分别添加如下代码：

```
    protected void Page_PreRender(Object sender,EventArgs e)
    {
        Response.Write("访问总数：" + Application["AllUser"] as string + ",在线人数：" +
Application["OnUser"] as string + "<br/>");
        Response.Write(Application["Chat"] as string);
    }
    protected void Button1_Click(Object sender,EventArgs e)
    {
        Application.Lock();
        Application["Chat"]=Application["Chat"] + "[" + tbName.Text + "]" + tbSpeak.
Text + "<br/>";
        Application.UnLock();
        tbSpeak.Text="";//将发言框清空
    }
```

另添加一个全局应用程序类文件 Global.asax，在代码隐藏文件 Global.asax.cs 中添加如下代码：

```
    protected void Application_Start(Object sender,EventArgs e)
    {
        Application.Lock();
        Application["AllUser"]=682;
        Application["OnUser"]=5;
        Application["Chat"]="";
        Application.UnLock();
    }
    protected void Session_Start(Object sender,EventArgs e)
    {
        Application.Lock();
        Application["AllUser"]=int.Parse(Application["AllUser"].ToString()) + 1;
        Application["OnUser"]=int.Parse(Application["OnUser"].ToString()) + 1;
        Application.UnLock();
    }
    protected void Session_End(Object sender,EventArgs e)
    {
```

```
        Application.Lock();
        Application["OnUser"]=int.Parse(Application["OnUser"].ToString()) - 1;
        Application.UnLock();
    }
```

程序初次运行效果如图 10.1 所示。

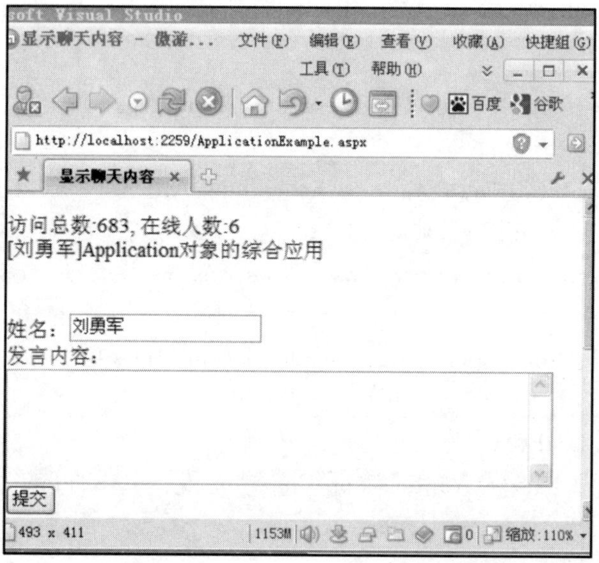

图 10.1 Application 对象应用实例

10.5 Server 对象

10.5.1 Server 对象的作用

在 ASP.NET 中通过对象表示 ASP.NET Web 应用程序，同样通过对象表示了 HTTP 请求和 HTTP 响应。在开发过程中，如果需要知道当前执行的文件路径，则要与 Web 服务器联系。这就需要一个用于控制 Web 服务器的对象，Server 对象起着 HTTP 服务接口的作用，并且公开 HTTP 服务器的属性和方法。Server 对象是 HttpServerUtility 类的一个实例，是 ASP.NET 自动创建的，用于提供对服务器上的方法和属性的访问。使用 Server 对象，可以完成许多有关服务器端的高级功能，如 HTML 编码和解码以及 URL 编码和解码。

10.5.2 Server 对象的属性

Server 对象的属性如表 10.10 所示。

表 10.10 Server 对象的属性

属性	说明
MachineName	获取服务器的计算机名称
ScriptTimeout	获取和设置请求超时时间(以秒计)

10.5.3　Server 对象的方法

Server 对象的方法如表 10.11 所示。

表 10.11　Server 对象的方法

方　法	说　明
Execute	使用其他页面执行当前请求
Transfer	终止当前页的执行，并转向新的页面执行
HtmlEncode	对字符串进行 HTML 编码
HtmlDecode	对 HTML 编码的字符串进行解码
UrlEncode	对在 URL 中接受的 HTML 字符串进行编码，以便进行可靠传输
UrlDecode	对在 URL 中接受的 HTML 字符串进行解码
CreatObject	创建 COM 对象的一个服务器实例
ClearError	清除前一个异常
GetLastError	获取前一个异常
UrlPathEncode	对 URL 字符串的路径部分进行 URL 编码，并返回已编码的字符串
MapPath	返回 Web 服务器上与指定虚拟路径相对应的物理文件路径

(1) HtmlEncode 方法和 HtmlDecode 方法

HtmlEncode 方法允许对特定的字符串进行 HTML 编码。虽然 HTML 可以显示绝大部分写入 ASP.NET 文件中的文本，但当文本中包含带有 HTML 标签的字符时，就会遇到问题。因为当浏览器读到这样的字符串时，会试图进行解释执行，并将解释结果进行处理。解决该问题的方法就是对需要显示的 HTML 进行编码。当然，如果需要浏览器解释执行 HTML，则可以通过 HtmlDecode 方法对已被编译的字符串进行解码。例如：

```
string html="<A href=www.whut.cn>武汉理工大学</A>";
Response.Write(html + "<br/>");
Response.Write(Server.HtmlEncode(html) + "<br/>");
```

(2) UrlEncode 方法和 UrlDecode 方法

和 HTML 标签的显示问题相似，当字符串以 URL 的形式附加到“?”后面传递到服务器时，其中不允许出现如“?”、“&”“/”和空格等字符，也不允许出现特殊字符。这时就可以使用 Server 对象的 UrlEncode 方法来解决该问题。该方法根据 URL 规则对字符串进行正确编码。这样，在发送字符串之前对其进行 URL 编码；而在获取编码字符串时，则可以通过 UrlDecode 进行解码。例如：

```
html="~/ShowGetMessage.aspx? tbName=刘勇军&tbLove=上网";
Response.Write(html + "<br/>");
Response.Write(Server.UrlEncode(html) + "<br/>");
```

(3) Request.MapPath()方法与 Server.MapPath()方法

需注意的是前者的参数用物理路径表示符“\”，后者的参数用虚拟路径表示符“/”表示路径。例如：

```
Response.Write("<B>" + Server.HtmlEncode("MapPath('\\')") + "的输出结果是:<br>" + "</B><U>" + Request.MapPath("\\") + "</U><br><br>");
Response.Write("根文件夹的绝对路径为:" + Server.MapPath("/") + "<br/>");
```

10.6 Cookie 对象

10.6.1 Cookie 对象的作用

Cookie 对象是 HttpCookieCollection 类的一个实例,隶属于 Response 对象和 Request 对象。它是服务器保存在用户硬盘上的一段文本,可以用它存取非敏感性的用户信息,信息保存的时间可以根据需要设置。如果没有设置 Cookie 失效日期,那么它们仅保存到关闭浏览器程序为止;如果将 Cookie 对象的 Expires 属性设置为 MaxValue,则表示 Cookie 永远不会过期。Cookie 存储的数据量很受限制,大多数浏览器支持的最大容量为 4096 字节。由于并非所有的浏览器都支持 Cookie,并且数据是以明文文本的形式保存在客户端计算机中,因此最好不要保存敏感的、未加密的数据,否则会影响网络的安全性。在获取 Cookie 的值之前,应该确保该 Cookie 确实存在。否则,您将得到一个 System.NullReferenceException 异常。从 Request 对象中读取 Cookie 的方法与向 Response 对象中写入 Cookie 的方法类似。

10.6.2 Cookie 对象的属性

Cookie 对象的属性如表 10.12 所示。

表 10.12 Cookie 对象的属性

属　性	说　明
Domain	获取或设置将此 Cookie 与其关联的域
Expires	获取或设置此 Cookie 的过期日期和时间
Name	获取或设置 Cookie 的名称
Path	获取或设置要与当前 Cookie 一起传输的虚拟路径
Secure	指定是否通过 SSL(即仅通过 HTTPS)传输 Cookie
Value	获取或设置单个 Cookie 值
Values	获取在单个 Cookie 对象中包含的键值对的集合

10.6.3 Cookie 对象的应用

(1) 使用 Cookie 对象保存信息

要存储一个 Cookie 变量,可以通过 Response 对象的 Cookie 集合,语法如下:

```
Response.Cookies[varName].Value=值;
```

其中 varName 为变量名。例如:

```
HttpCookie cookie=new HttpCookie("preferences1");
cookie.Values.Add("ForeColor",ForeColor.Value);
Response.Cookies.Add(cookie);
```

(2) 使用 Cookie 对象读取信息

要取回 Cookie，可以使用 Request 对象的 Cookie 集合，并将指定的 Cookie 集合返回，语法如下：

```
变量名=Request.Cookies[varName].Value;
    HttpCookie cookie=Request.Cookies["preferences1"];
   if (cookie != null)
   {
        return cookie.Values["ForeColor"];
   }
```

(3) 设置 Cookie 变量的生命周期

虽然 Cookie 对象变量是存放在客户端计算机上的，但是也不是永远不会消失，设计人员可以在程序中设定 Cookie 对象的有效日期，语法如下：

```
Response.Cookies["CookieName"].Expires=日期;
```

如果没有指定有效期，Cookie 变量将不会被保存，当关闭浏览器时，Cookie 变量也会随之消失。例如：

```
//20 分钟后到期
TimeSpan ts=new TimeSpan(0, 0, 20, 0);
Response.Cookies["myCookie"].Expires=DateTime.Now.Add(ts);
//一个月后到期
Response.Cookie["myCookie"].Expires=DateTime.Now.AddMouths(1);
//指定具体有效日期
Response.Cookies["myCookie"].Expires=DateTime.Parse("2010-10-1");
//永远不过期
Response.Cookies["myCookie"].Expires=DateTime.MaxValue;
//关闭浏览器后过期
Response.Cookies["myCookie"].Expires=DateTime.MinValue;
```

(4) 使用 Cookie 对象保存登录信息

使用 Cookie 来验证用户登录，首先需要将登录信息保存在 Cookie 对象中，然后读取并验证。例如当用户注册时，将用户和用户密码保存在 Cookie 对象中，代码如下：

```
Response.Cookies["SavedLogin"]["UserName"]=txtName.Text.Trim();
Response.Cookies["SavedLogin"]["UserPwd"]=txtPassword.Text.Trim();
Response.Cookies["SavedLogin"].Expires=DateTime.Now.AddDays(1);
Response.Write("<script>alert('注册成功!');location='Default.aspx';</script>");
```

而当用户登录时，读取 Cookie 对象保存的信息，代码如下：

```
if (Request.Cookies["SavedLogin"] != null)
{
    txtName.Text=Request.Cookies["SavedLogin"]["UserName"].ToString();
    txtPassword.Text =Request.Cookies["SavedLogin"]["UserPwd"].ToString());
}
```

(5) Cookie 对象的删除

删除客户端的 Cookie 主要是设置指定 Cookie 的有效期。可以用将指定 Cookie 的有效期设置为过去的某个时间或为最小值(MinValue)的方式来删除 Cookie。例如：

```
Response.Cookies["myCookie"].Expires=DateTime.Now.AddDays(-1);
                                        //设置有效期为当前时间的前一天
Response.Cookies["myCookie"].Expires=DateTime.MinValue;
```

(6) 创建及存取多个键值的 Cookie 对象

多键值的应用其实是一种“分类”思想，即把多种信息中的同一类信息存储在一起。使用Response对象可以创建多个数据值的 Cookie，语法如下：

```
Response.Cookies["CookieName"]["KeyName"]="Cookie 中相对索引键的值";
例如：Response.Cookies["UserInfo"]["UserName"]=this.txtName.Text.Trim();
```

读取 Cookie 信息时，可以使用 Request 对象来获取 Cookie 中的数据值，语法格式有 3 种形式：

方法一：直接取出数据值

```
stirng str1=Response.Cookies["CookieName"]["KeyName"];
```

方法二：利用索引来取出数据值

```
string str2=Response.Cookies["CookieName"].Values[1];
```

方法三：利用索引键名来取出数据值

```
string str3=Response.Cookies["CookieName"].Values["KeyName"];
```

(7) 遍历 Cookie 集合

下面代码展示了如何遍历客户端的 Cookie 对象，具体如下：

```
HttpCookieCollection myCookieCollection=Request.Cookies;
                                        //定义 Cookies 集合对象，并取出 Cookie
string[] cookieName, keyName; //定义两个数组，用来存放名称
HttpCookie myCookie; //定义 Cookie 对象
cookieName=myCookieCollection.AllKeys; //取得集合中所有的 Cookie 名称
for (int i=0;i <= cookieName.GetUpperBound(0);i++) //对每个 Cookie 进行循环
{
    myCookie=myCookieCollection[cookieName[i]];
    Response.Write("Cookie 的名称：" + myCookie.Name + "<br>" + "到期时间：" + my-
Cookie.Expires + "<br>");
    Response.Write("Cookie 中所有的内容值如下所示：" + "<br>"); //输出 Cookie 的内容
    keyName=myCookie.Values.AllKeys;
    for (int j=0;j <= keyName.GetUpperBound(0);j++)
    {
       Response.Write(keyName[j] + ":" + myCookie[keyName[j]] + "<br>");
    }
}
```

(8) 删除多值 Cookie 中的某个值

当需要删除多值 Cookie 对象中的某个值，可以使用 Remove 方法。例如：

```
HttpCookie hc=Request.Cookies["Val"];
hc.Values.Remove("val2");
Response.Cookies.Add(hc);
```

10.7 ViewState 对象

10.7.1 ViewState 对象的作用

ViewState 是用来保存 Web 控件回传时状态值的一种机制，ASP.NET 使用这种机制来跟踪服务器控件状态值，否则这些值将不作为 HTTP 窗体的一部分而回传。当 ASP.NET 执行某个页面时，该页面上的 ViewState 值和所有控件将被收集并序列化为 Base64 编码的字符串，然后被分配给隐藏窗体字段的值属性（即<input type=hidden name="_VIEWSTATE" id="_VIEWSTATE">）。由于隐藏窗体字段是发送到客户端的页面的一部分，所以 ViewState 值被临时存储在客户端的浏览器中。在浏览器中单击鼠标右键选择【查看源文件(V)】，在 HTML 源代码中可以找到一个名为"_VIEWSTATE"的 Hidden 字段。代码如下：

```
<input type="hidden" name="_VIEWSTATE" id="_VIEWSTATE"
value="/wEPDwULLTE3MjA2NTM2NDNkZAdyYTUIWDSSTDQ4fLxw2YtmNNlz" />
```

这就是 ViewState 在客户端的保存形式，它保存在一个 ID 为_VIEWSTATE 的 Hidden 中，它的 Value 是一个对象序列化之后使用 Base64 编码后的字符串。该对象保存了整个页面的控件树的 ViewState。可以使用一些工具将这个字符串进行解码查看其内容，比如 ViewStateDecoder、ViewStateAnalyzer。如果客户端选择将该页面回传给服务器，则 ViewState 字符串也将被回传。回传后，ASP.NET 页面框架将解析 ViewState 字符串，并为该页面和各个控件填充 ViewState 属性；然后，控件再使用 ViewState 数据将自己重新恢复为以前的状态。使用 ViewState 的好处在于：

- 耗费的服务器资源较少。这是因为视图状态数据都写入了客户端计算机中。
- 易于维护。默认情况下，.NET 系统自动启用对状态数据的维护。
- 因为它不使用服务器资源、不会超时，因此适用于任何浏览器。

但是，使用 ViewState 也具有一些缺点：

- 性能问题。由于 ViewState 存储在页本身，因此如果存储量较大，会增加发送到浏览器的页面的大小，同时也增加了回传的窗体的大小，导致用户显示页和发送页时的速度减慢。因此，ViewState 不适合存储大量数据。
- 设备限制。移动设备没有足够的内存容量来存储大量的视图状态数据。
- 潜在的安全风险。视图状态存储在页上的一个或多个隐藏域中，但它可以被篡改。如果直接查看页输出源，可以看到隐藏域中的信息，尽管 ViewState 数据已被编码。

10.7.2 ViewState 对象的使用

在页面回传间通信，可以使用 ViewState 对象来存放数据。用 ViewState 存放数据的格式为：

```
ViewState[key]=value;或
ViewState. Add(key,value);
```

获取信息格式：

```
string value=ViewState[key];
```

key 不存在时返回空。下面以排序为例，演示如何使用 ViewState 存储信息。

首先定义 SortField 和 SortAscending 属性，分别表示数据控件 GridView1 的排序列和升降序，具体数据则分别存储在 ViewState 以 SortField 和 SortAscending 为 key 对应的 value 中。

```
public string SortField
  {
    get{
        object o=ViewState["SortField"];
        if (o==null)
            return String. Empty;
        else
            return (string)o; }
    set {
        if (value==SortField)
            SortAscending=!SortAscending; //与当前排序文件相同，切换排序方向
        ViewState["SortField"]=value; }
  }
  //在 ViewState 中跟踪 SortAscending 属性
  public bool SortAscending
  {
    get {
        object o=ViewState["SortAscending"];
        if (o==null)
            return true;
        else
            return (bool)o; }
    set {ViewState["SortAscending"]=value; }
  }
```

在数据显示前，根据数据控件 GridView1 的排序列和升降序信息来确定排序表达式，再将此表达式赋值给 DataView 类数据源 dv 的 Sort 属性。代码为：

```
dv. Sort=SortField;
if (!SortAscending)
{
    dv. Sort += " DESC";
}
```

当触发 Sorting 事件时，取得新排序表达式，并赋值给 SortField 属性，SortField 属性又会将值存储到 ViewState 中。代码为：

```
protected void GridView1_Sorting(object sender,GridViewSortEventArgs e)
{
    GridView1.PageIndex=0;
    SortField=e.SortExpression;
    BindGrid();
}
```

10.7.3　ViewState 对象的禁用

可以在控件、页、程序、全局配置中设置 ViewState，默认情况下 EnableViewState 为 true。运用 ViewState 存储信息会明显增加发送到浏览器的页面的大小，会在一定程度上影响到性能，所以在不需要的时候，通过将对象的 EnableViewState 属性设置为 false 来禁用 ViewState。用户可以针对单个控件、整个页面或整个应用程序禁用 ViewState，如表 10.13 所示。

表 10.13　ViewState 的设置

设 置 对 象	代　码　实　例
控件(在标记上)	<asp:GridView ID="GridView1" EnableViewState="false" />
页面(在指令中)	<%@Page EnableViewState="false" >
应用程序(在 web.config 中)	<pages enableViewState="false" />

也可以使用代码方式设置 ViewState，例如：

```
GridView1.EnableViewState=false;
Page.EnableViewState=false;
```

EnableViewState 优先级别由低到高依次为：全局配置、程序、页、控件。以下情况禁用 ViewState：

- 控件未定义服务器端事件，这时的控件事件均为客户端事件且不参加回送；
- 控件没有动态的或数据绑定的属性值；
- 页面没有回传或重定向或在回传中转到其他页面。

10.7.4　ViewState 对象的安全性

ViewState 将一些信息保存在客户端，而且默认情况下客户端的数据仅仅是进行了 Base64 编码，很容易被看到原文。可采取防篡改或加密等措施来改善 ViewState 的安全性，但 ViewState 安全性直接影响到处理和呈现 ASP. NET 页面所需的时间，安全性越高，速度越慢。因此，如果不需要，不要为 ViewState 添加安全性。

(1) 防篡改

消息验证检查(Message Authentication Check，MAC)可以防止 ViewState 数据被篡改。可以通过设置 EnableViewStateMAC 属性来指示 ASP. NET 向 ViewState 字段中追加一个散列代码：

```
<%@Page EnableViewStateMAC="true" %>
```

可以在页面级别上设置 EnableViewStateMAC，也可以在应用程序级别上设置。在回传时，

ASP. NET 将为 ViewState 数据生成一个散列代码，并将其与存储在回传值中的散列代码进行比较。如果两处的散列代码不匹配，该 ViewState 数据将被丢弃，同时控件将恢复为原来的设置。默认情况下，ASP. NET 使用 SHA1 算法来生成 ViewState 散列代码。也可以通过在 machine. config 文件中设置<machineKey>来选择 MD5 算法，代码如下：

```
<machineKey validation="MD5" />
```

(2) 加密

默认情况下_VIEWSTATE 中存储的值仅仅进行了 Base64 编码，并没有进行加密，如果 ViewState 中有一些敏感信息需要增加安全性，我们也可以对 ViewState 进行加密。我们可以设置 ViewStateEncryptionMode 的值来决定是否加密，其值可为 Auto、Always 或 Never，默认值是 Auto。Always 表示进行加密，Never 表示不进行加密，Auto 表示调用了 RegisterRequiresViewStateEncryption 方法后则进行加密。ViewStateEncryptionMode 属性不能在代码中设置 page 指令或者在配置文件中使用。

首先，必须如上所述设置 EnableViewStatMAC="true"，然后，将<machineKey>配置项的 validation 属性设置为 3DES，以指示 ASP. NET 使用 3DES 对称加密算法来加密 ViewState 值。代码如下：

```
<machineKey validation="3DES" />
```

第 11 章
服务器控件

ASP. NET 之所以开发方便和快捷，关键是它有一组强大的控件库。在 ASP. NET 中，控件可分成：HTML 控件、HTML 服务器控件、Web 服务器控件和 Web 自定义控件，其中主要是 HTML 服务器控件和 Web 服务器控件两种。

① HTML 控件：就是我们通常所说的 HTML 语言标记，这些语言标记在已往的静态页面和其他网页里存在，它不能在服务器端控制，只能在客户端通过 javascript 和 vbscript 等程序语言来控制。如：

```
<input type="button" id="btn" value="button"/>
```

② HTML 服务器控件：其实就是在 HTML 控件的基础上加上 runat="server"所构成的控件。它们的主要区别是运行方式不同，HTML 控件运行在客户端，而 HTML 服务器控件是运行在服务器端的。当 ASP. NET 网页执行时，会检查标注有无 runat 属性，如果标注没有设定，那么 HTML 标注就会被视为字符串，并被送到字符串流等待送到客户端，客户端的浏览器会对其进行解释；如果HTML标注有设定 runat="server" 属性，Page 对象会将该控件放入控制器，服务器端的代码就能对其进行控制，等到控制执行完毕后再将 HTML 服务器控件的执行结果转换成 HTML 标注，然后当成字符串流发送到客户端进行解释。如：

```
<input id="Button1" type="button" value="button" runat="server" />
```

③ Web 服务器控件：也称 ASP. NET 服务器控件，是 Web Form 编程的基本元素，也是 ASP. NET 所特有的。它会按照 Client 的情况产生一个或者多个 HTML 控件，而不是直接描述 HTML 元素。如：

```
<asp:Button ID="Button1" runat="server" Text="Button"/>
```

ASP. NET 服务器控件与 HTML 服务器控件的区别：

- ASP. NET 服务器控件提供更加统一的编程接口，如每个 ASP. NET 服务器控件都有 Text 属性。
- 隐藏客户端的不同，这样程序员可以把更多的精力放在业务上，而不用去考虑客户端的浏览器是 IE 还是 firefox，或者是移动设备。
- ASP. NET 服务器控件可以保存状态到 ViewState 里，这样页面在从客户端回传到服务器端或者从服务器端下载到客户端的过程中都可以保存。
- 事件处理模型不同，HTML 标注和 HTML 服务器控件的事件处理都是在客户端的页面上，而 ASP. NET 服务器控件则是由页面把 Form 发回到服务器端，由服务器来处理。例如：

<input id="Button1" type="button" value="button" runat="server"/>是 HTML 服务器控件，当点击按钮时，页面不会回传到服务器端，因为没有为其定义鼠标点击事件。

<input id="Button1" type="button" value="button" runat="server" onserverclick=" Button1_click"/>为 HTML 服务器控件添加了一个 onserverclick 事件，点击此按钮页面会发回服务器端，并执行 Button1_click (Object sender,EventArgs e)方法。

<asp:Button ID="Button1" runat="server" Text="Button"/>是 ASP. NET 服务器控件，并且我们没有为其定义 click，但是我们点击时，页面也会发回到服务器端。

总之，ASP. NET 控件是服务器控件，响应服务端事件；而 HTML 控件是客户端控件，响应客户端事件。对于一些不需要和服务器交互，仅仅改变客户端显示的情景，可以考虑使用 HTML 控件，以给用户更好的体验，减轻服务器负担。而需要把数据发送回服务器进行处理，和服务器有交互功能的情况下可以使用服务器控件，以提高开发效率。实际使用中可以两者结合，优势互补，不要一味用服务器端控件，以免加重服务器负担。

11.1 HTML 服务器控件

11.1.1 HTML 服务器控件简介

HTML 服务器控件是由 ASP. NET 更新的标准 HTML 标签，通过添加 runat="server" 属性将其用作服务器控件，服务器端代码可以对其进行控制。HTML 服务器控件可以通过编程方式引用，需放在 runat="server" 属性的 form 中。典型的 HTML 服务器控件包括 HtmlForm、HtmlImage、HtmlButton、HtmlInputButton、HtmlAnchor、HtmlInputCheckBox、HtmlInputHidden、HtmlInputFile、HtmlInputImage、HtmlInputRadioButton 和 HtmlInputText。表 11.1 列举出以上控件所共有的常用属性。

表 11.1 HTML 服务器控件的公共属性

属　性	说　明
Attributes	属性表示返回此元素所有的属性名和属性值
Disabled	属性指明控件是否被禁止，其默认值为 False
Id	表示此控件的唯一 id，即标识符
runat	规定此控件是服务器控件。必须被设置为“server”
Name	表示该控件元素的名称
Visible	指明此控件是否可见
Style	设置或返回应用于此控件的 CSS 特性
TagName	返回此元素的标签名称

11.1.2 HtmlForm 控件

HtmlForm 控件是设计动态网页的一个相当重要的服务器控件，用于表示可作为容器容纳 Web 页面中各种元素的窗体，所有 HTML 控件和 Web 控件均置于 HtmlForm 控件内。在一个页面中只能有一个 HtmlForm 控件。通过 HtmlForm 控件可以将 Client 端的数据上传至 Server 端处理，例如网页内的按钮被按下去后，所有 Form 控件所包含的数据输入控件都会被一并送到 Server 端。这时 Server 端收到这些数据及 OnServerClick 事件后会执行指定的事件程序，并且将执行结果重新传到 Client 端浏览器。下面再给出 HtmlForm 控件的一些属性和方法，具体如表 11.2 所示。

表 11.2　HtmlForm 控件的属性和方法

属　　性	说　　明
Action	定义在表单被提交时把数据发送到何处的一个 URL，默认是被设置为这个页面本身的 URL
EncType	对表单内容使用 MIME 类型编码
InnerHtml	设置或返回此 HTML 元素开始标签和结束标签之间的内容。特殊字符不自动转换为 HTML 实体
InnerText	设置或返回此 HTML 元素开始标签和结束标签之间的内容。特殊字符自动转换为 HTML 实体
Method	此表单数据投递到服务器的方式。合法值为“post”和“get”。默认值为“post”
Target	加载此 URL 的目标窗口
AddedControl	在子控件添加到 Control 对象的 Controls 集合后调用
AddParsedSubObject	通知服务器控件某个元素（XML 或 HTML）已经过语法分析，并将该元素添加到服务器控件的 ControlCollection 对象
ApplyStyleSheetSkin	将页样式表中定义的样式属性应用到控件
BuildProfileTree	基础结构，收集有关服务器控件的信息并将该信息发送到 Trace 属性，在启用页的跟踪功能时将显示该属性
ClearCachedClientID	基础结构，将缓存的值设置为 null
CreateControlCollection	为 HtmlForm 控件创建一个新的 ControlCollection 集合
DataBind	将数据源绑定到被调用的服务器控件及其所有子控件
Dispose	使服务器控件得以在从内存中释放之前执行最后的清理操作
EnsureChildControls	确定服务器控件是否包含子控件，如果不包含，则创建子控件
EnsureID	为尚未分配标识符的控件创建标识符
ToString	返回表示当前 Object 的 String
SetAttribute	设置 HtmlControl 控件的命名特性的值
ResolveClientUrl	获取浏览器可以使用的 URL

下面的示例演示 HtmlForm 控件的使用：

```
<%@Page Language="C#" AutoEventWireup="true"%>
 <script runat="server">
   protected void AddButton_Click(Object sender,EventArgs e)
   {
   int Answer;
   Answer=Convert.ToInt32(Value1.Value)+Convert.ToInt32(Value2.Value);
   AnswerMessage.InnerHtml=Answer.ToString();
   }
 </script>
<head runat="server">
    <title>HtmlForm 控件示例</title>
```

```
</head>
<body>
 <form id="myform" runat="server" method="post" Enctype="application/ x-www-form-urlencoded">
    <h3>HtmlForm 控件示例</h3>
    <div>
    <table>
        <tr>
            <td colspan="5">
                在文本框中输入整数值<br/>
                单击加按钮执行加法运算<br/>
                单击复位按钮复位文本框.</td>
        </tr>
        <tr>
            <td colspan="5">
                 
            </td>
        </tr>
        <tr align="center">
            <td>
                <input id="Value1" type="Text" size="2" maxlength="3"
                        value="1" runat="server"/></td>
            <td>+</td>
            <td>
                <input id="Value2" type="Text" size="2" maxlength="3"
                        value="1" runat="server"/></td>
            <td>=</td>
            <td>
                <span id="AnswerMessage" runat="server"/></td>
        </tr>
        <tr>
            <td> </td>
        </tr>
        <tr align="center">
            <td colspan="4">
                <input id="Submit1" type="Submit" name="AddButton1" value="加"
                        OnServerClick="AddButton_Click" runat="server"/>   
                <input id="Reset1" type="Reset" name="AddButton" value="复位"
                        runat="server"/></td>
            <td> </td>
        </tr>
```

```
    </table>
    </div>
 </form>
</body>
</html>
```

程序运行结果如图 11.1 所示。

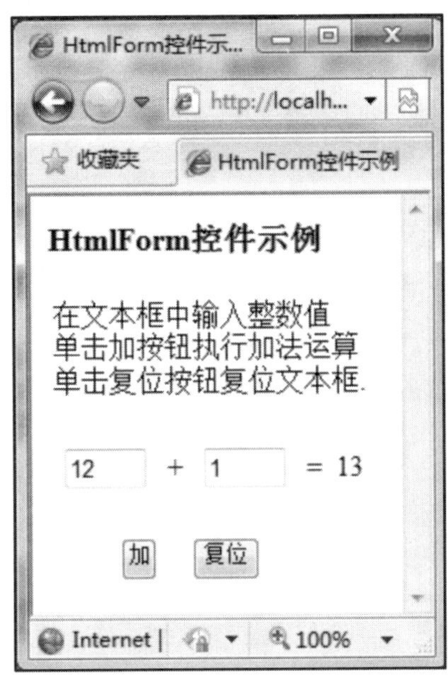

图 11.1　HtmlForm 控件示例

11.1.3　HtmlAnchor 控件

HtmlAnchor 控件用来控制 a 元素。在 HTML 中，a 元素用来建立一个超链接。超链接可以链接到一个书签或是另一个 Web 页面。表 11.3 给出 HtmlAnchor 控件的常用属性。

表 11.3　HtmlAnchor 控件的常用属性

属　性	说　明
HRef	链接的 URL 目标
InnerHtml	设置或返回此 HTML 元素开始标签和结束标签之间的内容，特殊字符不自动转换为 HTML 实体
InnerText	设置或返回此 HTML 元素开始标签和结束标签之间的内容，特殊字符自动转换为 HTML 实体
OnServerClick	单击时执行的函数的名称
Target	打开的目标窗口
Title	被浏览器显示的标题（就像 img 元素的 alt 属性）

下面示例演示 HtmlAnchor 控件的使用：

```
<%@ Page Language="C#" AutoEventWireup="true"%>
<html>
```

```
<head runat="server">
   <title>HtmlAnchor</title>
</head>
<script runat="server">
   void AnchorBtn_Click(Object sender,EventArgs e)
   {
       Message.InnerHtml="Hello World!";
   }
</script>
<body>
   <form runat="server">
    <h3>HtmlAnchor 控件示例</h3>
       <a ID="AnchorButton" onserverclick="AnchorBtn_Click" runat="server">
       单击这儿
       </a>
       <h1>
           <span id="Message" runat="server" />
       </h1>
   </form>
</body>
</html>
```

运行并点击"单击这儿"得到如图 11.2 所示的结果。

图 11.2　HtmlAnchor 控件示例

11.1.4　HtmlInputText 控件

HtmlInputText 控件用来控制<input type="text">和<input type="password">元素，主要用于在网页上建立一个数据输入的单行文本框或允许用户输入密码的单行文本框。表 11.4 给出此控件的一些属性。

表 11.4　HtmlInputText 控件的常用属性

属　性	说　明
MaxLength	此元素中允许的最大字符数
Size	此元素的宽度
Type	此元素的类型
Value	此元素的值

下面示例演示 HtmlInputText 控件的使用：

```
<%@ Page Language="C#" AutoEventWireup="true" %>
<html>
 <head>
   <script runat="server">
   protected void AddButton_Click(Object sender,EventArgs e)
   {
      int Answer;
      Answer=Convert.ToInt32(Value1.Value)+Convert.ToInt32(Value2.Value);
      AnswerMessage.InnerHtml=Answer.ToString();
   }
   </script>
 </head>
 <body>
    <form runat="server">
    <h3>HtmlInputText 示例</h3>
    <table>
       <tr>
          <td colspan="5">.</td>
       </tr>
       <tr>
          <td colspan="5">
              
          </td>
       </tr>
       <tr align="center">
          <td>
             <input id="Value1" type="Text" size="2" maxlength="3" value="1" runat="server"/>
          </td>
          <td>+</td>
          <td>
             <input id="Value2" type="Text" size="2" maxlength="3" value="1" runat="server"/>
          </td>
```

```
            <td>=</td>
            <td>
                <span id="AnswerMessage" runat="server"/>
            </td>
        </tr>
        <tr align="center">
            <td colspan="4">
                <input id="Submit1" type="Submit"
                        name="AddButton1"
                        value="加"
                        OnServerClick="AddButton_Click"
                        runat="server"/>
                   
                <input id="Reset1" type="Reset"
                        name="AddButton"
                        value="复位"
                        runat="server"/>
            </td>
        </tr>
    </table>
    </form>
</body>
</html>
```

运行的结果如图 11.3 所示。

图 11.3　HtmlInputText **控件示例**

11.1.5　HtmlInputFile 控件

HtmlInputFile 控件用来控制<input type="file">元素，它是把文件从一个浏览器上传到

Web 服务器上。它通常是由一个文本框和一个浏览按钮组成的。用户从本地机器上选择一个文件，然后单击该按钮把页面提交给服务器，这时，浏览器把所选的文件上传到服务器。表 11.5 给出了HtmlInputFile控件的一些属性。

表 11.5　HtmlInputFile 控件的常用属性

属　性	说　明
Accept	可接受的 MIME 类型的清单
MaxLength	此元素中允许的最大字符数
PostedFile	获取对由客户端指定的上载文件的访问
Size	此元素的宽度
Type	此元素的类型
Value	此元素的值

下面示例演示 HtmlInputFile 控件的使用：

```
<%@ Page Language="C#" AutoEventWireup="true"%>
<script runat="server">
    void Button1_Click(Object Source,EventArgs e)
    {
        if (Text1. Value=="")
        {
            Span1. InnerHtml="Error:You must enter a file name. ";
            return;
        }
        if (File1. PostedFile. ContentLength>0)
        {
            try
            {
              //File1. PostedFile. SaveAS("c:\\temp\\"+Text1. Value);
              Span1. InnerHtml="文件成功上传到服务器上的目录<b>c:\\temp\\"+Text1.
Value+"</b>|";
            }
            catch (Exception exc)
            {
              Span1. InnerHtml="Error saving file<b>c:\\temp\\"+Text1. Value+"</b>
<br>"+exc. ToString()+". ";
            }
        }
    }
</script>
<html>
<head>
```

```
    <title>HtmlInputFile</title>
</head>
<body>
  <h3>HtmlInputFile 示例</h3>
    <form enctype="multipart/form-data" runat="server">
    选择上传文件
    <input id="File1" type="file" runat="server">
    <p>
    另存为：
    <input id="Text1" type="text" runat="server"></p>
    <p>
    <span id="Span1" style="font:8pt verdana;" runat="server" /></p>
    <p>
    <input id="Button1" type="button" value="上传" onserverclick="Button1_Click" runat="
server"></p>
    </form>
</body>
</html>
```

运行结果如图 11.4 所示。

图 11.4　HtmlInputFile **控件示例**

11.1.6　HtmlInputHidden 控件

HtmlInputHidden 控件用来控制<input type="hidden">元素，可以建立一个隐含的 input 域，它永远不在窗体上显示。由于在 HTML 中不保持状态，所以此控件通常与 HtmlInputButton 和HtmlInputText控件一起使用，用于存储在服务器之间发送的信息。下面示例演示 HtmlInputHidden 控件的使用：

```
<%@ Page Language="C#" AutoEventWireup="true" %>
<html>
```

```
<head>
  <script language="C#" runat="server">
     void Page_Load(Object sender,EventArgs e)
     {
        if (Page.IsPostBack)
        {
           Span1.InnerHtml="隐藏的值:<b>"+HiddenValue.Value+"</b>";
        }
     }
     void SubmitBtn_Click(Object sender,EventArgs e)
     {
        HiddenValue.Value=StringContents.Value;
     }
  </script>
</head>
<body>
  <form runat="server">
     <input id="HiddenValue" type="hidden" value="初始值" runat="server">
     <h3>HtmlInputHidden 示例</h3>
     输入字符串:
     <input id="StringContents" type="text" size="40" runat="server">
     <p>
     <input type="submit" value="输入" onserverclick="SubmitBtn_Click" runat="server">
     <p>
     <span id="Span1" runat="server">该标签显示前面输入的字符串.</span>
  </form>
</body>
</html>
```

运行的结果如图 11.5 所示。

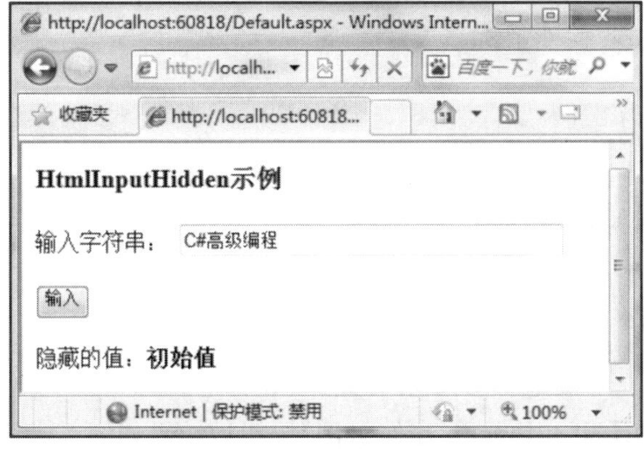

图 11.5　HtmlInputHidden 控件示例

11.1.7 HtmlButton 控件

HtmlButton 控件用来控制<button>元素，在 Web 页面上显示一个按钮。用户可以为它定义 OnServerClick 事件处理代码，执行一些业务逻辑，当使用者按下按钮时便会触发。通过设定 OnServerClick 属性来指定发生 OnServerClick 事件时所要执行的程序。表 11.6 给出了 HtmlButton 控件的一些属性。

表 11.6 HtmlButton 控件的常用属性

属　性	说　明
InnerHtml	设置或返回此 HTML 元素开始标签和结束标签之间的内容。特殊字符不自动转换为 HTML 实体
InnerText	设置或返回此 HTML 元素开始标签和结束标签之间的内容。特殊字符自动转换为 HTML 实体
OnServerClick	单击时执行的函数的名称

下面示例演示了 HtmlButton 控件的使用：

```
<%@ Page Language="C#"AutoEventWireup="true"%>
<html>
<script language="C#" runat="server">
    protected void FancyBtn_Click(Object sender,EventArgs e)
    {
      Message.InnerHtml="Your name is: "+Name.Value;
    }
</script>
<head runat="server">
   <title>HtmlButton 控件</title>
</head>
<body>
   <form method="post" runat="server">
   <h3>Enter your name:<input id="Name" type="text" size="40" runat="server"></h3>
   <button onserverclick="FancyBtn_Click" runat="server" id="BUTTON1">
   <b><I>HtmlButton 控件示例</I></b>
   </button>
   <h1>
   <span id="Message" runat="server"></span>
   </h1>
   </form>
</body>
</html>
```

运行并输入姓名，单击【HtmlButton 控件示例】按钮后结果如图 11.6 所示。

图 11.6　HtmlButton 控件示例

11.1.8　HtmlInputButton 控件

HtmlInputButton 控件用来控制<input type="button">、<input type="submit">及<input type="reset">等元素，并允许建立命令按钮、提交(submit)按钮和重置(reset)按钮。在单击控件时，可以通过 OnClick 或 OnServerClick 事件来执行事件处理程序。其中，OnClick 事件属于客户端事件，用于在客户端使用脚本代码(如 JavaScript)进行处理；而 OnServerClick 事件属于服务器端事件，它需要在后台代码里(即.cs 文件)进行处理。表 11.7 给出了 HtmlInputButton 控件的一些属性。

表 11.7　HtmlInputButton 控件的常用属性

属　　性	说　　明
OnServerClick	单击时执行的函数的名称
Type	此元素的类型
Value	此元素的值

下面示例演示 HtmlInputButton 控件的使用：

```
<%@ Page Language="C#" AutoEventWireup="true" %>
<!DOCTYPE html PUBLIC "-//W3C//DTD XHTML 1.0 Transitional//EN"
"http://www.w3.org/TR/xhtml1/DTD/xhtml1-transitional.dtd">
<script runat="server">
    protected void SubmitButton_Click(Object sender,EventArgs e)
    {
        Message.InnerText="输入的内容是:"+Server.HtmlEncode(Input1.Value);
    }
</script>
<html>
<head runat="server">
    <title>HtmlInputButton Example</title>
```

```
</head>
<body>
    <form id="myform" method="post" enctype="application/x-www-form-urlencoded" runat
="server">
    <div>
     <input id="Input1" type="Text" maxlength="40" runat="server" />
     <input id="SubmitButton" type="submit" value="提交" onserverclick="SubmitButton_
Click" runat="server" />
     <input id="ResetButton" type="reset" value="复位" runat="server" />
     <input id="Button" type="button" value="按钮" onclick="alert('Hello from the client
side.');" runat="server" />
     <br />
     <span id="Message" runat="server" />
    </div>
    </form>
</body>
</html>
```

运行并输入内容，单击【提交】按钮后结果如图 11.7 所示。

图 11.7 HtmlInputButton 控件示例

11.1.9 HtmlImage 控件

HtmlImage 控件用来控制<img>元素，其使用方法和 HTML 的<img>标注类似，只是在 ASP.NET 里变为一个可以随程序来动态改变其属性的 HTML 控件。使用该控件可以在 Web 页上显示图像，可以用编程方式操作 HtmlImage 控件来更改显示的图像、图像大小及图像相对于其他页元素的对齐方式。HtmlImage 控件的一些属性如表 11.8 所示。

表 11.8 HtmlImage 控件的常用属性

属　性	说　明
Align	图像与周围元素的对齐方式，合法值有 top、middle、bottom、left、right
Alt	图像的一个简短描述
Border	图像边框的宽度
Height	图像的高度
Width	图像的宽度
Src	图像的 URL

下面示例演示 HtmlImage 控件的使用：

```
<%@ Page Language="C#" AutoEventWireup="true" %>
<html>
<head>
    <title>HtmlImage</title>
    <script language="C#" runat="server">
        void Image1_Click(Object sender,EventArgs e)
        {
            Image1.Src="Image1.jpg";
            Image1.Height=600;
            Image1.Width=800;
            Image1.Border=3;
            Image1.Align="center";
            Image1.Alt="Image 1";
        }
        void Image2_Click(Object sender,EventArgs e)
        {
            Image1.Src="Image2.jpg";
            Image1.Height=510;
            Image1.Width=680;
            Image1.Border=3;
            Image1.Align="left";
            Image1.Alt="Image 2";
        }
        void Image3_Click(Object sender,EventArgs e)
        {
            Image1.Src="Image3.jpg";
            Image1.Height=600;
            Image1.Width=800;
            Image1.Border=3;
            Image1.Align="right";
            Image1.Alt="Image 3";
        }
    </script>
</head>
<body>
    <form id="form1" runat="server">
    <div>
    <h3>HtmlImage 示例</h3>
       <center>
```

```
        <button id="Button1" onserverclick="Image1_Click" runat="server" onclick="return Button1_onclick()">图片 1</button>
        <button id="Button2" onserverclick="Image2_Click" runat="server">图片 2</button>
        <button id="Button3" onserverclick="Image3_Click" runat="server">图片 3</button>
      </center>
    <img id="Image1" src="Image1.jpg" width="800" height="600" alt="Image 1" border="3" Align="middle" runat="server"/>
    </div>
    </form>
</body>
</html>
```

执行结果如图 11.8 所示。

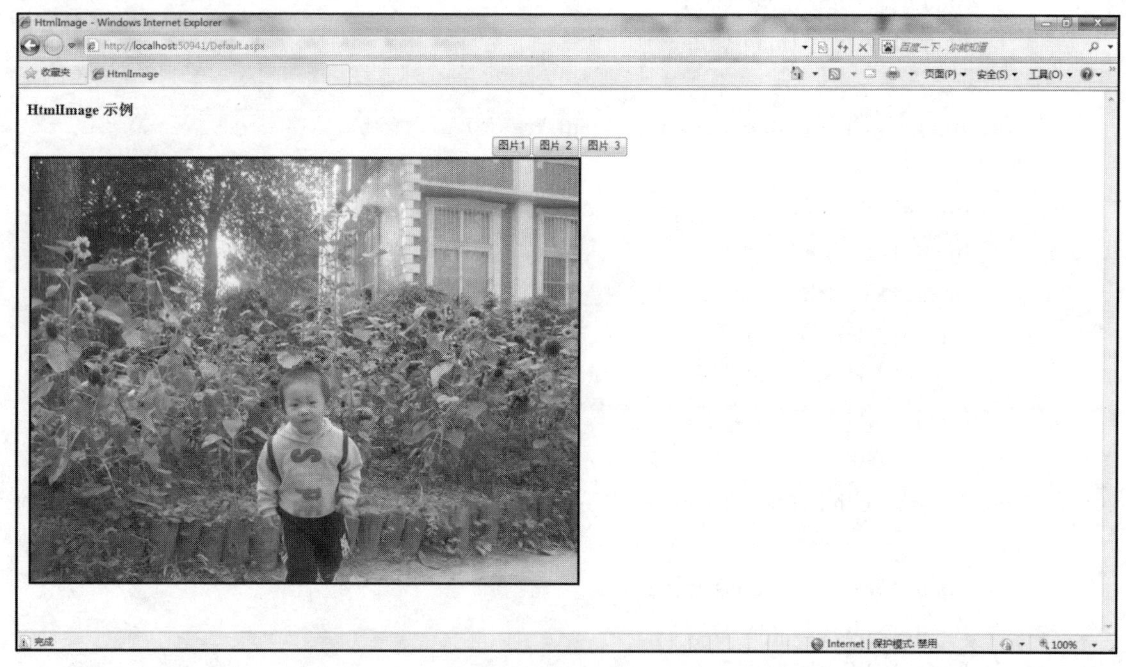

图 11.8 HtmlImage 示例

11.1.10 HtmlInputImage 控件

HtmlInputImage 控件用来控制<input type="image">元素，用户可以使用图片来替代常规样式的按钮，通过定义 Src 属性来为按钮设置相关的图标，功能与一般的按钮控件相同。表 11.9 给出了 HtmlInputImage 控件的一些属性。

表 11.9 HtmlInputImage 控件的常用属性

属 性	说 明
Align	图片的对齐方式
Alt	为图片显示的一段备用文字
Border	此图像的边框宽度
OnServerClick	当图片被单击时要执行的函数的名称

续表 11.9

属　性	说　明
Type	此元素的类型
Src	要显示的图像的 URL

下面示例演示 HtmlInputImage 控件的使用：

```
<%@ Page Language="C#" AutoEventWireup="true" %>
<html>
  <script runat="server">
  protected void SubmitBtn_Click(Object sender,ImageClickEventArgs e)
  {
    Message.InnerHtml="单击了重置按钮.";
  }
  protected void ClearBtn_Click(Object sender,ImageClickEventArgs e)
  {
    Message.InnerHtml="单击了重置按钮.";
  }
  </script>
 <body>
    <h3>HtmlInputImage 示例</h3>
    <form runat="server">
      <input type="image" alt="提交" onserverclick="SubmitBtn_Click" runat="server" id="
Image1">
      <input type="image" alt="重置" onserverclick="ClearBtn_Click" runat="server" id="
Image2">
      <h1><span id="Message" runat="server"></span></h1>
    </form>
 </body>
</html>
```

运行的结果如图 11.9 所示。

图 11.9　HtmlInputImage 控件示例

11.1.11 HtmlInputRadioButton 控件

HtmlInputRadioButton 控件用来控制<input type="radio">元素，可以使用它在网页上建立一个单选按钮。可以将多个 HtmlInputRadioButton 控件组成一组，设置组内每一控件的 Name 属性值为所有 <input type="radio" runat="server">元素所共有的值。同组中的单选按钮互相排斥，一次只能选择该组中的一个单选按钮。表 11.10 给出此控件的一些属性。

表 11.10 HtmlInputRadioButton 控件的常用属性

属　性	说　明
Checked	规定此元素是否是被选中的一个布尔值
Type	此元素的类型
Value	此元素的值

下面示例演示 HtmlInputRadioButton 控件的使用：

```
<%@ Page Language="C#" AutoEventWireup="true"%>
<html>
 <head>
   <script runat="server">
   void Button1_Click(Object sender,EventArgs e)
   {
       if (Radio1.Checked==true)
           Span1.InnerHtml="选中选项 1";
       else if(Radio2.Checked==true)
           Span1.InnerHtml="选中选项 2";
       else if (Radio3.Checked==true)
           Span1.InnerHtml="选中选项 3";
   }
   protected void Page_Load(Object sender,ImageClickEventArgs e)
   {

   }
   </script>
</head>
 <body>
  <h3>HtmlInputRadioButton 示例</h3>
  <form runat="server">
    <input type="radio" runat="server" id="Radio1" name="Mode">选项 1<br>
    <input type="radio" runat="server" id="Radio2" name="Mode">选项 2<br>
    <input type="radio" runat="server" id="Radio3" name="Mode">选项 3
    <p><span id="Span1" runat="server" />
```

```
<p><input type="button" runat="server" id="Button1" value="输入" onserverclick="
Button1_Click">
  </form>
 </body>
</html>
```

运行的结果如图 11.10 所示。

图 11.10　HtmlInputRadioButton 控件示例

11.1.12　HtmlInputCheckBox 控件

HtmlInputCheckBox 控件用来控制<input type="checkbox">元素，可以用来建立一个单选按钮或者多选按钮，可以在控件里设置 checked="checked"来给控件默认指定为选中状态。HtmlInputCheckBox 控件不会自动向服务器回送，当使用回送服务器的控件（如 HtmlButton 控件）时，复选框的状态被发送到服务器进行处理，这时可以在后台代码里判断控件的 Checked 属性（true 为选中，false 为未选中）。表 11.11 给出一些此控件的属性。

表 11.11　HtmlInputCheckBox 控件的常用属性

属　　性	说　　明
Checked	规定此元素是否是被选中的一个布尔值
Type	此元素的类型
Value	此元素的值

下面示例演示 HtmlInputCheckBox 控件的使用：

```
<%@ Page Language="C#"%>
<html>
  <script language="C#" runat="server">
      protected void SubmitBtn_Click(Object sender,EventArgs e)
      {
```

```
            if (Basketball.Checked)
            {
                //你喜欢篮球;
            }
            if (Football.Checked)
            {
                //你喜欢足球;
            }
            if (Badminton.Checked)
            {
                //你喜欢羽毛球;
            }
        }
    </script>
<head runat="server">
    <title>HtmlInputCheckBox</title>
</head>
<body>
    <form id="form1" method="post" runat="server">
    选择兴趣:
    <input id="Basketball" checked="checked" type="checkbox" runat="server">篮球
    <input id="Football" checked="checked" type="checkbox" runat="server">足球
    <input id="Badminton" checked="checked" type="checkbox" runat="server">羽毛球
    <input id="Button1" type="button" value="输入" onserverclick="SubmitBtn_Click" runat
="server">
    </form>
</body>
</html>
```

运行后看到的结果如图 11.11 所示,可以在爱好前面的复选框中打"√"进行选择。

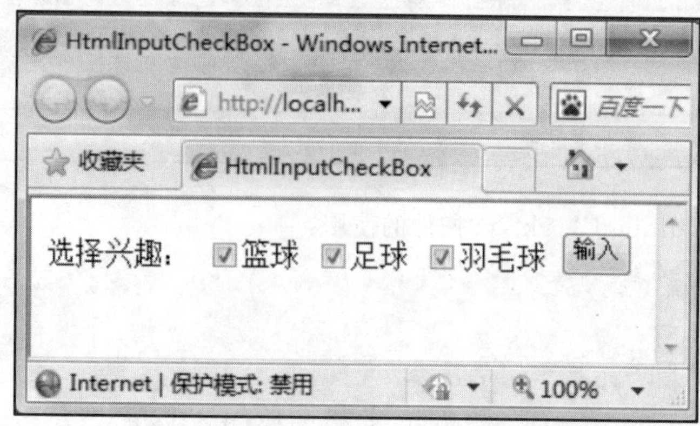

图 11.11 HtmlInputCheckBox 控件示例

11.2 Web 服务器控件

11.2.1 Web 服务器控件简介

Web 服务器控件是 ASP.NET 应用程序中最常使用的控件，它位于 System.Web.UI.WebControls 命名空间中，所有 Web 服务器控件都从 WebControls 基类派生。与 HTML 服务器控件相比，Web 服务器控件提供一个更丰富、相对抽象的、一致的编程模式。Web 服务器控件的语法与 HTML 服务器控件的语法相似，其主要区别是在 ASP.NET 页面上，Web 服务器控件的名称前有一个“asp:”标记前缀，例如<asp:Button ID="Button1" runat="server" Text="Button" />，可以看出，Web 服务器控件也具有 ID 和 runat 两种属性，分别来指定控件的唯一标识和标明这是一个位于服务器端执行的控件。表 11.12 给出了一些常用的 Web 服务器控件及说明。

表 11.12　Web 服务器控件及其说明

控　件	说　明
Label	显示简单文本，使用 Text 属性设置和修改显示的文本
TextBox	提供一个用户可以编辑的文本框。使用 Text 属性访问输入的数据，TextChanged 事件可处理回送的选择变化。如果要求回送（而不是使用按钮），就应把 AutoPostBack 属性设置为 true
Button	用户单击的标准按钮。Text 属性用于设置按钮上的文本，Click 事件用于响应单击
LinkButton	与 Button 相同，但把按钮显示为超链接
ImageButton	显示一个图像，该图像放大一倍作为一个可单击的按钮，其属性和事件继承了 Button 和 Image
HyperLink	添加一个 HTML 超链接。用 NavigateUrl 设置目的地，用 Text 设置要显示的文本。也可以使用 ImageUrl 来指定要链接的图像，用 Target 指定要使用的浏览器窗口。这个控件没有非常标准的事件，如果在链接后要执行其他处理，就应使用 LinkButton
DropDownList	允许用户选择一个列表项，可以直接从列表中选择，也可以键入前面的一或两个字母来选择。使用属性 Items 设置项目列表（包含 ListItem 对象的 ListItemCollection 类），SelectedItem 和 SelectedIndex 属性可确定选择的内容。SelectedIndexChanged 事件可用于确定选项是否改变，该控件也有 AutoPostBack 属性，所以选项会触发一个回送操作
ListBox	允许用户从列表中选择一个或多个列表。把 SelectionMode 设置为 Multiple 或 Single，可以确定一次选择多少个选项，Rows 确定要显示的选项个数。其他属性和事件与 DropDownList 控件相同
CheckBox	显示一个复选框。选择的状态存储在布尔属性 Checked 中，与复选框相关的文本存储在 Text 属性中。AutoPostBack 属性可以用于启动自动回送，CheckedChanged 事件则执行改变操作
CheckBoxList	创建一组复选框。属性和事件与其他列表控件相同，如 DropDownList
RadioButton	显示一个单选按钮。一般情况下，它们都组合在一个组中，其中只有一个 RadioButton 控件是激活的。使用 GroupName 属性可以把 RadioButton 控件绑定到一个组中。其他属性和事件与 CheckBox 相同
RadioButtonList	创建一组单选按钮，在这个组中，一次只能选择一个按钮。其属性和事件与其他列表控件相同
Image	显示一个图像。使用 ImageUrl 进行图像引用，如果图像加载失败，由 AlternateText 提供对应的文本

续表 11.12

控　件	说　明
ImageMap	类似于 Image，但用户单击图像中的一个或多个热区时，可以指定要触发的动作，要执行的动作可以是回送给服务器或重定向到另一个 URL 上。热区由派生于 HotSpot 的联入控件提供，如 RectangleHotSpot 等
Table	指定一个表。在设计期间可以使用 TableRow 和 TableCell，或者使用 TableRowCollection 类的 Rows 属性编程指定数据行。也可以在运行期间进行修改时使用这个属性
BulletedList	把一个选项列表格式化为一个项目符号列表。与其他列表控件不同，这个控件有一个 Click 事件，用于确定用户在回送期间单击了哪个选项。其他属性和事件与 DropDownList 相同
HiddenField	用于提供隐藏的字段，以存储不显示的值。这个空间可存储需要另一种存储机制才能发挥作用的设置。使用 Value 属性访问存储的值
Literal	执行与 Label 相同的功能，但没有样式属性，只有一个 Text 属性
Calendar	允许用户从图像日历中选择一个日期。这个控件有许多与格式相关的属性，但其基本功能是使用 SelectedData 和 VisibleData 属性(其类型是 System. DataTime)来访问由用户选择的日期和月份，并显示出来(总是包含 VisibleData)。其关联的关键事件是 SelectionChanged。这个控件的回送是自动的
AdRotator	顺序地显示几个图像。在每个服务器循环后，显示另一个图像。使用 Advertisement-File 属性指定描述图像的 XML 文件，AdCreated 事件在每个图像发回之前执行处理操作。也可以使用 Target 属性在单击一个图像时命名一个要打开的窗口
FileUpload	这个控件给用户显示一个文本框和一个 Browse 按钮，以选择要上传的文件。用户选择了文件之后，就可以使用 HasFile 属性确定是否选择了文件，然后使用后台代码中的 SaveAs() 方法执行文件的上传
Wizard	这个高级控件用于简化用户在几个页面中输入数据的常见任务。可以给向导添加多个步骤，按顺序或不按顺序显示给用户，并依赖此控件来维护状态
Xml	这是一个更复杂的文本显示控件，用于显示用 XSLT 样式表传输的 XML 内容，这些 XML 内容是使用 Document、DocumentContent 或 DocumentSource 属性中的一个设置(取决于原始 XML 的格式)的，XSLT 样式表(可选)是使用 Transform 或 TransformSource 来设置的
MultiView	这个控件包含一个或多个 View 控件，每次只显示一个 View 控件。当前显示的视图用 ActiveViewIndex 指定，如果视图改变了，就可以使用 ActiveViewChanged 事件检测出来
Panel	添加其他控件容器。使用 HorizontalAlign 和 Wrap 指定内容如何安排
PlaceHolder	该控件不显示任何输出，但可把其他控件组合在一起，或用编程的方式把控件添加到给定位置。被包含的控件可以使用 Controls 属性来访问
View	控件的容器，类似于 PlaceHolder，但主要用作 MultiView 的子控件。使用 Visible 属性可以指定是否显示给定的 View，使用 Activate 和 Deactivate 事件检测激活状态的变化
Substitution	指定一组不与其他输出一起高速缓存的 Web 页面，这是一个与 ASP. NET 高速缓存相关的高级主题
Localize	与 Literal 相同，但允许使用项目资源指定要在不同区域显示文本，使文本本地化

Web 服务器所有控件有一些公共的属性，这些公共属性的说明如表 11.13 所示。

表 11.13　Web 服务器控件公共属性说明

属　性	说　明
AccessKey	用来为控件指定键盘的快速键，这个属性的内容为数字或是英文字母。例如设置为“A”，那么使用时用户按下 Alt＋A 组合键就会自动将焦点移动到这个控件的上面
BackColor	用于设置对象的背景色，其属性的设定值为颜色名称或是＃RRGGBB 的格式
边框属性	包括有 BorderWidth、BorderColor、BorderStyle 等几个属性。其中，BorderWidth 属性可以用来设定 Web 控件的边框宽度，单位按像素计算
Enabled	用于设置禁止控件或使能控件。当该属性值为 False 时，控件为禁止状态。当该属性值为 True 时控件为使能状态，对于有输入焦点的控件，用户可以对控件执行一定的操作
Font	Font-Bold：如果设定为 True，则会变成粗体显示。Font-Italic：如果设定为 True，则会变成斜体显示。Font-Names：设置字体的名字；Font-Size：设置字体大小，共有九种大小可供选择，即 Smaller、Larger、XX-Small、X-Small、Small、Medium、Large、X-Large 或者 XX-Large。Font-Strikeout：如果设定为 True，则文字中间显示一条删除线。Font-Underline：如果设定为 True，则文字下面显示一条底线
TabIndex	设置 Tab 按钮的顺序。当用户按下 Tab 键时，输入焦点将从当前控件跳转到下一个可以获得焦点的控件，TabIndex 键就是用于定义这种跳转顺序的。合理的使用 TabIndex 属性，可以使用户使用程序时更加轻松，使得程序更加人性化
ToolTip	设置控件的提示信息。在设置了该属性值后，当鼠标停留在 Web 控件上一小段时间后就会出现 ToolTip 属性中设置的文字
Visible	决定了控件是否会被显示，如果属性值为 True 将显示该控件，如果属性值为 False 将隐藏该控件
Height 和 Width	分别用于设置控件的高度和宽度，单位是 pixel(像素)

11.2.2　文本输入控件

(1) Label 控件

Label 控件用于在页面上显示文本，可以在服务器端代码中动态修改文本。下面通过示例来说明如何编程设置 Label 控件的文本，其中 LabelSample.aspx 中代码如下：

```
<%@ Page Language="C#" AutoEventWireup="true" CodeFile="LabelSample.aspx.cs" Inherits="ControlSample.LabelSample" %>
<!DOCTYPE html PUBLIC "-//W3C//DTD XHTML 1.0 Transitional//EN" "http://www.w3.org/TR/xhtml1/DTD/xhtml1-transitional.dtd">
<html xmlns="http://www.w3.org/1999/xhtml">
<head runat="server">
    <title>使用 Label 控件</title>
</head>
<body>
    <form id="form1" runat="server">
    <div>
        <asp:Label ID="lblMessage" runat="server" Text="Label"></asp:Label>
    </div>
```

```
    </form>
</body>
</html>
```

其后台 LabelSample. aspx. cs 代码为：

```
using System;
using System.Configuration;
using System.Data;
using System.Linq;
using System.Web;
using System.Web.Security;
using System.Web.UI;
using System.Web.UI.HtmlControls;
using System.Web.UI.WebControls;
using System.Web.UI.WebControls.WebParts;
using System.Xml.Linq;
namespace ControlSample
{
    public partial class LabelSample: System.Web.UI.Page
    {
        protected void Page_Load(Object sender,EventArgs e)
        {
            lblMessage.Text="Welcome to ASP.NET. This is labelSample.";
        }
    }
}
```

运行后看到的结果如图 11.12 所示。

图 11.12 Label **控件示例**

在这个示例中，当页面装载的时候将执行其 Page_Load 事件，将 Label 控件的 Text 属性编辑设置为“Welcome to ASP. NET. This is labelSample. ”。

(2) TextBox 控件

TextBox 即文本框，用于获取用户输入或显示文本。TextBox 控件通常用于可编辑文本，不过也可使其成为只读控件。默认情况下，该控件的 TextMode 属性设置为 TextBoxMode. Single-

Line,这将显示一个单行文本框。如果将 TextMode 属性设置为 TextBoxMode. MultiLine,则显示多行文本框。也可以将 TextMode 属性更改为 TextBoxMode. Password,则可以遮罩输入的密码。TextBox 控件的常用属性、方法和事件如表 11. 14 所示。

表 11. 14　TextBox 控件的常用属性、方法和事件

分　类	名　称	说　　明
属　性	ReadOnly	设置只读属性
	Text	设置文本框显示的文本
	MaxLength	设置文本框中可以输入的最大字符数
	TextMode	可设置的值包括 MultiLine、Password 或者 SingleLine
方　法	OnTextChanged	引发 TextChanged 事件
事　件	TextChanged	在文本框中内容发生改变时触发

下面的代码演示 TextBox 控件的使用：

```
<%@ Page Language="C#"%>
<! DOCTYPE html PUBLIC "-//W3C//DTD XHTML 1.0 Transitional//EN"
"http://www.w3.org/TR/xhtml1/DTD/xhtml1-transitional.dtd">
<script runat="server">

    protected void btnSum_Click(Object sender,EventArgs e)
    {
        txtSum.Text=(Convert.ToInt32(txtSummand.Text)+Convert.ToInt32(txtAd-
dend.Text)).ToString();
    }
    protected void btnClear_Click(Object sender,EventArgs e)
    {
        txtSum.Text="";
        txtSummand.Text="";
        txtAddend.Text="";
    }
</script>
<html xmlns="http://www.w3.org/1999/xhtml">
<head runat="server">
    <title>TextBox 控件示例</title>
    <style type="text/css">
        .style1
        {
            width: 100%;
        }
        .style2
        {
```

```
            width: 159px;
        }
    </style>
</head>
<body>
    <form id="form1" runat="server">
    <table class="style1">
        <tr>
            <td class="style2">
                被加数:</td>
            <td>
                <asp:TextBox ID="txtSummand" runat="server"></asp:TextBox>
            </td>
        </tr>
        <tr>
            <td class="style2">
                加数:</td>
            <td>
                <asp:TextBox ID="txtAddend" runat="server" Height="22px"></asp:TextBox>
            </td>
        </tr>
        <tr>
            <td class="style2">
                和:</td>
            <td class="style2">
                <asp:TextBox ID="txtSum" runat="server" Height="22px"></asp:TextBox>
            </td>
        </tr>
        <tr>
            <td>
                <asp:Button ID="btnSum" runat="server" onclick="btnSum_Click" Text ="求和"/>
            </td>
            <td>
                <asp:Button ID="btnClear" runat="server" onclick="btnClear_Click" Text ="清空"/>
            </td>
        </tr>
    </table>
    </form>
</body>
</html>
```

执行结果如图 11.13 所示。

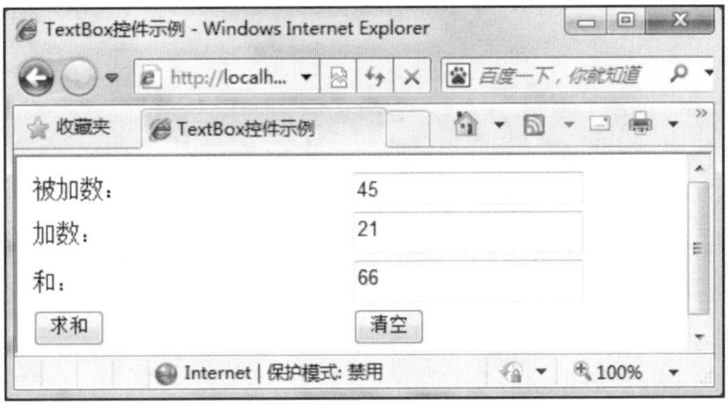

图 11.13　TextBox 控件示例

(3) FileUpload 控件

FileUpload 控件主要用于实现文件的上传，将文件从客户端上传到服务器上。FileUpload 控件提供了浏览本地驱动器中的文件功能，要想实现上传，就需要使用控件、添加控件的事件处理代码、定义文件上传后保存的路径等信息。下面的代码演示 FileUpload 控件的使用：

```
<%@ Page Language="C#" AutoEventWireup="true" CodeFile="Default.aspx.cs" Inherits
="_Default" Debug="true"%>
<! DOCTYPE html PUBLIC "-//W3C//DTD XHTML 1.0 Transitional//EN"
"http://www.w3.org/TR/xhtml1/DTD/xhtml1-transitional.dtd">
<html xmlns="http://www.w3.org/1999/xhtml">
<head runat="server">
    <title>FileUpload 控件示例</title>
</head>
<body>
    <form id="form1" runat="server">
    <div>
        <asp:FileUpload ID="FileUpload1" runat="server" />
        <asp:Button ID="btOK" runat="server" onclick="btOK_Click" Text="上传" />
    </div>
    <asp:Label ID="lbDir" runat="server"></asp:Label>
    <p>
        <asp:Label ID="lbFileName" runat="server"></asp:Label>
    </p>
        <asp:Label ID="lbFileType" runat="server"></asp:Label>
    <p>
        <asp:Label ID="lbSize" runat="server"></asp:Label>
    </p>
    </form>
</body>
</html>
```

其相应的后台代码如下所示：

```
using System;
using System.Configuration;
using System.Data;
using System.Linq;
using System.Web;
using System.Web.Security;
using System.Web.UI;
using System.Web.UI.HtmlControls;
using System.Web.UI.WebControls;
using System.Web.UI.WebControls.WebParts;
using System.Xml.Linq;
public partial class _Default: System.Web.UI.Page
  {
      protected void Page_Load(Object sender,EventArgs e)
      {
      }
      protected void btOK_Click(Object sender,EventArgs e)
      {
          if (FileUpload1.PostedFile != null)
          {
              FileUpload1.Visible=true;
              string strDir=FileUpload1.PostedFile.FileName;
              int myPosition=strDir.LastIndexOf("\\");
              string strFileName=strDir.Substring(myPosition);
              string strPath=Server.MapPath(".")+strFileName;
              this.lbDir.Text="保存路径:";
              this.lbDir.Text+=strPath;
              FileUpload1.PostedFile.SaveAs(strPath);
              this.lbFileName.Text="文件名:";
              this.lbFileName.Text+=FileUpload1.PostedFile.FileName;
              this.lbSize.Text="大小:"+FileUpload1.PostedFile.ContentLength.ToString();
              this.lbFileType.Text="文件类型:";
              this.lbFileType.Text+=FileUpload1.PostedFile.ContentType;
          }
      }
  }
```

执行结果如图 11.14 所示。

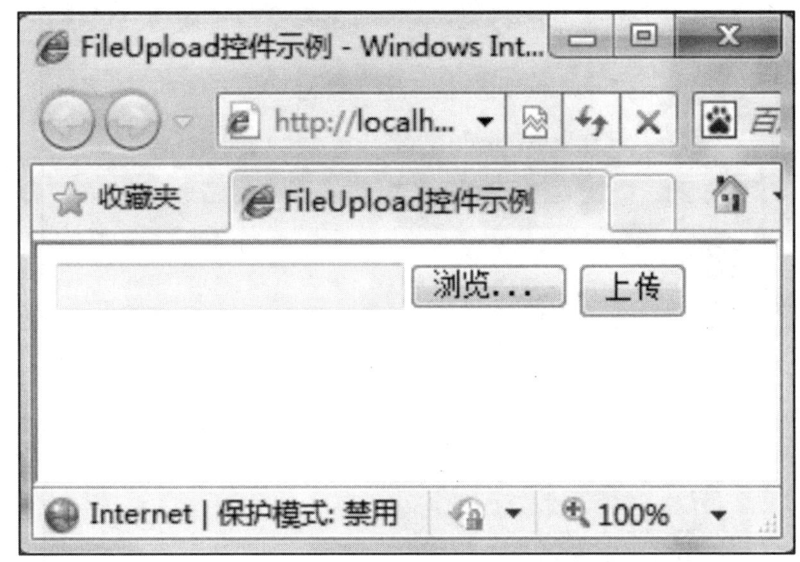

图 11.14　FileUpload 控件示例

11.2.3　Image 控件

Image 控件主要用于在 Web 页面中显示图片信息，其中最常用的属性就是 ImageUrl，用于设置需要显示的图片的 URL 地址。下面通过一个简单的示例说明如何使用 Image 控件：

```
<head runat="server">
    <title>Image 控件示例</title>
</head>
<body>
    <form id="form1" runat="server">
    <div>
        <asp:Image ID="Image1" runat="server" BackColor="#0066CC"
        ImageUrl="~/向往神鹰.jpg"/>
    </div>
    </form>
</body>
</html>
```

执行结果如图 11.15 所示。

图 11.15 Image 控件示例

11.2.4 控制权转移控件

(1) Button 控件

Button 控件是一个按钮控件，它在页面上显示为一个按钮。通常情况下，用户在按下这个按钮之后，执行相应的事件代码。下面的示例说明如何使用 Button 控件：

```
<%@ Page Language="C#" %>
<script runat="server">
    protected void btAdd_Click(Object sender,EventArgs e)
    {
        lblMessage.Text="加法运算答案是:"+(Convert.ToInt32(tbNumber1.Text)+Convert.ToInt32(tbNumber2.Text)).ToString();
    }
    protected void btSubtract_Click(Object sender,EventArgs e)
    {
        lblMessage.Text="减法运算答案是:"+(Convert.ToInt32(tbNumber1.Text) - Convert.ToInt32(tbNumber2.Text)).ToString();
    }
    protected void btMultiply_Click(Object sender,EventArgs e)
    {
        lblMessage.Text="乘法运算答案是:"+(Convert.ToInt32(tbNumber1.Text) * Convert.ToInt32(tbNumber2.Text)).ToString();
```

```
    }
    protected void btDivide_Click(Object sender,EventArgs e)
    {
        lblMessage.Text="除法运算答案是:"+(Convert.ToInt32(tbNumber1.Text) / Convert.ToInt32(tbNumber2.Text)).ToString();
    }
</script>
<html>
<head runat="server">
    <title>Button 控件示例</title>
</head>
<body>
    <form runat="server">
    数 1:<asp:textbox id="tbNumber1" runat="server"/> <br/>
    数 2: <asp:textbox id="tbNumber2" runat="server"/>
<asp:button id="btAdd" Text=" + " onclick="btAdd_Click" runat="server"/>
<asp:button id="btSubtract" Text=" - " onclick="btSubtract_Click" runat="server"/>
<asp:button id="btMultiply" Text=" * " onclick="btMultiply_Click" runat="server"/>
<asp:button id="btDivide" Text=" / " onclick="btDivide_Click" runat="server"/>
<asp:label id="lblMessage" font-size="20pt" runat="server"/>
    </form>
</body>
</html>
```

执行结果如图 11.16 所示。

图 11.16　Button **控件示例**

注意上述代码中画波浪线的代码，为相应的 Button 控件定义 Click 事件处理代码，执行了加法、减法、乘法和除法运算，并将结果显示给 Label 控件 lblMessage。Button 控件通常用于响应用户的单击事件，因此，它的业务逻辑一般都在 Click 事件方法中添加。

(2) ImageButton 控件

ImageButton 控件用于显示可点击的图像，功能与 Button 控件基本相同。ImageButton 控件可以通过设置 ImageUrl 属性来指定在该控件中显示的图像，即生成一个图像按钮。同时，它没有 Text 属性，而是增加了一个 AlternateText 属性，该属性可以在图像按钮显示不出图像时显示该名称。单击 ImageButton 控件时，将同时引发 OnClick 事件。下面的示例将演示如何使用 ImageButton 控件：

```
<%@ Page Language="C#" AutoEventWireup="true" %>
<html>
<form id="Form1" runat="server">
<asp:ImageButton ID="Button2" ImageUrl="~/images/4.jpg" onclick="Button2_Click" runat
="server"/>
<asp:ImageButton ID="Button3" ImageUrl="~/images/2.jpg" onclick="Button3_Click" runat
="server"/>
<asp:ImageButton ID="Button1" ImageUrl="~/images/3.jpg" onclick="Button1_Click" runat
="server"/><p>
<asp:Label ID="Label1" runat="server"/>
</form>
<script runat="server">
    void Button1_Click(Object sender,ImageClickEventArgs e)
    {
        Label1.Text="你所要看的图片是 "+e.X.ToString()+","+e.Y.ToString()+" 的位置
按下鼠标";
    }
    void Button2_Click(Object sender,ImageClickEventArgs e)
    {
        Label1.Text="你所要看的图片是 "+e.X.ToString()+","+e.Y.ToString()+" 的位置
按下鼠标";
    }
    void Button3_Click(Object Sender,ImageClickEventArgs e)
    {
        Label1.Text="你所要看的图片是 "+e.X.ToString()+","+e.Y.ToString()+" 的位置
按下鼠标";
    }
</Script>
</html>
```

执行代码，单击图片显示点击的图片位置，其结果如图 11.17 所示。

(3) LinkButton 控件

LinkButton 控件用于创建超链接样式的按钮，该控件的外观与 HyperLink 控件相同，但其功能与 Button 控件一样。下面示例说明了 LinkButton 控件的使用：

```
<%@ Page Language="C#"%>
<!DOCTYPE html PUBLIC "-//W3C//DTD XHTML 1.0 Transitional//EN"
"http://www.w3.org/TR/xhtml1/DTD/xhtml1-transitional.dtd">
<script runat="server">
    protected void LnkSubmit_Click(Object sender,EventArgs e)
```

图 11.17　ImageButton 控件示例

```
    {
        lblResults.Text="姓:"+txtFirstName.Text ;
        lblResults.Text+="<br />名:"+txtLastName.Text;
    }
</script>

<html xmlns="http://www.w3.org/1999/xhtml">
<head runat="server">
    <title>Show LinkButton</title>
</head>
<body>
    <form id="form1" runat="server">
    <div>
        <asp:Label ID="lblFirstName" runat="server" AssociatedControlID="txtFirstName"
                Text="姓:"></asp:Label>
    </div>
    <asp:TextBox ID="txtFirstName" runat="server"></asp:TextBox>
    <p>
        <asp:Label ID="lblLastName" runat="server" AssociatedControlID="txtLastName"
                Text="名:"></asp:Label>
    </p>
    <asp:TextBox ID="txtLastName" runat="server"></asp:TextBox>
```

```
    <p>
    <asp:LinkButton ID="LnkSubmit" runat="server" onclick="LnkSubmit_Click"
            onclientclick="lnkSubmit_Click">Submit</asp:LinkButton>
    </p>
    <asp:Label ID="lblResults" runat="server" Text="Label"></asp:Label>
    </form>
</body>
</html>
```

执行结果如图 11.18 所示。

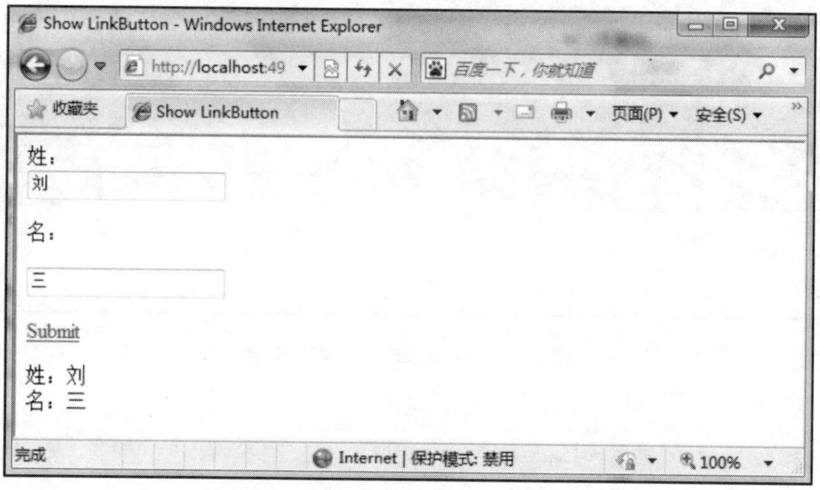

图 11.18 LinkButton 控件示例

(4) HyperLink 控件

HyperLink 控件用于创建页面链接,使用户可以在应用程序中的各个网页之间跳转。与大多数 Web 服务器控件不同,当用户单击 HyperLink 控件时不会向服务器端提交表单,此控件只执行导航。用户可以使用 NavigateUrl 属性指定要链接页面的 URL。链接既可显示为文本,也可显示为图像。若要显示文本,需要设置 Text 属性或者将文本放置在 HyperLink 控件的开始和结束标记之间;若要显示图像,则必须设置 ImageUrl 属性。如果同时设置了 Text 和 ImageUrl 属性,则 ImageUrl 属性优先。如果设置的图像不可用,将显示 Text 属性中的文本。下面的示例说明了 HyperLink 控件的使用:

```
<%@ Page Language="C#" AutoEventWireup="true" CodeFile="Default.aspx.cs" Inherits
="_Default" %>
<!DOCTYPE html PUBLIC "-//W3C//DTD XHTML 1.0 Transitional//EN"
"http://www.w3.org/TR/xhtml1/DTD/xhtml1-transitional.dtd">
<html xmlns="http://www.w3.org/1999/xhtml">
<head runat="server">
    <title>HyperLink 控件示例</title>
</head>
<body>
```

```
    <form id="form1" runat="server">
    <div>
      <asp:HyperLink ID="HyperLink1" runat="server" ImageUrl="~/images/苹果.jpg"
NavigateUrl="http://www.apple.com.cn/">苹果</asp:HyperLink>
    </div>
    </form>
</body>
</html>
```

执行结果如图 11.19(a)所示。

单击图 11.19(a)中的“苹果”图标，则实现链接，得到图 11.19(b)的结果。

(a)

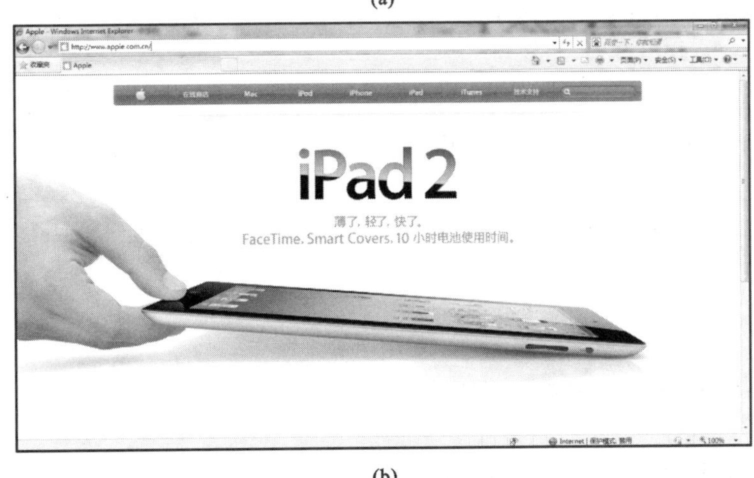

(b)

图 11.19　HyperLink 控件示例

11.2.5　选择控件

(1) CheckBox 控件和 RadioButton 控件

CheckBox 控件支持把一个复选框放置在窗体上，可以为用户提供一次选择多个选项的功能。CheckBox 控件最重要的事件是 CheckedChanged 事件，当勾选某个复选框选项时将触发该事件，因此，可以将相应的业务逻辑放置在事件方法中执行。RadioButton 服务器控件与 CheckBox 服务器控件非常类似，它可以为用户提供几个互斥的单选按钮。但与复选框不同，窗体上的一个单选按钮没有什么意义，一般至少需要设置两个选项。例如，用户的性别等。下面的代码说明如何使用 CheckBox 控件和 RadioButton 控件：

```
<%@ Page Language="C#"%>
<!DOCTYPE html PUBLIC "-//W3C//DTD XHTML 1.0 Transitional//EN"
"http://www.w3.org/TR/xhtml1/DTD/xhtml1-transitional.dtd">
<html xmlns="http://www.w3.org/1999/xhtml">
<head runat="server">
    <title>CheckBox 控件示例</title>
    <style type="text/css">
        .style1
        {
            width: 100%;
        }
        .style2
        {
            width: 71px;
        }
    </style>
</head>
<body>
    <form id="form1" runat="server">
    <table class="style1">
    <tr>
        <td class="style2">用户名:</td>
        <td>
            <asp:TextBox ID="TextBox1" runat="server"></asp:TextBox>
        </td>
    </tr>
    <tr>
        <td class="style2">兴趣:</td>
        <td>
            <asp:CheckBox ID="ckbFootball" runat="server" Text="足球" />
            <asp:CheckBox ID="ckbSwim" runat="server" Text="游泳" />
            <asp:CheckBox ID="ckbReading" runat="server" Text="阅读" />
            <asp:CheckBox ID="ckbGame" runat="server" Text="游戏" />
        </td>
    </tr>
    <tr>
```

```
        <td class="style2">性别:</td>
        <td>
            <asp:RadioButton ID="rbMale" runat="server" Checked="True" Text="男" />
            <asp:RadioButton ID="rbFemale" runat="server" Text="女" />
        </td>
    </tr>
    </table>
    </form>
</body>
</html>
```

运行代码，在浏览器中显示的结果如图 11.20 所示。

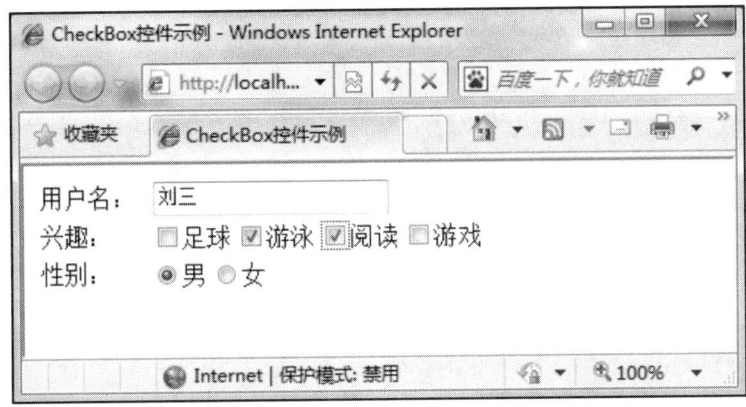

图 11.20　CheckBox **控件和** RadioButton **控件示例**

(2) DropDownList 控件

DropDownList 控件用于创建下拉列表框。下拉列表框控件的选项可以静态添加，也可以通过在程序中动态设置。当用户在下拉列表框中选择某个选项时，将触发控件的 SelectedIndex-Changed 事件。可以为该事件添加处理程序，增强下拉列表框的功能。下面的代码将说明如何创建并使用 DropDownList 控件：

```
<%@ Page Language="C#"%>
<!DOCTYPE html PUBLIC "-//W3C//DTD XHTML 1.0 Transitional//EN"
"http://www.w3.org/TR/xhtml1/DTD/xhtml1-transitional.dtd">
<html xmlns="http://www.w3.org/1999/xhtml">
<head id="Head1" runat="server">
    <title>DropDownList 控件示例</title>
    <style type="text/css">
        .style1
        {
            width: 100%;
        }
        .style2
```

```
        {
            width: 71px;
        }
    </style>
</head>
<body>
    <tr>
        <td>注册信息</td>
    </tr>
    <form id="form1" runat="server">
    <table class="style1">
    <tr>
        <td class="style2">姓名:</td>
        <td>
            <asp:TextBox ID="TextBox1" runat="server"></asp:TextBox>
        </td>
    </tr>
    <tr>
        <td class="style2">职业:</td>
        <td>
            <asp:DropDownList ID="dwlJob" runat="server">
                <asp:ListItem>学生</asp:ListItem>
                <asp:ListItem>教师</asp:ListItem>
                <asp:ListItem>医生</asp:ListItem>
                <asp:ListItem>警察</asp:ListItem>
                <asp:ListItem>公务员</asp:ListItem>
                <asp:ListItem>军人</asp:ListItem>
                </asp:DropDownList>
        </td>
    </tr>
    <tr>
        <td class="style2">学历:</td>
        <td>
            <asp:DropDownList ID="ddlDegree" runat="server">
                <asp:ListItem>小学</asp:ListItem>
                <asp:ListItem>初中</asp:ListItem>
                <asp:ListItem>高中</asp:ListItem>
                <asp:ListItem>大专</asp:ListItem>
                <asp:ListItem>本科</asp:ListItem>
                <asp:ListItem>硕士</asp:ListItem>
```

```
                <asp:ListItem>博士</asp:ListItem>
                </asp:DropDownList>
        </td>
    </tr>
    </table>
    </form>
</body>
</html>
```

在浏览器中显示的结果如图 11.21 所示。

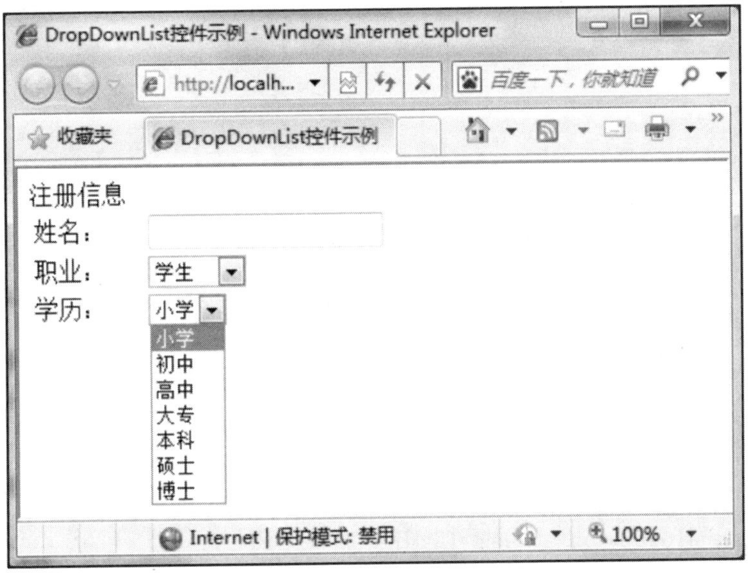

图 11.21　DropDownList 控件示例

(3) ListBox 控件

ListBox 控件的功能类似于 DropDownList 控件，可通过 Items 属性设置或获取 ListBox 控件中的条目集合。但 ListBox 控件的操作不同于 DropDownList 控件，它可以给终端用户显示集合中的更多条目，允许终端用户在集合中选择多项，而 DropDownList 控件不可能做到这一点。SelectionMode 属性决定了控件中条目的选择类型，其属性值包括 Single(只能选择单个选项)和 MultiSimple(可以选中多个选项)。下面的代码将演示如何使用 ListBox 控件：

```
<%@ Page Language="C#"%>
<script runat="server">
    protected void Button1_Click(Object sender,EventArgs e)
    {
        ListBox1.Items.Add(TextBox1 . Text . ToString ());
    }
    protected void Button2_Click(Object sender,EventArgs e)
    {
        Label1.Text="所选项是:<br>";
```

```
        foreach (ListItem li in ListBox1. Items)
        {
            if (li. Selected==true)
            {
                Label1. Text+=li. Text+"、";
            }
        }
    }
</script>
<html>
<head runat="server">
    <title>ListBox控件示例</title>
</head>
<body>
    <form id="form1" runat="server">
    <asp:TextBox ID="TextBox1" runat="server"></asp:TextBox>
    <asp:Button ID="Button1" onclick="Button1_Click" runat="server" Text="添加新项" />
    <br /><br />
    <asp: ListBox ID =" ListBox1" runat =" server" SelectionMode =" Multiple" Height ="
130px">
            <asp:ListItem>语文</asp:ListItem>
            <asp:ListItem>数学</asp:ListItem>
            <asp:ListItem>英语</asp:ListItem>
            <asp:ListItem>化学</asp:ListItem>
            <asp:ListItem>物理</asp:ListItem>
    </asp:ListBox>
    <p>
            <asp:Button ID="Button2" onclick="Button2_Click" runat="server" Text ="提交" />
    </p>
    <asp:Label ID="Label1" runat="server" Text="Label"></asp:Label>
    </form>
</body>
</html>
```

运行的结果如图 11.22 所示。

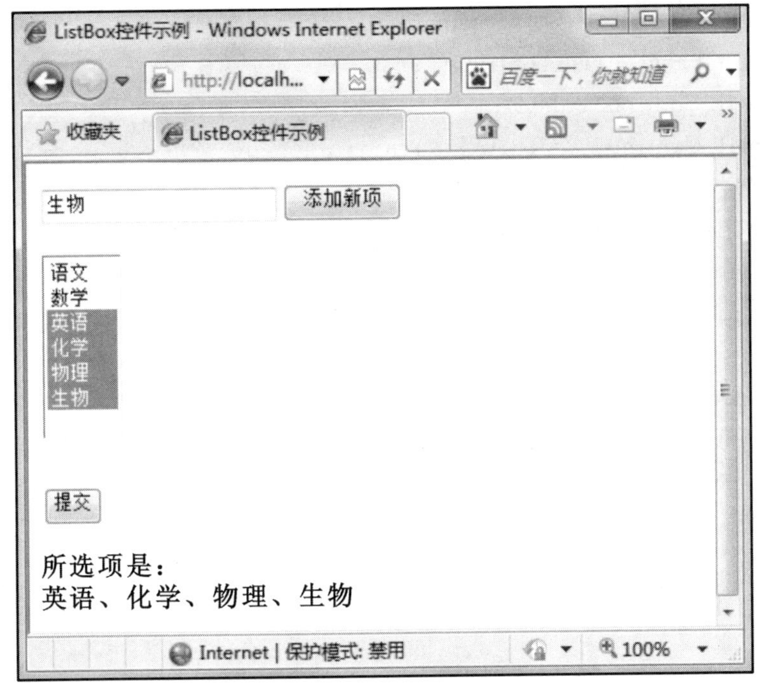

图 11.22　ListBox 控件示例

11.2.6　容器控件

(1) Panel 控件

Panel 控件为 ASP.NET 网页提供了一种容器控件，可以将其用作静态文本和其他控件的父级，即其他控件的容器。对于一组控件和相关的标记，可以通过把其放置在 Panel 控件中，然后操作此 Panel 控件的方式将它们作为一个单元进行管理。例如，可以通过设置面板的 Visible 属性来隐藏或显示面板中的一组控件。下面的示例将演示如何使用 Panel 控件：

```
<%@ Page Language="C#" AutoEventWireup="True" %>
<html>
<head>
   <script runat="server">
      void Page_Load(Object sender,EventArgs e)
      {        //Show or hide the Panel contents.
        if (Check1.Checked)
          {Panel1.Visible=false;}
        else
          {Panel1.Visible=true;}
        //Generate the Label controls.
        int numlabels=Int32.Parse(DropDown1.SelectedItem.Value);
        for (int i=1; i<=numlabels; i++)
        {
              Label l=new Label();
```

```
            l. Text="Label"+(i). ToString();
            l. ID="Label"+(i). ToString();
            Panel1. Controls. Add(l);
            Panel1. Controls. Add(new LiteralControl("<br>"));
          }
          //Generate the Textbox controls.
          int numtexts=Int32. Parse(DropDown2. SelectedItem. Value);
          for (int i=1; i<=numtexts; i++)
          {
            TextBox t=new TextBox();
            t. Text=""+(i). ToString();
            t. ID=""+(i). ToString();
            Panel1. Controls. Add(t);
            Panel1. Controls. Add(new LiteralControl("<br>"));
          }
        }
    </script>
</head>
<body>
    <h3>Panel 控件示例</h3>
    <form id="Form1" runat="server">
    <asp:Panel id="Panel1" runat="server"
          BackColor="gainsboro"
          Height="200px"
          Width="300px">
          Panel1: Here is some static content...
          <p>
    </asp:Panel>
    <p>
    标签个数:
    <asp:DropDownList id=DropDown1 runat="server">
        <asp:ListItem Value="0">0</asp:ListItem>
        <asp:ListItem Value="1">1</asp:ListItem>
        <asp:ListItem Value="2">2</asp:ListItem>
        <asp:ListItem Value="3">3</asp:ListItem>
        <asp:ListItem Value="4">4</asp:ListItem>
    </asp:DropDownList>
    <br>
    文本框个数:
    <asp:DropDownList id=DropDown2 runat="server">
```

```
        <asp:ListItem Value="0">0</asp:ListItem>
        <asp:ListItem Value="1">1</asp:ListItem>
        <asp:ListItem Value="2">2</asp:ListItem>
        <asp:ListItem Value="3">3</asp:ListItem>
        <asp:ListItem Value="4">4</asp:ListItem>
    </asp:DropDownList>
    <p>
    <asp:CheckBox id="Check1" Text="隐藏容器" runat="server"/>
    <p>
    <asp:Button ID="Button1" Text="刷新容器" runat="server"/>
  </form>
</body>
</html>
```

执行结果如图 11.23 所示。

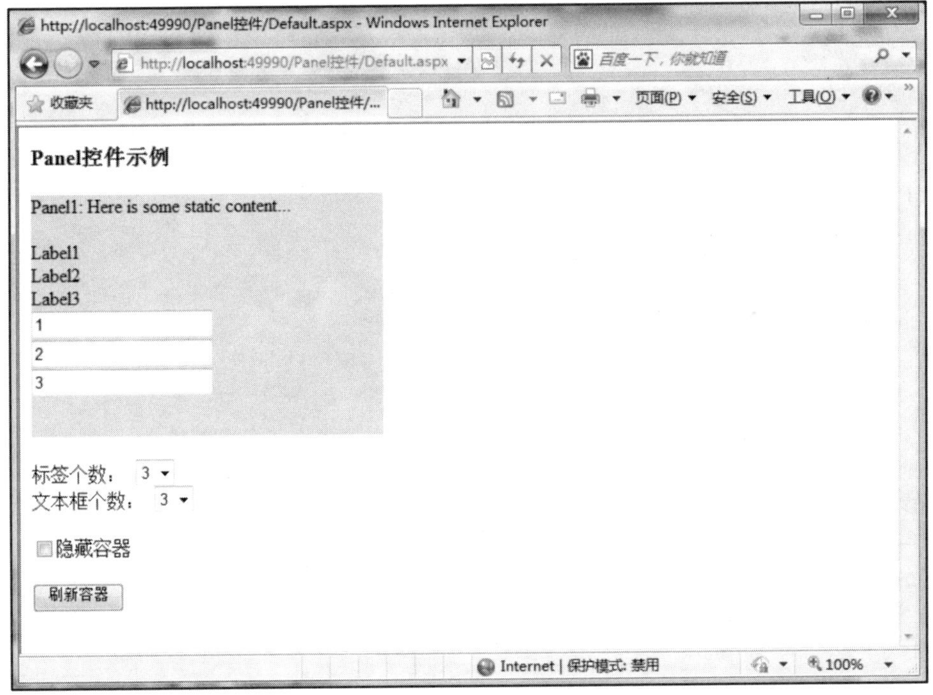

图 11.23　Panel 控件示例

(2) PlaceHolder 控件

PlaceHolder 控件用于为代码添加的控件预留空间，即在页控件层次结构中为以编程方式添加的控件保留位置，在运行时动态添加或移除其他控件。PlaceHolder 控件不会产生任何可见的输出，仅仅是网页上其他控件的容器。下面的示例将演示如何使用 PlaceHolder 控件：

```
<%@ Page Language="C#" AutoEventWireup="True" %>
<html>
<head>
```

```
    <script runat="server">
        void Page_Load(Object sender,EventArgs e)
        {
          HtmlButton myButton=new HtmlButton();
          myButton.InnerText="Button 1";
          PlaceHolder1.Controls.Add(myButton);
          myButton=new HtmlButton();
          myButton.InnerText="Button 2";
          PlaceHolder1.Controls.Add(myButton);
          myButton=new HtmlButton();
          myButton.InnerText="Button 3";
          PlaceHolder1.Controls.Add(myButton);
          myButton=new HtmlButton();
          myButton.InnerText="Button 4";
          PlaceHolder1.Controls.Add(myButton);
        }
    </script>
</head>
<body>
    <form id="Form1" runat="server">
        <h3>PlaceHolder 控件示例</h3>
        <asp:PlaceHolder id="PlaceHolder1"
              runat="server"/>
    </form>
</body>
</html>
```

执行结果如图 11.24 所示。

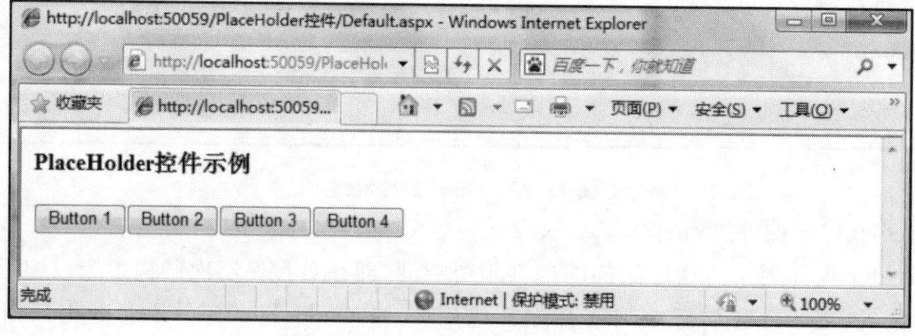

图 11.24　PlaceHolder 控件示例

11.2.7　其他 Web 服务器控件

(1) AdRotator 控件

AdRotator 控件提供一种在 ASP.NET 网页上显示广告的方法。该控件可以显示所提供的.

gif 文件或其他图形图像。当用户单击广告时，系统会将它们重定向到指定的目标 URL。该控件会从使用的数据源(如基于 XML 的广告文件等)提供的广告列表中自动读取广告信息，如图形文件名和目标 URL。AdRotator 控件会随机选择广告，每次刷新页面时都将更改显示的广告。广告可以加权以控制广告条的优先级别，这可以使某些广告的显示频率比其他广告高，也能编写在广告间循环的自定义逻辑。广告信息可来自以下数据源。

● XML 文件。可以将广告信息存储在 XML 文件中，此文件包含对广告横幅及其关联属性的引用，且这个 XML 文件必须以<Advertisements>标签开始和结束。在<Advertisements>标签内可以有若干<Ad>标签来定义每个广告，关于<Ad>标签预定义的元素可参见表 11.15。例如定义了一个名为 Ads. xml 的 XML 文档文件用于存储广告信息：

```
<?xml version="1.0" encoding="utf-8"? >
<Advertisements>
 <Ad>
    <ImageUrl>~/images/img1.gif</ImageUrl>
    <NavigateUrl>ButtonExample.aspx</NavigateUrl>
    <AlternateText>Button 控件示例</AlternateText>
    <Impressions>10</Impressions>
 </Ad>
 <Ad>
    <ImageUrl>~/images/img2.gif</ImageUrl>
    <NavigateUrl>CalendarExample.aspx</NavigateUrl>
    <AlternateText>Calendar 控件示例</AlternateText>
    <Impressions>10</Impressions>
 </Ad>
</Advertisements>
```

表 11.15　<Ad>标签中预定义的元素

元　素	说　明
<ImageUrl>	可选。图片文件的路径
<NavigateUrl>	可选。如果用户点击此广告将链接到的 URL
<AlternateText>	可选。图片的预备文字
<Keyword>	可选。广告类别
<Impressions>	可选。显示频率，以点击量的百分比表示

● 任何数据源控件。如 SqlDataSource 或 ObjectDataSource 控件(将在后面的内容中介绍)。例如，可以将广告信息存储到数据库中，使用 SqlDataSource 控件检索广告信息，然后将 AdRotator 控件绑定到数据源控件。

● 自定义逻辑。可以为 AdCreated 事件创建处理程序，并在该事件过程中选择广告。

AdRotator 控件一般会使用一个 XML 文件来存储广告信息，此控件的常用属性和事件如表 11.16 所示。

表 11.16 AdRotator 控件的常用属性和事件

属性/事件	说明
AdvertisementFile	到包含有广告信息的 XML 文件的路径
KeywordFilter	按类别限制广告的一个过滤器
Target	在何处打开此 URL，其合法值有：_blank、_parent、_search、_self、_top
OnAdCreated	该事件发生在网页被创建且一个图片从文件中被随机选中时。该事件提供图片信息，便于定制网页的其他部分

下面的示例将演示 AdRotator 控件从一个外部的 XML 文件中随机选择图片广告进行显示，代码如下：

```
<%@ Page Language="C#" AutoEventWireup="true" CodeFile="Default.aspx.cs" Inherits
="_Default" %>
<!DOCTYPE html PUBLIC "-//W3C//DTD XHTML 1.0 Transitional//EN"
"http://www.w3.org/TR/xhtml1/DTD/xhtml1-transitional.dtd">
<html xmlns="http://www.w3.org/1999/xhtml">
<head runat="server">
    <title>AdRotator 控件示例</title>
</head>
<body>
<h1>AdRotator 控件实例演示</h1>
    <form id="form1" runat="server">
    <asp:AdRotator ID="MyAdo" runat="server" AdvertisementFile="~/Ads.xml"
        Height="400px" Width="500px" />
    </form>
</body>
</html>
```

执行结果如图 11.25 所示。

图 11.25 AdRotator 控件示例

(2) Calendar 控件

Calendar 服务器控件是一个功能丰富的控件，允许直接在 Web 页面上放置一个功能完善的日历，用于选择日期或查看与日期相关的数据。该控件可以进行高度定制，确保其外观和操作的唯一性，在开发使用的时候，可以定制 Calendar 控件显示的日期格式、样式等。表 11.17 列举出了 Calendar 控件的一些常用属性和方法。

表 11.17　Calendar 控件的常用属性和方法

属性/方法	说　明
Caption	获取或设置呈现为日历标题的文本值
DayNameFormat	获取或设置一周中各天的名称格式
DayStyle	获取显示的月份中日期的样式属性
FirstDayOfWeek	获取或设置要在 Calendar 控件的第一天列中显示的一周中的某天
SelectedDate	获取或设置选定的日期
SelectedDateStyle	获取选定日期的样式属性
SelectionMode	获取或设置 Calendar 控件上的日期选择模式，该模式指定用户可以选择单日、一周还是整月
TodaysDateStyle	获取或设置今天的日期值
VisibleDate	获取或设置指定要在 Calendar 控件上显示的月份的日期
WeekendDayStyle	获取 Calendar 控件上周末的样式属性
Adddays	返回与指定的 datetime 相距指定天数的 datetime
Addhours	返回与指定的 datetime 相距指定小时数的 datetime
Addmilliseconds	返回与指定的 datetime 相距指定毫秒数的 datetime
Addminutes	返回与指定的 datetime 相距指定分钟数的 datetime
Addmonths	返回与指定的 datetime 相距指定月数的 datetime
Addseconds	返回与指定的 datetime 相距指定秒数的 datetime
Addweeks	返回与指定的 datetime 相距指定周数的 datetime
Addyears	返回与指定的 datetime 相距指定年数的 datetime
Getdayofmonth	返回指定 datetime 中的日期是该月的几号
Getdayofweek	返回指定 datetime 中的日期是星期几
Getdayofyear	返回指定 datetime 中的日期是该年中的第几天
Getdaysinmonth	返回指定月份中的天数
Getdaysinyear	返回指定年份中的天数
Gethour	返回指定的 datetime 中的小时值
Getmilliseconds	返回指定的 datetime 中的毫秒值
Getminute	返回指定的 datetime 中的分钟值
Getmonth	返回指定的 datetime 中的月份值
Getyear	返回指定的 datetime 中的年份值
Isleapday	确定某天是否为闰日
Isleapmonth	确定某月是否为闰月
Isleapyear	确定某年是否为闰年
Todatetime	返回设置为指定日期的时间的 datetime

下面通过一个示例来说明如何使用 Calendar 控件：

```
<%@ Page Language="C#" AutoEventWireup="true" CodeFile="Default.aspx.cs" Inherits
="CalendarText"%>
<!DOCTYPE html PUBLIC "-//W3C//DTD XHTML 1.0 Transitional//EN"
"http://www.w3.org/TR/xhtml1/DTD/xhtml1-transitional.dtd">
<html xmlns="http://www.w3.org/1999/xhtml">
<head runat="server">
    <title>Calendar 控件示例</title>
</head>
<body>
    <form id="form1" runat="server">
    <div>
        <asp:Calendar ID="MyCalendar" runat="server" BackColor="White"
                BorderColor="White" BorderWidth="1px" Font-Names="Verdana" Font-Size="9pt"
                ForeColor="Black" Height="190px" NextPrevFormat="FullMonth" OnSelection-
Changed="MyCalendar_SelectionChanged" OnDayRender="MyCalendar_DayRender"
                SelectionMode="DayWeek" Width="350px">
                <SelectedDayStyle BackColor="#333333" ForeColor="White" />
                <TodayDayStyle BackColor="#CCCCCC" />
                <OtherMonthDayStyle ForeColor="#999999" />
                <NextPrevStyle Font-Bold="True" Font-Size="8pt" />
                <TitleStyle BackColor="White" BorderColor="Black" BorderWidth="4px"
                    Font-Bold="True" Font-Size="12pt" ForeColor="#333399"/>
        </asp:Calendar>
    </div>
    <asp:Label ID="lblDates" runat="server"></asp:Label>
    </form>
</body>
</html>
```

其后台.cs 代码如下所示：

```
using System;
using System.Configuration;
using System.Data;
using System.Linq;
using System.Web;
using System.Web.Security;
using System.Web.UI;
using System.Web.UI.HtmlControls;
using System.Web.UI.WebControls;
```

```
using System.Web.UI.WebControls.WebParts;
using System.Xml.Linq;
    public partial class CalendarText: System.Web.UI.Page
{
    protected void MyCalendar_SelectionChanged(Object sender,EventArgs e)
    {
        lblDates.Text="You selected these dates:<br />";
        foreach (DateTime dt in MyCalendar.SelectedDates)
        {
            lblDates.Text+=dt.ToLongDateString()+"<br />";
        }
    }
    protected void MyCalendar_DayRender(Object sender,DayRenderEventArgs e)
    {
        if (e.Day.Date.Day==28 && e.Day.Date.Month==2)
        {
            e.Cell.BackColor=System.Drawing.Color.Yellow;
            Label lbl=new Label();
            lbl.Text="<br />My Brithday!";
            e.Cell.Controls.Add(lbl);
        }
    }
}
```

执行结果如图 11.26 所示。

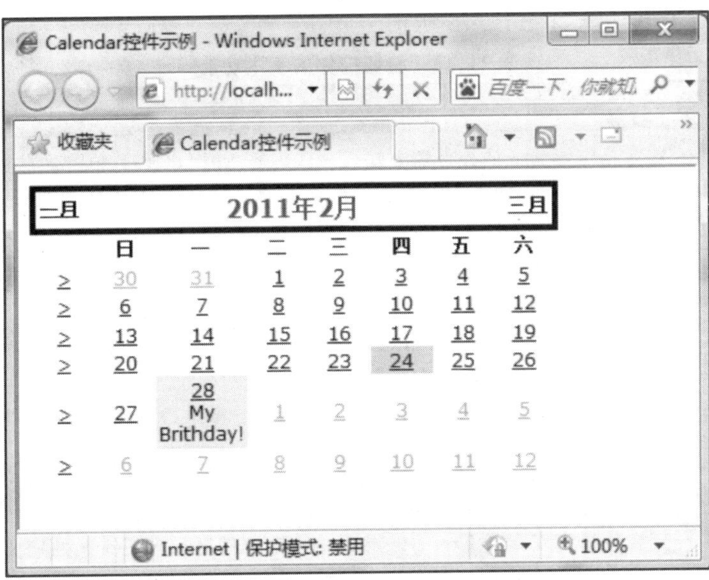

图 11.26　Calendar 控件示例

11.3 验证控件

11.3.1 验证控件简介

为了使开发的应用程序具有较强的健壮性,通常需要对各种输入控件进行验证。比如一个只能输入数字的文本框,就不能让用户随意地输入一些非数字文本,否则会导致 ASP. NET 引发一个异常。因此,在用户输入数据时,应检查数据是否有效。这个检查可以在客户端和服务器上进行。在客户端检查数据可以使用 JavaScript 来进行,但是,如果使用 JavaScript 在客户端检查数据,就一定要在服务器上也进行检查,因为客户端在任何时候都是不能完全信任的,这是因为可以在浏览器上禁用 JavaScript,此外黑客能使用其他 JavaScript 函数来接收不正确的输入。除非浏览器不支持客户端验证,或者显示禁用客户端验证(EnableClientScript 属性设置为 false),否则服务器端和客户端都要执行验证。ASP. NET 中提供了一套验证控件,在不需要编写太多代码的前提下就可以以声明的方式来完成验证用户输入的过程,并且许多已有的验证控件能进行客户端和服务器端检查,只要有回送,每个验证控件就会检查控件是否有效,并相应地改变 IsValid 属性的值。如果这个属性值是 false,被验证控件的用户输入就没有通过验证。

验证控件的另一个功能就是它们不仅可以在运行期间验证控件的有效性,还可以自动给用户输出有帮助的提示,把 ErrorMessage 属性设置为期望的文本,在用户试图回送无效的数据时,就会看到这些文本。存储在 ErrorMessage 中的文本可以在验证控件所在的位置输出,也可以和页面上其他验证控件的信息一起输出在一个独立的位置。

所有的验证控件都继承于 BaseValidator,所以它们具有几个重要的共同属性,最重要的就是前面提到的 ErrorMessage 属性;ControlToValidate 属性也是比较重要的,它指定要验证的控件的 ID。另外一个重要的属性是 Display,它用来确定是把文本放在验证汇总的位置上(Display 设置为 None),还是放在验证控件的位置上。ValidationGroup 属性规定了验证过程中被验证的控件组。Validate 方法用于启动验证控件的服务器端验证代码,验证结果放入 Page. IsValid 中。

常见的验证控件及其功能如表 11.18 所示。

表 11.18 验证控件的基本功能

控件名称	控件功能
RequiredFieldValidator	指定所验证的控件需要输入一些内容,如用户在 TextBox 等控件中输入数据,就检查这些数据;如果所验证的控件要设置初始值,而又不必须改变初始值,就可使用 InitialValue 属性设置此初始值
RangeValidator	验证控件中的数据,看其值是否在 MaximumValue 和 MinimumValue 属性值之间,其 Type 属性对应于每个 CompareValidator
RegularExpressionValidator	根据存储在 ValidationExpression 中的正则表达式验证字段内容,可以用于验证邮政编码、电话号码、IP 号码等
CompareValidator	用于检查输入的数据是否满足简单的要求
CustomValidator	验证控件的内容是否符合用户自定义的验证函数,验证的逻辑由自定义函数决定
ValidationSummary	为所有设置了 ErrorMessage 的验证控件显示验证错误的摘要,如果未设置验证控件的 ErrorMessage 属性,就不会为那个验证控件显示错误信息。该控件并不完成任何的验证工作

11.3.2　RequiredFieldValidator 控件

RequiredFieldValidator 控件是一个简单的验证控件，也是最常用的验证控件。RequiredFieldValidator 控件检查 HTML 窗体元素中是否输入了信息，如果没有输入相关信息，则执行的时候将提示用户，确保用户不跳过某个窗体输入字段。表 11.19 对 RequiredFieldValidator 控件的常用属性进行说明描述。

表 11.19　RequiredFieldValidator 控件的常用属性

属　性	描　述
ControlToValidate	该属性获取或设置要验证的输入控件
Display	该属性获取或设置验证控件中错误信息的显示行为。合法的值有： ● None，验证消息从不内联显示； ● Static，表示控件的错误信息在页面中占有固定位置； ● Dynamic，如果验证失败，将用于显示验证消息的控件动态添加到页面
EnableViewState	该属性获取或设置一个值，该值指示服务器控件是否向发出请求的客户端保持自己的视图状态以及它所包含的任何子控件的视图状态
ForeColor	该属性获取或设置验证失败后显示的消息的颜色
ErrorMessage	该属性获取或设置验证失败时，ValidationSummary 控件中显示的错误信息的文本。注释：如果未设置 Text 属性，文本也会显示在该验证控件中
IsValid	该属性获取或设置一个值，该值指示关联的输入控件是否通过验证
SetFocusOnError	该属性获取或设置一个值，该值指示在验证失败时是否将焦点设置到属性指定的控件上
Text	该属性获取或设置验证失败时验证控件中显示的文本
Page	该属性获取对包含服务器控件的 Page 实例的引用
Visible	该属性获取或设置一个值，该值指示服务器控件是否作为 UI 呈现在页上

下面通过一个示例来说明如何使用 RequiredFieldValidator 控件执行验证：

```
<%@ Page Language="C#"%>
<html>
<head runat="server">
    <title>RequiredFieldValidator 控件示例</title>
</head>
<body>
    <form id="form1" runat="server">
    <div>
        <asp:TextBox ID="txtText" runat="server">删除此文本</asp:TextBox>
        <asp:RequiredFieldValidator ID="valRequired" runat="server"
            ControlToValidate="txtText" Display="Dynamic" ErrorMessage="* 你必须在文
本框中输入一个值"></asp:RequiredFieldValidator>
    </div>
    <asp:Button ID="Button1" runat="server" Text="验证" />
```

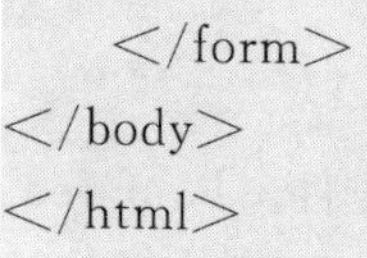

```
    </form>
</body>
</html>
```

执行上述代码，在文本框中不输入任何东西，单击【验证】按钮，得到如图 11.27 所示的结果。

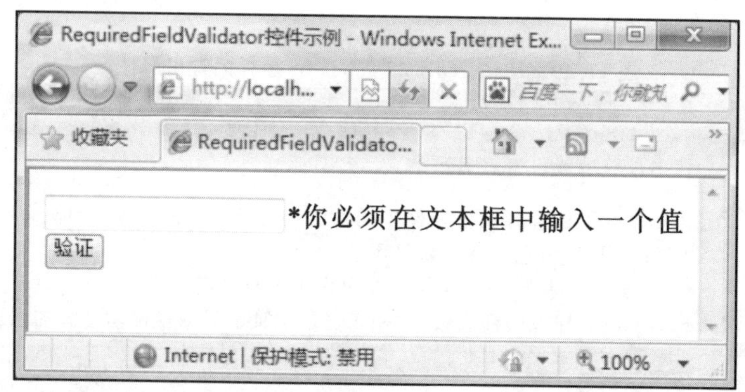

图 11.27 RequiredFieldValidator 控件示例

11.3.3 CompareValidator 控件

CompareValidator 控件用于将由用户输入到控件的值与其他控件的值或常数值进行比较，以确定这两个值是否与由比较运算符指定的关系相匹配。比较操作包含了 Equal、NotEqual、GreaterThan、GreaterThanEqual、LessThan、LessThanEqual 或 DataTypeCheck。前六种比较操作分别表示所验证输入控件的值与其他控件的值或常数值之间是相等、不相等、大于、大于或等于、小于和小于或等于的比较，而 DataTypeCheck 则表示输入到所验证的输入控件的值与 BaseCompareValidator. Type 属性指定的数据类型之间的数据类型进行比较。如果无法将值转化为指定的数据类型，则验证失败。使用此运算符时，将忽略 ControlToCompare 和 ValueToCompare 属性。CompareValidator 控件既可以将输入控件的值与另一个输入控件的值进行比较，也可以将其与常数值进行比较。如果同时设置了 ControlToCompare 和 ValueToCompare 两个属性，则 ControlToCompare 属性优先。表 11.20 给出 CompareValidator 控件的部分常用属性。

表 11.20 CompareValidator 控件的常用属性

属性	描述
ValueToCompare	一个常数值，该值要与由用户输入到所验证的输入控件中的值进行比较
ControlToCompare	要与所验证的输入控件进行比较的输入控件
Type	获取或设置用来比较的数据的类型（Currency 货币、Date 日期、Double 双精度浮点型、Integer 整型、String 字符串型），默认为 String
Operator	获取或设置比较运算符（等于、不等于、大于、大于或等于、小于、小于或等于、数据类型检查），默认为 Equal
EnableViewState	控件是否自动保存其状态以用于往返过程
ErrorMessage	当验证的控件无效时在 ValidationSummary 中显示的消息
SetFocusOnError	控件无效时，验证程序是否在控件上设置焦点
ValidationGroup	验证程序所属的组
Display	同 RequiredFieldValidation 控件的 Display 一样

下面通过一个示例来说明如何使用 CompareValidator 控件执行验证：

```
<%@ Page Language="C#" AutoEventWireup="true" CodeFile="Default.aspx.cs" Inherits
="_Default" %>
<!DOCTYPE html PUBLIC "-//W3C//DTD XHTML 1.0 Transitional//EN"
"http://www.w3.org/TR/xhtml1/DTD/xhtml1-transitional.dtd">
<html xmlns="http://www.w3.org/1999/xhtml">
<head runat="server">
    <title>CompareValidator 控件示例</title>
</head>
<body>
    <form id="form1" runat="server">
    <div>
        <asp:Label ID="Label1" runat="server" Text="下面必须输入日期，且早于今天">
</asp:Label>
    </div>
    <asp:TextBox ID="TextBox1" runat="server"></asp:TextBox>
    <asp:CompareValidator ID="CompareValidator1" runat="server"
        ControlToValidate="TextBox1" ErrorMessage="TextBox1 必须是早于今天的一个日期!"
        Operator="LessThan" SetFocusOnError="True" Type="Date"></asp:CompareValidator>
    <p>
        <asp:Button ID="Button1" runat="server" onclick="Button1_Click" Text="提交" />
        <asp:Button ID="Button2" runat="server" CausesValidation="False"
            Text="取消—将不会执行验证!" />
    </p>
    </form>
</body>
</html>
```

其后台.cs 代码如下所示：

```
using System;
using System.Configuration;
using System.Data;
using System.Linq;
using System.Web;
using System.Web.Security;
using System.Web.UI;
using System.Web.UI.HtmlControls;
using System.Web.UI.WebControls;
using System.Web.UI.WebControls.WebParts;
using System.Xml.Linq;
```

```
public partial class _Default: System. Web. UI. Page
{
    protected void Page_Load(Object sender,EventArgs e)
    {
        this. CompareValidator1. ValueToCompare=DateTime. Today. ToShortDateString();
    }
    protected void Button1_Click(Object sender,EventArgs e)
    {
        this. Validate(string. Empty);
        if (this. IsValid==false)
        {
            //Do something...
        }
    }
}
```

执行代码,在文本框中输入如下日期,结果如图 11.28 所示。

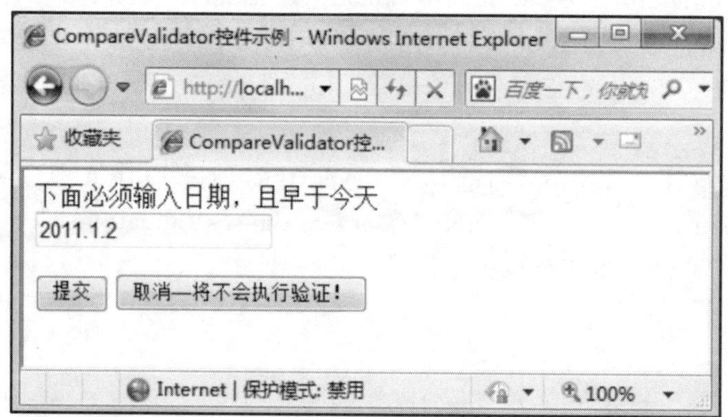

图 11.28 CompareValidator **控件示例——程序界面**

再在图中输入如下的日期,得到如图 11.29 所示的结果。

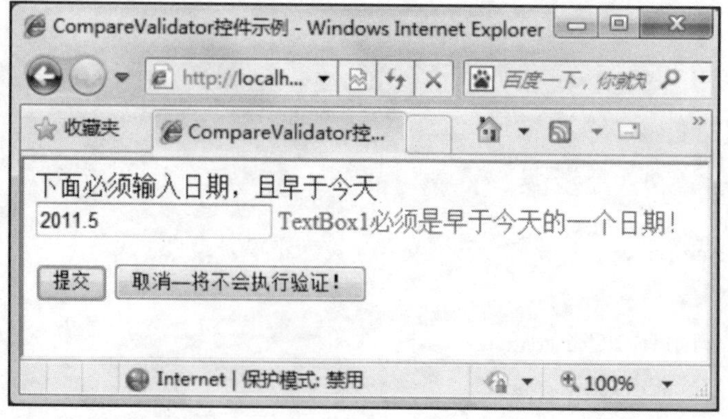

图 11.29 CompareValidator **控件示例——运行结果**

11.3.4　RangeValidator 控件

RangeValidator 控件用于检测用户输入的值是否介于两个值之间。RangeValidator 控件可以对不同类型的值进行比较，如数字、日期及字符。通过计算输入控件的值，以确定该值是否在指定的上限与下限之间。表 11.21 说明了 RangeValidator 控件的常用属性。

表 11.21　RangeValidator 控件的常用属性

属　性	描　述
ControlToValidate	该属性获取或设置要验证的输入控件
Display	该属性获取或设置验证控件中错误信息的显示行为。合法的值有： ● None，验证消息从不内联显示； ● Static，在页面布局中分配用于显示验证消息的控件； ● Dynamic，如果验证失败，将用于显示验证消息的控制动态添加到页面
EnableClientScript	布尔值，规定是否启用客户端验证
Enable	布尔值，规定是否启用验证控件
ForeColor	该属性获取或设置验证失败后显示的消息的颜色
ErrorMessage	该属性获取或设置验证失败时 ValidationSummary 控件中显示的错误信息的文本。注释：如果未设置 Text 属性，文本也会显示在该验证控件中
IsValid	该属性获取或设置一个值，该值指示关联的输入控件是否通过验证
SetFocusOnError	该属性获取或设置一个值，该值指示在验证失败时是否将焦点设置到属性指定的控件上
Text	该属性获取或设置验证失败时验证控件中显示的文本
MaximumValue	规定输入控件的最大值
MinimumValue	规定输入控件的最小值
Type	获取或设置用来比较的数据的类型(Currency 货币、Date 日期、Double 双精度浮点型、Integer 整型、String 字符串型)，默认为 String

下面通过一个示例来说明如何使用 RangeValidator 控件执行验证：

```
<%@ Page Language="C#" AutoEventWireup="true" CodeFile="Default.aspx.cs" Inherits
="_Default" %>
<!DOCTYPE html PUBLIC "-//W3C//DTD XHTML 1.0 Transitional//EN"
"http://www.w3.org/TR/xhtml1/DTD/xhtml1-transitional.dtd">
<html xmlns="http://www.w3.org/1999/xhtml">
<head runat="server">
    <title>RangeValidation 控件示例</title>
</head>
<body>
    <form id="form1" runat="server">
    <p>
    A number(1 to 10)
        <asp:TextBox ID="txtValidated" runat="server"></asp:TextBox>
```

```
        <asp:RangeValidator ID="RangeValidator" runat="server"
            ControlToValidate="txtValidated" ErrorMessage="This Number Is Not In The Range"
            MaximumValue="10" MinimumValue="1" Type="Integer"></asp:RangeValidator>
        </p>
    <p>
        Not Validated:<asp:TextBox ID="txtNotValidated" runat="server"></asp:TextBox>
    </p>
    <p>
         </p>
    <p>
        <asp:Button ID="cmdOK" runat="server" Text="确定" />
    </p>
    <asp:Label ID="lblMessage" runat="server" EnableViewState="false"></asp:Label>
    </form>
</body>
</html>
```

其后台.cs代码如下所示：

```
using System.Data;
using System.Drawing;
using System.Web;
using System.Web.SessionState;
using System.Web.UI;
using System.Web.UI.HtmlControls;
using System.Web.UI.WebControls;
public partial class _Default: System.Web.UI.Page
{
    private void Page_Load(Object sender,System.EventArgs e)
    {
        //初始化用户代码
    }
    #region Web Form Designer generated code
    override protected void OnInit(EventArgs e)
    {
      InitializeComponent();
      base.OnInit(e);
    }
    private void InitializeComponent()
    {
    this.cmdOK.Click+=new System.EventHandler(this.cmdOK_Click);
    this.Load+=new System.EventHandler(this.Page_Load);
```

```
    }
    #endregion
    private void cmdOK_Click(Object sender,System.EventArgs e)
    {
    if(! this.IsValid)return;
    lblMessage.Text="cmdOK_Click event handler executed.";
    }
}
```

执行程序，在网页中输入不同的数字得到两个不同结果，如图 11.30 和图 11.31 所示。

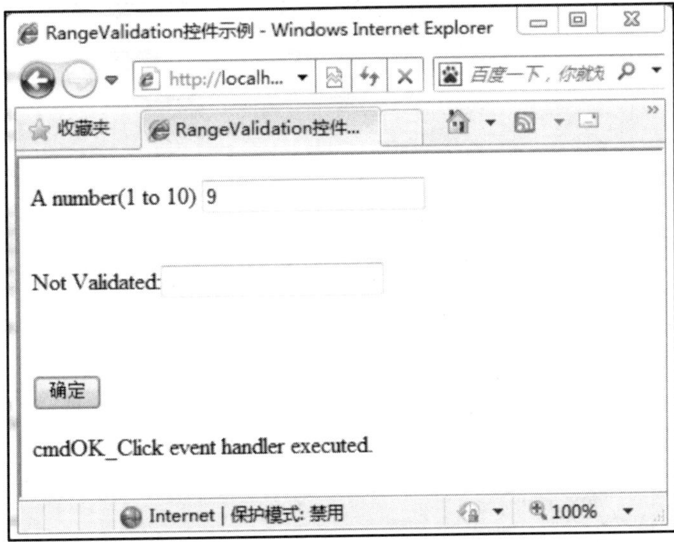

图 11.30　RangeValidator 控件示例——验证正常

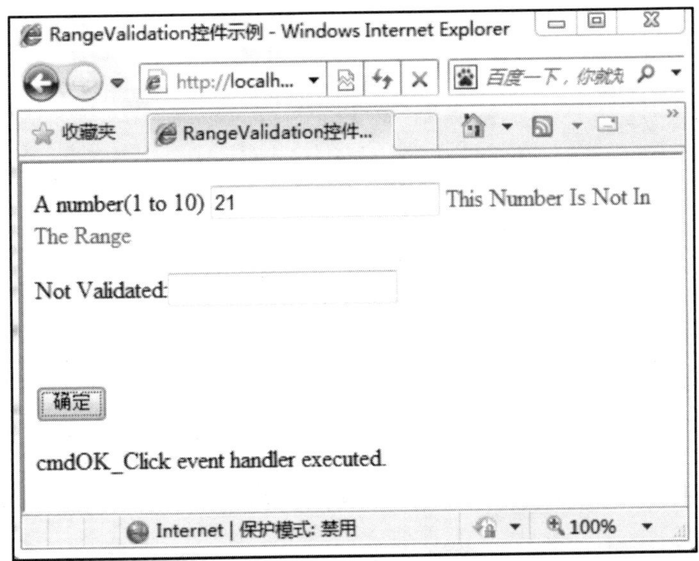

图 11.31　RangeValidator 控件示例——验证错误

11.3.5 RegularExpressionValidator 控件

(1) 正则表达式

在编写处理字符串的程序或网页时，经常需要查找符合某些复杂规则的字符串，正则表达式就是用于描述这些规则的代码。它提供了功能强大、灵活而又高效的方法来处理文本。其全面模式匹配表示法可以快速地分析大量的文本以找到特定的字符模式，提取、编辑、替换或删除文本子字符串，或将提取的字符串添加到集合。表 11.22 介绍了正则表达式的常用符，并对其作出解释说明。

表 11.22 正则表达式的常用符

类别	代码	说明
元字符	.	匹配除换行符以外的任意字符
	\w	匹配字母、数字、下画线或汉字
	\s	匹配任意的空白符，包括空格、制表符(Tab)、换行符、中文全角空格等
	\d	匹配数字
	\b	匹配单词的开始或结束
	^	匹配字符串的开始
	$	匹配字符串的结束
限制符	*	重复零次或更多次
	+	重复一次或更多次
	?	重复零次或一次
	{n}	重复 n 次
	{n,}	重复 n 次或更多次
	{n,m}	重复 n 到 m 次
字符转义	\	消除某些字符的特殊意义
字符类	[]	匹配没有预定义的元字符
反义代码	\W	匹配任何不是字母、数字、下画线、汉字的字符
	\S	匹配任意不是空白符的字符
	\D	匹配任意非数字的字符
	\B	匹配不是单词开头或结束的位置
	[^x]	匹配除了 x 以外的任意字符
	[^abc]	匹配除了 abc 这几个字母以外的任意字符
替换	|	有几种规则，满足其中一种即匹配成功，该代码符号将不同的规则分隔开
分组	()	指定字表达式以方便重复一个字符串

例如国内电话号码的表达式为：(\(0\d{2,3}\)|0\d{2,3}-)? \d{7,8}(-\d{1,4})?。其中，前半部分“(\(0\d{2,3}\)|0\d{2,3}-)? ”中?表示前面的部分出现 0 或 1 次，|表示或者，即\(0\d{2,3}\)或者 0\d{2,3}[例如区号可以用(027),(0713)或 027-,0871- 表示]；“\d{7,8}”表示 7 位或者

8 位数字电话号码；"(-\d{1,4})?"中?表示出现 0 或 1 次，该部分表示 1 到 4 位分机号或者没有分机号。因而，依据整体表达式匹配模式，12345678、027-12345678、(027)12345678、027-1234567-1、0713-1234567-1234 等都算合法的国内电话号码。以下通过实例说明如何在程序中应用：

```
string msg="";
Regex regex=new Regex(@"^(?:{\u4E00-\ u9FA5} *\w *\s *)+ $");//屏蔽非法字符
If(regex.IsMatch(txt_Name.Text)
    msg="用户名格式正确";
else
    msg="用户名中含有非法字符!";
regex=new Regex(@"^([a-zA-Z]\w(5-17) $");
If(regex.IsMatch(txt_Password.Text)
    msg="密码格式正确";
else
    msg="密码必须是由以字母开头的字母、数字和下画线组成，长度为 6～18 位!";
```

下面是常用的正则表达式：

整数：("int":"^([+-]?)\\d+ $")　浮点数：("float":"^([+-]?)\\d *\\.\\d+ $")

正整数：("int+":"^([+]?)\\d+ $")　正浮点数：("float":"^([+]?)\\d *\\.\\d+ $")

负整数：("int-":"^-\\d+ $")　负浮点数：("float":"^-\\d *\\.\\d+ $")

数字：("num":"^([+-]?)\\d *\\.? \\d+ $")　颜色：("color":"^#[a-fA-F0-9]{6}")

正数：("num+":"^([+]?)\\d *\\.? \\d+ $")

仅中文：("chinese":"^ [\\u4E00-\\u9FA5\\uF900-\\uFA2D]+ $")

负数：("num-":"^-\\d *\\.? \\d+ $")　仅 ACSII 字符：("ascii": "^[\\x00-\\xFF]+ $")

邮编：("zipcode":"^\\d{6} $")　手机：("mobile":"^0{0,1}13[0-9]{9} $")

非空：("notempty":"^\\S+ $")　身份证号：("identification":"^\d{17}[\d|X]|\d{15} $")

图片：("picture": "(. *)\\.(jpg|bmp|gif|ico|pcx|jpeg|tif|png|raw|tga) $ ")

链接：("url": "^http[s]?:\/\/([\\w-]+\\.)+[\\w-]+([\\w-/?%&=] *)? $")

Internet 邮件：("email": "^ \w+([-+.']\w+) *@\w+([-.]\w+) *\.\w+([-.]\w+) * $")

(2) RegularExpressionValidator 控件编程实例

RegularExpressionValidator 控件用于验证输入值是否匹配正则表达式指定的模式，计算输入控件的值，以确定该值是否与某个正则表达式所定义的模式相匹配。它的常用属性如表 11.23 所示。通过这种类型的验证，可以检查可预知的字符序列，如身份证号码、电子邮件地址、电话号码、邮政编码等中的字符序列。

表 11.23　RegularExpressionValidator 控件的常用属性

属　性	描　述
Display	该属性获取或设置验证控件中错误信息的显示行为。合法的值有： ● None，验证消息从不内联显示； ● Static，在页面布局中分配用于显示验证消息的控件； ● Dynamic，如果验证失败，将用于显示验证消息的控件动态添加到页面

续表 11.23

属性	描述
Enabled	布尔值，该值指示是否启用验证控件
ControlToValidate	要验证的输入控件的 ID
IsValid	布尔值，该值指示关联的输入控件是否通过验证
runat	规定该控件是一个服务器控件。必须设置为"server"
EnableClientScript	布尔值，指示是否启用客户端验证
Text	当验证失败时显示的文本
ErrorMessage	当验证失败时，在 ValidationSummary 控件中显示的文本
ValidationExpression	指定用于验证输入控件的正则表达式。客户端的正则表达式验证语法与服务器端略有不同。在客户端使用的是 JScript 正则表达式，而在服务器端使用的则是 Regex 语法。由于 JScript 正则表达式语法是 Regex 语法的子集，所以最好使用 Jscript 正则表达式语法，以便在客户端和服务器端得到同样的结果

下面通过一个示例来说明如何使用 RegularExpressionValidator 控件：

```
<%@ Page Language="C#" AutoEventWireup="true"%>
<! DOCTYPE html PUBLIC "-//W3C//DTD XHTML 1.0 Transitional//EN"
"http://www.w3.org/TR/xhtml1/DTD/xhtml1-transitional.dtd">
<script runat="server">

   protected void validateBtn_Click(object sender,EventArgs e)
   {
      if (Page.IsValid)
      {
         lblOutput.Text="页面数据合法。";
      }
      else
      {
         lblOutput.Text="页面数据不合法。";
      }
   }
</script>
<html xmlns="http://www.w3.org/1999/xhtml">
<head runat="server">
   <title>RegularExpressionValidator 控件示例</title>
</head>
<body>
   <form id="form1" runat="server">
   <h3>RegularExpressionValidator 示例</h3>
   <table style="background-color:#eeeeee;padding:10">
```

```
        <tr valign="top">
          <td colspan="3">
            <asp:Label ID="lblOutput" Text="输入 5 位数字邮政编码" runat="server" As-
sociatedControlID="TextBox1"/>
          </td>
        </tr>
        <tr>
          <td colspan="3">
           <b>个人信息:</b>
          </td>
        </tr>
        <tr>
          <td align="right">
            邮政编码:
          </td>
          <td>
            <asp:TextBox ID="TextBox1" runat="server" />
          </td>
          <td>
            <asp:RegularExpressionValidator ID="RegularExpressionValidator1" runat="server"
                ControlToValidate="TextBox1" EnableClientScript="false"
                ErrorMessage="邮政编码必须为 5 个数字" ValidationExpression="\d{5}">
</asp:RegularExpressionValidator>
          </td>
        </tr>
        <tr>
          <td></td>
          <td>
            <asp:Button ID="Button1" runat="server" onclick="validateBtn_Click" Text="验证" />
          </td>
          <td></td>
        </tr>
    </table>
    </form>
</body>
</html>
```

执行结果如图 11.32 所示。

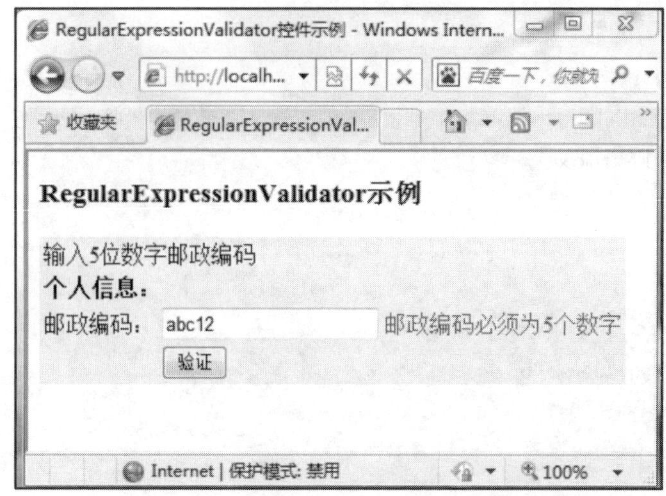

图 11.32 RegularExpressionValidator 控件示例

11.3.6 CustomValidator 控件

CustomValidator 控件可对输入控件执行用户定义的验证，计算输入控件的值以确定它是否通过自定义的验证逻辑。它的常用属性如表 11.24 所示。由 OnServerValidate 事件触发用户自定义的验证函数，事件方法形式为：

```
protected void 控件名_ServerValidate (object source,ServerValidateEventArgs args) { }
```

表 11.24 CustomValidator 控件的常用属性

属　性	描　述
Display	该属性获取或设置验证控件中错误信息的显示行为。合法的值有： ● None，验证消息从不内联显示； ● Static，在页面布局中分配用于显示验证消息的控件； ● Dynamic，如果验证失败，将用于显示验证消息的控件动态添加到页面
ClientValidationFunction	规定用于验证的自定义客户端脚本函数的名称
Enabled	布尔值，该值指示是否启用验证控件
ControlToValidate	要验证的输入控件的 ID
OnServerValidate	规定被执行的服务器端验证脚本函数的名称
IsValid	布尔值，该值指示关联的输入控件是否通过验证
runat	规定该控件是一个服务器控件。必须设置为“server”
EnableClientScript	布尔值，指示是否启用客户端验证
Text	当验证失败时显示的文本

下面通过一个示例来说明如何使用 CustomValidator 控件：

```
<%@ Page Language="C#"%>
<script runat="server">
    protected void valComments_ServerValidate(Object source,ServerValidateEventArgs args)
    {
        if (args.Value.Length>10)
```

```
            args.IsValid=false;
        else
            args.IsValid=true;
    }
</script>
<html xmlns="http://www.w3.org/1999/xhtml">
<head runat="server">
    <title>CustomValidator 控件示例</title>
</head>
<body>
    <form id="form1" runat="server">
    <div>
        <asp:Label ID="lblComments" runat="server" AssociatedControlID="txtComments"
            Text="评论:"></asp:Label>
    </div>
    <asp:TextBox ID="txtComments" runat="server" Columns="30" Height="85px"
        Rows="5" TextMode="MultiLine" Width="198px"></asp:TextBox>
    <asp:CustomValidator ID="valComments" runat="server"
        ControlToValidate="txtComments" ErrorMessage="CustomValidator"
        onservervalidate="valComments_ServerValidate">评论不得多于 10 个字符</asp:
CustomValidator>
    <p>
        <asp:Button ID="btnSubmit" runat="server" Text="提交" />
    </p>
    </form>
</body>
</html>
```

执行结果如图 11.33 所示。

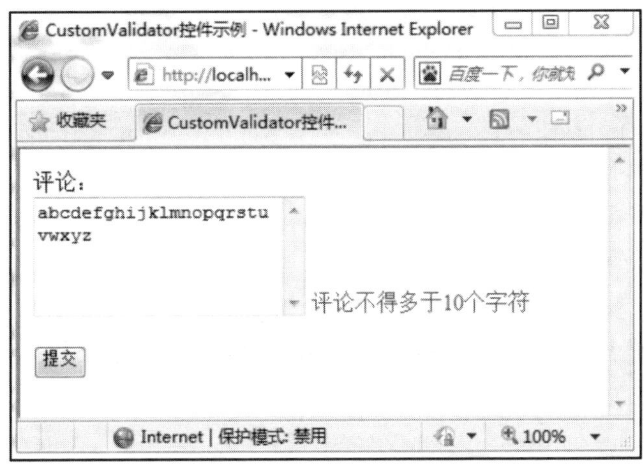

图 11.33　CustomValidator 控件示例

11.3.7 ValidationSummary 控件

ValidationSummary 控件用于在网页、消息框或在这两者中内联显示所有验证错误的摘要，显示 Web 页上所有验证错误列表。它的常用属性如表 11.25 所示。在该控件中显示的错误消息是由每个控件的 ErrorMessage 属性规定的，如果未设置验证控件的 ErrorMessage 属性，就不会为该验证控件显示错误消息。

表 11.25 ValidationSummary **控件的常用属性**

属　性	描　述
DisplayMode	如何显示摘要。合法值有：BulletList、List、SingleParagraph
EnableClientScript	布尔值，规定是否启用客户端验证
Enabled	布尔值，规定是否启用验证控件
ForeColor	该控件的前景色
HeaderText	标题文本
Id	控件的唯一 id
runat	规定该控件是一个服务器控件。必须设置为“server”
ShowMessageBox	布尔值，指示是否在消息框中显示验证摘要
ShowSummary	布尔值，规定是否显示验证摘要

下面通过一个示例来说明如何使用 ValidationSummary 控件汇总验证信息：

```
<%@ Page Language="C#"%>
<html xmlns="http://www.w3.org/1999/xhtml">
<head runat="server">
    <title>ValidationSummary 控件示例</title>
</head>
<body>
    <form id="form1" runat="server">
    <div>
        <asp:Label ID="lblFirstName" runat="server" AssociatedControlID="txtFirstName"
            Text="姓:"></asp:Label>
    </div>
    <asp:TextBox ID="txtFirstName" runat="server"></asp:TextBox>
    <asp:RequiredFieldValidator ID="reqFirstName" runat="server"
        ControlToValidate="txtFirstName" Display="None" ErrorMessage="必须输入姓">
</asp:RequiredFieldValidator>
    <p>
        <asp:Label ID="lblLastName" runat="server" AssociatedControlID="txtLastName"
            Text="名:"></asp:Label>
    </p>
    <p>
```

```
            <asp:TextBox ID="txtLastName" runat="server"></asp:TextBox>
            <asp:RequiredFieldValidator ID="reqLastName" runat="server"
                ControlToValidate="txtLastName" Display="None" ErrorMessage="必须输入
名"></asp:RequiredFieldValidator>
        </p>
        <p>
            <asp:Button ID="btnSubmit" runat="server" Text="提交" />
        </p>
        <asp:ValidationSummary ID="ValidationSummary1" runat="server"
            ShowMessageBox="True" ShowSummary="False" />
        </form>
</body>
</html>
```

执行结果如图 11.34 所示。

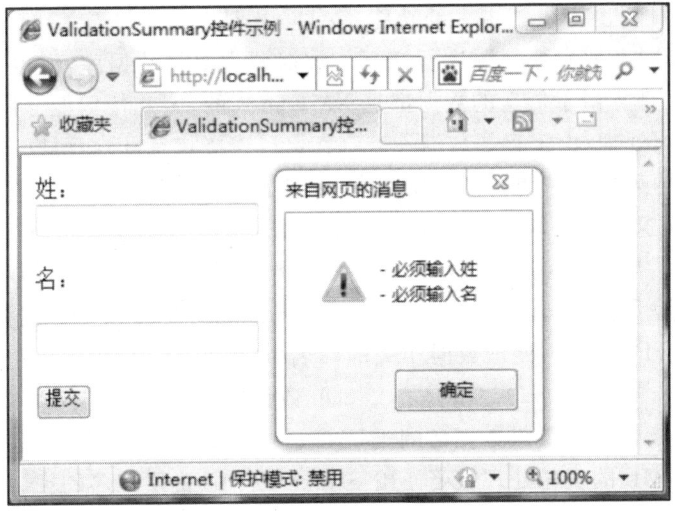

图 11.34　ValidationSummary 控件示例

第 12 章
ADO. NET

12.1 ADO. NET 架构

12.1.1 ADO. NET 简介

ADO. NET 又被称为 ActiveX 数据对象(ActiveX Data Object),是一组用于和多种数据源进行交互的类库。ADO. NET 不仅是 ADO 的新版本,而且从 Web 的角度对 ADO 进行了改进,比 ADO 具有更灵活的弹性,也提供了更多的功能。ADO. NET 具有基于 XML、支持非连接编程模式的特征,它允许和不同类型的数据源进行交互。数据源主要是数据库,但也可以是 XML 文件、Excel 表格或者文本文件。由于传送的数据都是 XML 格式的,因此任何能够读取 XML 格式的应用程序都可以进行数据处理;由于存取数据不需一直保持连接状态,因而可以有效地减少网络流量和资源的浪费。不同的数据源采用不同的协议,一些老式的数据源使用 ODBC 协议,许多新的数据源使用 OleDb 协议,这些数据源都可以通过. NET 的 ADO. NET 类库进行连接。

ADO. NET 提供了与数据源进行交互的相关公共方法,但是对于不同的数据源采用一组不同的类库。这些类库称为 Data Providers,并且通常是以与之交互的协议和数据源的类型来命名的。ADO. NET 以 System. Data 作为处理数据相关的命名空间,System. Data. Odbc 是为 ODBC 数据源提供数据访问类,System. Data. OleDb 是为 OleDb 数据源提供数据访问类,System. Data. SQL-Client 是为 SQL Server 数据库提供数据访问类,System. Data. OracleClient 是为 Oracle 数据库提供数据访问类;对于 XML 的资料处理主要使用 System. XML 提供程序的类。

12.1.2 ADO. NET 的结构

ADO. NET 的功能是要明确数据源是什么,如何取得数据和将取得的数据放在哪里。因而,ADO. NET 结构中包括两个核心组件:. NET 的数据提供程序 DataProviders 和 DataSet。. NET 数据提供程序 DataProviders 是为了实现数据操作和对数据的访问而提供的核心元素,包括 Connection、Command、DataReader、DataAdapter 对象。其中:Connection 对象提供与数据库的连接;Command 对象用于对数据源执行检索、编辑、删除,或插入数据以及运行存储过程的命令;DataReader对象从数据源中读取只进且只读的高性能的数据流,这些数据不可修改,只能向前读取这些数据;DataAdapter 对象提供连接 DataSet 对象和数据源的桥梁,利用 Command 对象在数据源中执行 SQL 命令,以便将数据填充到 DataSet 中,并将 DataSet 中数据的变化返回到数据库,使对 DataSet 中数据的更改与数据源保持一致。

为了实现独立于任何数据源的数据访问,可将 DataSet 视为从数据库检索出在内存中缓存的数据,它包括一个或者多个 DataTable 对象的集合,这些对象由数据行、数据列及主键、外键、约束和有关 DataTable 对象中数据的关系信息组成。ADO. NET 结构数据访问流程图如图 12.1 所示。

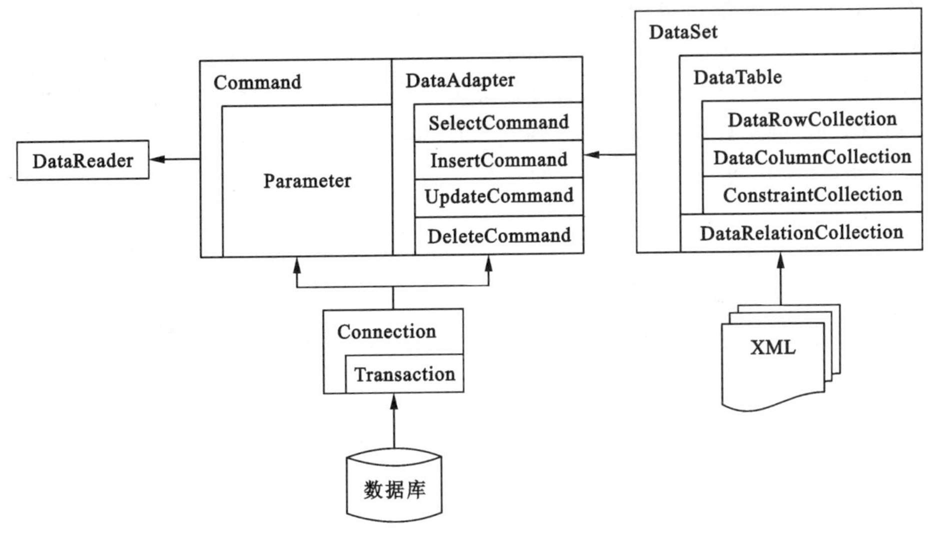

图 12.1　ADO. NET 结构图

12.1.3　ADO. NET 对数据库的访问

. NET 的数据提供程序提供了两种方式从数据库中查询记录，即连线式数据库访问连接方式和断开式数据库访问连接方式，两种连接方式的模型可参见图 12.2。

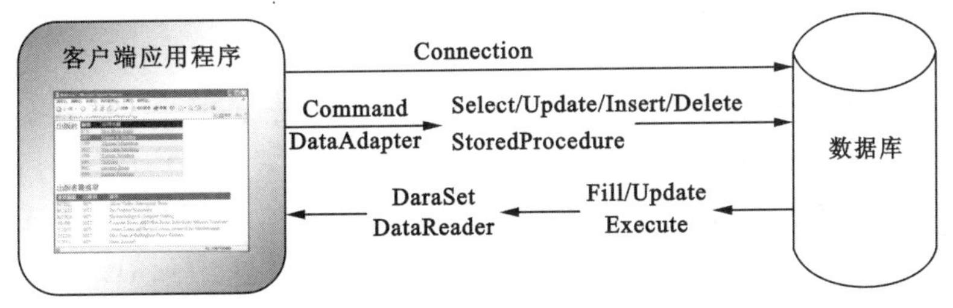

图 12.2　两种 ADO. NET 数据库访问连接方式

连线式数据库访问连接方式是指客户端从数据源获取数据后，通过 DataReader 对象一行一行地从数据源之中将访问到的数据行读取到客户端的过程。采用这种方式是使用 Command 对象访问数据库，通过 DataReader 对象读取数据，检索出来的数据形成一个只读只进的数据流，存储在客户端的网络缓冲区内。DataReader 对象的 read 方法可以前进到下一条记录。在默认情况下，每执行一次 read 方法只会在内存中存储一条记录，系统的开销非常少。这种方式的优点是不用占用额外的内存，而且读取数据的速度比较快。但是，在这种只读前进式的数据访问读取过程中，DataReader对象必须时刻与数据源保持连接，需要编写的程序代码比较长。

断开式数据库访问连接方式是指客户端从数据源获取数据后，断开与数据源的连接，所有的数据操作都是针对本地数据缓存里的数据，当需要从数据源获取新数据或者被处理后的数据回传，这时客户端再与数据源相连接来完成相应的操作。它使用 DataAdapter 对象作为 DataSet 和数据源之间的桥接器，DataAdapter 对象选择连接和命令从数据库获取数据后，使用 Fill 方法把数据填充到 DataSet 中，今后的数据访问将直接针对 DataSet 对象展开；当数据被修改后需要回传，再通过 DataAdapter 对象重新连接数据库，使用 Update 方法将数据保存在数据库中。这种方式的优点是所需要编写的代码比较少，但是需要占用额外的内存，并且读取数据的速度相对前一种方式而言比较慢。

ADO. NET 连接数据库的内容包括：连接到数据库、执行数据库操纵命令和检索结果。具体而言，C#利用ADO.NET进行数据库开发的基本步骤如下：

① 导入命名空间。连接不同的数据库所采用的对象是不一样的，因此导入的命名空间也不一样。数据库可以是SQL Server、Oracle、Access等类型，相应的导入命名空间分别为："Using System.Data.SQLClient;"、"Using System.Data.OracleClient;"、"Using System.Data odbc;"和"Using System.Data.OleDb;"。根据导入的命名空间不同，以下各步骤中具体的引用对象也不一样，针对不同数据源，引用类之间的区别见表12.1。

表12.1 不同数据源的区别

类 \ 数据源	SQL Server	OleDb	ODBC	Oracle
Using	System.Data.SqlClient	System.Data.OleDb	System.Data.Odbc	System.Data.OracleClient
Connection	SqlConnection	OleDbConnection	OdbcConnection	OracleConnection
Command	SqlCommand	OleDbCommand	OdbcCommand	OracleCommand
DataReader	SqlDataReader	OleDbDataReader	OdbcDataReader	OracleDataReader
DataAdapter	SqlDataAdapter	OleDbDataAdapter	OdbcDataAdapter	OracleDataAdapter
DbTransaction	SqlTransaction	OleDbTransaction	OdbcTransaction	OracleTransaction

② 创建和数据库连接的Connection对象，建立应用程序对数据库的连接。

③ 向数据库发送SQL命令。命令的类型可以是SQL文本，也可以是存储过程；命令执行功能类型可以为查询、添加、修改和删除命令，实现的方式是通过给DataAdapter或Command的属性赋值来完成。

④ 返回命令执行结果。利用DataAdapter的Fill方法把数据填充到DataSet，或利用Command的执行返回DataReader对象。

⑤ 用户对返回结果进行处理，将结果显示在界面上。如把数据集DataSet或数据流DataReader绑定到数据控件上，使最终的数据库中的数据显示在用户界面的数据控件中。

(6) 关闭数据库链路。

12.1.4 数据源控件

数据源控件是用来配置数据源的新工具，当数据控件绑定数据源控件时，就能够通过数据库源控件来获取数据源中的数据并显示。在ASP.NET中有ObjectDataSource、SqlDataSource、AccessDataSource、XmlDataSource和SiteMapDataSource五个数据源控件，见表12.2。它们都用来从各自类型的数据源中检索数据，用户可以很容易地将SQL语句或存储过程与数据源控件相关联，并且将它们绑定到数据源控件。数据源控件减少了为检索和绑定数据甚至对数据进行排序、分页或编辑而编写的大量重复性代码。

表12.2 数据源控件类型

数据源控件	说明
ObjectDataSource	用于连接自定义对象，由该对象完成数据操作，包括查询、添加、修改等，以用于多层Web应用结构
SqlDataSource	用于连接SQL数据库，可以用来从任何OleDb或者符合ODBC的数据源中检索数据，能够访问目前主流的数据库系统，如：Microsoft SQL Server、Oracle
AccessDataSource	用于连接Access数据库，数据源控件直接使用SQL语句操作数据库，包括数据查询、添加、修改等

续表 12.2

数据源控件	说　明
XmlDataSource	直接绑定到 XML 文件，这种绑定方式特别适用于分层的 ASP. NET 服务器控件，如 TreeView 或 Menu 控件
SiteMapDataSource	该控件装载一个预先定义好的站点布局文件作为数据源，Web 服务器控件和其他控件可通过该控件绑定到分层站点地图数据，以便实现站点的页面导航功能。

SqlDataSource 控件不仅能使用 SQL Server，而且可以用来从任何 OleDb 或符合 ODBC 的数据源中检索数据。SqlDataSource 控件代表与一个关系型数据存储(如 SQL Server、Oracle 或任何一个可以通过 OleDb 或 ODBC 访问的数据源)相连接的数据源控件。用户可以将该控件与数据控件(如 GridView、FormView 和 DetailsView 控件)一起使用，用极少代码，甚至不用代码来在 ASP. NET网页上显示和操作数据。

(1) 添加 SqlDataSource 控件

SqlDataSource 控件提供了易于使用的向导，引导用户完成配置过程。以下将介绍如何使用向导创建一个 SqlDataSource 控件，并进行配置。完成配置后，就可以直接在源视图中查看生成的源代码，也可以在源视图中手动修改控件的属性。具体的步骤如下：

① 打开 Web 窗体，单击窗体视图底部的【设计】按钮，切换到设计视图。

② 在工具箱中单击【数据】子选项卡以展开控件，将 SqlDataSource 控件拖到 Web 窗体上。

单击 SqlDataSource 控件右端的按钮，再单击【配置数据源...】连接时，系统智能地提供 SqlDataSource 控件配置向导。单击【新建连接...】按钮选择或创建一个数据源(要求提前已经运用 SQL Server 建立或附加了数据库)。当选择了数据源后，需要对数据源的连接进行配置，与 ADO. NET 中 Connection 对象的功能类似，就是建立与数据库的连接。在【添加连接】对话框中的【服务器】名称字段中，输入数据库服务器的名称。在【登录到服务器】面板中，选择【使用 SQL Server 身份验证】或【使用 Windows 身份验证】单选按钮。在【连接到数据库】面板中，选择【选择或输入数据库名称】单选按钮。当配置完成后，可以单击【测试连接...】按钮来测试是否连接成功，如图 12.3 所示。

一旦连接测试成功，单击【确定】关闭【连接属性】窗口。在【配置数据源】窗口中，【连接字符串】字段会显示完整的连接信息。如："Data Source＝YJL\SQLEXPRESS；Initial Catalog＝NORTHWND；Integrated Security＝True"。

在新建数据源后，开发人员可以选择是否保存在 web. config 数据源中以便应用程序进行全局配置。单击【下一步】按钮，并在随后出现的窗口中再次单击【下一步】按钮，以默认名称"NORTHWNDConnectionString"保存连接。在 web. config 配置文件中，就有该连接的连接字串，代码如下所示。

```
<connectionStrings>
    <add name ="NORTHWNDConnectionString" connectionString ="Data Source = YJL\SQLEXPRESS;Initial Catalog=NORTHWND;Integrated Security=True" providerName="System.Data.SqlClient" />
</connectionStrings>
```

数据源控件可以指定开发人员所需要使用的 Select 语句或存储过程，开发人员能够在配置 Select 语句窗口中进行 Select 语句的配置和生成，如果开发人员希望手动编写 Select 语句或其他语句，可以单击【指定自定义 SQL 语句或存储过程】按钮进行自定义配置，配置和生成过程如图 12.4 所示。

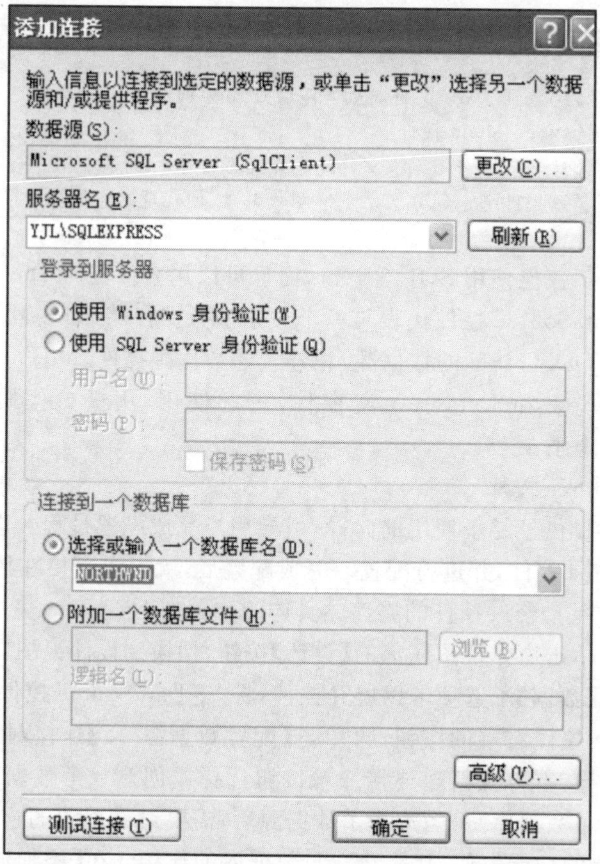

添加连接

输入信息以连接到选定的数据源，或单击“更改”选择另一个数据源和/或提供程序。

数据源(S):

Microsoft SQL Server (SqlClient)　更改(C)...

服务器名(E):

YJL\SQLEXPRESS　刷新(R)

登录到服务器

◉使用 Windows 身份验证(W)

○使用 SQL Server 身份验证(Q)

用户名(U):

密码(P):

保存密码(S)

连接到一个数据库

◉选择或输入一个数据库名(D):

NORTHWND

○附加一个数据库文件(H):

浏览(B)...

逻辑名(L):

高级(V)...

测试连接(T)　确定　取消

图 12.3　配置数据源

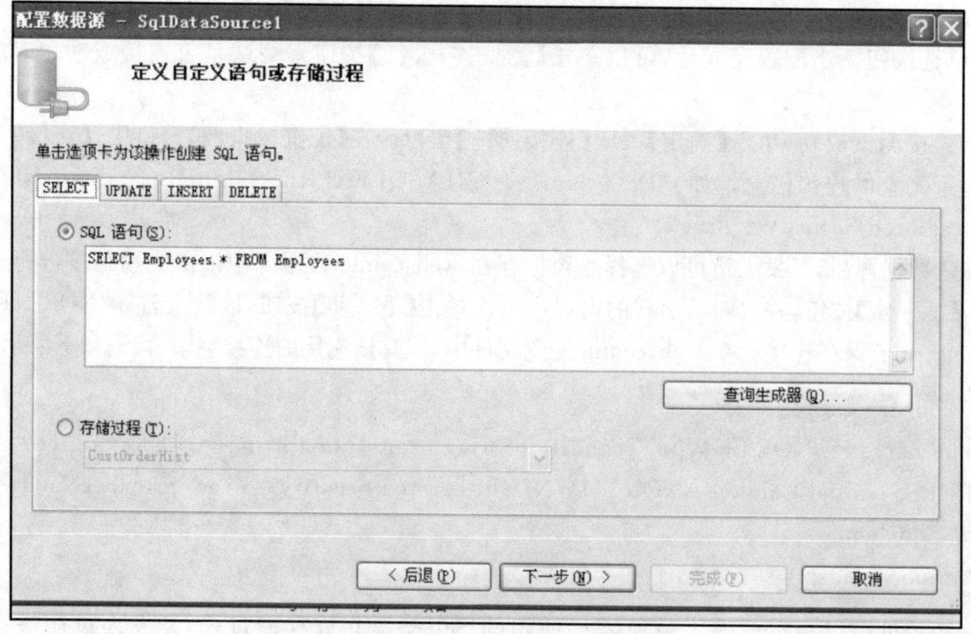

图 12.4　数据源的自定义 SQL 语句配置

配置相应的 SQL 语句后，SqlDataSource 控件的 HTML 代码如下所示。

```
<asp:SqlDataSource ID="SqlDataSource1" runat="server"
        ConnectionString="<%$ ConnectionStrings:NORTHWNDConnectionString %>"
        SelectCommand="SELECT Employees. * FROM Employees"
        UpdateCommand="UPDATE Employees SET FirstName=@FirstName,Title=@
Title,Address=@Address ,HomePhone=@HomePhone where EmployeeID=@EmployeeID"
        DeleteCommand="DELETE FROM Employees WHERE(EmployeeID=@Employ-
eeID)">
        <DeleteParameters>
            <asp:Parameter Name="EmployeeID" />
        </DeleteParameters>
        <UpdateParameters>
            <asp:Parameter Name="FirstName" />
            <asp:Parameter Name="Title" />
            <asp:Parameter Name="Address" />
            <asp:Parameter Name="HomePhone" />
            <asp:Parameter Name="EmployeeID" />
        </UpdateParameters>
</asp:SqlDataSource>
```

(2) SqlDataSource 控件的属性

利用向导进行数据配置源本质上是运用图形化工具设置 SqlDataSource 控件的属性，其作用与直接在 Web 窗体设计的源视图中修改 SqlDataSource 控件的属性是一致的。SqlDataSource 控件常用的属性如表 12.3 所示，其他数据源控件都具有类似的属性，以便可以与其各自的数据源进行交互。

表 12.3　SqlDataSource 数据源控件的主要属性

属　性	说　明
ConnectionString	用于设置连接数据源字符串
ProviderName	用于设置不同的数据提供程序，未设置该属性，则默认为 System. Data. SqlClient
SelectCommand	执行数据记录选择操作的 SQL 语句或者存储过程名称
UpdateCommand	执行数据记录更新操作的 SQL 语句或者存储过程名称
DeleteCommand	执行数据记录删除操作的 SQL 语句或者存储过程名称
InsertCommand	执行数据记录添加操作的 SQL 语句或者存储过程名称
DataSourceMode	用于获取或设置 SqlDataSource 控件获取数据时所使用的数据返回模式，包含 2 个可选枚举值：DataReader 和 DataSet

12.2　Connection 对象

12.2.1　Connection 对象的属性和方法

在 ADO.NET 框架中，Connection 对象是用作应用程序与数据源之间的桥梁，其他对象（如

DataAdapter 和 Command 对象)通过它与数据库通信,执行从数据源检索数据以及协调对返回到数据源的数据的更改。要开发数据库应用程序,首先需要建立与数据库的连接,这就需根据 Connection 对象的各种不同属性来指定数据源的类型、位置及其他属性,从而与数据库建立连接或断开连接。此外,事务管理也通过 Connection 对象进行。不同的数据库对应着不同的 Connection 对象,如针对 SQL Server 是 SqlConnection、针对 Oracle 是 OracleConnection、针对 MySQL 是 MySqlConnection、针对 OLEDB 是 OleDbConnection 等。

Connection 对象提供了一些常用属性以方便建立数据库的连接,具体如表 12.4 所示。属性中,除了 ConnectionString 外,其余都是只读属性,只能通过连接字符串的标记配置数据库连接。

表 12.4 Connection 对象的属性

属　性	说　明
ConnectionString	获取用来连接到数据库的连接字符串
ConnectionTimeout	建立连接的超时时长,超过时间则产生异常
Database	获取连接字符串中指定的数据库名
DataSource	包含数据库的位置和文件
Provider	OleDb 数据提供程序的名称
ServerVersion	OleDb 数据提供程序提供的服务器版本
State	显示当前 Connection 对象的状态

SqlConnection 类也提供了一些常用方法以方便数据库连接管理,例如运用 Open 和 Close 两个方法打开和关闭连接,具体如表 12.5 所示。应当注意的是,如果 SqlConnection 超出范围,则不会将其关闭。因此,必须通过调用 Close 显式关闭该连接。

表 12.5 Connection 对象的方法

方　法	说　明
BeginTransaction	开始一个数据库事务。允许指定事务的名称和隔离级
ChangeDatabase	改变当前连接的数据库。需要重新指定一个有效的数据库名称
Close	关闭数据库连接
CreateCommand	创建并返回一个与该连接关联的 SqlCommand 对象
Dispose	调用 Close
EnlistDistriutedTransaction	如果自动登记被禁用,则以指定的分布式企业服务 DTC 事务登记连接
EnlistTransaction	在指定的位置或分布式事务中登记该连接
GetSchema	检索指定范围(表、数据库)的模式信息
ResetStatistics	复位统计信息服务
RetrieveStatistics	获得一个用连接的信息(诸如传输的数据、用户详情、事务)进行填充的散列表
Open	打开一个数据库连接

开发人员可以用 SqlConnection 类的构造函数生成一个新的 SqlConnection 对象。SqlConnection 的构造函数是重载的,具体形式如下所示:

```
SqlConnection mySqlConnection=new SqlConnection();
                                        //初始化 SqlConnection 类的新实例
SqlConnection mySqlConnection=new SqlConnection(connectionString);
                                        // 参数表示连接字符串
```

12.2.2 建立数据库连接

(1) SQL Client 方式连接

Connection 对象最常用的属性有 ConnectionString 和 Database。其中 ConnectionString 属性用来获取或设置用于打开 SQL Server 数据库的字符串。Database 属性用来获取当前数据库或连接打开后要使用的数据库的名称。ConnectionString 属性要使用到连接字符串。数据库的连接定义一般是以字符串的形式出现，所有的连接字符串都有相同的格式，它们由一组关键字和值组成，中间用分号隔开，两端加上单引号或双引号。关键字不区分大小写，但是值可能会根据数据源的情况区分大小写。如在连接字符串中，“Data Source=YJL\SQLEXPRESS;”表示存储“CODEMATIC”数据库的服务器名称，该服务器名称为“YJL\SQLEXPRESS”，也可以写成 IP 地址，如 127.0.0.1表示本地数据库服务器，可以用“(local)”、“.”或者本地计算机名称来表示本地数据库服务器。在连接字符串中，“User id=sa; pwd=password”表示登录数据库服务器用户名称和密码，使用这种用户身份登录方式必须是“Windows 验证模式”。用户同样可以使用“SQL Server 身份认证”登录数据库服务器，否则连接仍然会失败。最后的“Initial Catalog=CODEMATIC”表示登录服务器是“CODEMATIC”数据库。

```
//用 SqlConnection 连接 SQL Server
myConnection.ConnectionString="Data Source=YJL\SQLEXPRESS;Initial Catalog=CODE-
MATIC;Integrated Security=True";
SqlConnection myConnection=new SqlConnection(connectionString);
myConnection.Open();
Response.Write("SqlConnection 连接成功");
myConnection.Close();
```

(2) OleDb 方式连接

运用 OleDb 方式连接数据库的连接字符串如下，其中 Provider 关键字用来指定是哪一类数据源，其他关键字用法与 SQL Client 方式相同。

```
//用 OleDbConnection 连接各种数据源
string connectionString="Provider=SQLOLEDB;Data Source=YJL\SQLEXPRESS;Integrated
Security=SSPI;Initial Catalog=CODEMATIC";
OleDbConnection myConnection=new OleDbConnection(connectionString);
myConnection.Open();
Response.Write("OleDb 连接成功");
myConnection.Close();
```

(3) web.config 配置文件方式连接

通常在 web.config 文件中配置数据库连接字符串，当数据库发生变更时，不需要改应用程序而只需修改配置文件即可。在 web.config 文件中<system.web>配置节下具体代码如下：

```
<connectionStrings>
    <add name="ConString" connectionString="Data Source=YJL\SQLEXPRESS;Initial Catalog=Config;Integrated Security=True"/>
  </connectionStrings>
```

在建立数据库连接时，就可以通过代码来获取 web. config 文件中的数据库连接字符串，具体如下：

```
string connectionString = ConfigurationManager. ConnectionStrings["ConString"]. ConnectionString;
SqlConnection myConnection=new SqlConnection(connectionString);
myConnection. Open();
Response. Write("Web. config 连接成功");
myConnection. Close();
```

(4) 工具方式连接

在【工具】菜单项下单击【连接到数据库...】，弹出【添加连接】窗口，操作如同"添加 SqlDataSource 控件"部分配置数据源方式，连接好数据库后的服务器资源管理器及其连接属性窗口如图 12.5 和图 12.6 所示。上述四种方式中的后三种的连接字符串值可以直接从属性窗口中"连接字符串"项内拷贝获取，以避免手工输入错误。

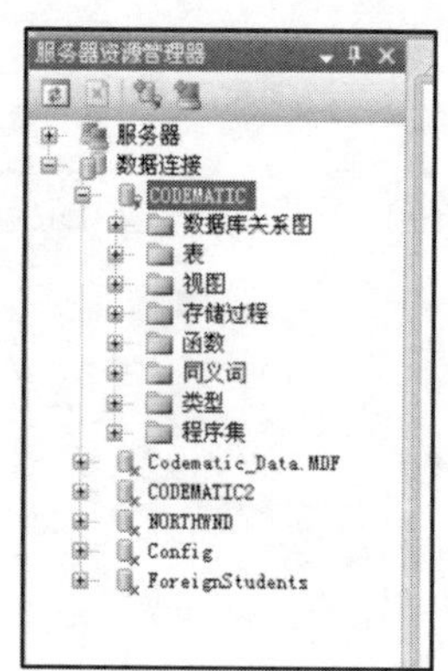

图 12.5 数据连接

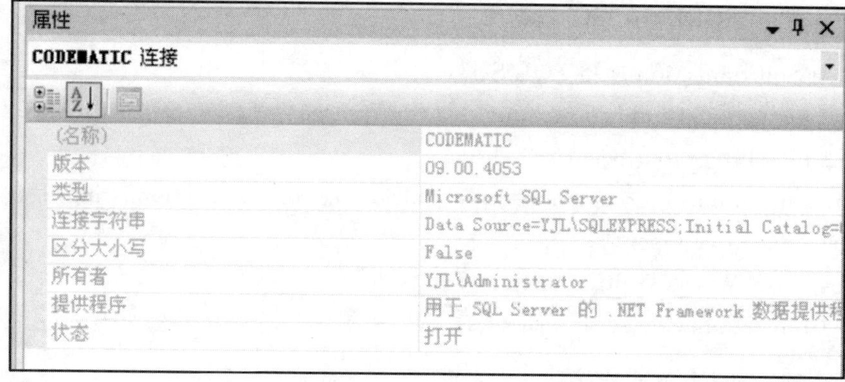

图 12.6 数据连接属性窗口

12.3 Command 和 SqlTransaction 对象

Command 是用于执行数据库操作的命令对象，可用于运行 SELECT、INSERT、UPDATE 或 DELETE 之类的 SQL 语句，也可以调用存储过程或从特定表中取得记录。Command 类有 SqlCommand、OleDbCommand、OdbcCommand 和 OracleCommand 四种。其中，SqlCommand 对象用于对 SQL Server 数据库执行命令，OleDbCommand 对象用于对支持 OleDb 的数据库(如 Access)执行命令，OdbcCommand 对象用于对支持 ODBC 的数据库执行命令。

12.3.1 SqlCommand 类

尽管 SqlCommand 类是针对 SQL Server 的，但是该类的许多属性和方法与 OleDbCommand 及 OdbcCommand 等类相似。其属性和方法参见表 12.6、表 12.7。

表 12.6　SqlCommand 类的属性

属　　性	说　　明
CommandText	获取或设置要对数据源执行的 SQL 语句或存储过程
CommandTimeOut	获取或设置在终止执行命令并生成错误之前的等待时间
CommandType	获取或设置表示 CommandText 属性将如何被解释的值，其有效的值可以为 CommandType. Text 或 CommandType. StoredProcedure，分别表示 SQL 语句或存储过程调用，默认为 CommandType. Text
Connection	获取或设置 SqlCommand 实例的 SqlConnection 属性值
Parameters	获取或设置命令的参数

表 12.7　SqlCommand 类的方法

方　　法	说　　明
Cancel	取消命令的执行
CreateParameter	用于创建 SqlParameter 对象的新实例
ExecuteNonQuery	执行不返回结果集的 SQL 语句，包括 INSERT、UPDATE 与 DELETE 语句、DDL 语句和不返回结果集的存储过程调用。返回的 int 值是命令影响的数据库行数
ExecuteReader	执行 SELECT 语句或返回结果集的存储过程调用，返回 SqlDataReader 类型结果集
ExecuteScalar	执行返回单个 Object 类型值的 SELECT 语句，任何其他的值将被忽略
ExecuteXmlReader	执行返回 XML 数据的 SELECT 语句，用 XmlReader 对象返回结果集

12.3.2　构造 SqlCommand 对象

开发人员可以用构造函数生成 SqlCommand 对象，也可以调用 SqlConnection 对象的 CreateCommand()方法生成 SqlCommand 对象。SqlCommand 对象的构造函数是重载的，包括三种形式，具体如下：

(1) SqlCommand()

在使用 SqlCommand 对象之前，首先要确定一个 SqlConnection 对象，用于和 SQL Server 数据库进行数据传递。然后可以用构造函数生成新的 SqlCommand 对象，具体实例如下：

```
string conString=ConfigurationManager.ConnectionStrings["ConString"].ConnectionString;
SqlConnection myConnection=new SqlConnection(conString);
SqlCommand myCommand=new SqlCommand();
myCommand.Connection=myConnection;
myCommand.CommandText="update P_Product set Name='电脑 1' where Id=52";
myConnection.Open();
int rows=myCommand.ExecuteNonQuery();
myConnection.Close();
```

(2) SqlCommand(string commandText)

参数 commandText 表示要执行的 SQL 语句或调用的存储过程，具体实例如下：

```
SqlConnection myConnection=new SqlConnection(conString);
string strSql="update P_Product set Name='电脑 2' where Id=52";
SqlCommand myCommand=new SqlCommand(strSql);
myCommand.Connection=myConnection;
myConnection.Open();
int rows=myCommand.ExecuteNonQuery();
myConnection.Close();
```

(3) SqlCommand(string commandText,SqlConnection sqlConnection)

参数 sqlConnection 表示对应的 SqlConnection 对象,具体实例如下:

```
SqlConnection myConnection=new SqlConnection(conString);
string strSql="update P_Product set Name='电脑 3' where Id=52";
SqlCommand myCommand=new SqlCommand(strSql,myConnection);
myConnection.Open();
int rows=myCommand.ExecuteNonQuery();
myConnection.Close();
```

(4) SqlCommand(string commandText,SqlConnection sqlConnection,SqlTransaction,sqlTransaction)

有时用户希望多个 SQL 语句的执行同时成功或同时失败,这就需要运用事务。参数 sqlTransaction 即表示对应的 SqlTransaction 对象,具体实例如下:

```
SqlConnection myConnection=new SqlConnection(conString);
string strSql="update P_Product set Name='电脑 4' where Id=52";
string strSql2="update P_Product set Name='数码 4' where Id=53";
myConnection.Open();
SqlTransaction myTrans=myConnection.BeginTransaction();
SqlCommand myCommand=new SqlCommand(strSql,myConnection,myTrans);
try
{
    int rows=myCommand.ExecuteNonQuery();
    myCommand.CommandText=strSql2;
    rows=myCommand.ExecuteNonQuery();
    myTrans.Commit();
    myConnection.Close();
}
catch
{
    myTrans.Rollback();
}
```

(5) CreateCommand ()方法

如果不用构造函数,也可以使用 SqlConnection 对象的 CreateCommand()方法生成 SqlCommand 对象，该方法返回新的 SqlCommand 对象。例如：

```
SqlConnection myConnection=new SqlConnection(conString);
SqlCommand myCommand=myConnection.CreateCommand();
myCommand.CommandText="update P_Product set Name='电脑 5' where Id=52";
myConnection.Open();
int rows=myCommand.ExecuteNonQuery();
myConnection.Close();
```

12.3.3　ExecuteReader 和 ExecuteScalar 方法

通常，ExecuteNonQuery 方法是用来执行 INSERT、DELETE、UPDATE 语句的，由于这些语句执行后只有一个结果，即影响的行数，因而 ExecuteNonQuery 方法返回 int 类型，在上述实例中已经演示。而 ExecuteReader 方法则用于将 CommandText 发送到 SqlConnection 并生成一个 SqlDataReader。用户可以将返回的结果与数据控件进行绑定，也可以利用 SqlDataReader 的 Read()方法来读取。例如：

```
SqlConnection myConnection=new SqlConnection(conString);
SqlCommand cmd=myConnection.CreateCommand();
cmd.CommandText="SELECT * FROM P_Product";
myConnection.Open();
SqlDataReader dr=cmd.ExecuteReader();
GridView1.DataSource=dr;
GridView1.DataBind();
SqlDataReader dr=cmd.ExecuteReader(CommandBehavior.CloseConnection);
while (dr.Read())//循环读取数据
{
    Response.Write(dr.GetInt32(0).ToString()+","+dr.GetString(1)+"<br/>");
}
dr.Close();
myConnection.Close();
```

使用 ExecuteScalar 方法执行查询，并返回查询所得的结果集中第一行的第一列，忽略其他列或行。由于不知道 SQL 语句的结构，所以 ExecuteScalar 方法返回一个 Object 类型，用户可以将其转换为任意类型。例如：

```
SqlConnection myConnection=new SqlConnection(conString);
string strSql="select count(*) from P_Product";
SqlCommand myCommand=new SqlCommand(strSql,myConnection);
myConnection.Open();
int count=(int)myCommand.ExecuteScalar();
myConnection.Close();
Response.Write(count);
```

12.3.4 执行带参数的文本命令

当在 C# 中执行 SQL 语句需要传递参数时，可采取直接写入方法。如：

```
cmd.CommandText="SELECT * FROM P_Product WHERE Id="+id;
```

也可以使用给 SqlCommand 命令对象添加参数的方法来实现，此时就需使用 SqlParameter 类。SqlParameter 类表示 SqlCommand 的参数，其构造函数重载。以下是向 SqlCommand 对象添加一个参数的实例：

```
SqlConnection myConnection=new SqlConnection(conString);
SqlCommand cmd=myConnection.CreateCommand();
cmd.CommandText="SELECT * FROM P_Product WHERE Id=@Id";
SqlParameter param=new SqlParameter("@Id",SqlDbType.Int);
param.Value=52;
cmd.Parameters.Add(param);
myConnection.Open();
SqlDataReader dr=cmd.ExecuteReader();
while (dr.Read())//循环读取数据
{
    Response.Write(dr.GetInt32(0).ToString()+","+dr.GetString(1)+"<br/>");
}
dr.Close();
myConnection.Close();
```

针对多参数情形，用户可以使用 SqlParameter 对象数组，然后用 foreach 语句循环将 SqlParameter 对象增加到 SqlCommand 对象中，例如：

```
string sqlInsert="INSERT INTO Account (UniqueID,Email,FirstName,LastName,Address1,
Address2,City,State,Zip,Country,Phone) VALUES (@UniqueID,@Email,@FirstName,
@LastName,@Address1,@Address2,@City,@State,@Zip,@Country,@Phone);";
SqlParameter[] parms={new SqlParameter("@UniqueID",SqlDbType.Int),
        new SqlParameter("@Email",SqlDbType.VarChar,80),
        new SqlParameter("@FirstName",SqlDbType.VarChar,80),
        new SqlParameter("@LastName",SqlDbType.VarChar,80),
        new SqlParameter("@Address1",SqlDbType.VarChar,80),
        new SqlParameter("@Address2",SqlDbType.VarChar,80),
        new SqlParameter("@City",SqlDbType.VarChar,80),
        new SqlParameter("@State",SqlDbType.VarChar,80),
        new SqlParameter("@Zip",SqlDbType.VarChar,80),
        new SqlParameter("@Country",SqlDbType.VarChar,80),
        new SqlParameter("@Phone",SqlDbType.VarChar,80)};
        parms[0].Value=uniqueID;
        parms[1].Value=addressInfo.Email;
```

```
        parms[2].Value=addressInfo.FirstName;
        parms[3].Value=addressInfo.LastName;
        parms[4].Value=addressInfo.Address1;
        parms[5].Value=addressInfo.Address2;
        parms[6].Value=addressInfo.City;
        parms[7].Value=addressInfo.State;
        parms[8].Value=addressInfo.Zip;
        parms[9].Value=addressInfo.Country;
        parms[10].Value=addressInfo.Phone;
SqlCommand cmd=new SqlCommand();
cmd.CommandType=sqlInsert;
foreach (SqlParameter parm in parms)
      cmd.Parameters.Add(parm);
int val=cmd.ExecuteNonQuery();
cmd.Parameters.Clear();
```

12.3.5 执行存储过程

Command 对象的 CommandType 属性确定要执行的命令类型，默认设定为 CommandType.Text 来表示命令是 SQL 语句。当要执行储存过程时，只需将 Command 对象的 CommandType 属性设置为 CommandType.StoredProcedure，此时 Command 对象的 CommandText 属性值就表示为储存过程的名称。例如：

```
SqlConnection myConnection=new SqlConnection(conString);
SqlCommand cmd=myConnection.CreateCommand();
cmd.CommandType=CommandType.StoredProcedure;
cmd.CommandText="sp_GetProduct";
SqlParameter param=new SqlParameter("@Id",SqlDbType.Int);
param.Direction=ParameterDirection.Input;
param.Value=52;
cmd.Parameters.Add(param);
myConnection.Open();
SqlDataReader dr=cmd.ExecuteReader();
while (dr.Read())//循环读取数据
{
    Response.Write(dr.GetInt32(0).ToString()+","+dr.GetString(1)+"<br/>");
}
dr.Close();
myConnection.Close();
```

12.3.6 方法的抽象

对数据库执行操作时，除了执行的 SQL 语句和数据库的连接信息不同外，大部分代码是相同的，为避免代码重复，增加程序的可重用性和易维护性，可将公共的功能抽象为公共方法。例如：

```
public int ExecuteSql(string StrSql,string conString)
{
        using (SqlConnection connection=new SqlConnection(conString))
        {
            using (SqlCommand cmd=new SqlCommand(StrSql,connection))
            {
                try
                {
                    connection.Open();
                    int rows=cmd.ExecuteNonQuery();
                    return rows;
                }
                    catch (System.Data.SqlClient.SqlException e)
                {
                    connection.Close();
                    throw e;
                }
            }
        }
}
```

方法中，参数 StrSql 表示要执行的 SQL 语句，conString 表示连接字符串。如果将更多的方法以及方法的重载集聚到一起，形成一个公共类，应用时就只需引入该类，然后根据不同情形调用不同方法，这将会给编程带来巨大的方便。基于此，微软开发出了 SqlHelper 公共类，用户可根据自身需要进行适当的修改。

12.3.7 SqlTransaction 事务处理对象

在应用程序的数据处理过程中，可能会遇到一种情况：当某一数据发生变化后，相关的数据不能及时被更新，造成数据不一致，以致发生严重错误。例如，在一个银行转账系统里，通过账单处理模块完成对账户余额的数据处理，转入的账户要增加金额，而转出的账户要减少相等的金额，但如果两个账户未同时更新，结果就会出现数据不一致的现象，导致账务不平。为此，人们引入事务的概念。所谓事务就是一个操作序列，是一个不可分割的程序单元，要么全部成功，要么全部失败。ADO.NET 通过 SqlTransaction 对象表示要对数据源进行的事务处理，其常用的属性有 Connection，用来获取与该事务关联的 SqlConnection 对象。也可以通过 SqlConnection 对象的 BeginTransaction()方法返回一个 SqlTransaction 对象。SqlConnection 对象常用的事务处理命令包括三个：

- Begin：在执行事务处理中的任何操作之前，必须使用 Begin 命令来开始事务处理；

● Commit：在成功将所有修改都存储于数据库时，才算是提交了事务处理；

● Rollback：由于在事务处理期间某个操作失败，而取消事务处理已做的所有修改，这时将发生回滚。

在 ADO. NET 中，执行事务的基本步骤为：

① 调用 Connection 对象的 BeginTransaction 方法来标记事务的开始。

② 将 Transaction 对象分配给要执行的 Command 的 Transaction 属性。

③ 执行所需的命令。

④ 调用 Transaction 对象的 Commit 方法来完成事务，或调用 Rollback 方法来取消事务。具体实例如下：

```
lblAccount1. Text=" ";
lblAccount2. Text=" ";
int CurrBalance;
string strSQL="Select Balance From Account where AccNo='"+txtFrom. Text+"'";
SqlConnection objSqlConnection=new SqlConnection(conString);
objSqlConnection. Open();
SqlDataReader objReader;
SqlCommand objSqlCommand=new SqlCommand(strSQL,objSqlConnection);
SqlTransaction objSqlTransaction=objSqlConnection. BeginTransaction();
objSqlCommand. Transaction=objSqlTransaction;
try
{
    objReader=objSqlCommand. ExecuteReader();
    objReader. Read();
    CurrBalance=Convert. ToInt32(objReader. GetValue(0));
    objReader. Close();
    if (CurrBalance < Convert. ToInt32(txtAmount. Text))
    {
   throw (new Exception("转账金额不足"));
    }
    strSQL="Update Account set Balance=Balance - "+txtAmount. Text
   +"where AccNo='"+Convert. ToInt32(txtFrom. Text)+"'";
    objSqlCommand. CommandText=strSQL;
    objSqlCommand. ExecuteNonQuery();
    lblAccount1. Text="账户"+txtFrom. Text+"成功记入借方";
    strSQL="Update Account set Balance= Balance+"+txtAmount. Text
   +"where AccNo='"+Convert. ToInt32(txtTo. Text)+"'";
    objSqlCommand. CommandText=strSQL;
    objSqlCommand. ExecuteNonQuery();
    lblAccount2. Text="账户"+txtTo. Text+"成功记入贷方";
    objSqlTransaction. Commit();
```

```
        lblException.Text="成功将"+txtAmount.Text+"元从"+txtFrom.Text+"转入"+txtTo.Text+"账户。";
    }
    catch (Exception ex)
    {
        objSqlTransaction.Rollback();
        lblException.Text="Error："+ex.Message;
    }
    finally
    {
        objSqlConnection.Close();
    }
```

12.4 DataReader 和 DataAdapter 对象

12.4.1 DataReader 对象

DataReader 对象用来从数据库中检索只读的数据流，它只能读取，不能写入，并且是从头至尾往下读的，无法只读某条数据，它的常用属性及方法如表 12.8 所示。但它占用内存小，速度快，在某些情况下可替代 DataSet 对象。创建 DataReader 时，首先建立数据库连接，再创建 Command 对象的实例，确认执行的 SQL 语句，最后调用 Command.ExecuteReader()方法返回一个 DataReader 对象。DataReader 对象的 Read 方法返回查询结果中的一条记录，可以使用字段名或者字段的索引来获取此条记录中的某个字段值，通过循环调用 Read 方法即可浏览全部的数据。

表 12.8 DataReader 对象的常用属性和方法

属性/方法	说 明
FieldCount	获取字段数目
IsClosed	获取状态(True 或 False)
Item({name,ordinal})	获取或设置字段值，name 为字段名，ordinal 为字段索引号，可选用
RecordsAffected	获取执行 INSERT、DELETE 或 UPDATE 后有受到影响的行数
Close()	关闭数据流
GetBoolean(ordinal) GetByte(ordinal) GetDecimal(ordinal) …	根据第 ordinal+1 列的数据类型获取该列的值
GetDataTypeName(ordinal)	取得第 ordinal+1 列的源数据类型名称
GetFileType(ordinal)	取得第 ordinal+1 列的数据类型
GetName(ordinal)	取得第 ordinal+1 列的字段名称
GetOrdinal(name)	取得字段名称为 name 的字段列号
GetValue(ordinal)	取得第 ordinal+1 列的内容

续表 12.8

属性/方法	说　明
GetValues(values)	取得所有字段内容，并将内容放在 values 数组中，数组大小与字段数目相等
IsDBNull(orderinal)	判断第 ordinal+1 列是否为 Null
Read()	读取下一条记录，有记录返回 True，没有记录则返回 False
HasMoreResults()	判断是否有多项结果
NextResult()	取得下一个结果

(1) 单个结果集读取实例

```
public string conString=ConfigurationManager.ConnectionStrings["ConString"].ConnectionString;
SqlConnection myConnection=new SqlConnection(conString);
SqlCommand cmd=myConnection.CreateCommand();
cmd.CommandText="SELECT * FROM P_Product";
myConnection.Open();
SqlDataReader dr=cmd.ExecuteReader(CommandBehavior.CloseConnection);
while (dr.Read())
{
    Response.Write(dr.GetInt32(0).ToString()+","+dr.GetString(1)+"<br/>");
}
dr.Close();
```

(2) 多个结果集读取实例

```
cmd.CommandText="SELECT * FROM P_Product;SELECT doghID,doghName FROM P_Doghouse";
myConnection.Open();
SqlDataReader dr=cmd.ExecuteReader();
do
{
    while (dr.Read())
    {
        Response.Write(dr.GetInt32(0).ToString()+","+dr.GetString(1)+"<br/>");
    }
}while (dr.NextResult());
dr.Close();
myConnection.Close();
```

12.4.2 DataAdapter 对象

数据适配器 DataAdapter 对象是连接 DataSet 和数据库的一个桥梁，用于填充 DataSet 和向数据源传送 DataSet 的更新。它使用 Connection 对象连接到数据源，并使用 Command 对象从数据源检索数据以及将更改解析回数据源。在执行操作过程中，DataAdapter 对象通过 Fill 方法把数据从数据源中填充到 DataSet 对象，再通过 Update 方法把内存中的数据回写到数据源中。

(1) DataAdapter 对象的构造函数

.NET 提供了多种形式的构造函数来创建 DataAdapter 对象，以 SQL Server 为例，具体如表 12.9 所示。

表 12.9 DataAdapter **对象的构造函数**

<table>
<tr><th>函数定义</th><th>函数说明及实例</th><th>参数说明</th></tr>
<tr><td>SqlDataAdapter()</td><td>创建 SqlDataAdapter 对象
SqlDataAdapter adapter=new SqlDataAdapter()；</td><td rowspan="4">selectCommand：新创建对象的 SelectCommand 属性
selectCommandText：新创建对象的 SelectCommand 属性值
selectConnection：新创建对象的连接对象
selectConnectionString：新创建对象的连接字符串</td></tr>
<tr><td>SqlDataAdapter (SqlCommand selectCommand)</td><td>创建 SqlDataAdapter 对象，设置其 SelectCommand 属性值
SqlCommand cmd=myConnection.CreateCommand()；
SqlDataAdapter adapter=new SqlDataAdapter(cmd)；</td></tr>
<tr><td>SqlDataAdapter (string selectCommandText,
SqlConnection selectConnection)</td><td>创建 SqlDataAdapter 对象，用参数 selectCommandText 设置其 SelectCommand 属性值，并设置其连接对象是 selectConnection
string strSQL="SELECT * FROM P_Product"；
SqlConnection myConnection=new SqlConnection(conString)；
SqlDataAdapter adapter = new SqlDataAdapter (strSQL,myConnection)；</td></tr>
<tr><td>SqlDataAdapter (string selectCommandText,
string selectConnectionString)</td><td>创建 SqlDataAdapter 对象，将参数 selectCommandText 设置为 SelectCommand 属性值，其连接字符串是 selectConnectionString
SqlConnection myConnection=new SqlConnection(conString)；
SqlDataAdapter adapter = new SqlDataAdapter ("SELECT * FROM P_Product",myConnection)；</td></tr>
</table>

(2) DataAdapter 对象的常用属性和方法

DataAdapter 对象对数据源进行读取、刷新、添加、更改和删除等操作，其常见属性和方法如表 12.10 所示。这些操作主要通过 Fill 方法和 Update 方法来实现。当调用 Fill 方法时，它将向数据库服务器传输一条 SQL Select 语句，获取数据源中的数据并填充到 DataSet 中，返回值是影响 DataSet 的行数。当调用 Update 方法时，DataAdapter 对象将检查 DataSet 每一行的 RowState 属性，根据 RowState 属性来判断 DataSet 里的每行是否改变和改变的类型，并依次执行 INSERT、UPDATE 或 DELETE 语句，并将改变提交到数据库中，该方法返回影响 DataSet 的行数。Fill 方法的实例如下：

```
public string conString=ConfigurationManager.ConnectionStrings["ConString"].ConnectionString;
string strSQL="SELECT * FROM P_Product";
SqlConnection myConnection=new SqlConnection(conString);
SqlCommand cmd=myConnection.CreateCommand();
cmd.CommandText="SELECT * FROM P_Product";
DataSet ds=new DataSet();
myConnection.Open();
SqlDataAdapter adapter=new SqlDataAdapter();
```

```
adapter. SelectCommand=cmd;
// SqlDataAdapter adapter=new SqlDataAdapter(cmd);不同构造函数
//SqlDataAdapter adapter=new SqlDataAdapter(strSQL,myConnection); 不同构造函数
// SqlDataAdapter adapter=new SqlDataAdapter(strSQL,conString); 不同构造函数
adapter. Fill(ds,"ds");
myConnection. Close();
```

表 12.10　DataAdapter 对象的常用属性和方法

属性/方法	说　明
DeleteCommand	获取或设置一个语句或存储过程,用于从数据集中删除记录
InsertCommand	获取或设置一个语句或存储过程,用于在数据源中插入新记录
SelectCommand	获取或设置一个语句或存储过程,用于在数据源中选择记录
UpdateBatchSize	获取或设置每次到服务器的往返过程中处理的行数
UpdateCommand	获取或设置一个语句或存储过程,用于更新数据源中的记录
Fill (DataSet ds) Fill (DataSet ds,string srcTable)	用于将从源数据中读取的数据填充至 DataSet 对象中
FillSchema()	将一个 DataTable 加入到指定的 DataSet 中,并配置表的模式
GetFillParameters()	返回一个用于 SELECT 命令的 DataParameter 对象组成的数组
Update(DataSet ds)	在 DataSet 对象中的数据有所改动后更新数据源
Dispose()	删除该对象

(3) 用 DataAdapter 类实现数据的增加、修改和删除功能

① 增加功能实例:

```
        SqlConnection myConnection=new SqlConnection(conString);
        DataSet ds=new DataSet();
        myConnection. Open();
        SqlDataAdapter adapter = new SqlDataAdapter ("SELECT  *  FROM P_Product", my-
Connection);
        adapter. Fill(ds,"Product");
        SqlCommand Insertcmd = new SqlCommand ("INSERT INTO P_Product (ProductId,
CategoryId) values(@productId,@categoryId)",myConnection);
        Insertcmd. Parameters. Add("@productId",SqlDbType. VarChar,20,"ProductId");
        Insertcmd. Parameters. Add("@categoryId",SqlDbType. VarChar,20,"CategoryId");
        adapter. InsertCommand=Insertcmd;
        DataRow drAdd=ds. Tables["Product"]. NewRow();
        drAdd["ProductId"]="001";
        drAdd["CategoryId"]="002";
        drAdd["BrandId"]="003";//数据库中没有改,界面显示改变了
        drAdd["Name"]="test";//数据库中没有改,界面显示改变了
        drAdd["Descn"]="this is good";//数据库中没有改,界面显示改变了
```

```
ds.Tables["Product"].Rows.Add(drAdd);
adapter.Update(ds,"Product");
myConnection.Close();
GridView1.DataSource=ds;
GridView1.DataBind();
```

② 修改功能实例：

```
SqlConnection myConnection=new SqlConnection(conString);
DataSet ds=new DataSet();
myConnection.Open();
SqlDataAdapter adapter=new SqlDataAdapter("SELECT * FROM P_Product",myConnection);
adapter.Fill(ds,"Product");
SqlCommand UpdateCmd=new SqlCommand("UPDATE P_Product set CategoryId=
@categoryId WHERE ProductId=@productId",myConnection);
UpdateCmd.Parameters.Add(new SqlParameter("@categoryId",SqlDbType.VarChar));
UpdateCmd.Parameters["@categoryId"].SourceColumn="CategoryId";
UpdateCmd.Parameters["@categoryId"].SourceVersion=DataRowVersion.Current;
UpdateCmd.Parameters.Add(new SqlParameter("@productId",SqlDbType.VarChar));
UpdateCmd.Parameters["@productId"].SourceColumn="ProductId";
UpdateCmd.Parameters["@productId"].SourceVersion=DataRowVersion.Original;
adapter.UpdateCommand=UpdateCmd;
DataRow[] dr=ds.Tables["Product"].Select("ProductId='001'");
dr[0]["CategoryId"]="002002";
adapter.Update(ds,"Product");
myConnection.Close();
GridView1.DataSource=ds;
GridView1.DataBind();
```

③ 删除功能实例：

```
SqlConnection myConnection=new SqlConnection(conString);
DataSet ds=new DataSet();
myConnection.Open();
SqlDataAdapter adapter=new SqlDataAdapter("SELECT * FROM P_Product",myConnection);
adapter.Fill(ds,"Product");
SqlCommand Deletecmd = new SqlCommand("DELETE FROM P_Product WHERE
ProductId=@productId",myConnection);
SqlParameter parameter=Deletecmd.Parameters.Add("@productId",SqlDbType.Var-
Char,20,"ProductId");
parameter.SourceVersion=DataRowVersion.Original;
adapter.DeleteCommand=Deletecmd;
```

```
DataColumn[] primarykey=new DataColumn[1];
primarykey[0]=ds.Tables["Product"].Columns["ProductId"];
ds.Tables["Product"].PrimaryKey=primarykey;
DataRow dr=ds.Tables["Product"].Rows.Find("001");
dr.Delete();
adapter.Update(ds,"Product");
myConnection.Close();
GridView1.DataSource=ds;
GridView1.DataBind();
```

12.5 DataSet 对象

12.5.1 DataSet 简介

DataSet 是 ADO.NET 的核心组件，作为从数据库中抽取数据的存放地，其内部是用 XML 描述数据，具有平台无关性。因为 DataSet 是各种数据源的数据在计算机内存的缓存，所以有时也把数据集 DataSet 看做是内存中的数据库。数据集 DataSet 既可以来自数据源，同时也可以通过代码动态地创建一个 DataSet，并定义数据表结构和表之间的关系。用户可以在 DataSet 数据集中增加、修改和删除表中的行记录，也可以增加、删除数据表。DataSet 既可以以离线方式，也可以以实时连接方式来操作数据库中的数据。离线方式的好处是大大减少了服务器端数据库的连接线程，从而大大地减少了服务器端的运行压力。总体而言，DataSet 具有以下特点：

- 使用数据集 DataSet 对象无需直接与数据源交互；
- DataSet 对象是缓存在内存中从数据源检索到的对象；
- DataSet 对象支持多表、表间关系、数据约束等；
- DataSet 对象既可来自数据库的表结构和数据，也可以来自 XML 文件或是程序代码。

(1) DataSet 操作的基本工作过程

DataSet 操作的基本工作过程是：先运用 Connection 对象和数据库建立连接，接着由客户端应用程序向数据库服务器发送请求，数据库服务器接到请求后，检索选择出符合条件的数据，再通过数据适配器(DataAdapter)把数据库中的数据填入 DataSet 对象，这时连接可以断开，然后客户端再以数据绑定控件或直接引用等形式将 DataSet 数据集传递给客户端应用程序，参见图 12.7。如果客户端应用程序在运行过程中修改数据，它会先更新 DataSet 数据集，然后再次建立客户端到数据库服务器端的连接，通过 DataSet 和数据适配器将更新的数据提交到数据库中，最后再次断开连接。

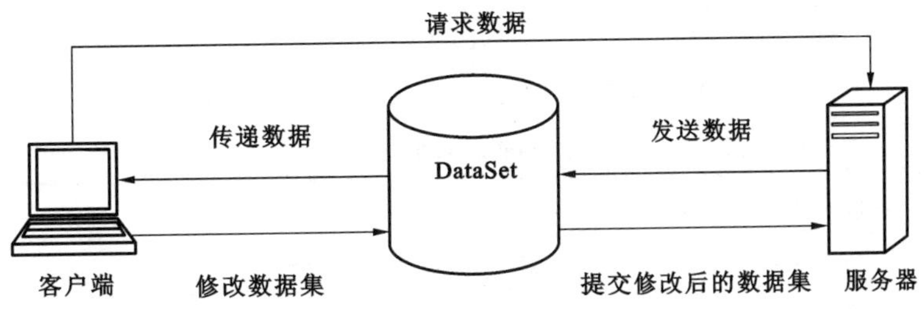

图 12.7　DataSet 数据集的工作过程

(2) DataSet 的层次结构

DataSet 对象由数据表、表间关系和数据约束组成，所以 DataSet 对象包含 DataTable 对象集合 DataTableCollection 和 DataRelation 对象集合 DataRelationCollection。而每个数据表又包含行和列以及约束等结构，所以 DataTable 对象包含 DataRow 对象集合 DataRowCollection、DataColumn 对象集合 DataColumnCollection 和 Constraint 对象集合 ConstraintCollection。DataSet 层次结构如图 12.8 所示。

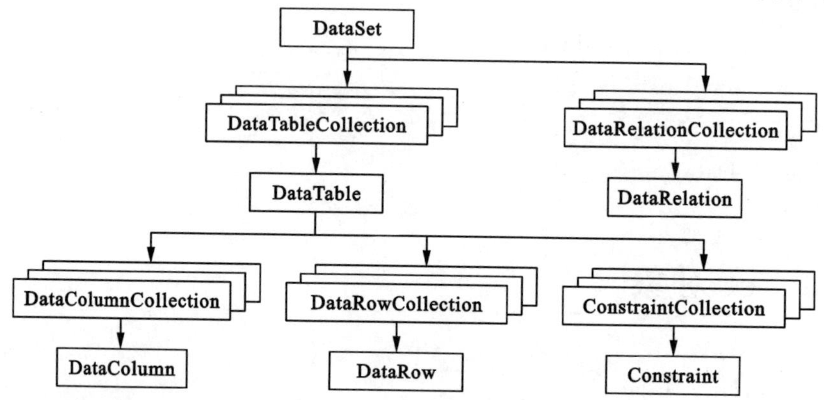

图 12.8 DataSet 对象的层次结构图

(3) DataSet 的常用属性和方法

DataSet 对象的常用属性和方法如表 12.11 所示。

表 12.11 DataSet 对象的常用属性和方法

属性/方法	说明
DataSetName	用于获取或设置当前数据集的名称
Tables	用于检索数据集中包含的表集合
HasErrors	用于判断当前数据集中是否存在错误
Ralations	用于检索数据集中包含的数据联系的集合
AcceptChanges()	提交自加载此 DataSet 对象或上次调用 AcceptChanges 方法以来对其进行的所有更改
HasChanges()	返回一个布尔值，指示数据集是否更改了
RejectChanges()	撤销数据集中所有的更改
Clone()	复制 DataSet 对象的结构，包括所有 DataTable 对象架构、关系和约束，而不复制任何数据
Copy()	复制该 DataSet 对象的结构和数据
Merge()	将指定的 DataSet 对象、DataTable 对象或 DataRow 对象的数组合并到当前的 DataSet 对象或 DataTable 对象中
Clear()	清除数据集中包含的所有表的所有行
Reset()	清除数据集中所有表的结构及其数据
GetXml()	返回存储在 DataSet 对象中数据的 XML 表示形式
GetXmlSchema()	返回存储在 DataSet 对象中数据的 XML 表示形式的 XML 架构
ReadXml()	将 XML 架构和数据读入 DataSet 对象
ReadXmlSchema()	将 XML 架构读入 DataSet 对象
WriteXml()	从 DataSet 对象写 XML 数据，还可以选择写架构
WriteXmlSchema()	写 XML 架构形式的 DataSet 对象结构

(4) DataSet 的使用

① 创建 DataSet 对象。

可以使用 new 关键字创建 DataSet 对象，其语法结构为：

DataSet 数据集对象＝new DataSet([“数据集名称”])；

例如：

```
DataSet ds=new DataSet("category");
```

或：

```
DataSet ds=new DataSet();
ds.DataSetName="category";
```

② DataSet 对象的保存。

把数据集中的数据保存到数据库中需要两个步骤，首先使用 SqlCommandBuilder 对象自动生成更新用的相关命令，然后调用 DataAdapter 对象的 Update()方法提交给数据库。例如向数据集 DataSet 中新增一行再保存，其代码为：

```
string strSQL="SELECT * FROM P_Product";
SqlConnection myConnection=new SqlConnection(conString);
DataSet ds=new DataSet();
myConnection.Open();
SqlDataAdapter adapter=new SqlDataAdapter(strSQL,myConnection);
adapter.Fill(ds,"Product");
DataRow drAdd=ds.Tables["Product"].NewRow();
drAdd["ProductId"]="001";
drAdd["CategoryId"]="002";
drAdd["BrandId"]="003";
drAdd["Name"]="test";
drAdd["Descn"]="this is good";
ds.Tables["Product"].Rows.Add(drAdd);
SqlCommandBuilder myBuilder=new SqlCommandBuilder(adapter);
adapter.Update(ds,"Product");
myConnection.Close();
```

对数据集 DataSet 的修改和删除的操作过程与新增类似，关键是对数据集 DataSet 中的 DataTable 对象的操作。

12.5.2　DataTable

DataSet 包含有一个或多个 DataTable 对象，而每一个 DataTable 相当于数据库中的表，由数据行(DataRow)、数据列(DataColumn)、字段名、数据项、约束(Constraint)和 DataTable 对象的关联关系(Relations)组成。

(1) DataTable 对象的创建

可以使用 new 关键字创建 DataTable 对象，其语法结构为：

DataTable 数据集对象＝new DataTable([“表名称”])；

例如：

```
DataTable ordersTable=new DataTable("orders");
```

或：

```
DataTable ordersTable=new DataTable();
ordersTable. TableName=" orders";
```

也可以构造一个 DataSet，再将一个新的 DataTable 对象添加到该 DataSet 中，例如：

```
DataSet ds=new DataSet("CustomerOrders");
DataTable ordersTable=ds. Tables. Add("Orders");
```

(2) DataTable 对象的属性和方法

DataTable 对象的常用属性和方法见表 12.12。

表 12.12 DataTable 对象的常用属性和方法

属性/方法	说 明
CaseSensitive	表明表中的字符串比较是否区分大小写，默认的值为 false
MinimumCapacity	获得或设置表中行的初始数目(默认为 25)
TableName	获得或设置表的名称。这个属性还可以被指定为构造函数的参数
DataSet	表示 DataTable 所属的数据集
Columns	表示 DataTable 包含的 DataColumn 列的集合
Rows	表示 DataTable 包含的 DataRow 行的集合
PrimaryKey	表示作为 DataTable 主键的 DataColumn 列
ParentRelations	获得这个 DataTable 上的父关系的集合
ChildRelations	返回 DataTable 的子关系(DataRelationCollection)的集合
Constraints	表示指定 DataTable 的约束集合
DefaultView	获得表的自定义视图，它可能包含已过滤的视图或游标位置
AcceptChanges ()	用于提交对该表所做的所有修改
NewRow ()	用于添加一个新的 DataRow
Clear()	清除 DataTable 中所有的数据
Clone()	复制 DataTable 的结构，包括所有 DataTable 架构和约束，但不复制数据
Copy()	复制该 DataTable 对象的结构和数据
Merge()	将指定的 DataTable 与当前的 DataTable 合并
Select()	按照主键获取 DataRow 对象的数组
Compute ()	计算用来传递筛选条件的当前行上的给定表达式

(3) 在表中添加列

DataTable 包含了由表的 Columns 属性引用的 DataColumn 对象的集合，这个列的集合与约束一起定义表的结构。通过使用 DataColumn 构造函数，或者通过调用表的 Columns 属性的 Add 方法，可在表内创建 DataColumn 对象。Add 方法将接受可选的 ColumnName、DataType 和 Expression 参数，并将创建新的 DataColumn 作为 Columns 集合的成员。DataColumn 对象提供了 AllowDBNull、Unique 和 ReadOnly 等属性对数据的输入和更新进行一定的限制，从而有助于确保数据完整性。还可以使用 AutoIncrement、AutoIncrementSeed 和 AutoIncrementStep 属性来控制数据自动生成。例如：

```
DataTable CustomersTable=new DataTable("Customers");
DataColumn col=new DataColumn("CustID");
col.DataType=typeof(Int32);
col.AllowDBNull=false;
col.Unique=true;
col.AutoIncrement=true;
col.AutoIncrementSeed=0;
col.AutoIncrementStep=1;
CustomersTable.Columns.Add(col);
CustomersTable.Columns.Add("CustName",typeof(string));
CustomersTable.Columns.Add("Purchases",typeof(double));
```

（4）在表中添加行

DataTable 对象中包含了多行，用户可以使用 DataTable 对象的 NewRow 方法创建新的 DataRow 对象。创建新的 DataRow 之后，可使用 Add 方法将新的 DataRow 添加到 DataRowCollection 中。DataRow对象提供了一些属性和方法用于检索、插入、删除和更新 DataTable 中的值。例如修改一行记录的值，代码如下：

```
string strSQL="SELECT * FROM P_Product";
SqlConnection myConnection=new SqlConnection(conString);
DataSet ds=new DataSet();
myConnection.Open();
SqlDataAdapter adapter=new SqlDataAdapter(strSQL,myConnection);
adapter.Fill(ds,"Product");
myConnection.Close();
DataRow[] dr=ds.Tables["Product"].Select("ProductId='001'");
DataRow drUpdate;
if (dr.Length>0)
    drUpdate=dr[0];
else
    return;
drUpdate.BeginEdit();
drUpdate["CategoryId"]="0021";
drUpdate["BrandId"]="0031";
drUpdate["Name"]="test1";
drUpdate["Descn"]="this is good1";
drUpdate.EndEdit();
SqlCommandBuilder myBuilder=new SqlCommandBuilder(adapter);
adapter.Update(ds,"Product");
```

上述代码在定位行时使用了 DataTable 对象的 Select()方法，用户也可以使用 DataRow 对象的 Find()方法按关键字来定位行。如果方法的参数为(Object key)，表示按主键值来获取指定的

行;如果参数为(Object[] keys),表示按主键值的数组来获取指定的多行。具体的实例代码如下:

```
string strSQL="SELECT * FROM P_Product";
SqlConnection myConnection=new SqlConnection(conString);
DataSet ds=new DataSet();
myConnection.Open();
SqlDataAdapter adapter=new SqlDataAdapter(strSQL,myConnection);
adapter.Fill(ds,"Product");
myConnection.Close();
DataColumn[] primarykey=new DataColumn[1];
primarykey[0]=ds.Tables["Product"].Columns["ProductId"];
ds.Tables["Product"].PrimaryKey=primarykey;
DataRow dr=ds.Tables["Product"].Rows.Find("001");
SqlCommandBuilder myBuilder=new SqlCommandBuilder(adapter);
dr.Delete();
adapter.Update(ds,"Product");
```

(5) 在表中建立关联关系

例如在上述例子 CustomersTable 表中增加主键,其代码如下:

```
DataColumn[] PrimaryKeyColumns=new DataColumn[0];
PrimaryKeyColumns[0]=CustomersTable.Columns["CustID"];
CustomersTable.PrimaryKey=PrimaryKeyColumns;
```

一个 DataSet 对象可能存在多张表,这些表可能存在关联关系。DataRelation 对象则表示不同表中多组列之间的父/子关系,DataRelation 对象通过 DataColumn 对象将两个 DataTable 对象相互关联,使得一个表中的某些行与另一个表中的某些行相关联。关系是在父表和子表中的匹配的列之间创建的,两组列的 DataType 值必须相同。下面以客户表为关系的父表,以订单表为子表建立"客户/订单"关系,代码如下:

```
DataColumn parentColumn=ds.Tables["Customers"].Columns["CustID"];
DataColumn childColumn=ds.Tables["Orders"].Columns["CustID"];
DataRelation relCustOrder = new DataRelation (" CustomersOrders", parentColumn,
childColumn);
ds.Relations.Add(relCustOrder);
```

(6) DataTable 对象的筛选和排序

DataTable.Select 方法用于获取按照指定的排序顺序且与筛选条件相匹配的所有 DataRow 对象的数组。它支持四种方法重载,具体为:

- Select ():获取所有 DataRow 对象的数组。
- Select (String):按照主键顺序(如果没有主键,则按照添加顺序)获取与筛选条件相匹配的所有 DataRow 对象的数组。
- Select (String,String):获取按照指定的排序顺序且与筛选条件相匹配的所有 DataRow 对象的数组。
- Select (String,String,DataViewRowState):获取与排序顺序中的筛选器以及指定的状态相

匹配的所有 DataRow 对象的数组。例如：

```
string strSQL="SELECT * FROM P_Product";
SqlConnection myConnection=new SqlConnection(conString);
DataSet ds=new DataSet();
myConnection.Open();
SqlDataAdapter adapter=new SqlDataAdapter(strSQL,myConnection);
adapter.Fill(ds,"Product");
myConnection.Close();
DataTableCollection dtc=ds.Tables;
DataTable dt=dtc["Product"];
//DataRow[] rows=dt.Select("ID>52","ID DESC");
string strExpr="ID>52";
string strSort="ID DESC";
DataRow[] foundRows=dt.Select(strExpr,strSort,DataViewRowState.OriginalRows);
```

(7) DataTable 对象的计算

DataTable 的 Compute()方法可以用来执行符合筛选条件的当前行上的给定表达式的计算。其格式为：

Object Compute (string expression,string filter);

其中：参数 expression 为要计算的表达式，需要聚合函数；filter 为条件过滤器；返回值为 Object型。具体实例如下：

```
string strSQL="SELECT * FROM P_Sell";
SqlConnection myConnection=new SqlConnection(conString);
DataSet ds=new DataSet();
myConnection.Open();
SqlDataAdapter adapter=new SqlDataAdapter(strSQL,myConnection);
adapter.Fill(ds,"Sell");
myConnection.Close();
DataTable table=ds.Tables["Sell"];
//1.统计所有性别为女的销售员的数量：
Object n=table.Compute("count(ID)","Sex=0");
//2.统计所有销售员中年龄大于 20 岁的
int c=(int)table.Compute("count(ID)","Birthday<'"+DateTime.Today.AddYears(-
20)+"'");
//3.统计销售产品的平均价格
decimal ap=(decimal)table.Compute("avg(Price)","true");
//4.统计产品代码为 sj 的产品销售数量：
Object m=table.Compute("sum(Num)","ProductId='sj'");
//5.统计所有产品的销售总金额：
//table.Compute("Sum(Quantity * Price)","true");//错误
DataColumn dc=new DataColumn("total",Type.GetType("System.Decimal"));
```

```
dc. Expression="Num * Price";
table. Columns. Add(dc);
Object s=table. Compute("sum(total)","true");
Response. Write("女销售员的数量为"+n. ToString()+",年龄大于 20 岁的销售员的数量为"+c. ToString()+" ,<br/>平均价格为"+ap. ToString()+",sj 产品销售数量为"+ m. ToString());
```

(8) DataTable 对象的合并

DataTable 对象提供了 Merge()方法用于将指定的 DataTable 与当前的 DataTable 合并,要求合并的两个 DataTable 的结构是一样的。Merge()方法支持三种方法重载,具体为:

- Merge (DataTable):将指定的 DataTable 与当前的 DataTable 合并。
- Merge (DataTable,Boolean):将指定的 DataTable 与当前的 DataTable 合并,指示是否在当前的 DataTable 中保留更改。
- Merge(DataTable,Boolean,MissingSchemaAction):将指定的 DataTable 与当前的 DataTable 合并,指示是否在当前的 DataTable 中保留更改以及如何处理缺失的架构。例如:

```
string strSQL ="SELECT * FROM P_Sell WHERE sex = 0; SELECT * FROM P_Sell WHERE sex=1";
SqlConnection myConnection=new SqlConnection(conString);
DataSet ds=new DataSet();
myConnection. Open();
SqlDataAdapter adapter=new SqlDataAdapter(strSQL,myConnection);
adapter. Fill(ds,"sell");
myConnection. Close();
DataTable dt1=ds. Tables[0];
DataTable dt2=ds. Tables[1];
dt1. Merge(dt2,true,MissingSchemaAction. AddWithKey);
```

12.5.3 DataView 对象

与数据库视图类似,DataView 对象为用户提供了用于排序、筛选、搜索、编辑和导航的 DataTable 的可绑定数据的自定义视图,它的常用属性如表 12.13 所示。使用 DataView 对象,用户可以使用不同排序顺序显示表中的数据,并且可以按行状态或基于筛选器表达式来筛选数据。

表 12.13 DataView 的属性

属 性	描 述
Table	视图的基表
RowFilter	行过滤器
RowStateFilter	行状态过滤器
Sort	排序规则
AllowNew	是否允许用户通过视图添加数据
AllowUpdate	是否允许用户通过视图更新数据
AllowDelete	是否允许用户通过视图删除数据

（1）创建 DataView 对象

可以使用构造函数或引用 DataTable 的 DefaultView 属性来创建 DataView 对象，其构造函数包括：

- DataView()：初始化 DataView 类的新实例。
- DataView(DataTable)：用指定的 DataTable 初始化 DataView 类的新实例。
- DataView(DataTable，String，String，DataViewRowState)：用指定的 DataTable、筛选条件 RowFilter、排序条件 Sort 和行状态筛选器 DataViewRowState 初始化 DataView 类的新实例。

利用 DataTable 的 DefaultView 属性创建 DataView 对象的代码为：

```
DataTable dt=ds.Tables["Employees"];
DataView dv=dt.DefaultView;
```

（2）设置筛选器

DataView 对象的 RowFilter 属性表示获取或设置用于筛选在 DataView 中符合条件行的表达式。该表达式可以由列名、逻辑运算符、数字运算符和字面值的任意有效组合组成。例如：

```
dv.RowFilter="Country='USA'";
dv.RowFilter=" EmployeeID>5 AND Birthdate < #1/31/2011# ";
dv.RowFilter="Description LIKE '*product*'";
```

RowFilter 属性的表达式还支持 IN 运算符和通配符 * 与%，如果某个 LIKE 子句中的字符串已经包含了 * 或%字符，则必须用方括号([ ])将其括起来，以进行运算符转义。如果碰巧该子句中也包含了方括号，则必须对用于运算符的这些方括号进行转义。通配符只允许在筛选字符串的开头或结尾处出现，不能在字符串中间使用通配符。例如：

```
dv.RowFilter="employeeID IN (2,4,5)";
dv.RowFilter=""Description LIKE '[[]*[]]product[[]*[]]'";
```

若要根据记录的版本或状态进行筛选，可将 DataView 对象的 RowStateFiler 属性设置为 DataViewRowState 枚举类型中的值，具体取值如表 12.14 所示。行状态表示行的状态；行版本表示在修改行中存储的值是维护各个阶段的值，包括当前值 Current、原始值 Original 和默认值。在修改了行中的某列后，该行的行状态将变为 Modified，并且有 Current(包含行的当前值)和 Original(包含列修改前行的值)两个行版本。例如：

```
DataView dv=new DataView(dt,"UnitsInStock <=ReorderLevel","SupplierID ",DataViewRowState.CurrentRows);
dv. RowStateFilter=DataViewRowState.CurrentRows;
```

表 12.14　DataViewRowState 选项

选　项	说　明
CurrentRows	所有 Unchanged、Added 和 Modified 行的 Current 行版本，是默认设置
Added	所有 Added 行的 Current 行版本
Deleted	所有 Deleted 行的 Original 行版本
ModifiedCurrent	所有 Modified 行的 Current 行版本
ModifiedOriginal	所有 Modified 行的 Original 行版本

续表 12.14

选　　项	说　　明
None	没有行
OriginalRows	所有 Unchanged、Modified 和 Deleted 行的 Original 行版本
Unchanged	所有 Unchanged 行的 Current 行版本

(3) DataView 对象的排序

可以使用 DataView 对象的 sort 属性指定单个或多个列排序顺序并包含 ASC(升序)和 DESC(降序)参数，默认情况下列按升序排序，多个列之间用逗号隔开。例如：

```
dataTable.DefaultView.sort="LastName";
dataTable.DefaultView.sort="LastName,FirstName DESC";
```

(4) DataView 对象的搜索

相对于 DataView 对象使用 RowFilter 进行筛选得到一个矩形数据集，使用 Find、FindRows 方法可以更准确地查找到与特定键相匹配的行，搜索的时候必须首先设置 DataView 的 sort 属性。例如：

```
int row=dt.DefaultView.Find("wilson"); //获得行的位置
DataRowView[] rows=dt.DefaultView.FindRows("Rawlings"); //获得一个 row 数组
```

12.6 SqlHelper 类

12.6.1 SqlHelper 类简介

应用程序开发中需要频繁地对数据表进行 SELECT、INSERT、UPDATE、DELETE 等操作，为避免代码中过多地出现 SqlConnection、SqlCommand、SqlDataAdapter、Open、Close 等类及其方法，通常将负责数据库访问的功能抽取出来，形成数据访问层，并做成独立项目。Microsoft 提供的 Data Access Application Block 中的 SQLHelper 类中封装了最常用的数据操作，且方便重用。SqlHelper 类的功能包括执行不返回数据的 SQL 命令、返回单一值的 SQL 命令、返回数据集、缓存参数列表和读取缓存的参数，具体如图 12.9 所示。

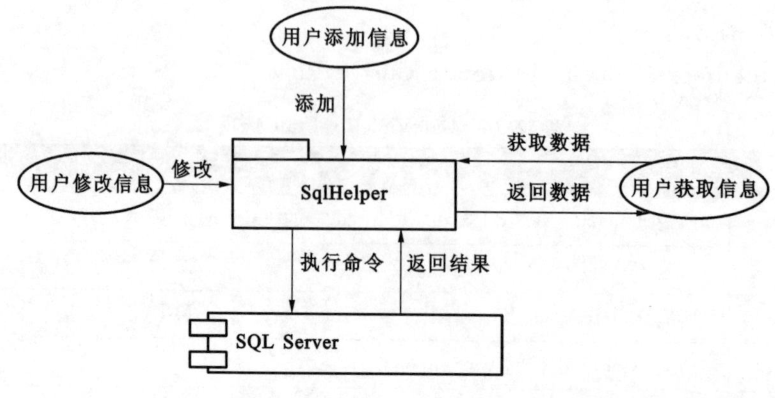

图 12.9 SqlHelper 类的功能

引用时，可以直接将 SqlHelper.cs 文件拷贝到项目的 App_Code 文件夹中。因为将文件放在此文件夹下，系统会自动进行编译，程序员可以直接使用，无需另外编译。选择该文件，单击鼠标右键，在弹出菜单中选择【包括在项目中(J)】，此时就可以在程序中应用该类，应用时注意导入命名空间(如：using Microsoft.ApplicationBlocks.Data;)。如果在弹出的菜单中选择【查看类关系视图(V)】，就可以了解类的所有方法、字段，具体如图 12.10 所示。

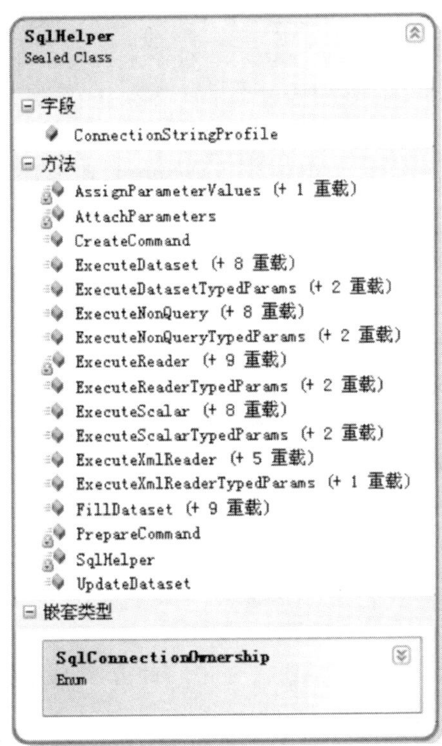

图 12.10　SqlHelper.cs **的类视图**

从类视图中可以看出，SqlHelper 类是密封类，不能被继承或实例化。它提供了一组静态方法，可以用来向 SQL Server 数据库发出许多各种不同类型的命令。SqlHelperParameterCache 类则提供命令参数缓存功能，用来提高性能，数据访问客户端可以直接使用它来缓存特定命令的特定参数集。

12.6.2　SqlHelper 类的方法

SqlHelper 类提供了很好的执行命令模式，为开发人员选择访问数据的方式提供了必要的灵活性。SqlHelper 类中有五类 static 方法，它们是 ExecuteNonQuery、ExecuteDataset、ExecuteReader、ExecuteScalar 和 ExecuteXmlReader。ExecuteNonQuery 方法用于执行不返回任何行或值的命令，这些命令通常用于执行数据库更新，但也可用于返回存储过程的输出参数；ExecuteReader 方法用于返回 SqlDataReader 对象，该对象包含由某一命令返回的结果集；ExecuteDataset 方法返回 DataSet 对象，该对象包含由某一命令返回的结果集；ExecuteScalar 方法返回单一值，该值始终是该命令返回的第一行的第一列；ExecuteXmlReader 方法返回 FOR XML 查询的 XML 片段。实现的每种方法都提供一组一致的重载，因此开发人员可以确定传递连接、事务和参数信息的方式。SqlHelper 类中实现的方法重载方式如下：

- Execute * (SqlConnection connection, CommandType commandType, string commandText)
- Execute * (SqlConnection connection, CommandType commandType, string commandText, params SqlParameter[] commandParameters)

- Execute *(SqlConnection connection,string spName,params object[] parameterValues)
- Execute *(string connectionString,CommandType commandType,string commandText)
- Execute *(string connectionString,CommandType commandType,string commandText,params SqlParameter[] commandParameters)
- Execute *(string connectionString,string spName,params object[] parameterValues)

除了这些公共方法外,SqlHelper 类还包含一些专用方法,用于管理参数和准备要执行的命令。不管客户端调用什么方法实现,所有命令都通过 SqlCommand 对象来执行。在 SqlCommand 对象被执行之前,所有参数都必须添加到 Parameters 集合中,并且必须正确设置 Connection、CommandType、CommandText 和 Transaction 属性。SqlHelper 类中的专用方法主要用于提供一种一致的方式,以便向 SQL Server 数据库发出命令,而不考虑客户端应用程序调用的重载方法实现。SqlHelper 类中的专用方法包括:

- AttachParameters:该方法用于将所有必要的 SqlParameter 对象连接到正在运行的 SqlCommand 对象。
- AssignParameterValues:该方法用于为 SqlParameter 对象赋值。
- PrepareCommand:该方法用于对命令的属性(如连接、事务环境等)进行初始化。
- ExecuteReader:该专用方法用于通过适当的 CommandBehavior 打开 SqlDataReader 对象,以便最有效地管理与阅读器关联的连接的有效期。

12.6.3 SqlHelperParameterCache 类

SqlHelperParameterCache 类提供命令参数缓存功能,参数数组缓存在专用 Hashtable 中。该类提供了三种可以用来管理参数的公共方法,具体为:

- CacheParameterSet:用于将 SqlParameters 数组存储到缓存中。此方法通过将连接字符串和命令文本连接起来创建一个键,然后将参数数组存储在 Hashtable 中。
- GetCachedParameterSet:用于检索缓存的参数数组的副本。此方法将返回一个 SqlParameter 对象数组,这些对象已将缓存中的参数的名称、值、方向和数据类型等进行了初始化。
- GetSpParameterSet:用于针对特定存储过程检索参数数组。该重载方法尝试从缓存中检索特定存储过程的参数,如果这些参数尚未被缓存,则使用 SqlCommandBuilder 类从内部检索,并将它们添加到缓存中,以便用于后续的检索请求,然后为每个参数指定相应的参数设置,最后将这些参数以数组形式返回给客户端。
- CloneParameters:用于 SqlParameters 数组深层拷贝。对从缓存中检索的参数进行内部复制,这样客户端应用程序能够更改参数值以及进行其他操作,而不会影响缓存的参数数组。

以下是综合运用 SqlHelper 类向 Account 表中新增一条记录的实例(覆盖重复记录),具体代码如下:

```
public void SetAccountInfo(int uniqueID,AddressInfo addressInfo)
{
    string sqlDelete="DELETE FROM Account WHERE UniqueID=@UniqueID;";
    SqlParameter param=new SqlParameter("@UniqueID",SqlDbType.Int);
    param.Value=uniqueID;
    string sqlInsert="INSERT INTO Account (UniqueID,Email,FirstName,LastName,
Address1,Address2,City,State,Zip,Country,Phone) VALUES (@UniqueID,@Email,@First-
Name,@LastName,@Address1,@Address2,@City,@State,@Zip,@Country,@Phone);";
```

```
SqlParameter[] parms={new SqlParameter("@UniqueID",SqlDbType.Int),
    new SqlParameter("@Email",SqlDbType.VarChar,80),
    new SqlParameter("@FirstName",SqlDbType.VarChar,80),
    new SqlParameter("@LastName",SqlDbType.VarChar,80),
    new SqlParameter("@Address1",SqlDbType.VarChar,80),
    new SqlParameter("@Address2",SqlDbType.VarChar,80),
    new SqlParameter("@City",SqlDbType.VarChar,80),
    new SqlParameter("@State",SqlDbType.VarChar,80),
    new SqlParameter("@Zip",SqlDbType.VarChar,80),
    new SqlParameter("@Country",SqlDbType.VarChar,80),
    new SqlParameter("@Phone",SqlDbType.VarChar,80)};
parms[0].Value=uniqueID;
parms[1].Value=addressInfo.Email;
parms[2].Value=addressInfo.FirstName;
parms[3].Value=addressInfo.LastName;
parms[4].Value=addressInfo.Address1;
parms[5].Value=addressInfo.Address2;
parms[6].Value=addressInfo.City;
parms[7].Value=addressInfo.State;
parms[8].Value=addressInfo.Zip;
parms[9].Value=addressInfo.Country;
parms[10].Value=addressInfo.Phone;
SqlConnection conn=new SqlConnection(SqlHelper.ConnectionStringProfile);
conn.Open();
SqlTransaction trans=conn.BeginTransaction(IsolationLevel.ReadCommitted);
try
{
    SqlHelper.ExecuteNonQuery(trans,CommandType.Text,sqlDelete,param);
    SqlHelper.ExecuteNonQuery(trans,CommandType.Text,sqlInsert,parms);
    trans.Commit();
}
catch (Exception e)
{
    trans.Rollback();
    throw new ApplicationException(e.Message);
}
finally { conn.Close(); }
}
```

上述代码中引用了 SqlHelper 的 ConnectionStringProfile 字段和 ExecuteNonQuery 方法。ExecuteNonQuery 方法实现的代码如下：

```
public static int ExecuteNonQuery(SqlTransaction trans, CommandType cmdType, string cmdText, params SqlParameter[] commandParameters)
{
    SqlCommand cmd=new SqlCommand();
    PrepareCommand(cmd, trans.Connection, trans, cmdType, cmdText, commandParameters);
    int val=cmd.ExecuteNonQuery();
    cmd.Parameters.Clear();
    return val;
}
```

而 ExecuteNonQuery 方法的实现中又调用了 PrepareCommand 内部方法，其实现代码如下：

```
private static void PrepareCommand(SqlCommand cmd, SqlConnection conn, SqlTransaction trans, CommandType cmdType, string cmdText, SqlParameter[] cmdParms)
{
    if (conn.State !=ConnectionState.Open)
        conn.Open();
    cmd.Connection=conn;
    cmd.CommandText=cmdText;
    if (trans !=null)
        cmd.Transaction=trans;
    cmd.CommandType=cmdType;
    if (cmdParms !=null)
    {
        foreach (SqlParameter parm in cmdParms)
            cmd.Parameters.Add(parm);
    }
}
```

第 13 章
数据控件

数据控件是用来显示和处理数据的服务器控件，包括 Repeater、DataList、DetailsView、FormView 和 GridView 五大控件。其中 Repeater、DataList 和 GridView 控件用于显示多条记录数据，而 DetailsView 和 FormView 控件则用于显示一条记录的明细信息。Repeater 和 DataList 数据控件有很强的自定义布局能力，适合较为复杂的布局方案，内置功能较弱，需要自己实现分页、排序、数据事件等功能；而 DetailsView 和 GridView 控件的布局固定，自定义布局功能有限，内置了分页、排序等功能，一般适合快速、简单的数据布局；FormView 既有前者的自定义布局功能，又有后者的内置分页、排序等功能。各个控件的功能特点见表 13.1，常用公共属性和事件见表 13.2。

表 13.1　数据控件简介

数据控件	说　　明
Repeater	自由地控制数据的显示，不指定内置布局。即可以使用非表格的形式来显示数据，从而能够更灵活地定义其显示风格
GridView	是具有强大功能的数据控件，它以表的形式显示数据，不需要编写代码就可实现数据的连接和绑定，并提供对列进行排序、分页、翻阅数据以及编辑或删除单个记录的功能
DataList	通过定义模板或样式来灵活地显示数据，如将数据记录排成列或行的形式；通过对控件进行配置可以实现编辑或删除表中的记录
DetailsView	使用基于表格的布局显示数据源中的单个记录，其中数据记录的每个字段都显示为控件中的一行。该控件通常与 GridView 控件组合使用，构成主-从方案
FormView	用于显示数据源中的单个记录，但不指定用于显示记录的预定义布局，由用户创建模板以显示和编辑绑定值，模板中包含用于创建窗体的格式、控件和绑定表达式。FormView 控件通常也与 GridView 控件一起用于主-从方案

表 13.2　数据控件常用公共属性和事件

属　性	说　　明
ID	获取或设置分配给数据控件的编程标识符
DataMember	指示一个多成员数据源中的特定表绑定到数据控件。该属性与 DataSource 结合使用。如果 DataSource 有一个 DataSet 对象，则该属性包含要绑定的特定表的名称
DataSource	获得或设置包含用来填充该控件的值的数据源对象
DataSourceID	指示所绑定的数据源控件
EnableViewState	指示数据控件是否向发出请求的客户端保持自己的视图状态以及它所包含的任何子控件的视图状态
Visible	指示数据控件是否作为 UI 呈现在页上

续表 13.2

事　件	说　　明
DataBinding()	继承自 Control，当控件绑定到数据源时触发
Init()	继承自 Control，当控件初始化时触发
PreRender()	继承自 Control，在控件呈现在页面上之前触发
Load()	当数据控件加载到 Page 对象时发生
Unload()	当数据控件从内存中卸载时发生

13.1　数据绑定

13.1.1　数据绑定简介

数据绑定是一种把数据绑定到页面服务控件的通用机制，是将数据链接到显示该数据控件的过程。其基本过程包括三个步骤：① 在页面中设定数据控件显示对象所要绑定的数据项；② 定义和获取数据源、给变量赋值或定义方法的实现；③ 调用 DataBind()方法将数据源提供给数据控件，实现数据绑定，如图 13.1 所示。

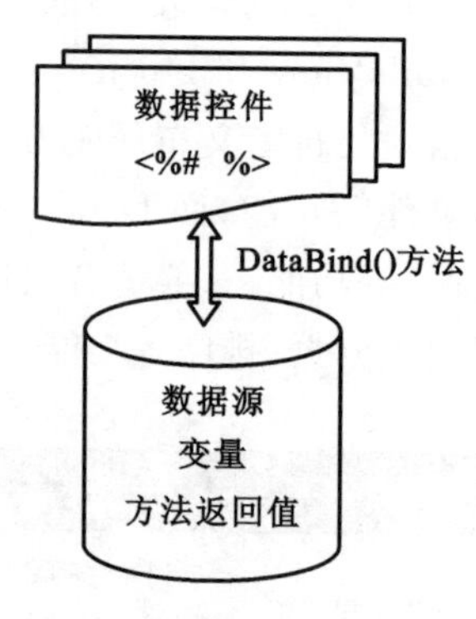

图 13.1　数据绑定过程

使用数据源控件实现数据绑定时，只需将数据控件的 DataSourceID 属性值设定为数据源控件的 ID 就可实现数据的绑定，否则需要调用 Page.DataBind() 或 Control.DataBind()方法将数据绑定到数据源。在页面数据控件外观设置中，数据绑定表达式需包含在<％＃ ％>中。从绑定的对象看，可分为如下几种：

- 属性绑定：ASP.NET 的数据绑定可以绑定到公共的变量、页面的属性乃至其他服务器端控件的属性上。如：

```
<asp:Image ID="imgVote1" runat="server" Width="<%#vote1%>" ImageUrl="Red.bmp"></asp:Image>
```

- 表达式绑定：由于是根据数据项和常数计算而进行动态数据绑定，因而提供的数据更加灵活、方便。如：

```
<%#GetVotePercent(vote2)%>
```

- 方法绑定：利用 DataBinder.Eval()方法或 Bind()方法把指定的数据或者表达式转换成所期望显示的数据类型。如：

```
<%# DataBinder.Eval(Container.DataItem,"EmpID")%>
<asp:TextBox ID="EditFirstNameTextBox" runat="server" Text='<%# Bind("FirstName") %>' />
```

- 集合绑定：在 ASP.NET 中只要是支持 IEnumerable、ICollection 或 IListSource 接口的任一集合对象都可以作为列表服务器控件的数据源进行绑定，包括 ArrayList、HashTable、DataView、DataReader 等集合数据源。列表控件的 DataSource 和 DataMember 属性用于绑定到这些集合，再使用控件的模板格式来显示数据行。如：

```
<asp:DropDownList ID="DropDownList1" DataSource="<%# classArrayList%>" runat
="server">
</asp:DropDownList>
```

除<%# %>外，也可以在页面中使用<%= %>来实现 Response. Write()的功能。但使用<%# %>为 .aspx 页上的对象确定并设置了特定数据源后，必须将数据绑定到这些数据源。即需使用 Page. DataBind() 或 Control. DataBind()方法将数据绑定到数据源，因为在显式调用 Web 服务器控件的 DataBind()方法或在调用页面级的 Page. DataBind()方法之前，不会有任何数据呈现给控件。这两种方法的使用方式相似，主要差别在于：调用 Page. DataBind()方法后，所有数据源都将绑定到它们的服务器控件中。

13.1.2 Eval 方法与 Bind 方法比较

DataBinder. Eval 方法是一个静态方法，在运行时使用反射来分析和计算对象的数据绑定表达式，并按照要求格式化输出结果。其方法的签名如下：

```
public static object Eval(object container,string expression);
public static string Eval(object container,string expression,string format);
```

其中：命名容器 container 参数为其表达式求值的对象的引用，数据字段名 expression 参数为数据表中的数据列名称，格式字符串 format 参数用于显示指定格式的值。

Bind 方法与 Eval 方法在数据绑定的语法上相似，但 Bind 方法用于定义双向数据绑定，既能把数据绑定到控件，又能把数据变更提交到数据库。两者相比而言，Eval 方法是单向只读绑定，而 Bind 方法是双向可更新绑定；Eval 方法在运行时使用反射执行后期绑定计算，因此与 Bind 方法相比会导致性能明显下降；当数据需要修改时，使用 Bind 方法，当数据显示需要格式化或对表达式进行操作时，使用 Eval 方法。如：

```
Text='<%# Eval("FirstName"). ToString(). Trim() %>'
```

13.1.3 数据控件模板

模板是用来定制运行时数据控件显示的内容、样式和外观的一组服务器控件属性，它包含了静态的 HTML 代码、控件以及用于在某个特定区域呈现控件的脚本，模板构成数据控件特定部分的布局。针对不同的数据控件，其支持的模板略有不同，参见表 13.3。通常数据控件支持的模板有 HeaderTemplate、ItemTemplate、AlternatingItemTemplate、SeparatorTemplate 和 FooterTemplate 及 DetailsView支持的 PagerTemplate，并且每一模板都有相应的 style 定义标签，参见图 13.2 和表 13.3。GridView 用 Columns 取代了 ItemTemplate，DetailsView 用 Fields 取代了 ItemTemplate。

- HeaderTemplate 模板用于定义列表的标题。
- ItemTemplate 模板定义列表的内容和布局，在 Repeater、DataList 和 FormView 数据控件中，通常是唯一且必需的模板。针对数据的不同状态又衍生出多种模板：SelectedItemTemplate 模板表示当用户选择项时显示的内容和布局，EmptyDataTemplate 模板表示没有数据时显示的内容和布局，EditItemTemplate 模板表示点击编辑的时候，该列显示的内容和布局，InsertItemTemplate 模板表示点击新增的时候，该列显示的内容和布局。
- SeparatorTemplate 模板用于定义内容和替代内容之间的内容。
- AlternatingItemTemplate 模板定义了替代项的内容和布局。

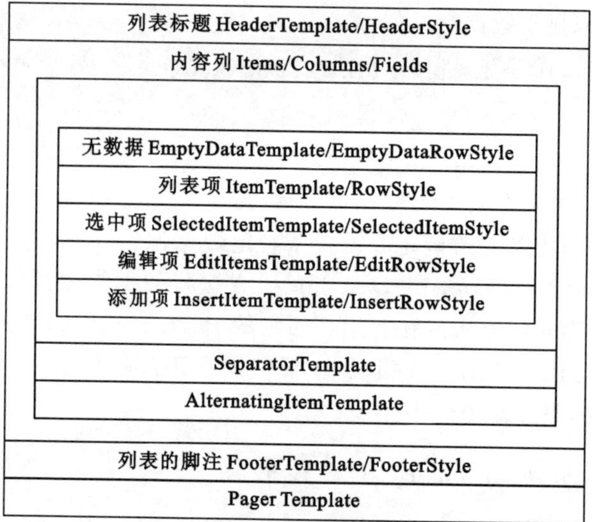

图 13.2 数据控件模版及其样式

- FooterTemplate 模板用于定义列表的脚注。
- PagerTemplate 模板用于设置 DetailsView、FormView 和 GridView 等控件中页导航行的自定义内容和布局。

表 13.3 模板与应用数据控件对照表

模板标志	应 用 范 围
HeaderTemplate	Repeater、DataList、DetailsView、FormView 和 GridView
ItemTemplate	Repeater、DataList、DetailsView、FormView 和 GridView
SeparatorTemplate	Repeater、DataList
AlternatingItemTemplate	Repeater、DataList 和 GridView
SelectedTemplate	DataList
EditItemTemplate	DataList、DetailsView、FormView 和 GridView
EmptyDataTemplate	DetailsView、FormView 和 GridView
PagerTemplate	Repeater、DataList、DetailsView、FormView 和 GridView
FooterTemplate	Repeater、DataList、DetailsView、FormView 和 GridView

表 13.4 模板样式及其属性说明

样式属性	说 明
HeaderStyle	定义标题的样式属性
EmptyDataRowStyle	定义空行的样式属性，这是在数据控件绑定到空数据源时生成
RowStyle	定义行的样式属性
SelectedRowStyle	定义当前所选行的样式属性
EditRowStyle	定义正在编辑的行的样式属性
AlternatingRowStyle	定义交替行的样式属性
FooterStyle	定义页脚的样式属性
PagerStyle	定义分页器的样式属性

每个模板支持其自己的样式对象，可以在设计时或运行时设置该样式对象的属性。下面是 GridView 数据控件的实例，设计效果如图 13.3 所示。

```
<asp:GridView ID="GridView1" runat="server" AutoGenerateColumns="False"
        OnRowCancelingEdit="GridView1_RowCancelingEdit"
        OnRowDeleting="GridView1_RowDeleting" OnRowUpdating="GridView1_RowUpdating"
        OnRowEditing="GridView1_RowEditing" BorderColor="Black"
        OnRowDataBound="GridView1_RowDataBound" Width="561px" Font-Size="12px"
        OnSelectedIndexChanged="GridView1_SelectedIndexChanged"
        OnRowCommand="GridView1_RowCommand" AllowSorting="True" OnSorting="
        GridView1_Sorting">
    <Columns>
      <asp:BoundField DataField="EmployeeID" HeaderText="职工号" />
      <asp:BoundField DataField="FirstName" HeaderText="姓名" />
      <asp:BoundField DataField="City" HeaderText="城市" />
      <asp:BoundField DataField="Address" HeaderText="住址" />
      <asp:CommandField HeaderText="选择" ShowSelectButton="True" />
      <asp:CommandField HeaderText="编辑" ShowEditButton="True" />
      <asp:CommandField HeaderText="删除" ShowDeleteButton="True" />
      <asp:TemplateField HeaderText="新窗口编辑">
          <ItemTemplate>
              <asp:Button ID="btnEditEmployee" runat="server" Text='编 辑'/>
          </ItemTemplate>
      </asp:TemplateField>
        <asp:ButtonField ButtonType="Button" CommandName="Alert" HeaderText
              ="提示" Text="提示操作" />
    </Columns>
    < HeaderStyle BackColor="Azure" Font-Size="Small" HorizontalAlign="Center"
      Wrap="False" />
      <RowStyle HorizontalAlign="Center" />
      <PagerStyle HorizontalAlign="Center" />
</asp:GridView>
```

EditUpdateD...xample.aspx

asp:GridView#GridView1

职工号	姓名	城市	住址	选择	编辑	删除	新窗口编辑	提示
数据绑定	数据绑定	数据绑定	数据绑定	选择	编辑	删除	编 辑	提示操作
数据绑定	数据绑定	数据绑定	数据绑定	选择	编辑	删除	编 辑	提示操作
数据绑定	数据绑定	数据绑定	数据绑定	选择	编辑	删除	编 辑	提示操作
数据绑定	数据绑定	数据绑定	数据绑定	选择	编辑	删除	编 辑	提示操作
数据绑定	数据绑定	数据绑定	数据绑定	选择	编辑	删除	编 辑	提示操作

图 13.3　GridView 数据控件实例的设计视图

13.1.4 数据控件 Field 字段类型

五大数据控件中的 DetailsView 和 GridView 数据控件支持七种字段类型，详见表 13.5。

表 13.5　数据控件 Field 字段类型

Field 字段类型	说　明
BoundField（数据绑定字段）	绑定 DataSource 数据源的字段，以文本方式显示数据，是默认的字段显示模式
ButtonField（按钮字段）	在数据绑定控件的数据行或数据列中显示自定义命令按钮，点击时会触发 RowCommand 事件
CommandField（命令字段）	将最常用的编辑命令封装在一个预定格式的字段中，包括 Select、Edit、Update、Delete 命令（DetailsView 的 CommandField 还支持 Insert 命令），可以设置它的 ButtonType 属性来决定显示为一般按钮、图片按钮或者超级链接
CheckBoxField（CheckBox 字段）	显示为复选框，通常用于布尔值字段值的显示
HyperLinkField（超链接字段）	用 HyperLink 超级链接的形式显示字段值，并可指定 NavigateUrl 超链接
ImageField（图像字段）	在数据控件中绑定 Image 的 URL 字段，显示图像
TemplateField（模板字段）	使用开发者自定义模板来控制字段的显示效果，可以使用 HTML 控件和 Web 服务器控件

针对列字段，用户需要设置其属性值来绑定数据项、定义外观样式以及其他功能。主要的列属性如表 13.6 所示。

表 13.6　列属性及其说明

属　性	说　明
DataField	设置字段的名称
HtmlEncode	在显示字段值之前是否对其进行 HTML 编码
DataFormatString	自定义格式化字符串
ApplyFormatInEditMode	当数据绑定控件处于编辑模式时，是否应用格式化字符串
NullDisplayText	字段的值为空时显示的文本
ConvertEmptyStringToNull	将空字符串("")字段值自动转换为空值
Visible	数据绑定控件中 Field 对象是否可见
ReadOnly	字段的值在编辑模式中是否能修改
InsertVisible	插入记录时数据绑定控件中 Field 对象是否可见
HeaderText	标头部分显示标题
FooterText	脚注部分显示标题
HeaderImageUrl	标头部分中显示图像的 URL
ShowHeader	显示或隐藏数据绑定控件的标头部分
ControlStyle	子 Web 服务器控件的样式设置
FooterStyle	脚注部分的样式设置
HeaderStyle	标头部分的样式设置
ItemStyle	数据项的样式设置

13.2　GridView 控件

13.2.1　GridView 控件简介

GridView 控件用于在表中显示数据源中的数据，其每列表示一个字段，而每行表示一条记录。GridView 控件内置了行选择、更新、删除、分页和排序等功能。GridView 控件具有很高的可配置性和可扩展性，提供了大量的属性、方法和事件，可以用来对其外观和行为进行自定义，也可以编程方式访问 GridView 对象模型以动态设置属性、处理事件。GridView 支持的属性包括模板、样式、行为、外观和状态等几大类，数据控件的模板和样式属性都具有共性，上节已作说明，其他属性如表 13.7 所示。

表 13.7　GridView 的常用属性及其说明

行为属性	说　明
AllowPaging	指示该控件是否支持分页
AllowSorting	指示该控件是否支持排序
AutoGenerateColumns	指示是否自动地为数据源中的每个字段创建列，默认为 true
AutoGenerateDeleteButton	指示该控件是否包含一个按钮列以允许用户删除映射到被单击行的记录
AutoGenerateEditButton	指示该控件是否包含一个按钮列以允许用户编辑映射到被单击行的记录
AutoGenerateSelectButton	指示该控件是否包含一个按钮列以允许用户选择映射到被单击行的记录
EnableSortingAndPagingCallbacks	指示是否使用脚本回调函数完成排序和分页，默认情况下禁用
RowHeaderColumn	用作列标题的列名
SortDirection	获得列的当前排序方向
SortExpression	获得当前排序表达式
UseAccessibleHeader	规定是否为列标题生成＜th＞标签（而不是＜td＞标签）
外观属性	**说　明**
BackImageUrl	指示要在控件背景中显示的图像的 URL
Caption	在控件的标题中显示的文本
CaptionAlign	标题文本的对齐方式
CellPadding	指示一个单元的内容与边界之间的间隔（以像素为单位）
CellSpacing	指示单元之间的间隔（以像素为单位）
GridLines	指示控件的网格线样式
HorizontalAlign	指示该页面上的控件水平对齐
EmptyDataText	指示当控件绑定到一个空的数据源时生成的文本
PagerSettings	引用一个允许设置分页器按钮的属性的对象
ShowFooter	指示是否显示页脚行
ShowHeader	指示是否显示标题行

续表 13.7

行状态属性	说　明
BottomPagerRow	返回控件的底部分页器的 GridViewRow 对象
Columns	获得一控件中列的对象的集合。如果这些列是自动生成的,则该集合总是空的
DataKeyNames	获得一个包含当前显示项的主键字段的名称的数组
DataKeys	获得一个表示在 DataKeyNames 中为当前显示的记录设置的主键字段的值
EditIndex	获得和设置基于 0 的索引,标识当前以编辑模式生成的行
FooterRow	返回一个表示页脚的 GridViewRow 对象
HeaderRow	返回一个表示标题的 GridViewRow 对象
PageCount	获得显示数据源的记录所需的页面数
PageIndex	获得或设置基于 0 的索引,标识当前显示的数据页
PageSize	指示在一个页面上要显示的记录数
Rows	获得一个表示该控件中当前显示的数据行的 GridViewRow 对象集合
SelectedDataKey	返回当前选中的记录的 DataKey 对象
SelectedIndex	获得和设置标识当前选中行的基于 0 的索引
SelectedRow	返回一个表示当前选中行的 GridViewRow 对象
SelectedValue	返回 DataKey 对象中存储的键的显式值。类似于 SelectedDataKey
TopPagerRow	返回一个表示网格的顶部分页器的 GridViewRow 对象

13.2.2 基于 SqlDataSource 的 GridView 控件实现

GridView 控件可绑定到数据源控件,如 SqlDataSource、ObjectDataSource 等。若要绑定到某个数据源控件,则将 GridView 控件的 DataSourceID 属性设置为该数据源控件的 ID 值,GridView 控件将自动绑定到指定的数据源控件,并且可利用该数据源控件的功能来执行排序、更新、删除和分页功能。GridView 控件也可以绑定到实现了 IEnumerable 接口的任何数据源,如 DataView、ArrayList 或 Hashtable。此时以编程方式将 GridView 控件的 DataSource 属性设置为该数据源,然后调用 DataBind 方法。当使用此方法时,GridView 控件不提供内置的排序、更新、删除和分页功能,因而要使用适当的事件来提供此类功能。下面以 SqlDataSource 为数据源演示 GridView 控件的功能,详见图 13.4。

① 在“DataControlExample”项目中单击鼠标右键,在弹出的菜单中选择【添加】/【新建项...】,创建 Web 页面“SqlDataSourceGridViewExample. aspx”。从工具箱中拖放 GridView 控件到该页面的设计界面上。

② 使用第 12 章中创建的 SqlDataSource 控件,选中 GridView 控件,单击该控件右上角按钮,并设置 GridView 控件的【选择数据源】为该 SqlDataSource 控件。同时选择【启用分页】、【启用排序】、【启用编辑】、【启用删除】、【启用选定内容】,也可以在属性窗口设置“AllowPaging”、“AllowSorting”属性值为 True 以及“AutoGenerateButton”属性值为 True,设置“DataKeyNames”的值为“EmployeeID”。此例是通过添加数据维护列“CommandField”来实现编辑功能。此外,默

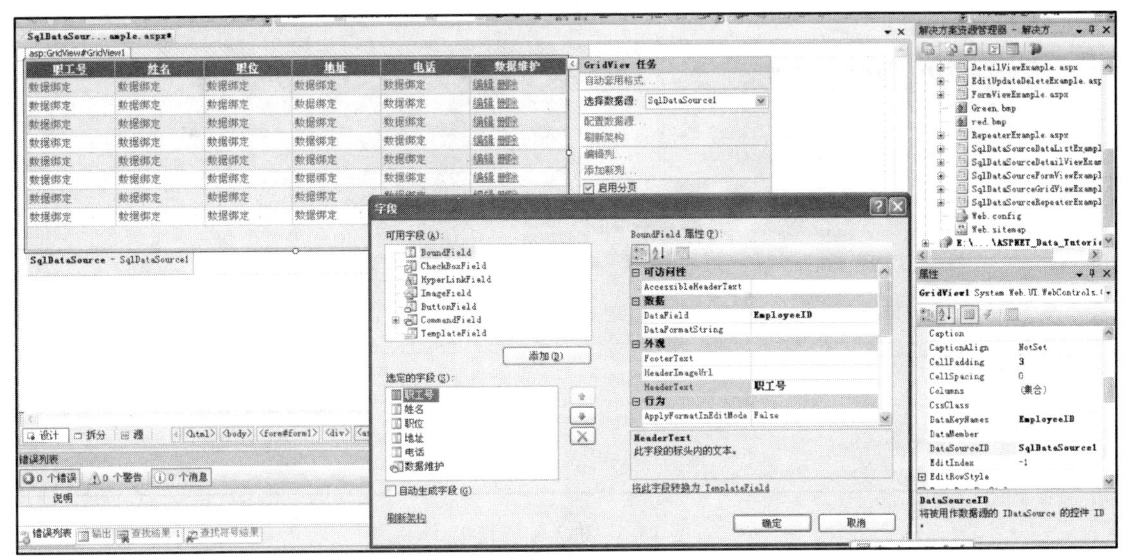

图 13.4　GridView 控件的列编辑

认情况下，GridView 控件显示查询返回的所有列，但最好不要自动显示，这就需要在属性窗口设置“AutoGenerateRows”的值为 False。

③ 单击 GridView 控件右上角的按钮，进入【添加新字段...】。选择“BoundField”，单击【添加】按钮，设置字段列“DataField”的值为“EmployeeID”，列标题属性“HeaderText”的值为“职工编号”，排序表达式属性“SortExpression”的值为“EmployeeID”。依此类推，设置其他列及其属性。

GridView 控件的分页功能将默认为每页显示 10 条记录，以数字显示各页。可以在属性窗口中修改“PageSize”来设置每页显示的记录数，展开“PagerSettings”属性组来设置 Pager 模式，“Mode”属性取值可选 NextPrevious、Numeric（默认值）、NextPreviousFirstLast 和 NumericFirst-Last 四者之一。另外，指定 GridView 中的 PagerStyle 元素，可以定制栅格显示 Pager 文本的方式，包括字体颜色、字号、类型，以及文本对齐方式和各种其他样式选项。

当绑定到 GridView 上的数据源不包含控件要绑定的数据时，就需要为终端用户提供一些反馈。GridView 为此提供了两种方式。第一种方式是设置 GridView 控件的 EmptyDataText 属性。这个属性可以指定一个字符串文本，当没有 GridView 控件要绑定的数据时，就将该字符串文本显示给用户。加载 ASP.NET 页面后，GridView 控件发现在其绑定的数据源中没有数据时，它就会创建一个包含 EmptyDataText 属性值的特殊的 DataRow，并显示给用户。另一种方式是使用 EmptyDataTemplate 模板，在不存在控件要绑定的数据时，该模板可以完全定制用户看到的数据行。打开模板的方式是单击该控件右上角的按钮后，单击【编辑模板】，编辑模板界面如图 13.5 所示。再在弹出窗口单击右上角按钮，在窗口中【显示】栏内选择“EmptyDataTemplate”，在空数据模板内添加控件和文本，见图 13.6，结束时单击【结束编辑模板】。

标准的 BoundFiled 只允许用户在文本框中编辑数据，如果用户需定制数据编辑方式，则可使用 TemplateField 列中的 EditItemTemplate 模板实现。例如，如果在编辑模式下 Region 列显示为 DropDownList 控件。单击该控件右上角按钮后，单击【添加新列...】。再在弹出的添加字段窗口中【选择字段类型】栏内选择“TemplateField”，操作如图 13.7 所示。

同编辑空数据模板类似，也可以对 TemplateField 字段进行编辑。在进入编辑列窗口后在【显示】栏内的【编辑地区】对应栏中选择“EditItemTemplate”，拖动工具栏中的 DropDownList 控件到该模板，并给该控件选择数据源，具体操作如图 13.8 所示。

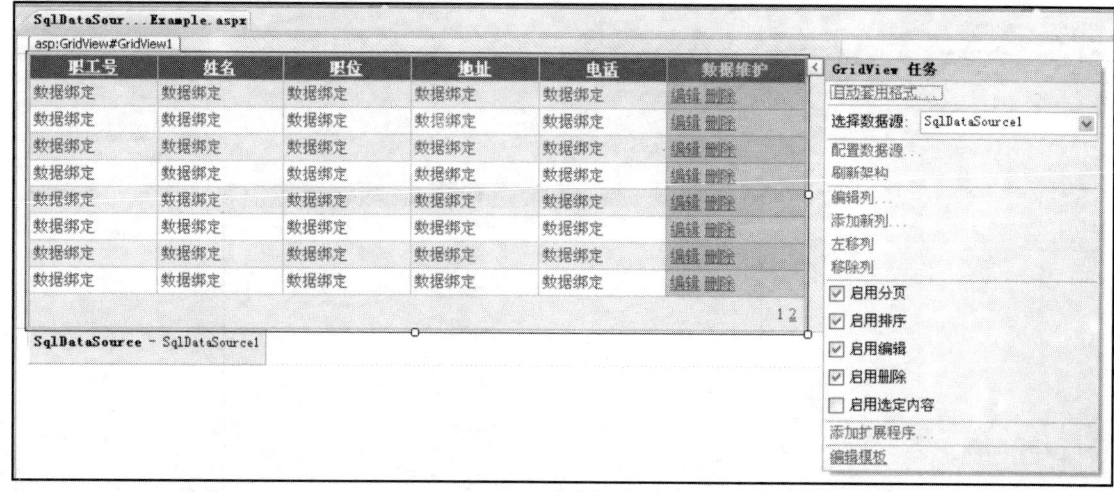

图 13.5 进入编辑模板

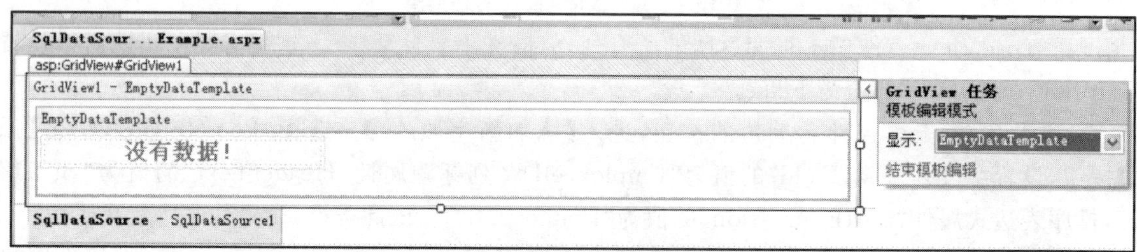

图 13.6 空数据模板编辑

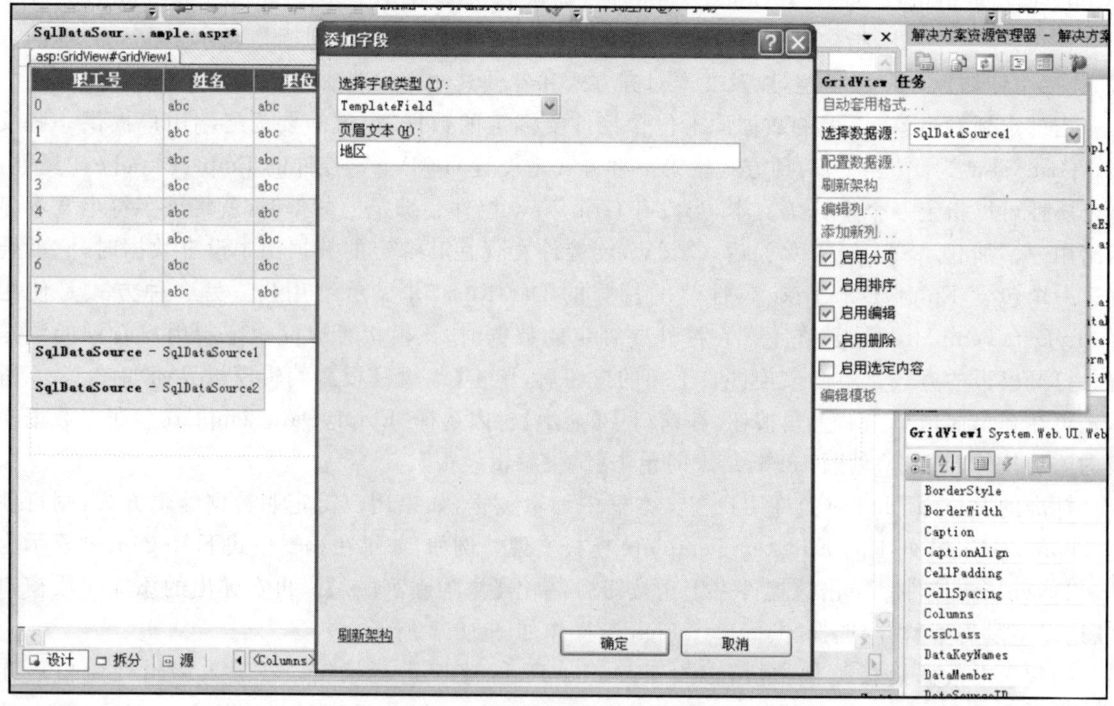

图 13.7 添加 TemplateField 字段

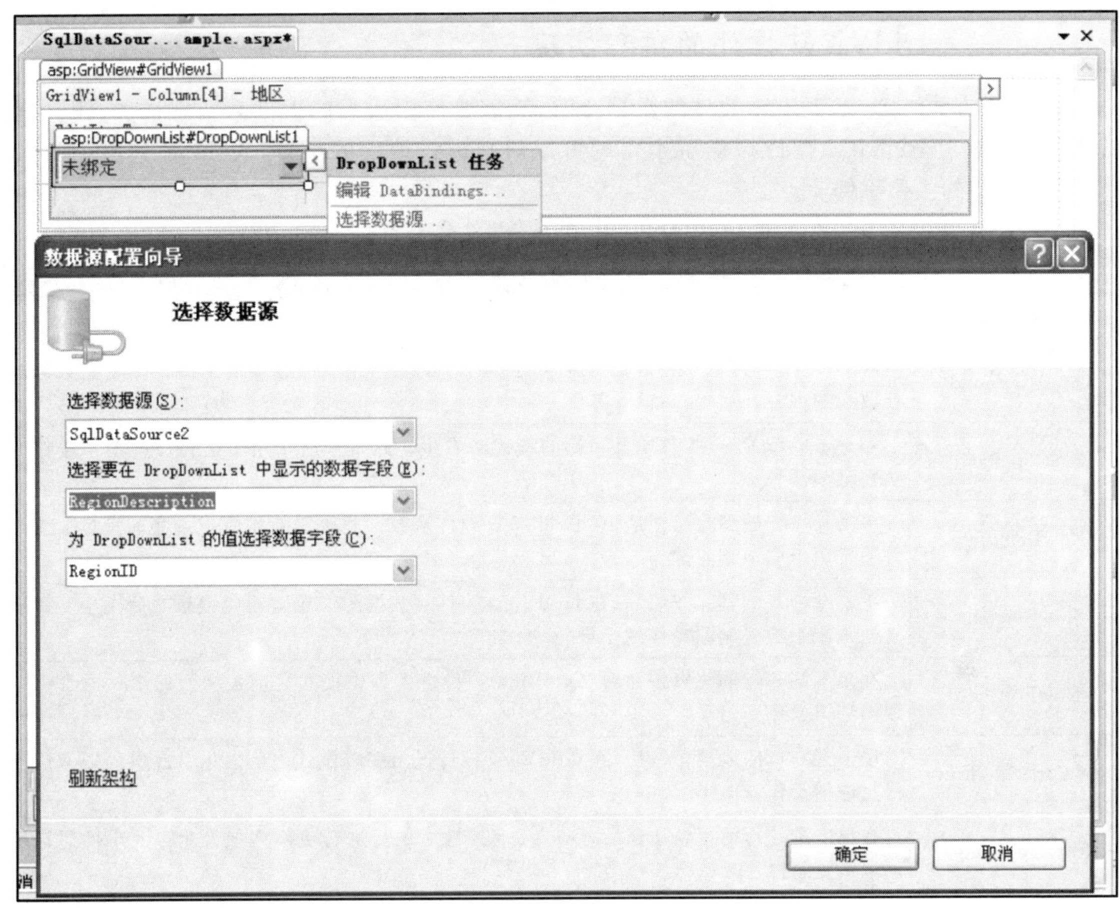

图 13.8　编辑 TemplateField 字段

在 TemplateField 字段中“EditItemTemplate”模板内添加控件，结束时，单击【结束编辑模板】。具体代码为：

```
<asp:TemplateField HeaderText="地区">
    <ItemTemplate><%# Eval("Region") %></ItemTemplate>
        <EditItemTemplate>
            <asp:DropDownList ID="DropDownList1" DataSourceID="SqlData-
            Source2" DataValueField="RegionID"
             DataTextField="RegionDescription" Height="16px" Width="175px"
             runat="server">
                </asp:DropDownList>
        </EditItemTemplate>
</asp:TemplateField>
<asp:SqlDataSource ID="SqlDataSource2" ConnectionString="<%$ ConnectionStrings:
    NORTHWNDConnectionString2 %>"
        SelectCommand="SELECT [RegionID],[RegionDescription] FROM [Region]"
        runat="server">
</asp:SqlDataSource>
```

13.2.3 GridView 控件的编程实现

当以编程方式绑定 GridView 控件的数据源时，就需要使用适当的事件来实现增加、删除、修改、分页等功能。GridView 控件提供了丰富的可以对其进行编程的事件，表 13.8 列出了 GridView 控件支持的主要事件。

表 13.8 GridView 的主要事件及其说明

事件	说明
RowCreated	当在 GridView 控件中创建新行时发生。此事件通常用于在创建行时修改行的内容
RowDataBound	在 GridView 控件中将数据行绑定到数据时发生。此事件通常用于在行绑定到数据时修改行的内容
RowCommand	当单击 GridView 控件中某一行的按钮时发生。此事件通常用于在控件中单击按钮时执行某项任务
RowDeleting	单击某一行的删除按钮后，在 GridView 控件从数据源中删除相应记录之前发生。此事件通常用于取消删除操作
RowDeleted	单击某一行的删除按钮后，在 GridView 控件从数据源中删除相应记录之后发生。此事件通常用于检查删除操作的结果
RowEditing	在单击某一行的编辑按钮后，GridView 控件进入编辑模式之前发生。此事件通常用于取消编辑操作
RowCancelingEdit	单击某一行的取消按钮后，在 GridView 控件退出编辑模式之前发生。此事件通常用于停止取消操作
RowUpdating	在单击某一行的更新按钮后，GridView 控件对该行进行更新之前发生。此事件通常用于取消更新操作
RowUpdated	在单击某一行的更新按钮后，GridView 控件对该行进行更新之后发生。此事件通常用于检查更新操作的结果
SelectedIndexChanging	在单击某一行的选择按钮后，GridView 控件对相应的选择操作进行处理之前发生。此事件通常用于取消选择操作
SelectedIndexChanged	在单击某一行的选择按钮后，GridView 控件对相应的选择操作进行处理之后发生。此事件通常用于在该控件中选定某行之后执行某项任务
PageIndexChanging	单击某一页导航按钮后，在 GridView 控件处理分页操作之前发生。此事件通常用于取消分页操作
PageIndexChanged	单击某一页导航按钮后，在 GridView 控件处理分页操作之后发生。此事件通常用于在用户定位到该控件中的另一页之后，需要执行某项任务
Sorting	在单击用于列排序的超链接后，在 GridView 控件对相应的排序操作进行处理之前发生。此事件通常用于取消排序操作或执行自定义的排序例程
Sorted	在单击用于列排序的超链接后，在 GridView 控件对相应的排序操作进行处理之后发生。此事件通常用于在用户单击用于列排序的超链接之后执行某个任务

在程序实现过程中，除添加“BoundField”字段作为数据列外，还需要添加“CommandField”、“ButtonField”、“TemplateField”等字段来新增功能，再针对这些控件编程实现。以下运用编程实现对 GridView 控件的选择、编辑、删除等操作，创建的 Web 页面为“EditUpdateDeleteExample.aspx”，显示效果如图 13.9 所示。

在程序实现时，首先创建用户自定义方法 bind()，用于获取数据源并绑定到 GridView1 控件。其中 SqlHelper 为静态的数据操作类，提供了大量的执行数据访问以及提交数据操作的多态性方

职工号	姓名	城市	住址	选择	编辑	删除	新窗口编辑	提示
1	Nancy	Seattle	507 - 20th Ave. E.Apt. 2A	选择	编辑	删除	编 辑	提示操作
2	Andrew	Tacoma	908 W. Capital Way	选择	编辑	删除	编 辑	提示操作
3	Janet	Kirkland	722 Moss Bay Blvd.	选择	编辑	删除	编 辑	提示操作
4	Margaret	Redmond	4110 Old Redmond Rd.	选择	编辑	删除	编 辑	提示操作
5	Steven	London	14 Garrett Hill	选择	编辑	删除	编 辑	提示操作
6	Michael	London	Coventry House Miner Rd.	选择	编辑	删除	编 辑	提示操作
7	Robert	London	Edgeham Hollow Winchester Way	选择	编辑	删除	编 辑	提示操作
8	Laura	Seattle	4726 - 11th Ave. N.E.	选择	编辑	删除	编 辑	提示操作
9	Anne	London	7 Houndstooth Rd.	选择	编辑	删除	编 辑	提示操作
12	yjl	Wuhan	144 Luoshi Road	选择	编辑	删除	编 辑	提示操作

图 13.9　GridView1 **控件运行结果**

法。bind()方法实现程序如下：

```
public void bind()
{
    string sqlStr="select * from Employees";
    DataSet myds = SqlHelper.ExecuteDataset(SqlHelper.ConnectionString,CommandType.Text,sqlStr);
    GridView1.DataSource=myds;
    GridView1.DataKeyNames=new string[] { "EmployeeID" };
    GridView1.DataBind();
}
```

当单击行的【编辑】按钮后，将触发 RowEditing 事件，事件方法中获取要编辑的行号，绑定编辑模式下的控件。

```
protected void GridView1_RowEditing(Object sender,GridViewEditEventArgs e)
{
    GridView1.EditIndex=e.NewEditIndex;
    bind();
}
```

当在编辑模式下单击【取消】按钮，将触发 RowCancelingEditing 事件，事件方法中取消 GridView1 控件当前行的编译状态，还原修改前的数据，重新绑定 GridView1 控件。

```
protected void GridView1_RowCancelingEdit(Object sender,GridViewCancelEditEventArgs e)
{
    GridView1.EditIndex=-1;
    bind();
}
```

对行数据修改提交时将触发 RowUpdating 事件，事件方法中将获取修改数据，向数据库提交修改，同时取消 GridView1 控件当前行的编译状态。因数据源发生修改，所以要重新绑定 GridView1 控件。

```
protected void GridView1_RowUpdating(Object sender,GridViewUpdateEventArgs e)
{
    string Emp_ID=GridView1.DataKeys[e.RowIndex].Value.ToString();
    string Emp_FirstName=((TextBox)(GridView1.Rows[e.RowIndex].Cells[1].Controls[0])).Text.ToString().Trim();
    string Emp_City=((TextBox)(GridView1.Rows[e.RowIndex].Cells[2].Controls[0])).Text.ToString().Trim();
    string Emp_Address=((TextBox)(GridView1.Rows[e.RowIndex].Cells[3].Controls[0])).Text.ToString().Trim();
    string sqlStr="update Employees set FirstName='" + Emp_FirstName + "',City='" + Emp_City + "',Address='" + Emp_Address + "' where EmployeeID=" + Emp_ID + "";
    SqlHelper.ExecuteNonQuery(SqlHelper.ConnectionString,CommandType.Text,sqlStr);
    GridView1.EditIndex=-1;
    bind();
}
```

对选定行数据进行删除时将触发 RowDeleting 事件,事件方法中将根据主键来定位该行,向数据库提交删除。因数据源发生修改,所以要重新绑定 GridView1 控件。

```
protected void GridView1_RowDeleting(Object sender,GridViewDeleteEventArgs e)
{
    string sqlStr="delete from Employees where EmployeeID=" + Convert.ToInt32(GridView1.DataKeys[e.RowIndex].Value) + "";
    SqlHelper.ExecuteNonQuery(SqlHelper.ConnectionString,CommandType.Text,sqlStr);
    bind();
}
```

GridView1 控件在绑定每一行时,将触发 RowDataBound 事件,事件方法中将设置表格边框的颜色,同时给第 8 列的【编辑】按钮增加点击事件。

```
protected void GridView1_RowDataBound(Object sender,GridViewRowEventArgs e)
{
    foreach (TableCell tc in e.Row.Cells)
        tc.Attributes["style"]="border-color:Black";
    if (e.Row.RowType == DataControlRowType.DataRow)
    {
        string EmployeeID=e.Row.Cells[1].Text;
        string _jsEdit="showModalDialog('EditUpdateDeleteExample.aspx? EmployeeID=" + EmployeeID + "',null,'dialogWidth=650px;dialogHeight=500px;help:no;status:no')";
        e.Row.Cells[7].Attributes.Add("onclick",_jsEdit);
    }
}
```

当单击行中按钮时(如【提示操作】按钮),将触发 RowCommand 事件,事件方法中将根据按钮的 CommandName 属性值来判断执行相应的程序。

```
protected void GridView1_RowCommand(Object sender,GridViewCommandEventArgs e)
{
    switch (e.CommandName)
    {
        case "Alert":
            ClientScript.RegisterStartupScript(this.GetType(),"提示","<script>alert('
你正在对数据进行操作!')</script>");
            break;
    }
}
```

当单击某一行的【选择】按钮后，将触发 SelectedIndexChanged 事件，事件方法中将可以获取该行数据。

```
protected void GridView1_SelectedIndexChanged(Object sender,EventArgs e)
{
    int id=Convert.ToInt32(GridView1.DataKeys[GridView1.SelectedIndex].Value.To-
String());
    Response.Write("<script>alert('你正在操作职工编号为"+id+"行数据!')</
script>");
}
```

启用排序功能后，所有的栅格列就都变成了超链接。单击一个列标题，就会给该列排序。如果重复单击列标题，排序顺序就会在升序和降序之间来回切换。GridView 的 Sort 方法还可以接受多个 SortExpressions，进行多列排序。在单击用于列排序的超链接时，GridView 控件对相应的排序操作进行处理之前发生 Sorting 事件，事件方法中将执行 GridView 控件排序表达式的重新设置。

```
protected void GridView1_Sorting(Object sender,GridViewSortEventArgs e)
{
    string oldExpression=GridView1.SortExpression;
    string newExpression=e.SortExpression;
    if (oldExpression.IndexOf(newExpression) < 0)
    {
        if (oldExpression.Length > 0)
          e.SortExpression=newExpression + "," + oldExpression;
        else
          e.SortExpression=newExpression;
    }
    else
    {
        e.SortExpression=oldExpression;
    }
}
```

13.3 DetailsView 控件

DetailsView 控件一次呈现一条表格形式的记录，并内置了行选择、更新、删除等功能，可以逐一显示、编辑、插入或删除其关联数据源中的记录，但 DetailsView 控件不支持排序。DetailsView 控件通常用在主/子表信息方案中，在这种方案中，主控件（如 GridView 控件）中的所选记录决定了 DetailsView 控件显示的子表记录信息。

13.3.1 基于 SqlDataSource 的 DetailsView 控件实现

DetailsView 控件可绑定到数据源控件，若要绑定到某个数据源控件，则将 DetailsView 控件的 DataSourceID 属性设置为该数据源控件的 ID 值，DetailsView 控件将自动绑定到指定的数据源控件，并且可利用该数据源控件的功能来执行排序、更新、删除和分页功能。DetailsView 控件也可以绑定到实现了 IEnumerable 接口的任何数据源，如 DataView、ArrayList 或 HashTable。此时以编程方式将 DetailsView 控件的 DataSource 属性设置为该数据源，然后调用 DataBind 方法。当使用此方法时，DetailsView 控件不提供内置的排序、更新、删除和分页功能，因而要使用适当的事件来提供此类功能。下面以 SqlDataSource 为数据源演示 DetailsView 控件的功能。

① 在“DataControlExample”项目中单击鼠标右键，选择【添加】/【新建项...】，创建 Web 页面“SqlDataSourceDetailsViewExample.aspx”。从工具箱中拖放 DetailsView 控件到该页面的设计界面上，参见图 13.10。

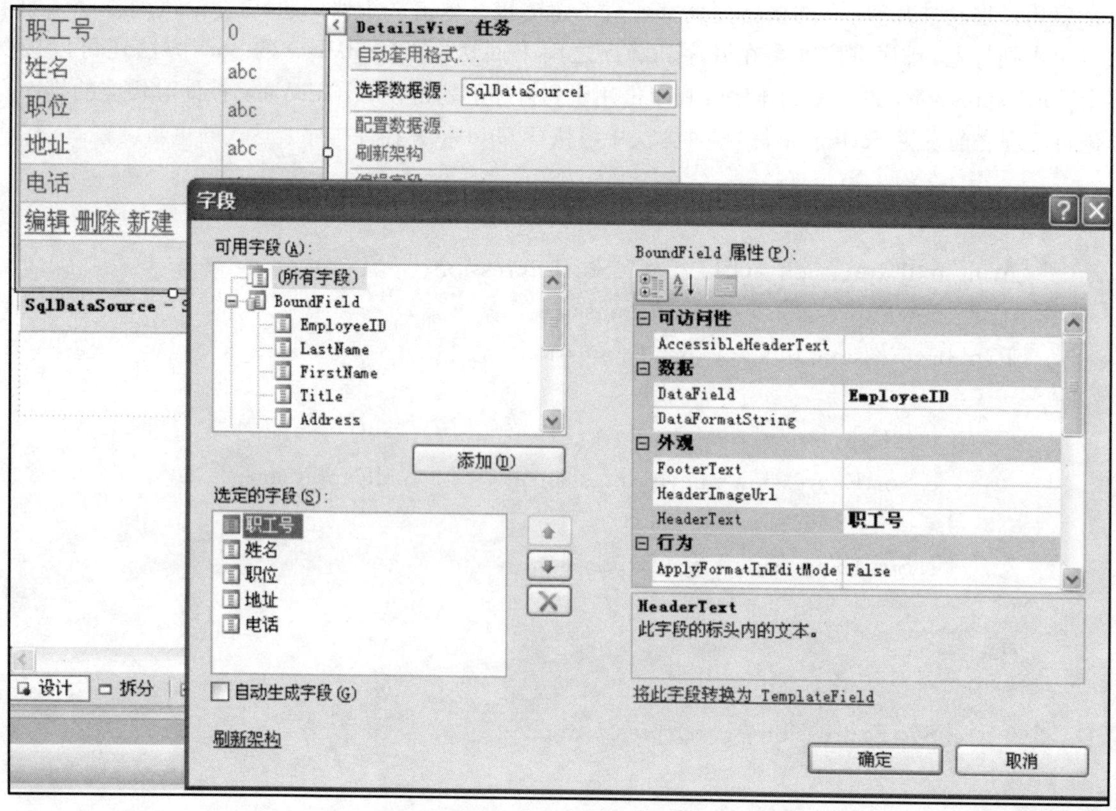

图 13.10 DetailsView 控件的列编辑

② 使用前面创建的 SqlDataSource 控件，选中 DetailsView 控件，单击该控件右上角的按钮，并设置 DetailsView 控件的【选择数据源】为该 SqlDataSource 控件。同时选择【启用分页】、【启用编辑】、【启用删除】、【启用新建】，也可以在属性窗口设置“AllowPaging”、“AutoGenerate-EditeButton”、“AutoGenerateDeleteButton”、“AutoGenerateInsertButton”属性值为 True。

③ 如上单击该控件右上角的按钮，进入【添加新字段...】。选择“BoundField”，单击【添加】按钮，设置字段列“DataField”的值为“Title”，列标题属性“HeaderText”的值为“职位”。依此类推，设置其他列及其属性。

DetailsView 控件的分页功能每页只显示一条记录，以数字显示各页。当绑定到 DetailsView 上的数据源不包含控件要绑定的数据时，同 GridView 控件一样，DetailsView 为此也提供了设置 EmptyDataText 属性的方法。这个属性可以指定一个字符串文本，当没有 DetailsView 控件要绑定的数据时，就将该字符串文本显示给用户。

13.3.2　DetailsView 控件的编程实现

当以编程方式绑定 DetailsView 控件的数据源时，就需要使用适当的事件来实现增加、删除、修改、分页等功能。DetailsView 控件提供了丰富的可以对其进行编程的事件，表 13.9 列出了 DetailsView控件支持的主要事件。

表 13.9　DetailsView 控件的主要事件

事　件	说　明
DataBound	绑定完成后，准备显示 DetailsView 时触发
PageIndexChanging	在 DetailsView 控件中单击某页导航按钮时，DetailsView 控件定位到该页之前发生的事件
PageIndexChanged	在 DetailsView 控件中单击某页导航按钮时，DetailsView 控件定位到该页之后发生的事件
ItemCommand	在 DetailsView 内生成 CammandEvent 时激发
ItemCreated	每次在表格中创建新项时触发
ItemDeleted	在 DetailsView 控件中单击【删除】按钮后，从数据源中删除相应记录之后发生的事件
ItemDeleting	在 DetailsView 控件中单击【删除】按钮后，从数据源中删除相应记录之前发生的事件
ItemInserted	单击 DetailsView 控件中的【新建】命令按钮后，从数据源中添加相应记录之后发生的事件
ItemInserting	单击 DetailsView 控件中的【新建】命令按钮后，从数据源中添加相应记录之前发生的事件
ItemUpdated	在 DetailsView 控件中单击【更新】按钮后，对该行数据进行更新之后发生的事件
ItemUpdating	在 DetailsView 控件中单击【更新】按钮后，对该行数据进行更新之前发生的事件

在程序实现过程中，除添加“BoundField”字段作为数据列外，还需要添加“CommandField”、“ButtonField”、“TemplateField”等字段来新增功能，再针对这些控件编程实现。以下运用编程实现对 DetailsView 控件的选择、编辑、删除等操作，创建的 Web 页面为“DetailViewExample.aspx”。在页面设计中，DropDownList 服务器控件 ddlSearchPage 用于选定页数，ddlBarPage 控件用于确定每页显示记录数，LinkButton 服务器控件 lkbHome 、lkbPrevious、lkbNext、lkbLast 用于页面的跳转，分别表示首页、上一页、下一页和最后一页，Label 控件 lblNoBar 用于显示当前页。

程序实现过程中，首先创建用户自定义方法 bind()，用于获取数据源并绑定到 DetailsView1 控件。其中 SqlHelper 为静态的数据操作类，提供了大量的执行数据访问以及提交数据操作的多态性方法。代码如下：

```
protected void bind()
{
        int curPage=Convert.ToInt32(this.lblNoBar.Text.Trim());
        string sqlStr="select * from Employees";
        DataSet ds=SqlHelper.ExecuteDataset(SqlHelper.ConnectionString,Command-
Type.Text,sqlStr);
        PagedDataSource ps=new PagedDataSource();
        string totalBar=ds.Tables[0].Rows.Count.ToString().Trim();
        this.lblTotalBar.Text=totalBar;
        ps.DataSource=ds.Tables[0].DefaultView;
        ps.AllowPaging=true;
        ps.PageSize=1;
        this.lkbPrevious.Enabled=true;
        this.lkbNext.Enabled=true;
        this.lkbHome.Enabled=true;
        this.lkbLast.Enabled=true;
        ps.CurrentPageIndex=curPage-1;
        int nobar=curPage * ps.PageSize;
        this.lblNoBar.Text=nobar.ToString().Trim();
        if (curPage==1)
        {
            this.lkbPrevious.Enabled=false;
            this.lkbHome.Enabled=false;
        }
        if (curPage == ps.PageCount)
        {
            this.lkbNext.Enabled=false;
            this.lkbLast.Enabled=false;
            this.lblNoBar.Text=totalBar;
        }
        this.ddlSearchPage.Items.Clear();
        for (int i=1;i < ps.PageCount+1;i++)
            this.ddlSearchPage.Items.Add(i.ToString().Trim());
        if (Convert.ToInt32(this.lblNoBar.Text.Trim())-1>=this.ddlSearchPage.
Items.Count)
        {
            this.ddlSearchPage.SelectedIndex=0;
            ps.CurrentPageIndex=0;
            this.lblNoBar.Text="1";
            this.lkbPrevious.Enabled=false;
            this.lkbHome.Enabled=false;
```

```
                this.lkbNext.Enabled=false;
                this.lkbLast.Enabled=false;
                if(Convert.ToInt32(totalBar) <=Convert.ToInt32(this.ddlSearchPage.
SelectedValue.ToString().Trim()))
                    this.lblNoBar.Text=totalBar;
            else
            {
                    this.lblNoBar.Text=ddlSearchPage.SelectedValue.ToString().Trim();
                    this.lkbNext.Enabled=true;
                    this.lkbLast.Enabled=true;
            }
        }
        else
        this.ddlSearchPage.SelectedIndex=Convert.ToInt32(this.lblNoBar.Text.Trim())-1;
        this.DetailsView1.DataSource=ps;
        this.DetailsView1.DataBind();
    }
```

当单击行的【编辑】按钮后，将触发 btnEdit_Click 事件，实现切换 DetailsView1 控件的模板为编辑模式，并进行数据绑定。

```
protected void btnEdit_Click(Object sender,EventArgs e)
{
        DetailsView1.ChangeMode(DetailsViewMode.Edit);
        bind();
}
```

当在编辑模式下单击【取消】按钮，将触发 btnCancel_Click 事件，事件方法中取消 DetailsView1 控件当前行的编译状态，还原修改前的数据，重新绑定 GridView1 控件。

```
protected void btnCancel_Click(Object sender,EventArgs e)
{
        DetailsView1.ChangeMode(DetailsViewMode.ReadOnly);
        bind();
}
```

对行数据修改提交时将触发 DetailsView1_ItemUpdating 事件，事件方法中将获取修改数据，向数据库提交修改，同时取消 DetailsView1 控件当前行的编译状态。因数据源发生修改，所以要重新绑定 DetailsView1 控件。

```
    protected void DetailsView1_ItemUpdating(Object sender,DetailsViewUpdateEventArgs e)
    {
            string Emp_ID=((TextBox)(DetailsView1.FindControl("txtBoxEmployee-
ID"))).Text.ToString().Trim();
            string Emp_FirstName=((TextBox)(DetailsView1.FindControl("txtBoxFirst-
Name"))).Text.ToString().Trim();
```

```
            string Emp_Title=((TextBox)(DetailsView1.FindControl("txtBoxTitle"))).
Text.ToString().Trim();
            string Emp_Address=((TextBox)(DetailsView1.FindControl("txtBoxAd-
dress"))).Text.ToString().Trim();
            string Emp_HomePhone=((TextBox)(DetailsView1.FindControl("txtBox-
HomePhone"))).Text.ToString().Trim();
            string sqlStr="update Employees set FirstName='"+Emp_FirstName+"',Title
='"+Emp_Title+"',Address='"+Emp_Address+"',HomePhone='"+Emp_HomePhone+"'
where EmployeeID="+Emp_ID+"";
            SqlHelper.ExecuteNonQuery(SqlHelper.ConnectionString,CommandType.Text,sqlStr);
            DetailsView1.ChangeMode(DetailsViewMode.ReadOnly);
            bind();
    }
```

对选定行数据进行删除时将触发 btnDelete_Click 事件，事件方法中将根据主键来定位该行，向数据库提交删除。因数据源发生修改，所以要重新绑定 DetailsView1 控件。

```
    protected void btnDelete_Click(Object sender,EventArgs e)
    {
            string Emp_ID=((Label)(DetailsView1.FindControl("lblEmployeeID"))).Text.
ToString().Trim();
            string sqlStr="delete Employees where EmployeeID="+Emp_ID+"";
            SqlHelper.ExecuteNonQuery(SqlHelper.ConnectionString,CommandType.Text,sqlStr);
            bind();
    }
```

当单击【新增】按钮后，将触发 DetailsView1_ItemInserting 事件，向数据库中插入一条记录。

```
    protected void DetailsView1_ItemInserting(Object sender,DetailsViewInsertEventArgs e)
    {
            string Emp_FirstName=((TextBox)(DetailsView1.FindControl("txtFirst-
Name"))).Text.ToString().Trim();
            string Emp_Title=((TextBox)(DetailsView1.FindControl("txtTitle"))).Text.
ToString().Trim();
            string Emp_Address=((TextBox)(DetailsView1.FindControl("txtAddress"))).
Text.ToString().Trim();
            string Emp_HomePhone=((TextBox)(DetailsView1.FindControl("txtHome-
Phone"))).Text.ToString().Trim();
            string sqlStr="INSERT INTO Employees(FirstName,Title,Address,Home-
Phone) VALUES ('"+Emp_FirstName+"','"+Emp_Title+"','"+Emp_Address+"','"+Emp_
HomePhone+"')";
          SqlHelper.ExecuteNonQuery(SqlHelper.ConnectionString,CommandType.Text,sqlStr);
          DetailsView1.ChangeMode(DetailsViewMode.ReadOnly);
          bind();
    }
```

程序运行后，显示效果如图 13.11 所示。

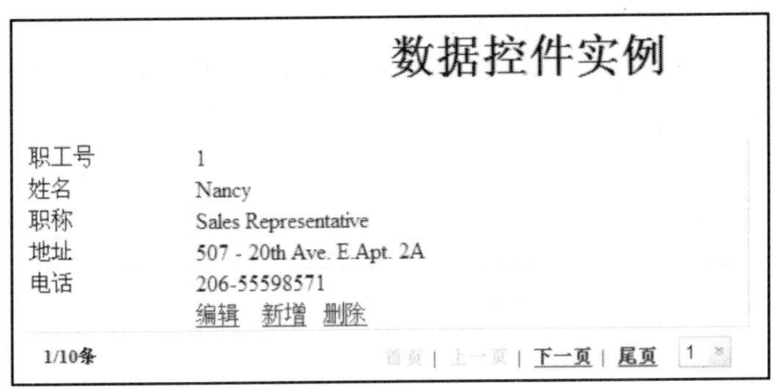

图 13.11　DetailsView 控件运行效果图

13.4　Repeater 控件

Repeater 控件是模板化的数据绑定列表，具有“无外观”的特征，它不具有所有内置布局或样式，不会产生所有数据控制表格来控制数据的显示。因此，我们必须在控件的模板中明确声明所有 HTML 布局、格式和样式。Repeater 控件是个轻量级的数据绑定控件，一般用它来输出需求相对简单的数据。Repeater 控件缺少样式属性，也缺少有助于支持分页、编辑或数据编辑的内置功能，但 Repeater 控件的性能比其他控件的性能要好。

13.4.1　基于 SqlDataSource 的 Repeater 控件实现

Repeater 控件可绑定到数据源控件，若要绑定到某个数据源控件，则将 Repeater 控件的 DataSourceID 属性设置为该数据源控件的 ID 值，Repeater 控件将自动绑定到指定的数据源控件。Repeater 控件有 AlternatingItemTemplate、ItemTemplate、HeaderTemplate、FooterTemplate、SeparatorTemplate 模板可供选择，用户可以使用这些模板来显示希望的数据。唯一具有强制性的模板是 ItemTemplate，所有其他的模板都是具有选择性的。例如，在 Web 页面 SqlDataSourceRepeaterExample. aspx 中定义 Repeater 控件各模块，实现以表格方式显示两列数据，具体步骤如下。

① 在“DataControlExample”项目中单击鼠标右键，选择【添加】/【新建项...】，创建 Web 页面“SqlDataSourceRepeaterExample. aspx”。从工具箱中拖放 Repeater 控件到该页面的设计界面上。

② 使用第 12 章中创建的 SqlDataSource 控件，选中 Repeater 控件，单击该控件右上角的按钮，并设置 Repeater 控件的【选择数据源】为该 SqlDataSource 控件。

③ 在页面的源视图中添加模板和 HTML 代码，并绑定到数据源中的对应数据项，具体代码如下：

```
<HeaderTemplate>
    <table width="200px" cellpadding="0" cellspacing="0" style="border:solid 1px black;">
    <tr style="background-color:Aqua"><th>职工编号</th><th>职工姓名</th></tr>
</HeaderTemplate>
<ItemTemplate>
    <tr><td><b><%# DataBinder.Eval(Container.DataItem,"EmpID")%></b></td>
    <td><%# DataBinder.Eval(Container.DataItem,"EmpRealName")%></td></tr>
</ItemTemplate>
<AlternatingItemTemplate>
```

```
        <tr style="background-color:Gray"><td><b><%# DataBinder.Eval(Container.DataItem,"EmpID")%></b></td>
        <td><%# DataBinder.Eval(Container.DataItem,"EmpRealName")%></td></tr>
    </AlternatingItemTemplate>
    <SeparatorTemplate>
        <tr><td colspan="2"><hr /></td></tr>
    </SeparatorTemplate>
    <FooterTemplate>
        </table>
    </FooterTemplate>
```

上述代码实现了向 Repeater 控件中定义一个 table，HeaderTemplate 模板中定义表头，ItemTemplate 模板中定义数据显示列，AlternatingItemTemplate 模板中定义交替行列绑定数据项以及背景色，SeparatorTemplate 模板中定义行分隔线。设计视图的显示效果如图 13.12 所示。

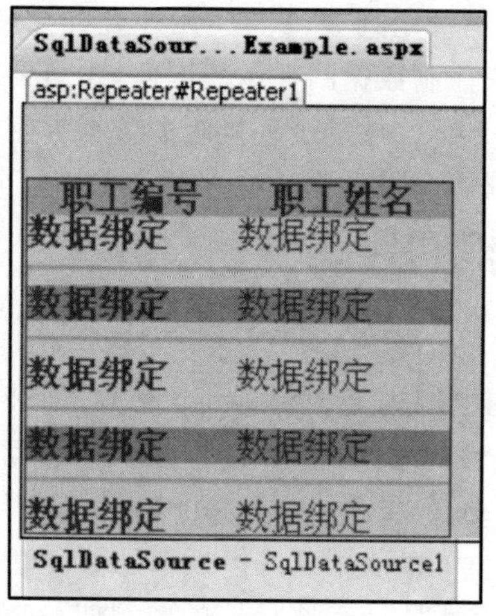

图 13.12 Repeater 控件的设计视图

13.4.2 Repeater 控件的编程实现

Repeater 控件只用于数据的显示而不用于数据的编辑，下面以编程方式创建 Web 页面 RepeaterExample.aspx 实现分页功能。先定义 Repeater 控件各模块，再在页面增加实现分页功能的控件，其中 DropDownList 服务器控件 ddlSearchPage 用于选定页数，ddlBarPage 控件用于确定每页显示记录数，LinkButton 服务器控件 lkbHome 、lkbPrevious、lkbNext、lkbLast 用于页面的跳转，分别表示首页、上一页、下一页和最后一页，Label 控件 lblNoBar 用于显示当前页。数据绑定代码与 DataList 控件相同，利用自定义方法 Bind()实现数据提取。在首次请求页面时，设置当前页为 1，再绑定数据，代码如下：

```
protected void Page_Load(Object sender,EventArgs e)
{
        if (!this.IsPostBack)
        {
            this.lblNoPage.Text="1";
```

```
            Bind();
        }
}
```

单击【lkbHome】按钮后，设置当前页为 1，再绑定数据。

```
//首页
protected void lkbHome_Click(Object sender,EventArgs e)
{
    this.lblNoPage.Text="1";
    this.Bind();
}
```

单击【lkbPrevious】按钮后，设置新页数为当前页数减 1，再绑定数据。

```
//上一页
  protected void lkbPrevious_Click(Object sender,EventArgs e)
  {
     this.lblNoPage.Text =Convert.ToString(Convert.ToInt32(this.lblNoPage.Text.Trim())-1);
     this.Bind();
  }
```

单击【lkbNext】按钮后，设置新页数为当前页数加 1，再绑定数据。

```
//下一页
protected void lkbNext_Click(Object sender,EventArgs e)
{
    this.lblNoPage.Text =Convert.ToString(Convert.ToInt32(this.lblNoPage.Text.Trim())+1);
    this.Bind();
}
```

单击【lkbLast】按钮后，设置新页数为总页数，再绑定数据。

```
//尾页
protected void lkbLast_Click(Object sender,EventArgs e)
{
    this.lblNoPage.Text=lblTotalPage.Text.Trim();
    this.Bind();
}
```

单击【ddlSearchPage】按钮后，根据选定的页数来设置新页，再绑定数据。

```
//选择第几页
protected void ddlSearchPage_SelectedIndexChanged(Object sender,EventArgs e)
{
    this.lblNoPage.Text=this.ddlSearchPage.SelectedItem.Text.Trim();
    this.Bind();
}
```

单击【ddlBarPage】按钮后，重新设置页面显示行数，并设置当前页为 1，再绑定数据。

```
//一页显示多少条
protected void ddlBarPage_SelectedIndexChanged(Object sender,EventArgs e)
{
    this.lblNoPage.Text="1";
    this.Bind();
}
```

13.5 DataList 控件

13.5.1 DataList 控件简介

DataList 控件类似于 Repeater 控件,用于以表的形式呈现多条记录数据。通过该控件,用户可以使用不同的布局来显示数据记录。DataList 控件与 Repeater 控件的不同之处在于:DataList 控件会默认地将数据项显式地放在 HTML 表中,而 Repeater 控件则不然。DataList 提供了 7 种模板,它们分别是用于显示绑定数据的 ItemTemplate 模板、用于显示表头的 HeaderTemplate 模板、用于显示表尾的 FooterTemplate 模板、用于实现编辑功能的 EditItemTemplate 模板、用于显示当前选定区域的 SelectedItemTemplate 模板、用于交互的 AlternatingItemTemplate 模板、用于分割的 SeparatorTemplate 模板。DataList 控件的常用属性如表 13.10 所示。

表 13.10 DataList 控件的常用属性及其说明

属性	说明
Caption	作为 HTML caption 元素显示的文本
CellPadding	单元格内容和边框之间的像素数
CellSpacing	单元格之间的像素数
DataKeyField	指定数据源中的键字段
DataKeys	每条记录的键值的集合
EditItemIndex	编辑的行,从 0 开始的行索引。如果没有项被编辑或者清除对某项的选择,设置值为-1
Items	控件中的所有项的集合
RepeatColumns	设置显示的列数
RepeatDirection	如果为 Horizontal,项是从左到右,然后从上到下显示的;如果是 Vertical,项是从上到下,然后从左到右显示的。默认值为 Vertical
SelectedIndex	当前选中的项的索引,从 0 开始,如果没有选中任何项,或者清除对某项的选择,将值设置为-1
SelectedItem	返回当前选中的项
SelectedValue	返回当前的选中项
ShowFooter	是否显示页脚,默认值为 true,仅当 FooterTemplate 不为 null 时有效
ShowHeader	是否显示标题行,默认值为 true,仅当 HeaderTemplate 不为 null 时有效

13.5.2 基于 SqlDataSource 的 DataList 控件实现

DataList 控件可绑定到数据源控件，若要绑定到某个数据源控件，则将 DataList 控件的 DataSourceID 属性设置为该数据源控件的 ID 值，DataList 控件将自动绑定到指定的数据源控件。例如，在 Web 页面 SqlDataSourceDataListExample.aspx 中定义 DataList 控件"ItemTemplate"模块，具体步骤如下。

① 在"DataControlExample"项目中单击鼠标右键，在弹出的菜单中选择【添加】/【新建项...】，创建 Web 页面"SqlDataSourceDataListExample.aspx"。从工具箱中拖放 DataList 控件到该页面的设计界面上。

② 使用第 12 章中创建的 SqlDataSource 控件，选中 DataList 控件，单击该控件右上角的按钮，并设置 DataList 控件的"选择数据源"为该 SqlDataSource 控件。

③ DataList 控件有 ItemTemplate、AlternatingItemTemplate、SelectedItemTemplate、EditItemTemplate、HeaderTemplate、FooterTemplate、SeparatorTemplate 模板可供选择，用户可以使用这些模板来显示希望的数据。下面以 ItemTemplat 模板为例，设计显示数据。选中 DataList 控件，单击该控件右上角的按钮，单击【编辑模板】，进入模板编辑视图。在显示项中选择"ItemTemplate"，添加控件后如图 13.13 所示。

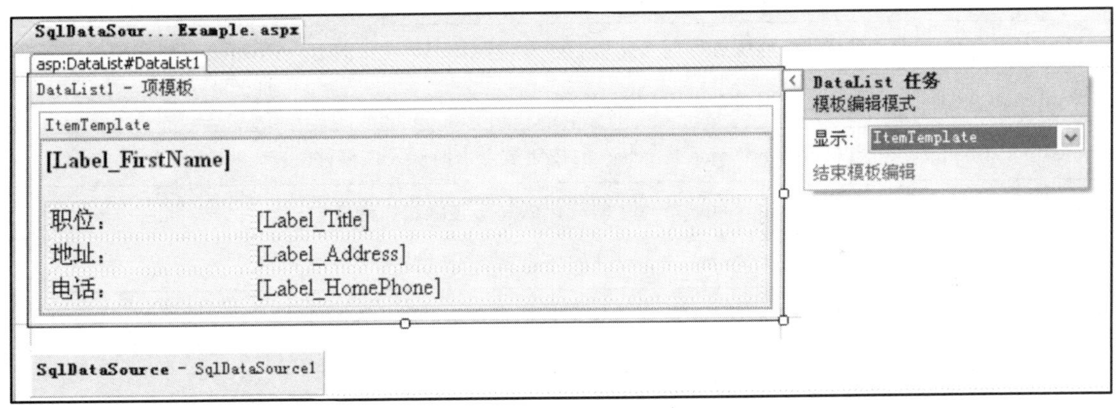

图 13.13　DataList **控件的模板编辑视图**

④ 将模板中显示项绑定到数据源中的对应数据项，具体 HTML 代码如下：

```
<ItemTemplate>
    <h4><asp:Label ID="Label_FirstName" runat="server" Text='<%# Eval("FirstName") %>'></asp:Label></h4>
        <table style="width: 100%;">
            <tr>
                <td class="style3">职位:</td>
                <td class="style2"><asp:Label ID="Label_Title" runat="server" Text='<%# Eval("Title") %>'></asp:Label></td>
            </tr>
            <tr>
                <td class="style3">地址:</td>
                <td class="style2"><asp:Label ID="Label_Address" runat="server" Text='<%# Eval("Address") %>'></asp:Label></td>
```

```
            </tr>
            <tr>
                <td class="style3">电话：</td>
                <td class="style2"> <asp:Label ID="Label_HomePhone" runat="server"
Text='<%# Eval("HomePhone") %>'></asp:Label></td>
            </tr>
        </table>
    </ItemTemplate>
```

13.5.3 DataList 控件的编程实现

当以编程方式绑定 DataList 控件的数据源时，就需要使用适当的事件来实现增加、删除、修改、分页等功能。DataList 控件提供了丰富的可以对其进行编程的事件，表 13.11 列出了 DataList 控件支持的常用事件。

表 13.11 DataList 的常用事件及其说明

事　件	说　明
EditCommand	当单击 Edit 按钮时触发
ItemCreated	当控件中的所有行创建完毕后触发，与 GridView 中的 RowCreated 事件相似
ItemDataBound	当绑定数据时触发，与 GridView 中的 RowDataBound 事件相似
SelectedIndexChanged	当 CommandName 是 select 的按钮被点击时触发该事件
EditCommand	当 CommandName 是 edit 的按钮被点击时触发该事件
CancelCommand	当 CommandName 是 cancel 的按钮被点击时触发该事件
UpdateCommand	当 CommandName 是 update 的按钮被点击时触发该事件
DeleteCommand	当 CommandName 是 delete 的按钮被点击时触发该事件
ItemCommand	当单击控件中的一个按钮时触发，包括 CommandName 是 cancel、delete、edit、update、select的按钮

页面设计与基于 SqlDataSource 的 DataList 控件实现的页面设计类似，下面以编程的方式实现对 DataList 控件的增加、删除、修改、分页等功能。当用户单击【取消】按钮后，将触发 DataList_CancelCommand 事件，事件方法中取消 DataList1 当前的编译状态，还原修改前的数据，重新绑定到该控件中。其代码为：

```
protected void DataList1_CancelCommand(Object source,DataListCommandEventArgs e)
{
    DataList1.EditItemIndex=-1;
    DataList1.DataBind();
}
```

当单击【删除】按钮后，将触发 DataList1_DeleteCommand 事件，事件方法中将向数据库提交删除该数据的命令。因数据源发生修改，所以要重新绑定 DataList1 控件。

```
protected void DataList1_DeleteCommand(Object source,DataListCommandEventArgs e)
{
    string sqlStr="delete from Employees where EmployeeID=" + DataList1.DataKeys[e.Item.ItemIndex].ToString() + "";
    SqlHelper.ExecuteNonQuery(SqlHelper.ConnectionString,CommandType.Text,sqlStr);
    bind();
}
```

当单击【编辑】按钮后，将触发 DataList1_EditCommand 事件，事件方法将实现切换 DataList1 控件的模板为编辑模式，并进行数据绑定。

```
protected void DataList1_EditCommand(Object source,DataListCommandEventArgs e)
{
    DataList1.EditItemIndex=e.Item.ItemIndex;
    bind();
}
```

当单击【修改】按钮后，将触发 DataList1_UpdateCommand 事件，事件方法中将获取修改后的数据，向数据库提交修改，同时取消 DataList1 控件当前行的编辑状态。因为数据源发生了修改，所以要重新绑定 DataList1 控件。

```
protected void DataList1_UpdateCommand(Object source,DataListCommandEventArgs e)
{
    string Emp_ID=DataList1.DataKeys[e.Item.ItemIndex].ToString();
    string Emp_FirstName=((TextBox)(e.Item.FindControl("TextBox_FirstName"))).Text.ToString().Trim();
    string Emp_Title=((TextBox)(e.Item.FindControl("TextBox_Title"))).Text.ToString().Trim();
    string Emp_Address=((TextBox)(e.Item.FindControl("TextBox_Address"))).Text.ToString().Trim();
    string Emp_HomePhone=((TextBox)(e.Item.FindControl("TextBox_HomePhone"))).Text.ToString().Trim();
    string sqlStr="update Employees set FirstName='" + Emp_FirstName + "',Title='" + Emp_Title + "',Address='" + Emp_Address + "',HomePhone='" + Emp_HomePhone + "' where EmployeeID=" + Emp_ID + "";
    SqlHelper.ExecuteNonQuery(SqlHelper.ConnectionString,CommandType.Text,sqlStr);
    DataList1.EditItemIndex=-1;
    bind();
}
```

如图 13.14 为程序运行后的效果图。

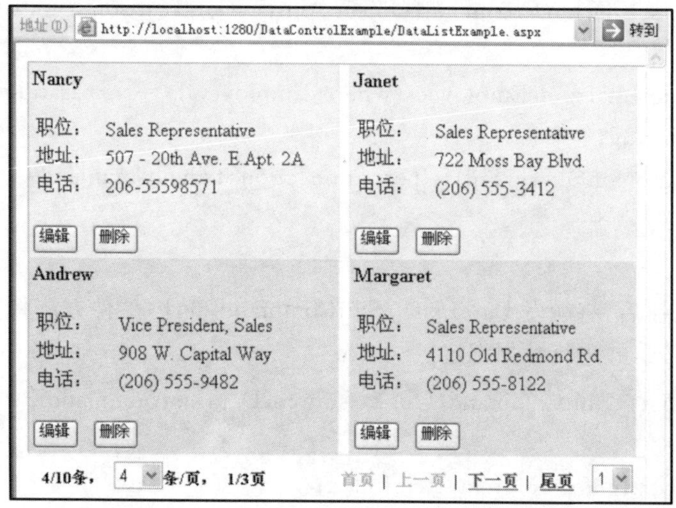

图 13.14 DataList 控件运行效果图

13.6 FormView 控件

13.6.1 FormView 控件简介

FormView 控件与 DetailsView 控件相似，都是一次显示一条记录，并提供记录添加、更新和删除以及分页、格式化标题与页脚元素等功能。两者的差别在于：DetailsView 控件使用基于表格的布局，记录的每个字段都显示为一行；而 FormView 控件则没有预定义布局，必须由用户定义记录的显示模板，包括用于设置窗体布局的格式、控件和绑定表达式。FormView 控件支持分页功能，启用方式同 DetailsView 控件相同。FormView 控件的样式较为丰富，包括以下 5 个模板：

- ItemTemplate：用于控制查看时的数据显示。
- EditItemTemplate：用于显示编辑记录时的格式和数据元素，通常使用 TextBox 控件绑定数据来允许用户编辑值。
- InsertItemTemplate：与编辑模板相似，用于显示添加一条新记录时的格式和数据元素，有时运用验证控件来约束数据的输入。
- FooterTemplate：用于控制页脚部分显示的内容。
- HeaderTemplate：用于控制标题部分显示的内容。

FormView 控件的主要属性如表 13.12 所示。

表 13.12 FormView 控件的主要属性

属　性	说　明
DataKeyNames	数据源的键字段
DefaultMode	控件的默认行为，其值包括 ReadOnly、Insert 和 Edit
EmptyDataText	空数据时显示的文本
AllowPaging	是否对指定数据源中的记录分页，如果为 True，默认情况下在底部显示记录的数字分页，一个数据页绑定一条记录。也可以通过设置 PagerSettings 属性集中的 Mode 属性来定义分页模式，可用的模式有：NextPrevious、NextPreviousFirstLast、Numeric、NumericFirstLast

13.6.2　基于 SqlDataSource 的 FormView 控件实现

FormView 控件可绑定到数据源控件，若要绑定到某个数据源控件，则将 FormView 控件的 DataSourceID 属性设置为该数据源控件的 ID 值，FormView 控件将自动绑定到指定的数据源控件，并且可利用该数据源控件的功能来执行排序、更新、删除和分页功能。下面以 SqlDataSource 为数据源演示 FormView 控件的功能。

① 在"DataControlExample"项目中点单击鼠标右键，在弹出的菜单中选择【添加】/【新建项...】，创建 Web 页面"SqlDataSourceFormViewExample.aspx"。从工具箱中拖放 FormView 控件到该页面的设计界面上，置放控件后的界面如图 13.15 所示。

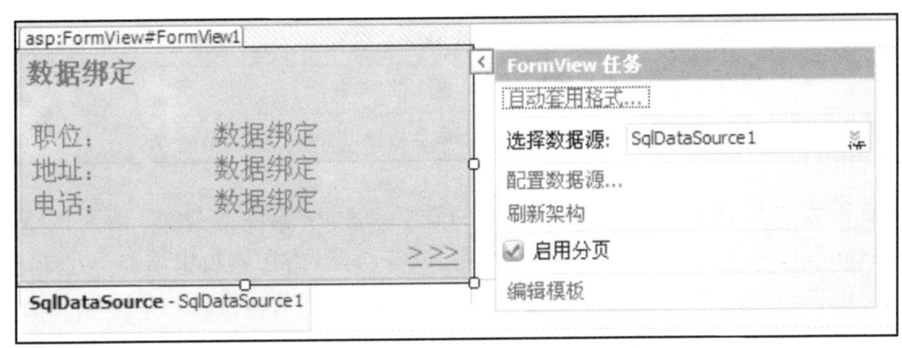

图 13.15　FormView **控件的模板编辑视图**

② 使用前面创建的 SqlDataSource 控件，选中 FormView 控件，单击该控件右上角的按钮，并设置 FormView 控件的【选择数据源】为该 SqlDataSource 控件。同时选择【启用分页】，也可以在属性窗口设置"AllowPaging"属性值为 True。

③ 如需要自定义分页功能，用户则可以通过添加 PagerTemplate 模板来设置用于分页的界面。当要执行分页操作时，可向此模板添加一个 Button 控件，然后将其 CommandName 属性设置为 Page，并将其 CommandArgument 属性设置为 First 、Last、Prev、Next 或一个数字。First 表示定位到第一页，Last 表示定位到最后一页，Prev 表示定位到上一页，Next 表示定位到下一页，数字表示定位到特定的页。HTML 代码如下：

```
<PagerTemplate>
  <table><tr>
    <td><asp:LinkButton ID="FirstButton" CommandName="Page" CommandArgument="
First" Text="<<" runat="server"/></td>
<td><asp:LinkButton ID="PrevButton" CommandName="Page" CommandArgument="Prev"
Text="<" runat="server"/></td>
    <td><asp:LinkButton ID="NextButton" CommandName="Page" CommandArgument="
Next" Text=">" runat="server"/></td>
    <td><asp:LinkButton ID="LastButton" CommandName="Page" CommandArgument="
Last" Text=">>" runat="server"/></td>
  </tr></table>
</PagerTemplate>
<PagerSettings Position="Bottom" Mode="NextPrevious" />
<PagerStyle BackColor="#E7E7FF" ForeColor="#4A3C8C" HorizontalAlign="Right" />
```

13.6.3 FormView 控件的编程实现

当以编程方式绑定 FormView 控件的数据源时，就需要使用适当的事件来实现增删改等功能。FormView 控件提供了相应的可以对其进行编程的事件，表 13.13 列出了 FormView 控件支持的主要事件。

表 13.13 FormView 控件的主要事件

事 件	描 述
ItemInserting	该事件在对数据源执行 Insert 命令前触发
ItemUpdating	该事件在对数据源执行 Update 命令前触发
ItemUpdated	该事件在对数据源执行 Update 命令后触发
ItemDeleting	该事件在对数据源执行 Delete 命令前触发
ItemDeleted	该事件在对数据源执行 Delete 命令后触发

下面以编程方式实现对 FormView 控件的选择、编辑、删除等操作，创建的 Web 页面为“FormViewExample.aspx”。为实现记录的增、删、改等功能，需在模板中添加 Button 控件。如在 ItemTemplate 模板中增加添加、编辑、删除三个 Button 控件，其 CommandName 值分别为 New、Edit 和 Delete，单击按钮时将使 FormView 控件进入插入模式、编辑模式或从数据源中删除当前记录；在 InsertItemTemplate 模板中增加一个 Button 控件，设定其 CommandName 值为 Insert，将向数据源中添加新记录；在 EditItemTemplate 模板中增加一个 Button 控件，设定其 CommandName 值为 Update 来保存数据的修改。如果要取消添加或编辑操作，可在模板中增加一个 Button 控件，设定其 CommandName 值为 Cancel。图 13.16 是编辑模板下的编辑项设计和更新按钮及其属性设置。

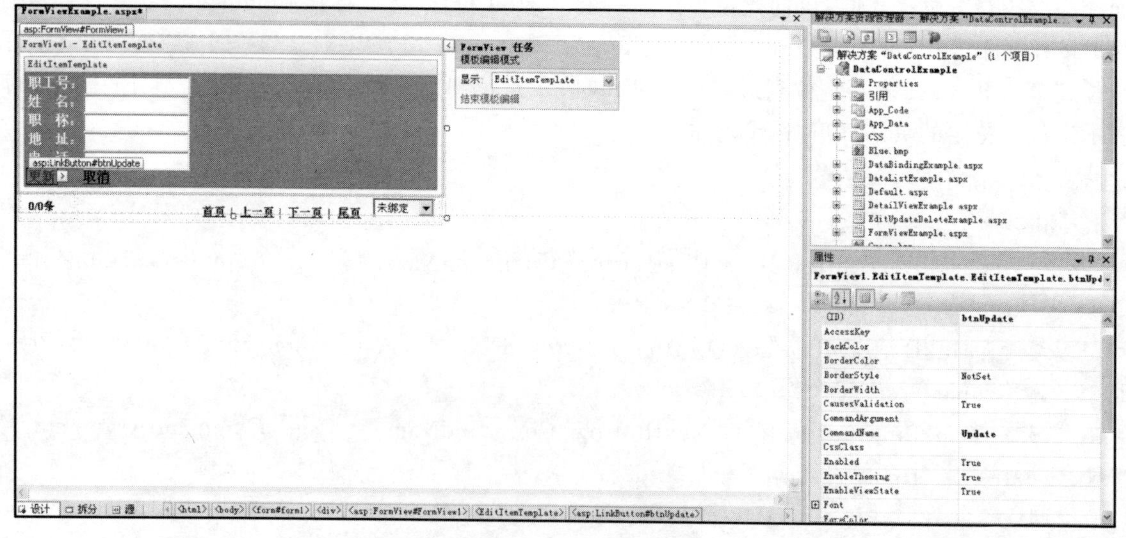

图 13.16 FormView 控件编辑模板设计视图

程序实现过程中，首先需创建用户自定义方法 bind()，用于获取数据源并绑定到 FormView1 控件。页面设计中，DropDownList 服务器控件 ddlSearchPage 用于选定页数，ddlBarPage 控件用于确定每页显示记录数，LinkButton 服务器控件 lkbHome 、lkbPrevious、lkbNext、lkbLast 用于页面的跳转，分别表示首页、上一页、下一页和最后一页，Label 控件 lblNoBar 用于显示当前页。数据绑定代码与 DataList 控件相同，利用自定义方法 bind()实现数据提取。当单击行的【编辑】按钮后，将触发 btnEdit_Click 事件，实现切换 FormView1 控件的模板为编辑模式，并进行数据绑定。代码如下：

```
protected void btnEdit_Click(Object sender,EventArgs e)
{
        FormView1.ChangeMode(FormViewMode.Edit);
        bind();
}
```

当在编辑模式下单击【取消】按钮，将触发 btnCancel_Click 事件，事件方法中取消 FormView1 控件当前行的编译状态，还原修改前的数据，重新绑定 FormView1 控件。

```
protected void btnCancel_Click(Object sender,EventArgs e)
{
        FormView1.ChangeMode(FormViewMode.ReadOnly);
        bind();
}
```

对行数据修改提交时将触发 FormView1_ItemUpdating 事件，事件方法中将获取修改数据，向数据库提交修改，同时取消 FormView1 控件当前行的编译状态。因数据源发生修改，所以要重新绑定 FormView1 控件。

```
protected void FormView1_ItemUpdating(Object sender,FormViewUpdateEventArgs e)
{
        string Emp_ID=
((TextBox)(FormView1.FindControl("txtBoxEmployeeID"))).Text.ToString().Trim();
        string Emp_FirstName=
((TextBox)(FormView1.FindControl("txtBoxFirstName"))).Text.ToString().Trim();
        string Emp_Title=
((TextBox)(FormView1.FindControl("txtBoxTitle"))).Text.ToString().Trim();
        string Emp_Address=
((TextBox)(FormView1.FindControl("txtBoxAddress"))).Text.ToString().Trim();
        string Emp_HomePhone=
((TextBox)(FormView1.FindControl("txtBoxHomePhone"))).Text.ToString().Trim();
        string sqlStr="update Employees set FirstName='" + Emp_FirstName + "',Title
='" + Emp_Title + "',Address='" + Emp_Address + "',HomePhone='" + Emp_Home-
Phone + "' where EmployeeID=" + Emp_ID + "";
        SqlHelper.ExecuteNonQuery(SqlHelper.ConnectionString,CommandType.Text,sqlStr);
        FormView1.ChangeMode(FormViewMode.ReadOnly);
        bind();
}
```

对选定行数据进行删除时将触发 btnDelete_Click 事件，事件方法中将根据主键来定位该行，向数据库提交删除。因数据源发生修改，所以要重新绑定 FormView1 控件。

```
protected void btnDelete_Click(Object sender,EventArgs e)
{
        string Emp_ID=
((Label)(FormView1.FindControl("lblEmployeeID"))).Text.ToString().Trim();
        string sqlStr="delete Employees where EmployeeID=" + Emp_ID + "";
         SqlHelper.ExecuteNonQuery(SqlHelper.ConnectionString,CommandType.Text,
sqlStr);
        bind();
}
```

当单击【新增】按钮后，将触发 FormView1_ItemInserting 事件，向数据库中插入一条记录。

```
protected void FormView1_ItemInserting(Object sender,FormViewInsertEventArgs e)
{
        string Emp_FirstName=
((TextBox)(FormView1.FindControl("txtFirstName"))).Text.ToString().Trim();
        string Emp_Title=
((TextBox)(FormView1.FindControl("txtTitle"))).Text.ToString().Trim();
        string Emp_Address=
((TextBox)(FormView1.FindControl("txtAddress"))).Text.ToString().Trim();
        string Emp_HomePhone=
((TextBox)(FormView1.FindControl("txtHomePhone"))).Text.ToString().Trim();
        string sqlStr="INSERT INTO Employees(FirstName,Title,Address,HomePhone)
VALUES ('" +Emp_FirstName + "','" +Emp_Title+ "','" +Emp_Address+ "','"+Emp_
HomePhone+"')";
        SqlHelper.ExecuteNonQuery(SqlHelper.ConnectionString,CommandType.Text,sqlStr);
        FormView1.ChangeMode(FormViewMode.ReadOnly);
        bind();
}
```

图 13.17 为程序运行后的效果图。

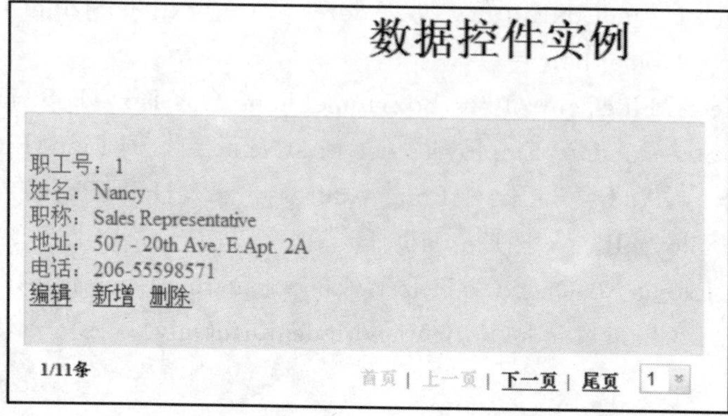

图 13.17 FormView 控件运行效果图

13.7　ASP.NET 数据控件综述

● GridView、Repeater 和 DataList 数据控件用于呈现多条记录，DetailsView 和 FormView 数据控件用于呈现单条数据记录。

● GridView 和 DetailsView 控件的布局固定，自定义数据显示的布局功能有限，一般适合布局简单的数据呈现。

● Repeater、DataList 和 FormView 数据控件都有很强的自定义布局能力，如果数据呈现需要较为复杂的布局方案，则首选这 3 个控件。

● GridView、DetailsView 和 FormView 数据控件内置了分页、排序等功能，而 DataList 和 Repeater 数据控件提供的内置功能较弱，需要自己实现分页、排序、数据事件等功能。

● DetailsView 和 FormView 数据控件都用于呈现单条数据记录，但 DetailsView 布局固定，FormView 自定义布局；呈现多条记录时，只有 GridView 是布局固定的。

● GridView 控件的模板用于列，而 DataList 和 Repeater 控件的模板用于行。

● GridView 控件以表的形式显示多行数据；DetailsView 控件以表格形式呈现一条记录；FormView 控件以自定义模板呈现一条记录的各个字段；Repeater 控件以自定义模板只读方式呈现多条记录；DataList 控件以表的形式依次呈现多条记录，数据记录排成列或行。

第 14 章 XML 文件处理

14.1 XML 简介

14.1.1 XML 的产生

可扩展标记语言 XML(eXtensible Markup Language)同 HTML 一样,都是来自标准通用标记语言 SGML(Standard Generalized Markup Language)。而 SGML 是一种用标记来描述文档数据的通用语言,它包含了一系列的文档类型定义 DTD(Document Type Definition),DTD 中定义了标记的含义,因而 SGML 的语法是可以扩展的。但 SGML 十分庞大,不容易学习和使用,在计算机上实现困难。为了便于在计算机上实现,HTML 规定标记固定,不包含 DTD,使它语法简单易用,便于开发网页和支持 HTML 的浏览器。但 HTML 语法的不可扩展性也阻碍了用它来表现复杂的形式,使得它难于对信息语义及其内部结构进行描述;HTML 标记集的日益臃肿以及松散的语法要求也使得文档结构混乱且缺乏条理,导致浏览器的设计越来越复杂,降低了效率。

与 HTML 不同,XML 是一个精简的 SGML,它结合了 SGML 的扩展性和 HTML 的易用性。XML 不再是固定的标记,而是允许定义数量不限的标记来描述文档数据,允许嵌套的信息结构。两者相比,HTML 着重描述 Web 页面的显示格式,而 XML 着重描述 Web 页面的内容。

14.1.2 XML 文档节点

XML 文档是由包含不同类型信息的节点构成的集合,XML 中常见的节点类型包括:

- 文档(Document):文档节点是所有节点的容器和父类,也称为文档的根。
- 声明(XmlDeclaration):表示声明节点,如:<? xml version="1.0"…>。
- 注释(XmlComment):此节点类型表示注释节点,通常被应用程序忽略。如:<! --说明-->
- 处理指令:处理指令是专门针对应用程序的信息,如样式表的信息:

```
<? xml-stylesheet type="text/xsl" href="BookXSLTFile.xslt"? >
```

- 文档类型(DocumentType):表示 <! DOCTYPE> 节点。
- 根元素(DocumentElement):XmlDocument 的根元素,一个 Document 只有一个 DocumentElement。
- 元素(XmlElement):元素是 XML 的基本构造模块。通常,元素拥有子元素、文本节点,或两者的组合。元素节点也是能够拥有属性的唯一节点类型。
- 属性(XmlAttribute):属性节点包含关于元素节点的属性信息,但是并不是元素的孩子,如:

```
<Book Id="2010001">面向对象的程序设计</Book>
```

- 文本(XmlText):文本节点属于特定节点或属性的文本。它可以由更多信息组成,也可以只包含空白。

注意：元素只是节点的一种类型，它们甚至不表示任何内容，元素节点是信息的容器，该信息可能是其他元素节点、文本节点、属性节点或其他类型的信息。除上述节点外，还包括一些不太常见的节点类型，如：CDATA、文档片断、实体和符号等。

XML 文件的基本节点如图 14.1 所示。

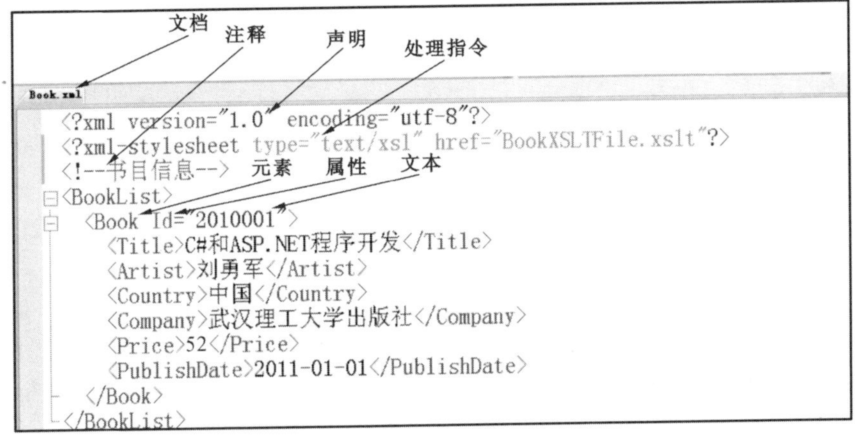

图 14.1　XML 文件的基本节点

14.1.3　XML 文件解决方案

大多数 XML 解决方案中有三个文件：

① 包含数据的 XML 文件。

② 为 XML 文件提供架构的 DTD 文件或 Xsd(Xml Schema)文件。DTD 文件用于描述 XML 文件中的数据结构，DTD 可以包含在它所描述的文档中，或者通过 URL 与文档相链接。XML Schema 用于描述 XML 文档的结构，是基于 XML 的 DTD 替代者。

③ 为 XML 文件提供外观或用户界面的 XSL(extensible Sheet-style Language)文件。

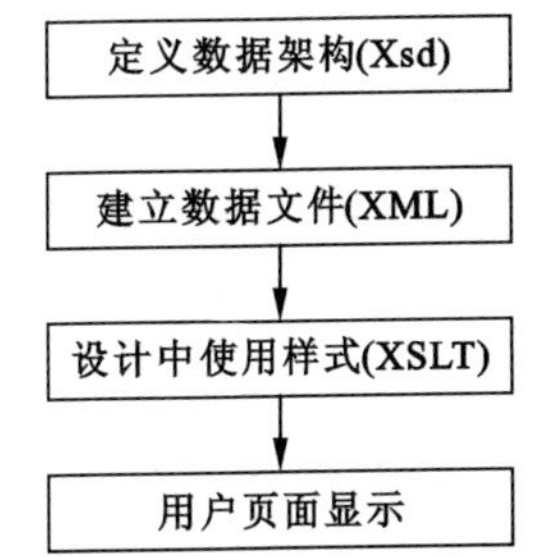

图 14.2　建立 XML 文件过程

建立一个完整的 XML 文件的基本步骤如图 14.2 所示。

① 定义数据架构(Xsd)。定义 XML 文件中可使用的标记以及各标记间的结构层次和顺序关系。

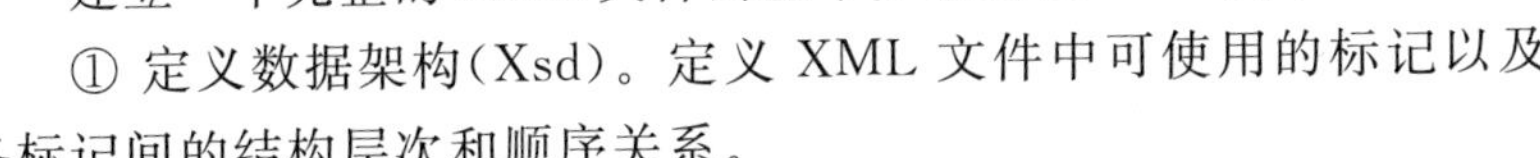

② 描述文件的数据内容(XML 文件实体)。XML 文件实体必须符合 Xsd 文件申明的语法规定，其中每个标记都有名称和内容。

③ 建立样式文件(XSLT)。样式文件用于描述如何来显示 XML 文档，以<XSL:stylesheet>标签开始，以</XSL:stylesheet>标签结束。一般在文件中定义一个模板来以表格、文本、图像等形式将 XML 内容予以显示。

④ XML 文件的显示。在 XML 文件的首部加入<? Xml: stylesheet type ="text/Xsl" href ="Xsl 文件的位置"? >来引用 XSLT 文件，浏览器根据样式文件显示 XML 文件的数据内容。

14.1.4　XML 相关文件的创建

(1) XML 数据文件创建

在 VS.NET 中选中项目，单击鼠标右键，在弹出的菜单中选择【添加】/【新建项...】，在弹出窗口的左边【类别】中选择【数据】，在右边选中【XML 文件】，给定名称后单击【确定】按钮。创建的 BookXMLFile. xml 文件为：

```
<?xml version="1.0" encoding="utf-8" ?>
<?xml-stylesheet type="text/xsl" href="BookXSLTFile.xslt"? >
<BookList>
<Book>
  <Title>C#和 ASP.NET 程序开发</Title>
  <Artist>刘勇军</Artist>
  <Country>中国</Country>
  <Company>武汉理工大学出版社</Company>
  <Price>52</Price>
  <PublishDate>2011-01-01</PublishDate>
  </Book>
  <Book>
   <Title>管理信息系统</Title>
   <Artist>刘勇军</Artist>
   <Country>中国</Country>
   <Company>武汉理工大学出版社</Company>
   <Price>30</Price>
   <PublishDate>2008-01-01</PublishDate>
  </Book>
</BookList>
```

（2）Xsd 架构文件创建

打开 BookXMLFile. xml 文件，单击菜单【XML(X)】下的【创建架构】后，自动生成同名的 Xsd 架构文件。BookXMLFile. xsd 文件的内容为：

```
<?xml version="1.0" encoding="utf-8"?>
<xs:schema attributeFormDefault="unqualified" elementFormDefault="qualified"
xmlns:xs="http://www.w3.org/2001/XMLSchema">
  <xs:element name="BookList">
    <xs:complexType>
      <xs:sequence>
        <xs:element maxOccurs="unbounded" name="Book">
          <xs:complexType>
            <xs:sequence>
              <xs:element name="Title" type="xs:string" />
              <xs:element name="Artist" type="xs:string" />
              <xs:element name="Country" type="xs:string" />
              <xs:element name="Company" type="xs:string" />
              <xs:element name="Price" type="xs:unsignedByte" />
              <xs:element name="PublishDate" type="xs:date" />
```

```
        </xs:sequence>
      </xs:complexType>
    </xs:element>
  </xs:sequence>
 </xs:complexType>
</xs:element>
</xs:schema>
```

(3) 创建 XSLT 样式文件

其操作过程类似于 XML 文件的创建，在弹出窗口的右边选中【XSLT 文件】，单击【确定】按钮创建 BookXSLTFile.xslt 文件，输入以下代码：

```
<?xml version="1.0" encoding="utf-8"?>
<xsl:stylesheet version="1.0" xmlns:xsl="http://www.w3.org/1999/XSL/Transform"
   xmlns:msxsl="urn:schemas-microsoft-com:xslt" exclude-result-prefixes="msxsl">
  <xsl:template match="/">
   <xsl:apply-templates/>
  </xsl:template>
  <xsl:template match="/">
   <html>
     <head>
       <title>书本基本信息</title>
     </head>
     <body>
       <h2>书本信息</h2>
       <table border="1">
         <thead bgcolor="#9acd32">
             <th align="center">书名</th>
             <th align="center">作者</th>
             <th align="center">国家</th>
             <th align="center">出版社</th>
             <th align="center">价格</th>
             <th align="center">出版时间</th>
       </thead>
       <TBODY>
         <xsl:for-each select="BookList/Book">
          <tr>
             <td> <xsl:value-of select="Title"/> </td>
             <td> <xsl:value-of select="Artist"/> </td>
             <td> <xsl:value-of select="Country"/> </td>
             <td> <xsl:value-of select="Company"/> </td>
             <td> <xsl:value-of select="Price"/> </td>
```

```
                <td> <xsl:value-of select="PublishDate"/> </td>
              </tr>
            </xsl:for-each>
          </TBODY>
        </table>
      </body>
    </html>
  </xsl:template>
</xsl:stylesheet>
```

增加完 Xsd 架构文件和 XSLT 样式文件后，可设置 XML 文件的“架构”和“样式表”属性，选中 BookXMLFile.xml 文件后单击鼠标右键，在弹出的菜单中选中【在浏览器中查看】，其效果如图 14.3 所示。

书本信息

书名	作者	国家	出版社	价格	出版时间
C#和ASP.NET程序开发	刘勇军	中国	武汉理工大学出版社	52	2011-01-01
管理信息系统	刘勇军	中国	武汉理工大学出版社	30	2008-01-01

图 14.3 BookXMLFile.xml 文件显示结果

14.2 XML 文件操作

14.2.1 XML 命名空间和相关类

XML 是.NET 战略的一个重要组成部分，是 Web 服务的基石。.NET 框架为我们提供了一些命名空间，包括 System.Xml、System.Xml.Schema、System.Xml.Serialization、System.Xml.Xpath、System.Xml.Xsl 以及命名空间下对 XML 操作的相关类。

System.Xml 命名空间包含了一些最重要的与 XML 文档读写操作相关的类。这些类中包括 XmlReader、XmlTextReader、XmlValidatingReader、XmlNodeReader 四个与读相关的类以及 XmlWriter、XmlTextWriter 两个与写相关的类。XmlReader 类是一个虚基类，它包含了读 XML 文档的方法和属性。其中 Read 方法是一个基本的读 XML 文档的方法，它以流形式读取 XML 文档中的节点(Node)。另外，该类还提供了 ReadString、ReadInnerXml、ReadOuterXml 和 ReadStartElement 等更高级的读方法。除了提供读 XML 文档的方法外，XmlReader 类还为程序员提供了 MoveToAttribute、MoveToFirstAttribute、MoveToContent、MoveToFirstContent、MoveToElement 以及 MoveToNextAttribute 等具有导航功能的方法。而 XmlTextReader、XmlNodeReader 以及 XmlValidatingReader 类是从 XmlReader 类继承过来的子类，分别用于读取文本内容、读取节点和读取 XML 模式(Schemas)。XmlWriter 类为程序员提供了许多写 XML 文档的方法，它是 XmlTextWriter 类的基类。

XmlNode 类是一个非常重要的类，它代表了 XML 文档中的某个节点。该节点可以是 XML 文档的根节点，这样它就代表整个 XML 文档了。它是许多类的基类，这些类包括插入节点的类、删除节点的类、替换节点的类以及在 XML 文档中完成导航功能的类。同时，XmlNode 类提供了获取双亲节点、子节点、最后一个子节点、节点名称以及节点类型等属性。它的三个最主要的子类包括：XmlDocument、XmlDocumentFragment 以及 XmlDataDocument。XmlDocument 类代表了一个 XML 文档，它提供了载入和保存 XML 文档的方法和属性。这些方法包括 Load、LoadXml 和 Save 等。同时，它还提供了添加特性（Attributes）、说明（Comments）、空间（Spaces）、元素（Elements）和新节点（New Nodes）等功能。XmlDocumentFragment 类代表了一部分 XML 文档，它能被用来添加到其他的 XML 文档中。XmlDataDocument 类可以让程序员更好地完成和 ADO. NET 中的数据集对象之间的交互操作。除了上述类外，System. Xml 命名空间还包括 XmlConvert、XmlLinkedNode 以及 XmlNodeList 等类。

System. Xml. Schema 命名空间中包含和 XML 模式相关的类，这些类包括 XmlSchema、XmlSchemaAll、XmlSchemaXPath 以及 XmlSchemaType 等。System. Xml. Serialization 命名空间中包含和 XML 文档的序列化和反序列化操作相关的类。XML 文档的序列化操作能将 XML 格式的数据转化为流格式的数据并能在网络中传输，而反序列化则完成相反的操作，即将流格式的数据还原成 XML 格式的数据。System. Xml. XPath 命名空间包含了 XPathDocument、XPathExpression、XPathNavigator 以及 XPathNodeIterator 等类，这些类能完成 XML 文档的导航功能。在 XPathDocument 类的协助下，XPathNavigator 类能完成快速的 XML 文档导航功能，该类提供了许多 Move 方法以完成导航功能。System. Xml. Xsl 命名空间中的类提供 XSLT 的转换功能。

14.2.2　XML 文档读操作

XmlReader 类提供了快速、高效的方法来读取 XML 文档，但它是向前只读的，需要人工验证。一旦新对象创建后，就可以调用其 Read 方法来读取 XML。XmlReader 类中有一个很重要的属性——NodeType，通过该属性，我们可以知道其节点的类型。而枚举类型 XmlNodeType 中包含了诸如 Attribute、CDATA、Element、Comment、Document、DocumentType、Entity、ProcessInstruction 以及 WhiteSpace 等 XML 项的类型。通过与 XmlNodeType 中的元素比较，我们可以获取相应节点的节点类型并对其完成相关的操作。下面就给出一个实例，该实例读取每个节点的 NodeType，并根据其节点类型显示其中的内容。

```
XmlReader xmlReader=XmlReader. Create(Server. MapPath("BookXMLFile. xml"));
while (xmlReader. Read())
{
    //Response. Write("<li>节点类型:" + xmlReader. NodeType + "==<br>");
    switch (xmlReader. NodeType)
    {
        case XmlNodeType. Whitespace:
        case XmlNodeType. EndElement:
            break;
        case XmlNodeType. XmlDeclaration:
            for (int i=0;i<xmlReader. AttributeCount; i++)
            {
              xmlReader. MoveToAttribute(i);
              Response. Write("<li>属性:"+xmlReader. Name+"="+xmlReader. Value
+" ");
            }
            break;
```

```
        case XmlNodeType. Attribute:
            for (int i=0; i < xmlReader. AttributeCount; i++)
            {
              xmlReader. MoveToAttribute(i);
              Response. Write("<li>属性:"+ xmlReader. Name+ "="+ xmlReader. Value
+" ");
            }
            break;
        case XmlNodeType. CDATA:
            Response. Write("<li>CDATA:"+ xmlReader. Value+" ");
            break;
        case XmlNodeType. Element:
            Response. Write("<li>节点名称:" + xmlReader. LocalName + "<br>");
            for (int i=0; i < xmlReader. AttributeCount; i++)
            {
              xmlReader. MoveToAttribute(i);
              Response. Write("<li>属性:" + xmlReader. Name + "=" + xmlReader. Value
+ " ");
            }
            break;
        case XmlNodeType. Comment:
            Response. Write("<li>Comment:" + xmlReader. Value);
            break;
        case XmlNodeType. ProcessingInstruction:
            Response. Write("<li>ProcessingInstruction:" + xmlReader. Value);
            break;
        case XmlNodeType. Text:
            Response. Write("<li>Text:" + xmlReader. Value);
            break;
    }
}
xmlReader. Close();
```

如果利用 XmlTextReader 类的对象来读取该 XML 文档，则在创建新对象的构造函数中指明 XML 文件的位置即可。例如：

```
XmlTextReader textReader=new XmlTextReader(Server. MapPath("BookXMLFile. xml"));
```

此外，还有 XmlNodeReader 和 XmlValidatingReader 等 XmlReader 基类的派生类，分别用来读取 XML 文档的节点和模式。

14.2.3 XML 文档写操作

XmlWriter 类是 XmlTextWriter 类和 XmlNodeWriter 类的基类，它包含了向 XML 文档写数

据的方法和属性，可以把 Xml 写入一个流、文件、StringBuilder、TextWriter 或另一个 XmlWriter 对象中。与 XmlReader 一样，XmlWriter 类以只向前、未缓存的方式进行写入。其基本方法有 WriteNode、WriteString、WriteAttributes、WriteStartElement 以及 WriteEndElement 等，基本属性有 WriteState、XmlLang 和 XmlSpace 等。XmlWriter 实例使用 Create 方法创建，在创建完后，调用 WriterStartDocument 方法开始写 XML 文档，在完成写工作后，就调用 WriteEndDocument 结束写过程并调用 Close 方法将它关闭。在写的过程中，可以通过调用 WriteStartElement 和 WriteEndElement 方法对来添加一个元素，通过调用 WriteStartAttribute 和 WriteEndAttribute 方法对来添加一个属性。下面以实例讲述如何通过 XmlWriter 类来写 XML 文档。

```
//使用 XmlWirterSettings 对象进行是否缩进文本、缩进量等配置
XmlWriterSettings settings=new XmlWriterSettings();
settings. Indent=true; //是否缩进
settings. NewLineOnAttributes=false; //是否把每个属性写在一行
XmlWriter xmlWriter=XmlWriter. Create("Book. xml",settings);
xmlWriter. WriteStartDocument();
xmlWriter. WriteProcessingInstruction("xml-stylesheet","type=\"text/xsl\" href=\"BookXSLT-
File. xslt\"");
xmlWriter. WriteStartElement("BookList");
xmlWriter. WriteStartElement("Book");
xmlWriter. WriteAttributeString("Id","2010001"); //写入属性
xmlWriter. WriteElementString("Title","C#和 ASP. NET 程序开发"); //写入元素值
xmlWriter. WriteElementString("Artist","刘勇军");
xmlWriter. WriteElementString("Country","中国");
xmlWriter. WriteElementString("Company","武汉理工大学出版社");
xmlWriter. WriteElementString("Price","35");
xmlWriter. WriteElementString("PublishDate","2011- 01-01");
xmlWriter. WriteEndElement();
xmlWriter. WriteEndElement();
xmlWriter. WriteEndDocument();
xmlWriter. Flush();
xmlWriter. Close();
```

说明：

① 使用 XmlWriterSettings 实例对象进行生成的 XML 的设置。

② 使用 Create()方法返回一个 XmlWriter 对象，其中第一个参数为 XML 文件位置，第二个参数为 XmlWriterSettings 实例对象。

③ 注意控制的嵌套。使用 WriterStartDocument()开始写入数据，以 WriteEndDocument()结束；以 WriterStartElement()开始写入元素，以 WriterEndElement()结束。

14.2.4　XmlDocument 类

XmlDocument 类的对象代表一个 XML 文档，它包含 Load、LoadXml 以及 Save 等重要的方法。其中 Load 方法可以从一个字符串指定的 XML 文件或是一个流对象、一个 TextReader 对象、一个 XmlReader 对象导入 XML 数据。Load 方法则完成从一个特定的 XML 文件导入 XML 数据

的功能。它的 Save 方法则将 XML 数据保存到一个 XML 文件中或是一个流对象、一个 TextWriter对象、一个 XmlWriter 对象中。XmlDocument 本质是节点的集合，因而对文档的操作重点在于对节点的获取和对节点的操作。关于节点的具体属性如表 14.1 所示。

表 14.1 节点属性

节点属性	说明
HasChildNodes	继承自 XmlNode，如果此节点具有子节点，则此属性为 True
ChildNodes	继承自 XmlNode，所有子节点的集合(NodeList)
InnerXml	当前节点子节点的标记
ParentNode	获取该节点的父节点，没有父节点则返回 Null 值
InnerText	该节点的子节点的文本
OuterXml	该节点和其子节点的标记
NodeType	返回一个 XmlNodeType 枚举类型的值，这个枚举可选项有 Text、Attribute、Element、Entity 等
Value	根据节点类型(NodeType)返回值：Text 返回文本的内容、Attribute 返回属性的值、Element 返回 Null、Entity 返回 Null 等

下面以实例讲述通过 XmlDocument 类对象的 Load 方法从 XML 文件中读取 XML 数据，并先将原来书价调高 20%，再新增一本书，最后调用其 Save 方法将数据保存到该文件中。

```
// 创建一个 XmlDocument 类的对象
XmlDocument xmlDocument=new XmlDocument();
xmlDocument.Load("BookXMLFile.xml");
XmlNode node=xmlDocument.DocumentElement;
foreach (XmlNode node1 in node.ChildNodes)
foreach (XmlNode node2 in node1.ChildNodes)
if (node2.Name== "Price")
{
    Decimal price=Decimal.Parse(node2.InnerText);
    String newprice=((Decimal)price * (new Decimal(1.20))).ToString("#.00");// 加价 20%
    Response.Write("原价是:" + node2.InnerText + "\t 新价是:" + newprice);
    node2.InnerText=newprice;
}
XmlNode root=xmlDocument.SelectSingleNode("BookList");
XmlElement xe1=xmlDocument.CreateElement("Book");
//xe1.SetAttribute("Id","2010003");//设置该节点属性
XmlNode subNode=root.AppendChild(xe1);
XmlElement xe2=xmlDocument.CreateElement("Title");
xe2.InnerText="决策支持系统";
XmlElement xe3=xmlDocument.CreateElement("Artist");
xe3.InnerText="刘勇军";
XmlElement xe4=xmlDocument.CreateElement("Country");
```

```
xe4.InnerText="中国";
XmlElement xe5=xmlDocument.CreateElement("Company");
xe5.InnerText="武汉理工大学出版社";
XmlElement xe6=xmlDocument.CreateElement("Price");
xe6.InnerText="30";
XmlElement xe7=xmlDocument.CreateElement("PublishDate");
xe7.InnerText="2011-01-01";
subNode.AppendChild(xe2);
subNode.AppendChild(xe3);
subNode.AppendChild(xe4);
subNode.AppendChild(xe5);
subNode.AppendChild(xe6);
subNode.AppendChild(xe7);
xmlDocument.Save("BookXMLFile.xml");
```

总之，XmlReader 类和 XmlWriter 类以及它们的派生类能完成 XML 文档的读写操作，具有快速、高效、可扩展等优势，但 XmlReader 类和 XmlWriter 类仅支持只进式读或写，不可往返。相比而言，XmlDocument 类代表了 XML 文档，它能完成与整个 XML 文档相关的各类增加、删除、修改操作，支持可往返式读写、支持 XPath 筛选，但速度较慢。

第 15 章 应用程序配置和部署

15.1 配置文件

15.1.1 配置文件简介

使用 ASP. NET 配置管理可以配置整个服务器上的所有 ASP. NET 应用程序、单个 ASP. NET 应用程序和各个页面或应用程序子目录，也可以配置各种具体的功能，如身份验证模式、页缓存、编译器选项、自定义错误、调试和跟踪选项等。对于一个具体的 ASP. NET 应用或者一个具体的网站目录而言，有两部分设置可以配置，一个是针对整个服务器的 Machine. config 配置，另外一个是针对该网站或者该目录的 Web. config 配置，参见图 15. 1。ASP. NET 配置文件将应用程序配置设置与应用程序代码分开，可以在将应用程序部署到服务器上之前、期间或之后方便地编辑配置数据。通过将配置数据与代码分开，可以方便地将设置与应用程序关联，在部署应用程序之后根据需要更改设置，以及扩展配置架构。这些配置数据存储在 XML 文本文件中，并且. NET Framework 定义了一组实现配置设置的元素。ASP. NET 配置架构中包含了控制 ASP. NET Web 应用程序的行为的元素，Machine. config 和 Web. config 文件共享许多相同的配置部分和 XML 元素。用户可以通过使用标准的文本编辑器、ASP. NET 的 MMC 管理单元、网站管理工具或 ASP. NET 配置 API 来创建和编辑 ASP. NET 配置文件。XML 标记区分大小写，要确保使用正确的大小写形式。

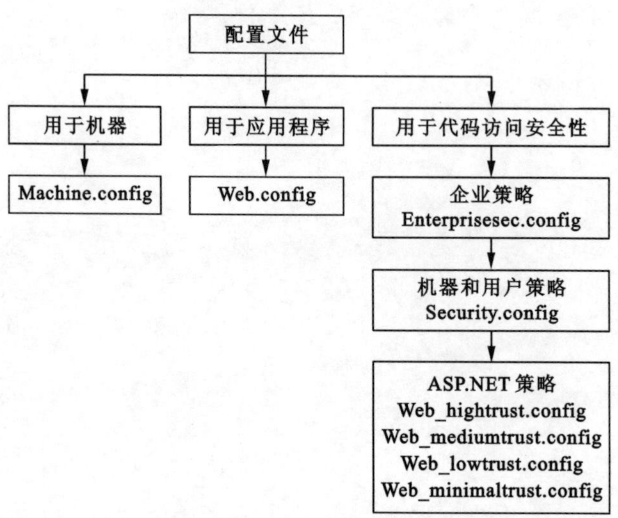

图 15. 1　用于配置 ASP. NET Web 应用程序的配置文件

对于一个网站整体而言，整个服务器的配置信息保存在 Machine. config 文件中，该文件的具体位置在%system32%\Microsoft. NET\Framework\[版本号]\Config 目录下，它包含了运行一个 ASP. NET 服务器需要的所有配置信息，用于将计算机范围的策略应用到本地计算机上运行的所有.NET Framework 应用程序。开发人员还可以使用应用程序特定的 Web. config 文件自定义单个应用程序的设置。Web. config 文件可以出现在 ASP. NET 应用程序的多个目录中。当新建一个 Web 项目时，VS. NET 会自动建立一个 Web. config 文件，其中包含了各种专门针对一个具体应用的一些特殊的配置，比如 Session 的管理、错误捕捉等配置。一个 Web. config 可以从 Machine. config 继承和重写部分配置信息。Web. config 存在于独立网站的根目录，它决定了该目录和目录下的子目录的配置信息，并且子目录下的配置信息覆盖其父目录的配置，即子目录如果没有 Web. config 文件，就是继承父目录 Web. config 文件的相关设定；如果子目录有 Web. config 文件，就会覆盖父目录 Web. config 文件的相关设定。在运行状态下，ASP. NET 会根据远程 URL 请求，把访问路径下的各个 Web. config 配置文件叠加，产生一个唯一的配置集合。

表 15.1 给出了一个网址的常用配置文件及其存放位置。

表 15.1　配置文件及其位置

配置文件	位　置
Machine. config（每台计算机每个.NET Framework 安装版一个）	%windir%\Microsoft. NET\Framework\{version}\CONFIG
Web. config（每个应用程序有 0 个、1 个或多个）	\inetpub\wwwroot\web. config \inetpub\wwwroot\YourApplication\web. config \inetpub\wwwroot\YourApplication\SubDir\web. config
Enterprisesec. config（企业级 CAS 配置）	%windir%\Microsoft. NET\Framework\{version}\CONFIG
Security. config（计算机级 CAS 配置）	%windir%\Microsoft. NET\Framework\{version}\CONFIG
Security. config（用户级 CAS 配置）	\Documents and Settings\{user}\Application Data\Microsoft\CLR Security Config\{version}
Web_hightrust. config Web_mediumtrust. config Web_lowtrust. config Web_minimaltrust. config（ASP. NET Web 应用程序 CAS 配置）	%windir%\Microsoft. NET\Framework\{version}\CONFIG

15.1.2　配置文件的结构

Web. config 文件是基于 XML 的文本文件，它可以包含标准的 XML 文档元素，编码格式可以为 ANSI、UTF-8 或 Unicode，系统自动检测编码。Web. config 文件的根元素用<configuration>标记，ASP. NET 和最终用户设置封装在该标记中。<configuration>标记通常包含三种不同类型的元素：配置节处理程序声明、配置节组和配置节设置。配置节处理程序声明区域中的每个配置节都有一个节处理程序声明，位于配置文件的 configSections 节点中，同时这个节点必须是 Configuration 的第一个元素。节处理程序是实现了 ConfigurationSection 类的.NET Framework 类。节处理程序声明中包含节的名称（name）以及用来处理该节中配置数据的节处理程序类的名称（type）。ASP. NET 配置允许出于组织目的对节进行分层分组，<sectionGroup>标记可显示在<configSections>标记的内部或其他<sectionGroup>标记的内部。配置节设置位于配置节处理程序声明之后，使用 section 元素来声明配置节处理程序，可以将这些配置节处理程序声明嵌套在 sectionGroup 元素中，帮助组织配置信息。节处理程序代码如下所示：

```
<configuration>
<configSections>
<sectionGroup name="system.web">
<section name="httpModules" type="System.Web.Configuration.HttpModulesConfigurationHandler,System.Web"/>
</sectionGroup>
</configSections>
<system.web>
<httpModules>
<add name="OutputCache" type="System.Web.Caching.OutputCacheModule,System.Web"/>
<add name="Session" type="System.Web.SessionState.SessionStateModule,System.Web"/>
</httpModules>
</system.web>
</configuration>
```

ASP.NET 提供了若干标准配置节处理程序，用于处理 Web.config 文件中的配置设置。表15.2提供了有关这些节的简要说明。

表 15.2 ASP.NET 配置节

节　名	说　明
<httpModules>	负责配置应用程序中的 HTTP 模块。HTTP 模块参与处理应用程序中的每个请求。常用的用途包括安全性和记录
<httpHandlers>	负责将传入的 URL 映射到 IHttpHandler 类。子目录不继承这些设置。还负责将传入的 URL 映射到 IHttpHandlerFactory 类。<httpHandlers> 节中表示的数据由子目录分层继承
<sessionState>	负责配置会话状态 HTTP 模块
<globalization>	负责配置应用程序的全局化设置
<compilation>	负责配置 ASP.NET 使用的所有编译设置
<trace>	负责配置 ASP.NET 跟踪服务
<processModel>	负责配置 IIS Web 服务器系统上的 ASP.NET 进程模型设置
<browserCaps>	负责控制浏览器功能组件的设置

当需要自定义配置节时，首先需要设计自己的配置节处理程序类，实现 ConfigurationSection 类，并扩展自己所需的功能，其次需在配置节处理程序声明区域中声明节处理程序类，再在配置节设置自定义的配置节。

15.1.3 ASP.NET 的异常处理

<customErrors>节用于为 ASP.NET 应用程序提供一些特定的方法来管理异常并设置异常信息显示给终端客户的方式，它不适用于 XML Web Services 中产生的错误。

(1) 设置 Web.config

```
<customErrors mode="On" defaultRedirect="CustomError.aspx">
    <error statusCode="404" redirect="404Page.aspx"></error>
    <error statusCode="403" redirect="403Page.aspx"></error>
</customErrors>
```

在<customErrors>节中设置 mode 属性，以下是三种设置模式：

① on：未经处理的异常将用户重定向到一个统一的默认页面。一般用于产品化模式。

② off：用户将会看到异常提示信息，而非重定向到统一默认页面。一般用于项目开发模式。

③ remoteonly：当用户通过"localhost"访问本地服务器时将会看到异常提示信息，而其他用户将重定向到一个统一的默认页面。一般用于 Debug 模式。

必须注意这些设置只对 ASP. NET 文件有效(aspx、asmx)，当用户调用应用服务器上以 htm、asp 等为后缀的文件时，IIS 将返回 HTTP 错误设置，而非 Web. config 上的设置。此时，必须使 IIS 中的设置和 Web. config 的重定向页面设置一致。例如图 15.2 中，在 IIS 中将所有的 404、500 HTTP 错误代码统一定向到特定的页面。也可以通过重写 Page 页面指令中的 ErrorPage 属性来设置特定的异常重定向页面，如：<%@ Page ErrorPage="CustomError. aspx" %>。

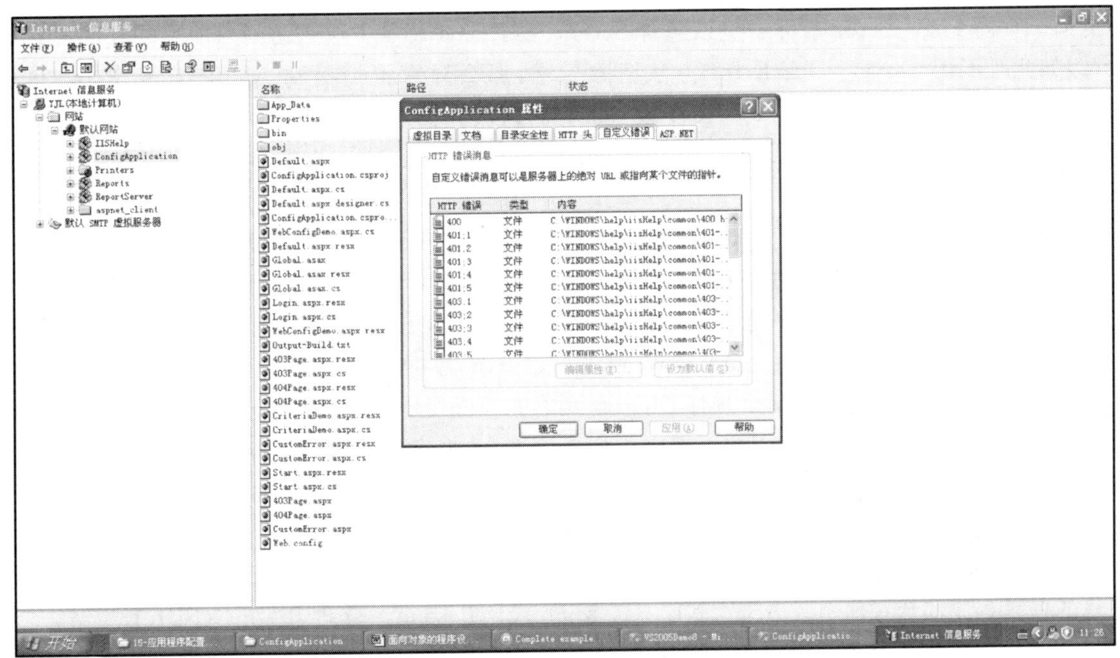

图 15.2　在 IIS 中定向错误代码

(2) 处理 ASP. NET 的异常

ASP. NET 提供了两种事件来处理代码中抛出的异常，当页面级存在无法解决的异常时，Page_Error 事件将被激活。另一种是 Application_Error 事件，它在 global. asax 中，属于应用级。当一些特殊页面中存在无法解决的异常时，该事件将被激活。在 Application_Error 事件的代码块中涉及"日志记录"、"通告"、"必要的处理代码"，如：

```
protected void Application_Error(Object sender,EventArgs e)
{
        Exception LastError=Server. GetLastError();
        String ErrMessage=LastError. ToString();
        String LogName="MyLog";
        String Message="Url " + Request. Path + " Error: " + ErrMessage;
        if (! EventLog. SourceExists(LogName))
          EventLog. CreateEventSource(LogName,LogName);
```

```
        EventLog log=new EventLog();
        log.Source=LogName;
        log.WriteEntry(Message,EventLogEntryType.Information,1);
        log.WriteEntry(Message,EventLogEntryType.Error,2);
        log.WriteEntry(Message,EventLogEntryType.Warning,3);
        log.WriteEntry(Message,EventLogEntryType.SuccessAudit,4);
        log.WriteEntry(Message,EventLogEntryType.FailureAudit,5);
}
```

可以在控制面板中打开“事件查看器”来验证是否将事件写入日志。注：Server. GetLastError 方法获得当前未处理的异常对象，Server. ClearError 方法清除当前未处理的异常对象并停止异常的传播。页面 Page_Error 事件中应该包含 Server. GetLastError 方法来访问当前未处理的异常对象，假如此时不用 Server. ClearError 方法清除异常，那么异常将传播到 Application_Error 事件中，假如不清除，将跳转到 Web. config 中设置的异常跳转页面。

15.1.4 ASP. NET 身份验证(Authentication)与授权(Authorization)

要使用 ASP. NET 的内置安全性，就应在组和用户上实现身份验证和授权。身份验证用于确定用户的身份，而授权则决定用户可以访问的资源。ASP .NET 通过使用身份验证提供程序来实现身份验证，身份验证提供程序是验证凭据和实现其他安全功能(例如生成 Cookie)的代码模块。ASP .NET 支持“Forms”、“Passport”、“Windows”、“None”四种身份验证提供程序。

- 表单身份验证。使用该提供程序，可以使用客户端重定向将未通过身份验证的请求重定向到指定的 HTML 表单。然后，用户可以提供登录凭据，并将表单发送回服务器。如果应用程序验证了请求，ASP .NET 将发出一个 Cookie，其中包含凭据或用于重新申请客户标识的密钥。后续发出的请求在标头携带该 Cookie，这就意味着以后不再需要身份验证。
- Passport 身份验证。这是一个由 Microsoft 提供的集中身份验证服务，它为参与的站点提供单一的登录程序和成员服务。ASP .NET 与 Microsoft Passport 软件开发包 (SDK) 相结合，为 Passport 用户提供了类似表单身份验证的功能。
- Windows 身份验证。该提供程序利用了 IIS 的身份验证功能。当 IIS 完成身份验证后，ASP .NET使用已验证标识的标记来授权访问。
- None 模式。表示没有任何 ASP .NET 的验证服务被激活。使用这种身份验证模式，表示你不希望对用户进行验证，或是采用自定义的身份验证协议。

下面代码为<authentication>节基于表单身份验证配置站点，当没有登录的用户访问需要身份验证的网页时，网页自动跳转到登录网页。web. config 设置如下：

```
<authentication mode="Forms">
        <forms loginUrl="logon.aspx" name=".FormsAuthCookie"/>
</authentication>
```

授权(authorization)过程负责控制通过了身份验证的客户端可以访问哪些资源以及可以执行哪些操作。可访问的资源既包括文件、数据库等，还包括系统级的资源，如注册表、配置数据等。许多 Web 程序不是直接授权客户访问底层的资源，而是通过方法(method)来授权客户端所能够执行的操作。这样做主要是考虑到应用系统的可伸缩性和可管理性。ASP .NET 授权方式包括：文件授权、主体权限请求、.NET 角色和 URL 授权。文件授权用来限制对某个 Web 服务器上指定文件的访问，访问权限由系统管理员设定文件相关的 Windows ACL(访问控制列表)来确定。当用户请求某个页面时，ASP .NET 检查该页面的 ACL 和该文件的权限，看该用户是否有权限读取该文件。主体权限请求(principal permission demand)是通过声明方式或是编程方式作为一种额外的、精确的访问控制机制，这种方式允许根据单个用户的身份标识组成员关系来限制对类、方法或独立代码的访问。.NET 角色用于将应用程序中具有相同权限的用户分成一组。这种方式能和基于票证的身份验证方案(如窗体身份验证)一起使用，能通过声明方式或是编程方式来设置对资源和操作的访问。URL 授权是一种通过计算机的设置和应用程序设置文件来设置的授权机制，URL 授权允许限制用户访问位于应用程序 URL 命名空间中的特定文件和目录。URL 授权控制对资源的访问权限，它可以使一些用户和角色对资源有存取权限，也可以拒绝某些用户和角色对资源的存取。对于授权用户和角色的控制，ASP .NET 通过配置文件 web. config 中的<authorization>标识段来实现。<allow>标识表示允许对资源访问，<deny>标识表示拒绝对资源访问。属性 users和 roles 分别表示用户和角色。

例如配置文件 web. config 设置如下：

```
<authorization>
    <allow users="Admin,Liu" />
    <allow roles="Admins"/>
    <deny roles="Everyone"/>
    <deny users="*" />
</authorization>
```

以上设置表明用户 Admin 和 Liu 以及角色 Admins 可以访问本网站，角色 Everyone 和其他用户对本站点的访问将被拒绝。也就是说 Admin 和 Liu 是授权用户，Admins 是授权角色。当对多个用户或角色授权或禁止时，它们之间以“,”分隔。对多用户和角色，也可以分开写，其效果相同。如：

```
<allow users="Admin " />
<allow users=" Liu" />
```

此外，还可以使用属性 verbs 来表明用户的某种 http 方法是否可以被允许，例如：

```
<allow verbs="post" users="Admin,Liu" />
<deny verbs="get" roles="Everyone"/>
```

以上设置表示允许用户 Admin 和 Liu 采用 post 方法访问资源，而拒绝角色 Everyone 以 get 方式对资源的访问。

在<allow>和<deny>标识中，“*”表示任何用户，“?”表示匿名用户。例如：

```
<allow users="*" />
<deny users="?" />
```

以上设置表示除了匿名用户以外的所有用户都被允许访问本网站。

15.1.5　其他配置

(1) 配置<compilation>

<compilation>节用于配置应用程序的所有编译设置。该节的 DefaultLanguage 属性用于定义 ASP. NET 的后台代码语言。Debug 属性设置是否启动 aspx 调试，通常在程序开发调试时，启

用该调试;交付客户使用时,关闭调试。

(2) 配置<httpRuntime>

<httpRuntime>节用于配置 ASP. NET 的运行库设置,该节可以在计算机、站点、应用程序和子目录级别声明。例如:

```
<httpRuntime maxRequestLength="4096" executionTimeout="60" appRequestQueueLimit="100"/>
```

上述配置设定了用户上传文件最大为 4MB,最长时间为 60s,最多请求数为 100。

(3) 配置<pages>

<pages>节用于标识特定页的设置,可以在计算机、站点、应用程序和子目录级别声明。该节的 buffer 属性设置是否启用 HTTP 响应缓冲;enableViewStateMac 属性设置是否对页的视图状态运行计算机身份验证检查(MAC),以防止用户篡改;validateRequest 属性设置是否验证用户输入中有跨站点脚本攻击和 SQL 注入式漏洞攻击。例如:

```
<pages buffer="true" enableViewStateMac="true" validateRequest="false"/>
```

(4)配置<SessionState>

<SessionState>节主要用于为当前应用程序配置会话状态设置,其主要属性有:

- mode:用于设置存储会话状态,Off 表示禁用会话状态,Inproc 表示工作进程自身存储会话状态,StateServer 表示将会话信息存放在一个单独的 ASP. NET 状态服务中,SQL Server 表示将会话信息存放在 SQL Server 数据库中。
- StateConnectionString:用于配置 ASP. NET 应用程序存储远程会话状态的服务器名,默认名为本地。
- Cookieless:设置为 ture 时,表示不使用 Cookie 会话标识客户;设置为 false 时,表示启动 Cookie 会话状态。
- SqlConnectionString:用于设置 SQL Server 数据库链接字符。
- Timeout:用于设置会话时间,超过该时限会自动中断会话,默认设置为 20 分钟。例如:

```
<SessionState mode="InProc" cookieless="true" timeout="20"/>
```

(5) 配置<trace>

<trace>节用于配置 ASP. NET 代码跟踪服务以控制如何收集、存储和显示跟踪结果。其主要属性有:

- enabled:指定是否为应用程序启用跟踪。
- localOnly:指定跟踪查看器是否只用于主机 Web 服务器。
- pageOutput:指定在每一页的结尾是否呈现跟踪输出。
- requestLimit:指定在服务器上存储的跟踪请求的数目。
- traceMode:指定显示跟踪信息的顺序,SortByCategory 表明以处理跟踪信息的顺序来显示跟踪信息,SortByTime 表明根据用户定义的类别按字母顺序显示跟踪信息。

例如:

```
<trace enabled="false" localOnly="true" pageOutput="false" requestLimit="10" trace-
Mode="SortByTime"/>
```

(6) 自定义 Web. config 文件的配置

. NET Framework 配置功能是完全可扩展的,用户可以自定义 Web. config 文件配置节,实现方式为：首先在配置文件顶部<configSections>和</configSection>标记之间声明配置节的名称和处理该节中配置数据的类名称，再在<configSection>区域之后为已声明的节做实际的配置设置。例如 Web. config 配置文件为：

```
<configuration>
  <configSections>
      <section name="appSettings"
type="System. Configuration. NameValueFileSectionHandle,System,Version=1. 0. 3300. 0,Cul-
ture=neutral,PublickeyToken=b77a5c561934e089"/>
      </configSections>
  <appSettings>
  <add key="ConString" value=" Data Source=YJL\SQLEXPRESS;Initial Catalog=Config;
Integrated Security=True" />
  </appSettings>
</configuration>
```

利用程序提取配置信息的代码为：

```
using System. Configuration;// 必须包括该命名空间才能访问 appSettings 节
SqlConnection conn=new SqlConnection();
conn. ConnectionString=ConfigurationSettings. AppSettings["ConString"];
```

15.1.6 配置文件的程序访问

虽然 Web. config 是 XML 文件，但因权限原因，它在部署中不能像普通 XML 文件那样进行读写操作。ASP. NET 中提供了 ConfigurationManager 和 WebConfigurationManager 类来管理配置文件。ConfigurationManager 类在 System. Configuration 命名空间中，而 WebConfigurationManager 类在 System. Web. Configuration 命名空间中。对于 Web 应用程序配置，建议使用 WebConfigurationManager 类。例如：

```
using System. Web. Configuration;
Configuration config=WebConfigurationManager. OpenWebConfiguration("~");//打开配置文件
AppSettingsSection appSection=(AppSettingsSection)config. GetSection("appSettings");
                                                              //获取 appSettings 节点
lblSiteName. Text=appSection. Settings["websiteName"]. Value; //读
appSection. Settings["welcomeMessage"]. Value=lblWelcome. Text; //修改值
appSection. Settings. Add("addkey","addkey's value");//在 appSettings 节点中添加元素
appSection. Settings. Remove("addkey");//删除
config. Save();//增加、删除、修改后，需保存
```

Web. config 文件中配置文档如下：

```
<appSettings>
  <add key="websiteName" value="My New Website" />
  <add key="welcomeMessage" value="Welcome,again." />
</appSettings>
```

15.2 应用程序的安装和部署

生成安装程序是一个打包应用程序的过程，可以将应用程序打包成易于部署的形式，然后再安装到目标系统或服务器上。部署是一个获得应用程序并将它安装到另一台机器上的过程，一般通过安装程序完成。ASP.NET 应用程序由各种 Web 页面（ *.aspx 和 HTML 文件）、处理程序、模块、执行代码和其他文件（例如图形文件、配置文件等）构成，如果使用了 CodeBehind 机制，ASP.NET 应用程序还包含编译好的程序集，另外还有其他支持应用程序的程序集。程序集一般位于应用程序虚拟目录的 bin 子目录下。微软.NET 框架引入了许多简化应用程序部署、解决 DLL Hell 问题的新特性。程序集包含了完整的自我描述信息，所以.NET 应用程序根本不必像 COM 组件那样在注册表中注册。只要目标机器上安装了.NET 框架，安装.NET 应用程序时只要简单地将必需的文件复制到目标机器就可以了，因此可以利用 XCOPY 之类的命令直接复制和部署到目标服务器。除了 XCOPY 之外，还可以使用.NET 提供的“Web 安装项目”实现自动部署。接下来介绍 ASP.NET Web 应用程序的部署方案。

15.2.1 XCOPY 命令部署

执行 MS-DOS XCOPY 部署时，首先需要打开命令行窗口，然后用 XCOPY 命令将必要的文件复制到服务器的特定目录下。XCOPY 命令有许多选项：

- /e:表示将源位置的目录、子目录和文件都复制到目标位置，包括空目录。
- /s 复制目录和子目录，空目录不复制。
- /k:保留所有现有的文件和文件夹的属性。默认情况下，XCOPY 命令复制文件或目录结构时会忽略文件的属性。例如，如果文件原来有只读属性，复制到目标位置后只读属性丢失。
- /r:覆盖带有只读属性的文件。
- /o:保留文件或文件夹的所有与安全有关的 ACL 权限设置。
- /h:隐藏文件和系统文件也要复制。
- /i:要求 XCOPY 将目标位置视为一个目录，如指定的目录不存在，则创建它。

例如在命令中输入“Xcopy /i /s d:\code\ConfigApplication c:\inetpub\wwwroot\ConfigApplication”。把文件夹复制到目标服务器之后，接下来在目标服务器上用 IIS 管理器创建一个虚拟目录，把虚拟目录映射到 XCOPY 创建的物理目录，这就完成了用 XCOPY 将一个 ASP.NET Web 应用部署到远程服务器的所有操作。

15.2.2 利用 VS.NET 的“发布”功能部署

用 VS.NET 开发 Web 应用程序，发布 Web 应用之前首先要把“活动的解决方案配置”从 Debug 改成 Release，这个选项不仅使编译器优化代码，而且删除所有与调试有关的符号信息，使代码运行速度更快。VS.NET 的“发布”功能能够使我们非常轻松地把 ASP.NET Web 应用部署到目标服务器。这个功能既可以把 Web 项目复制到同一服务器，也可以复制到不同的服务器。要把 Web 项目复制到目标服务器，在 VS.NET 中选择菜单【生成】/【发布项目...】，VS.NET 显示出如图 15.3 所示的对话框。【发布 Web】对话框提供了下列选项：

- 目标位置：用来指定复制项目的目标位置。目标位置可以在同一个服务器上，也可以在一个远程服务器上。
- 复制：包含三个选项：① 仅限运行此应用程序所需的文件，即只复制“生成”功能输出的文件

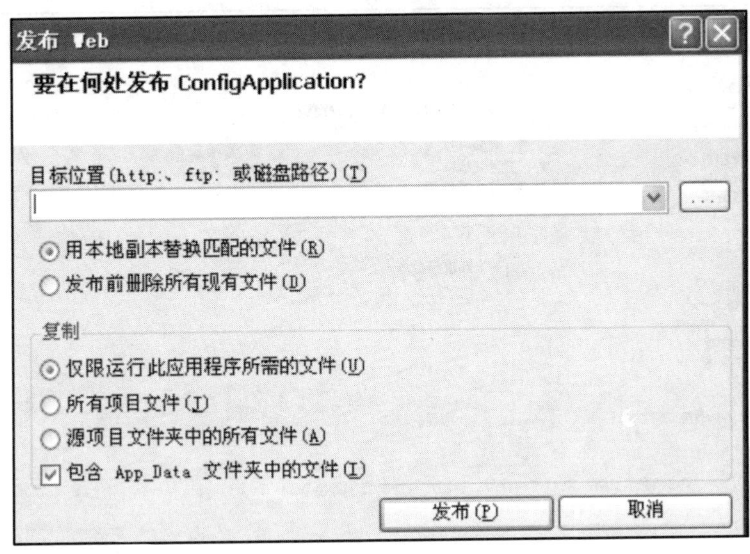

图 15.3　发布 Web 应用程序对话框

(bin 文件夹中的 DLL 和引用)以及内容文件(例如.aspx 和.asmx 文件),大多数情况下,我们可以用该默认选项部署应用程序;② 所有项目文件,即复制“生成”功能输出的文件(bin 文件夹中的 DLL 和引用)和项目中的所有文件,包括项目文件和源程序文件;③ 源项目文件夹中的所有文件,即项目文件夹(或子文件夹)中的所有项目文件和任何其他文件。

- 包含 App_Data 文件夹中的文件:此复选框决定是否包括 App_Data 文件夹中的数据文件,有时数据库存放在此目录下。

根据实际情况选择对话框中的选项,单击【发布】按钮,即可把 Web 项目部署到服务器。

15.2.3　利用 VS.NET 的“Web 安装项目”部署

为支持 Web 应用部署,VS.NET 专门提供了“Web 安装项目”。Web 安装项目与普通的安装项目不同,Web 安装项目把 Web 应用安装到 Web 服务器的虚拟根文件夹上,而普通安装项目一般把应用程序安装到 Program Files 目录。

(1) 创建 Web 安装程序项目

首先我们在 Web 应用程序解决方案中创建一个 Web 安装程序项目:选择菜单【文件】/【新建】/【项目】,在【新建项目】对话框中,指定项目类型为【安装和部署】,指定模板【Web 安装项目】,如图 15.4 所示。

创建项目之后,接下来要把 ASP.NET Web 应用程序的程序集和内容文件加入到安装项目。在解决方案资源管理器中右击“DeploymentExample”项目,选择菜单【添加】/【项目输出】,在【添加项目输出组】对话框中,在【项目】栏选择要发布的项目“ConfigAppication”,再从列表选择【主输出】,如图 15.5 所示。

加入了项目输出之后,接下来要把相关的内容文件(包括.aspx 文件、图形文件等)加入到项目。再次打开【添加项目输出组】对话框,这一次从列表选择【内容文件】。在 Web 安装项目中加入了“主输出”和“内容文件”之后,解决方案资源管理器应该如图 15.6 所示。

通过 Web 安装项目的属性窗口可以设置许多属性,这些属性决定了 Windows 安装文件运行时显示的内容和行为方式。在解决方案管理器中右击“DeploymentExample”项目,选择菜单【属性】,就可以打开属性窗口设置作者、产品描述、厂商、支持电话等信息。

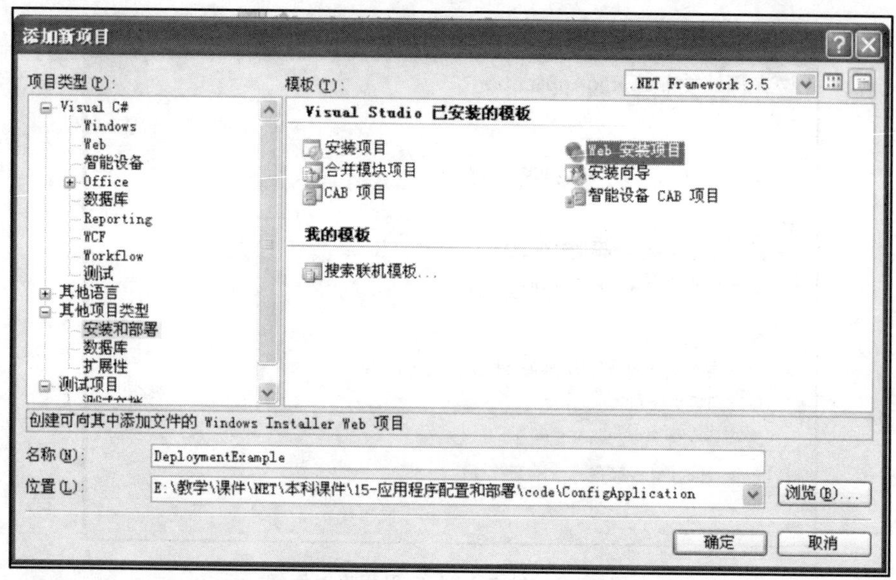

图 15.4　创建 Web 安装程序项目

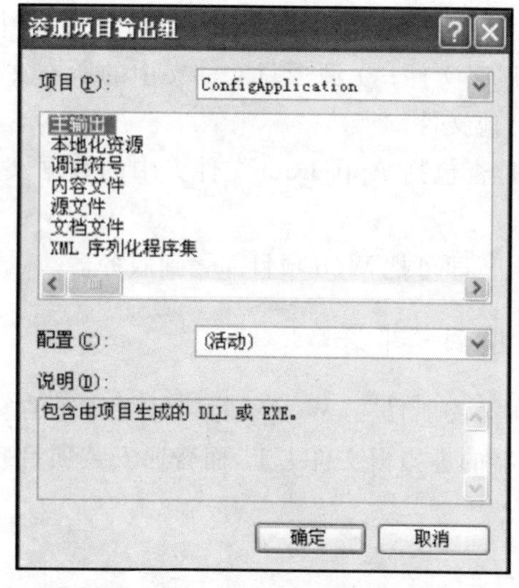

图 15.5　添加项目输出组对话框

图 15.6　添加了项目的解决方案资源管理器界面

(2) 安装 ASP.NET Web 应用程序

在解决方案管理器中右击"DeploymentExample"项目，选择菜单【生产】，就完成了安装文件的制作。此时在"DeploymentExample"项目对应的文件夹目录下，在"Release" 目录即有生成的 DeploymentExample.msi 和 setup.exe 文件。在目标服务器上安装 ASP.NET 应用时，只要在 Windows 资源管理器中双击.msi 文件即可，这时安装向导启动，引导用户完成安装过程。

在弹出的【安装向导】窗口单击对话框的【下一步】按钮，出现如图 15.7 所示的对话框，在这里可以指定 Web 应用要安装到哪一个虚拟目录。这是 VS.NET 的 Web 安装项目最方便的特性之一，虚拟目录创建已完全自动化，根本不需要用户手工操作。

根据安装向导要求，单击【下一步】按钮，安装操作正式开始，应用程序被安装到 Web 服务器上。安装好应用程序后，打开 IIS 信息服务，就可以看到刚才安装的 ASP.NET 应用程序。这样制作的安装程序，只是将 Web 页和 ASP.NET 程序编译的 DLL 文件安装到目标机器的 IIS 目录下，对于一般的应用程序是可以的(比如用 Access 数据库，可以一起打包到安装程序中)；如果数据库

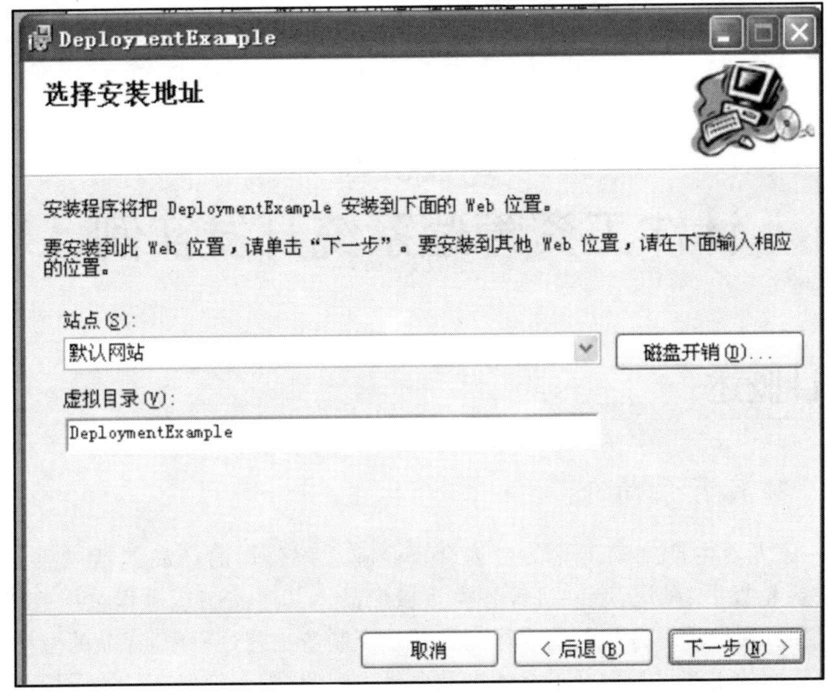

图 15.7　选择安装地址

是 SQL Server，则需要在部署的时候一并安装数据库，制作安装程序时就需要自定义安装程序类，在安装程序类中执行 SQL 脚本并将连接字符串写入 Web.config。

对于大型网站和业务应用程序，当部署新的内容和应用程序集时，建议在合适的预定时间使网站脱机。为使计划停机时间减到最短，应为要更新的应用程序创建一个新的物理目录，将所有新内容复制到这个新的物理目录；再将该应用程序的虚拟目录重新配置为指向包含新内容的新物理目录。将新内容部署到 ASP.NET Web 应用程序时，该应用程序可能会重新启动。重新启动应用程序时，可能会出现支持性问题，包括用户会话状态的丢失。

第16章 计件工资管理系统开发实例

16.1 项目概述

16.1.1 项目背景简介

A公司是一家专业生产气动工具的台湾合资企业。该公司的产品包括风扳、风磨、风批、气钻、气铲、气锯、棘轮扳手、风炮、磨砂机等各类机械产品。其产品制造过程包括毛坯压铸、毛坯打磨、初步抛光、组装、回抛等一系列制造工序。在其整个制造工艺过程中，产品的抛光加工处于重要位置，直接影响后面的生产过程以及最终的产品质量。因此，为了确保产品的质量，提高效率，也为了节省公司资源，该公司将其整个抛光加工外包给一家外接单位。外接公司的生产地点仍在该公司的抛光车间，由外接公司负责对抛光加工过程的全部管理，提供高质量的加工水平，确保其产品质量。

对于外包单位来说，规模偏小、管理简单为其主要特点，但一般来说只有工种繁多、复杂的产品才会被外包，所以外包单位的管理难点在于复杂的计件工资核算。随着当前经济的发展，外包单位的规模在逐步增大，业务也呈增长趋势，于是基于计件核算方式的工资管理也就越来越复杂，引入现代的计算机技术来实现工资管理的信息化就显得尤为重要，这有助于提高企业管理生产的信息化，以提高竞争力。

计件工资的计算方式是工资核算方式的一种，其优点在于可以激发员工的积极性，可以有效提高工作效率，但缺点是核算过程比较复杂，无法像计时工资那样所有员工可以一次性结算，它必须按员工各自的工作量单一核算，且由于数据繁多，出错的概率居高不下。计件工资管理系统正是针对具有此类问题的加工外包行业所开发的一种工资管理信息系统。

16.1.2 项目需求分析

经过与企业管理人员的交谈和调查，新系统需要在产品管理、员工管理、生产管理、财务管理等方面实现系统信息化、操作人性化。用户对计件工资核算系统的功能需求归纳如下：

① 产品管理模块：包括产品名称的修改、录入，加工价格的管理，工序的录入等，实现基本的增加、删除、修改。

② 员工管理模块：实现员工信息的增加、删除、修改。

③ 生产管理模块：生产录入要以最简便的方式录入，在录入数据库前要能够对所输入的生产数据进行价格和产值的核对，且能够提示输入数据的错误，比如数据重复等。在保证一切数据正确，管理员确定录入系统后，系统显示所录入的全部情况，包括员工姓名、生产时间、生产总值等。提供生产查询功能，且对查询出的数据可以进行增加、删除、修改。

④ 财务管理模块：工资核算要动态显示，一个月的任何时间段能查询出当月到目前为止的工

资信息，并可依员工查看工作量的详细信息。提供给员工预付工资的功能，系统中可查询预付工资情况，在每月工资中归总出当月预付工资，并从工资中扣除，提示应付工资。

⑤ 统计分析模块：提供给管理员各种统计分析数据，如按员工每个月份工资进行分析、按生产的产品进行分析、按月份查看各个员工的贡献利润以及盈利分析等。

⑥ 权限管理：系统提供管理员、助理管理员和员工三级用户。员工用户是当前所有员工，他们可凭借姓名和身份证号进行登录，无需注册，但员工用户登录系统后只可查看工资和查询生产情况且不可修改，不可查看其他页面。管理员用户为最高用户，可操作所有功能。助理管理员具有比员工高一级的权限，可对某些页面进行查看和操作。

⑦ 系统管理：包括对系统用户的管理和系统数据库的管理。这是维护系统安全不可缺少的一部分。

16.1.3　业务流程分析

在产品管理和员工管理中录入产品、加工价格和员工的基本信息后，即可在生产管理中录入员工工作量，系统依据产品的价格信息记录每项工作量的金额，核算每月的工资。依据生产记录进行各项分析，包括贡献分析、员工分析、盈利分析等。

依员工录入预付工资信息，按日期归总到月，纳入到当月工资信息中，减去预付工资后的即为当月应发工资。经过分析，整体业务流程如图 16.1 所示。

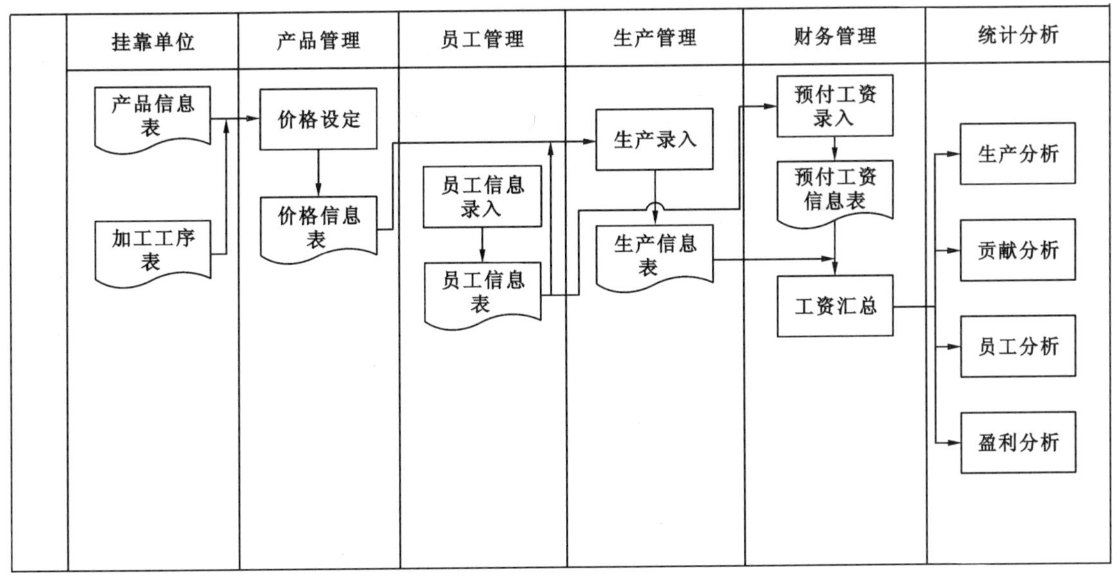

图 16.1　工资管理信息系统业务流程图

统计分析部分的流程如图 16.2 所示。

产品加工价格申报流程图如图 16.3 所示。

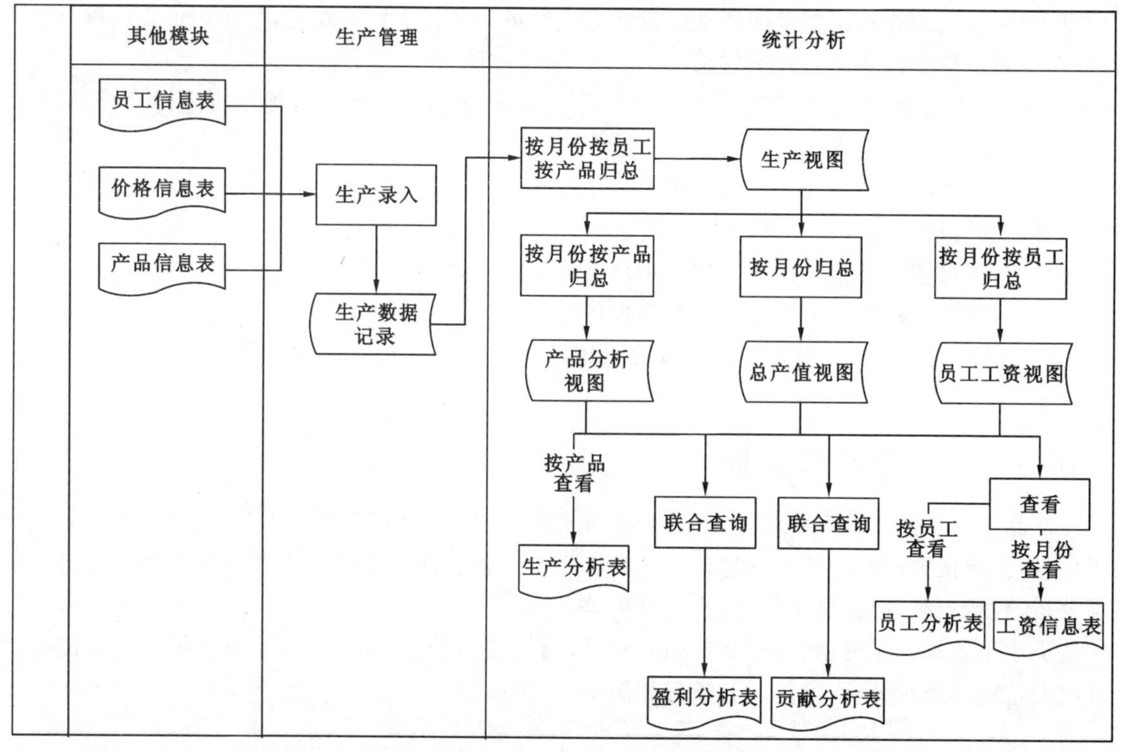

图 16.2　统计分析部分的业务流程图

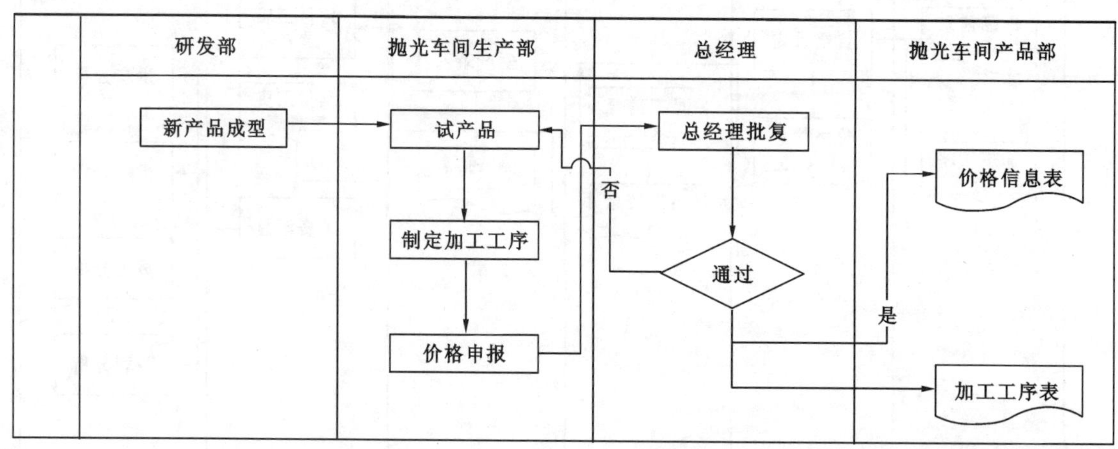

图 16.3　产品价格申报业务流程图

16.2　计件工资管理系统的设计

16.2.1　系统功能设计

本系统在功能上主要有用户登录、产品管理、人力管理、生产管理、财务管理、统计分析、系统管理几个模块。整个系统的功能结构如图 16.4 所示。

用户登录验证就是对用户进行验证，并根据权限在登录后赋予不同权限的操作。

产品管理主要是对所接的外包产品的管理，包括对要加工的工序的管理和加工价格的管理，对要采取的加工工序的管理以及产品后缀名称的管理，提供基本的增加、删除、修改和查询功能。

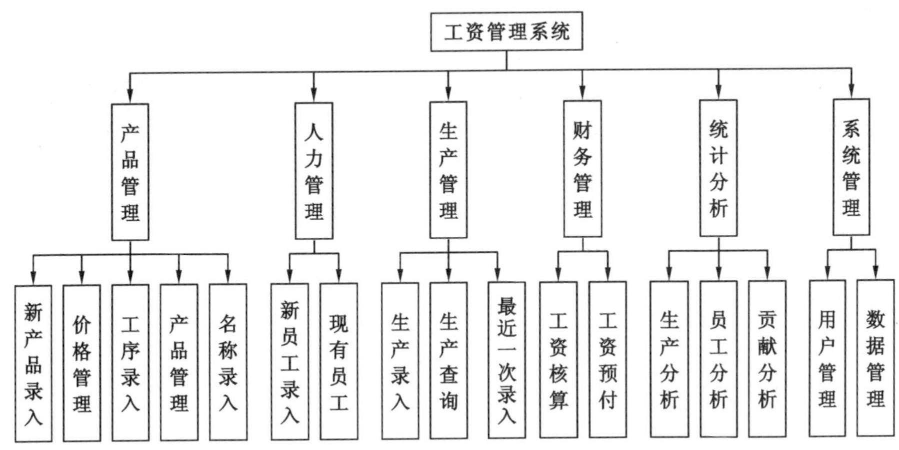

图 16.4　功能结构图

人力管理主要是对所招聘的员工的管理,包括对基本信息的增加、删除、修改和查询。

生产管理是整个系统的核心部分,包括生产录入、生产查询和提供登录时显示最近一次录入系统中的数据。生产录入部分提供生产加工价格和生产总额的验证以及入库信息的排错功能。

财务管理主要是管理员工的工资,包括工资核算和工资预付。当在生产管理中录入工作时,在财务管理中便自动归总到设定的月份核算出总工资,同时一并归总的有当月员工的总预付工资。依据工资可查询其当月的按产品分类的工作量,并可深层查询其每一天的生产记录。

统计分析部分增加多项分析功能,包括依据产品的生产分析,依据月份的每个员工的贡献分析,依据每个员工各月工资进行的员工分析、企业盈利分析等。

系统管理包括对用户的管理,以及对系统数据库的备份恢复等功能。

16.2.2　E-R 图设计

根据本系统的数据实体以及数据流程和功能,建立如图 16.5 所示的系统 E-R 模型图。

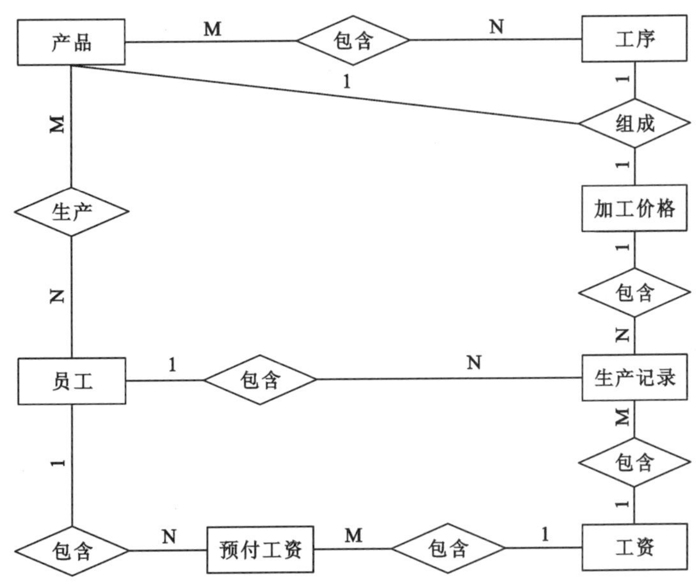

图 16.5　系统 E-R 模型图

图 16.6 为各实体的属性图。

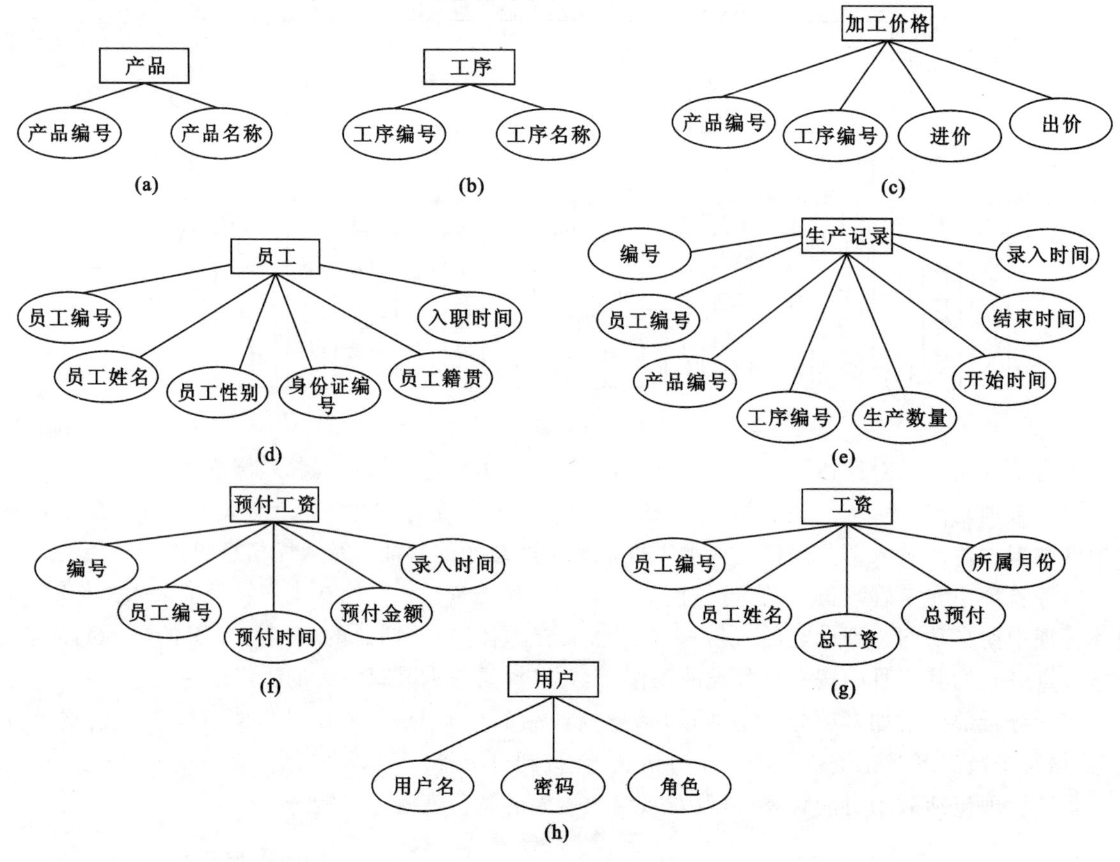

图 16.6 各实体属性图

(a) 产品属性图;(b) 工序属性图;(c) 加工价格属性图;(d) 员工属性图;
(e) 生产记录属性图;(f) 预付工资属性图;(g) 工资属性图;(h) 用户属性图

16.2.3 表结构设计

根据数据库的概念结构设计,将 E-R 图转化为关系数据模型,设计数据表,如表 16.1～表16.7 所示为主要数据表。

表 16.1 员工表(Employee)

编号	字段名称	数据类型	主键	允许空	外键	说明
1	EmpNo	smallint	是	否	否	员工编号
2	EmpName	nvarchar(10)	否	否	否	员工姓名
3	EmpSex	nvarchar(10)	否	否	否	员工性别
4	EmpIDNo	char(18)	否	否	否	身份证编号
5	Empfrom	nvarchar(100)	否	否	否	员工籍贯
6	Operationtime	nvarchar(30)	否	否	否	入职时间

表 16.2　产品表(product)

编号	字段名称	数据类型	主键	允许空	外键	说明
1	ID	nvarchar(10)	是	否	否	产品编号
2	Name	nvarchar(20)	否	否	否	产品名称

表 16.3　工序表(process)

编号	字段名称	数据类型	主键	允许空	外键	说明
1	proID	smallint	是	否	否	工序编号
2	proName	nvarchar(10)	否	否	否	工序名称

表 16.4　价格表(price)

编号	字段名称	数据类型	主键	允许空	外键	说明
1	ID	nvarchar(10)	是	否	是	产品编号
2	proID	smallint	是	否	是	工序编号
3	Inprice	float	否	否	否	进价
4	Outprice	float	否	否	否	出价

表 16.5　生产表(produce)

编号	字段名称	数据类型	主键	允许空	外键	说明
1	produceID	smallint	否	否	否	生产记录编号
2	EmpNo	smallint	是	否	是	员工编号
3	ID	nvarchar(10)	是	否	是	产品编号
4	proID	smallint	是	否	是	工序编号
5	Amount	int	否	否	否	生产数量
6	Starttime	nvarchar(30)	是	否	否	开始时间
7	Endtime	nvarchar(30)	否	否	否	结束时间
8	Opetime	nvarchar(30)	否	否	否	录入时间

表 16.6　预付工资表(advancegetmoney)

编号	字段名称	数据类型	主键	允许空	外键	说明
1	getID	smallint	是	否	否	记录编号
2	EmpNo	smallint	否	否	是	员工编号
3	getmoneytime	nvarchar(30)	否	否	是	预付时间
4	moneyamount	float	否	否	否	金额
5	Opetime	nvarchar(30)	否	否	否	录入时间

表 16.7 用户表(admin)

编号	字段名称	数据类型	主键	允许空	外键	说明
1	userName	nvarchar(10)	是	否	否	用户名
2	Userpwd	nvarchar(40)	否	否	否	密码
3	Upower	int	否	否	否	角色

16.2.4 编码设计

产品编号以原公司提供的"XQ＋数字"型编号的基础上加后缀，后缀为其产品所属类别的缩写，如"XQ312"对应的产品可能有"312 本体"、"312 后盖"、"312 弯头"等，为避免重复加上后缀后的编号分别为"XQ312BT"、"XQ312HG"、"XQ312WT"。

员工编号从 100 开始，系统自动生成。

工序编号从 1 开始，系统自动生成。

生产编号从 10000 开始，系统自动生成。

预付工资编号从 100 开始，系统自动生成。

16.3 计件工资管理系统的实现

16.3.1 用户登录模块的实现

(1)用户登录界面

用户选择输入用户名和密码，选择角色后登录，如图 16.7 所示。

图 16.7 登录界面

① 管理员用户登录后，系统显示管理员最近一次录入的生产信息，并在页面中显示用户的一些相关信息，如图 16.8 所示。

加工外包企业—计件工资管理信息系统

当前时间：2011/6/4 13:58:20　　当前用户：admin　角色：管理员　　上一次登录：2011-06-04 12:15:38

浙江省宁波市新兴气动工具有限公司抛光车间　　当前页面：上一次录入情况

产品管理　人力管理　生产管理　生产录入　生产查询　上一次录入情况　财务管理　统计分析　系统管理

上一次录入的生产记录

录入时间：2011/06/02　　共录入项：36项　　总计金额：19335元

ID编码	姓名	产品编号	产品名称	工序	数量	单价	金额	开始	结束	编辑	删除
10270	邢应发	XQ301BT	301本体	抛光	3000	0.25	750	2011/06/01	2011/06/05	编辑	删除
10271	邢应发	XQ503BT	503本体	抛光	3000	0.35	1050	2011/06/01	2011/06/05	编辑	删除
10272	邢应发	XQ651AN	651按钮	抛光	3000	0.035	105	2011/06/01	2011/06/05	编辑	删除
10273	邢应发	XQ651BT	651本体	抛光	3000	0.31	930	2011/06/01	2011/06/05	编辑	删除
10274	邢应发	XQ702HG	702后盖	抛光	3000	0.1	300	2011/06/01	2011/06/05	编辑	删除
10275	邢应发	XQ812BJ	812板机	抛光	3000	0.04	120	2011/06/01	2011/06/05	编辑	删除
10264	邢时虎	XQ116TJXL	116调节旋钮	抛光	3000	0.05	150	2011/06/01	2011/06/05	编辑	删除
10265	邢时虎	XQ316WT	316弯头	抛光	3000	0.08	240	2011/06/01	2011/06/05	编辑	删除
10266	邢时虎	XQ504BT	504本体	抛光	3000	1	3000	2011/06/01	2011/06/05	编辑	删除

最近用户：admin 2011-06-04；admin 2011-06-04；admin 2011-06-03；admin 2011-06-03；admin 2011-06-03；Ricee 2011-06-03；admin 2011-06-03；admin 2011-06-03；admin 2011-06-03；Ricee 2011-06-02　退出　锁定

图 16.8　管理员用户登录后的界面

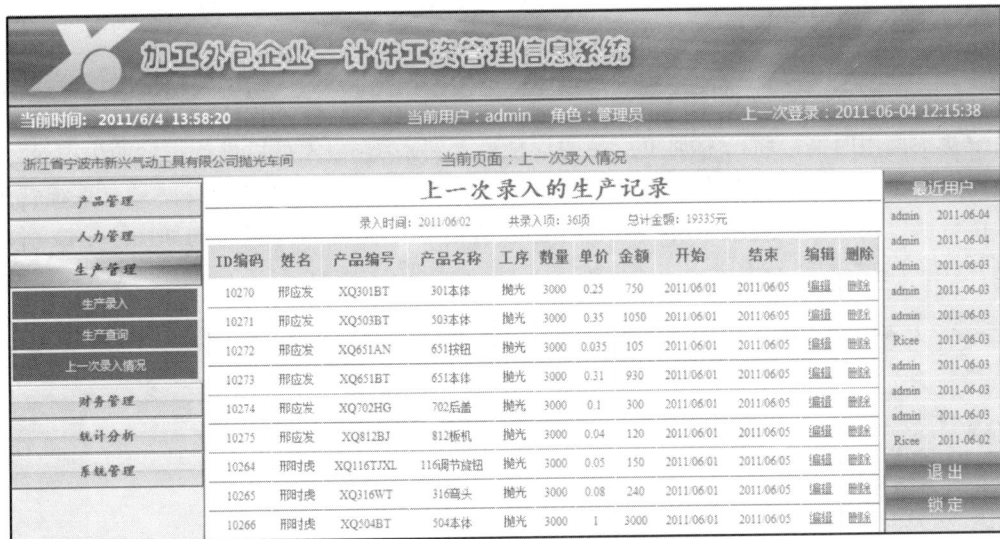

② 用户可以输入姓名和身份证编号进入系统，登录后系统直接转到工资查询界面。对于员工，系统提供“工资查询”、“生产查询”、“员工信息”功能，点击其他界面会进行权限审核，未通过会提示。登录界面如图 16.9 所示。

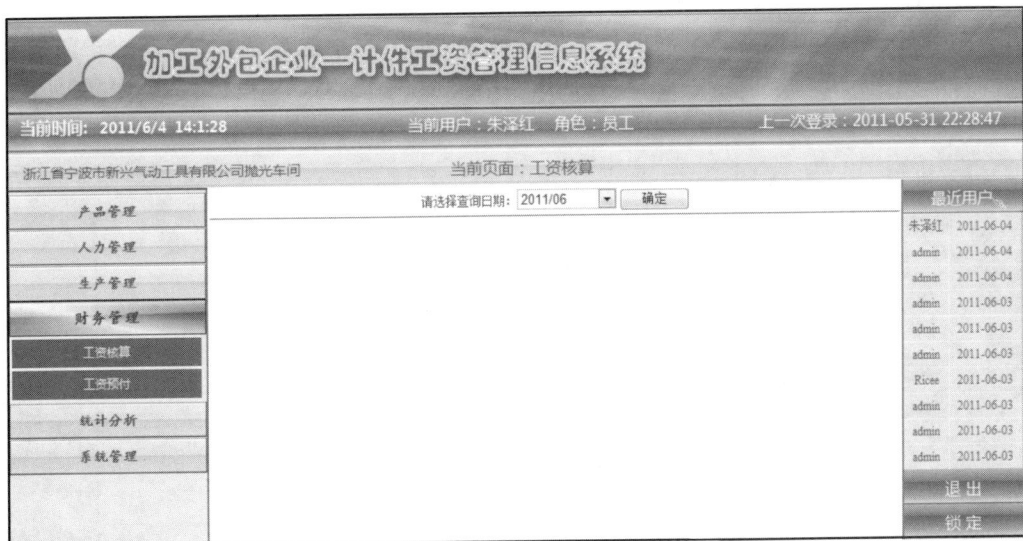

加工外包企业—计件工资管理信息系统

当前时间：2011/6/4 14:1:28　　当前用户：朱泽红　角色：员工　　上一次登录：2011-05-31 22:28:47

浙江省宁波市新兴气动工具有限公司抛光车间　　当前页面：工资核算

产品管理　人力管理　生产管理　财务管理　工资核算　工资预付　统计分析　系统管理

请选择查询日期：2011/06　确定

最近用户：朱泽红 2011-06-04；admin 2011-06-04；admin 2011-06-04；admin 2011-06-03；admin 2011-06-03；admin 2011-06-03；Ricee 2011-06-03；admin 2011-06-03；admin 2011-06-03；admin 2011-06-03　退出　锁定

图 16.9　员工用户登录后的界面

当员工用户点击未授权的页面时，系统审核权限未通过时会提示权限，如图 16.10 所示。

图 16.10　权限未通过

16.3.2 产品管理模块的实现

(1) 新产品录入

系统初次使用时需要将所有加工产品的信息录入到系统中，才可以进行正常的生产录入功能。只有管理员用户才可以进行数据的增加、删除、修改等操作，当前产品录入页面只有系统管理员才可以操作。通过权限验证进入系统后点击产品管理的新产品录入即可得到如图 16.11 所示的界面，按要求填写基本的产品信息。

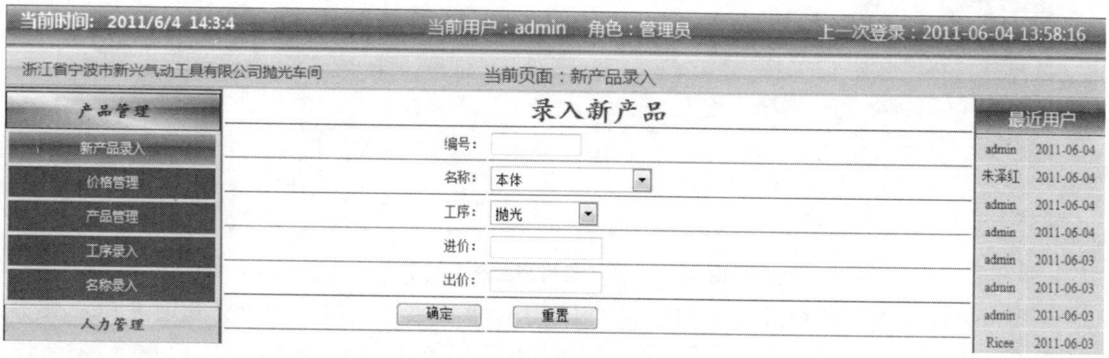

图 16.11 新产品录入

(2) 价格管理

可显示所有在产产品的各道工序的加工价格以及从原公司承包产品时的价格。产品查找时以产品编号可实现模糊查询，如输入"XQ1"查询出的结果是显示所有以 XQ1 开头的产品，如图16.12 和图 16.13 所示。

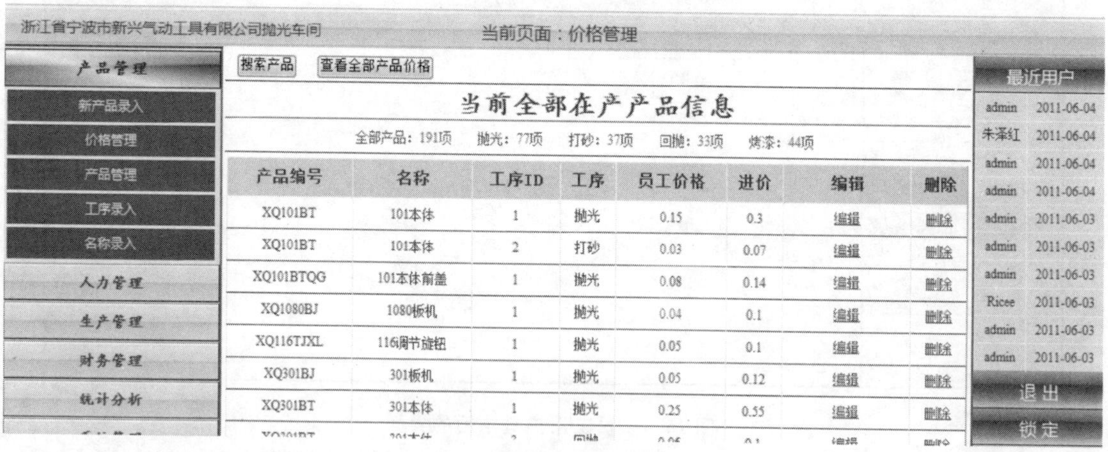

图 16.12 全部在产产品加工价格

(3) 产品管理

产品管理界面如图 16.14 所示。

(4) 工序录入

系统可增加或删除现有的加工工序，其界面如图 16.15 所示。

(5) 产品名称录入

产品的名称是由数字编号+后缀名称合成，在新产品录入中，由一个下拉列表来选择的产品后缀名称，以方便客户使用。因此需要对产品后缀名称进行管理，实现态地增删修改产品后缀名称，如图 16.16 所示。

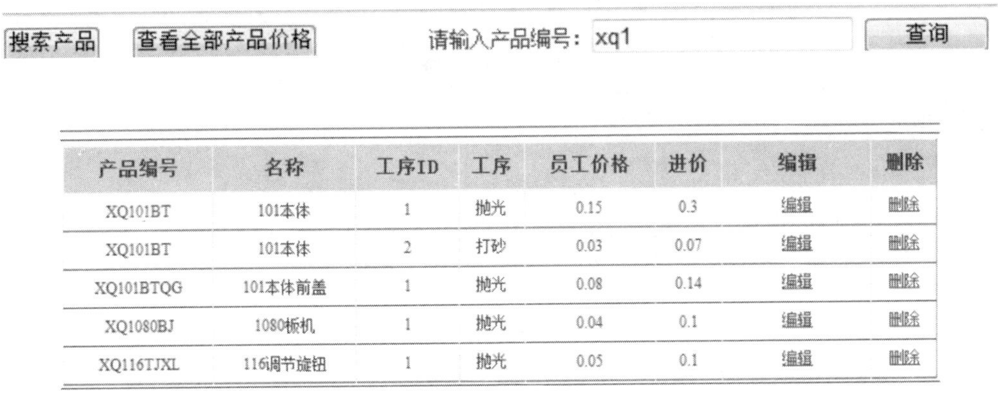

搜索产品　查看全部产品价格　请输入产品编号：xq1　查询

产品编号	名称	工序ID	工序	员工价格	进价	编辑	删除
XQ101BT	101本体	1	抛光	0.15	0.3	编辑	删除
XQ101BT	101本体	2	打砂	0.03	0.07	编辑	删除
XQ101BTQG	101本体前盖	1	抛光	0.08	0.14	编辑	删除
XQ1080BJ	1080板机	1	抛光	0.04	0.1	编辑	删除
XQ116TJXL	116调节旋钮	1	抛光	0.05	0.1	编辑	删除

图 16.13　查找产品

当前时间：2011/6/4 14:5:29　当前用户：admin　角色：管理员　上一次登录：2011-06-04 13:58:16

浙江省宁波市新兴气动工具有限公司抛光车间　当前页面：产品管理

产品管理：新产品录入、价格管理、产品管理、工序录入、名称录入；人力管理；生产管理；财务管理；统计分析；系统管理

查看全部产品

全部产品

序号	产品编号	产品名称	编辑
1	XQ101BT	101本体	编辑
2	XQ101BTQG	101本体前盖	编辑
3	XQ1080BJ	1080板机	编辑
4	XQ116TJXL	116调节旋钮	编辑
5	XQ301BJ	301板机	编辑
6	XQ301BT	301本体	编辑
7	XQ301BTQG	301本体前盖	编辑
8	XQ302BT	302本体	编辑
9	XQ311BT	311本体	编辑

最近用户

用户	日期
admin	2011-06-04
朱泽红	2011-06-04
admin	2011-06-04
admin	2011-06-04
admin	2011-06-03
admin	2011-06-03
admin	2011-06-03
Ricee	2011-06-03
admin	2011-06-03
admin	2011-06-03

退出　锁定

图 16.14　产品管理

限公司抛光车间　当前页面：工序录入

增加新工序

现有工序

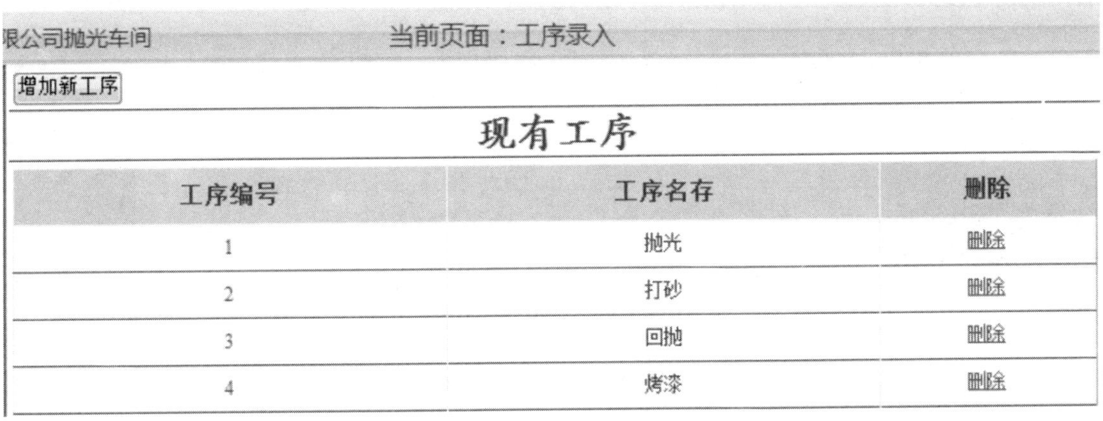

工序编号	工序名存	删除
1	抛光	删除
2	打砂	删除
3	回抛	删除
4	烤漆	删除

图 16.15　工序录入

名称：　　拼音缩写：　　确定　重置　取消　增加产品名称

现有产品名称

编号	拼音缩写	名称	删除
1	BT	本体	删除
2	BTQG	本体前盖	删除
3	HG	后盖	删除
4	BJ	板机	删除
5	WT	弯头	删除
6	WZ	尾座	删除
7	FG	阀杆	删除
8	QGang	气缸	删除
9	TG	套管	删除
10	SJH	锁紧环	删除
11	HXG	换向杆	删除
12	PXL	偏心轮	删除
13	LJLM	六角螺帽	删除
14	TJXL	调节旋钮	删除
15	AN	按钮	删除

图 16.16　产品名称录入

16.3.3　人力管理模块的实现

(1) 增加新员工

登录系统后点击人力管理进入到员工管理界面，如同产品管理一样，首次使用系统需要将所有员工信息录入到数据库中，才可以依员工来录入生产。如图 16.17 所示为增加新员工界面。

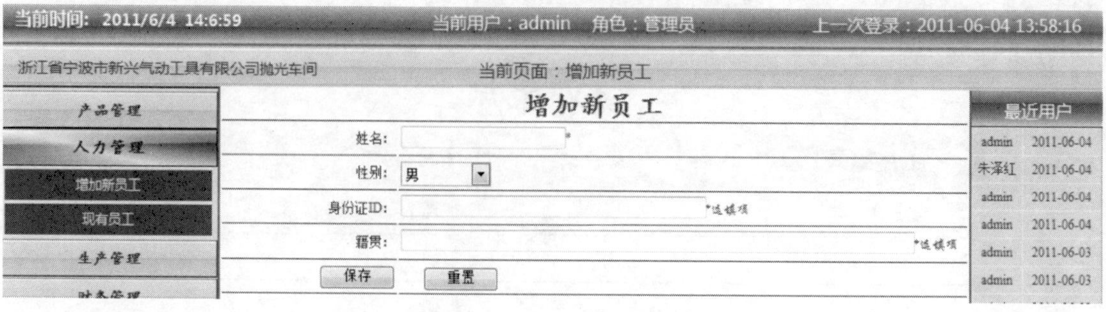

当前时间：2011/6/4 14:6:59　当前用户：admin　角色：管理员　上一次登录：2011-06-04 13:58:16
浙江省宁波市新兴气动工具有限公司抛光车间　当前页面：增加新员工
产品管理
人力管理
增加新员工
现有员工
生产管理
增加新员工
姓名：*
性别：男
身份证ID：*选填项
籍贯：*选填项
保存　重置
最近用户
admin 2011-06-04
朱泽红 2011-06-04
admin 2011-06-04
admin 2011-06-04
admin 2011-06-03
admin 2011-06-03

图 16.17　增加新员工

(2) 查询现有员工

可显示全部员工以及查询功能，如图 16.18 所示。

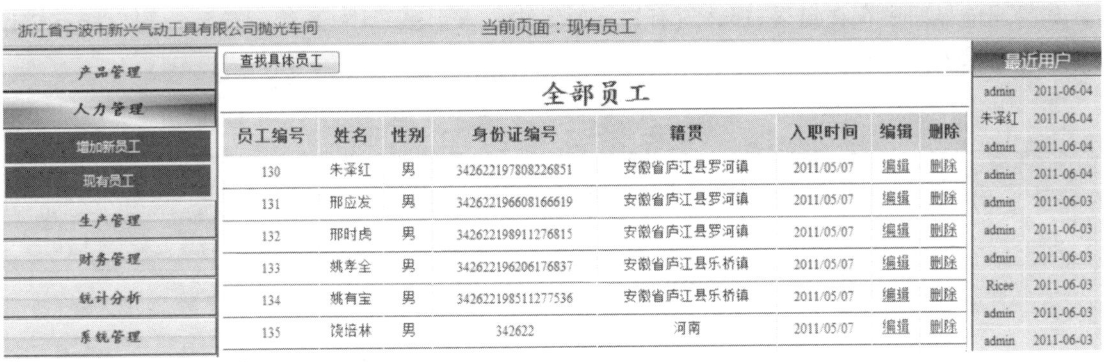

浙江省宁波市新兴气动工具有限公司抛光车间　当前页面：现有员工

产品管理 / 人力管理 / 增加新员工 / 现有员工 / 生产管理 / 财务管理 / 统计分析 / 系统管理

查找具体员工

全部员工

员工编号	姓名	性别	身份证编号	籍贯	入职时间	编辑	删除
130	朱泽红	男	342622197808226851	安徽省庐江县罗河镇	2011/05/07	编辑	删除
131	邢应发	男	342622196608166619	安徽省庐江县罗河镇	2011/05/07	编辑	删除
132	邢时虎	男	342622198911276815	安徽省庐江县罗河镇	2011/05/07	编辑	删除
133	姚孝全	男	342622196206176837	安徽省庐江县乐桥镇	2011/05/07	编辑	删除
134	姚有宝	男	342622198511277536	安徽省庐江县乐桥镇	2011/05/07	编辑	删除
135	饶培林	男	342622	河南	2011/05/07	编辑	删除

最近用户

admin	2011-06-04
朱泽红	2011-06-04
admin	2011-06-04
admin	2011-06-04
admin	2011-06-03
admin	2011-06-03
admin	2011-06-03
Ricee	2011-06-03
admin	2011-06-03
admin	2011-06-03

图 16.18　查询所有员工

16.3.4　生产管理模块的实现

(1) 工作量录入

生产管理模块为系统操作最频繁的部分，管理者需要将每位员工的工作量录入到系统中方可核算员工的工资，首先如图 16.19 所示选择员工和生产时间，选择加工产品的种类数，单击【确定】按钮。

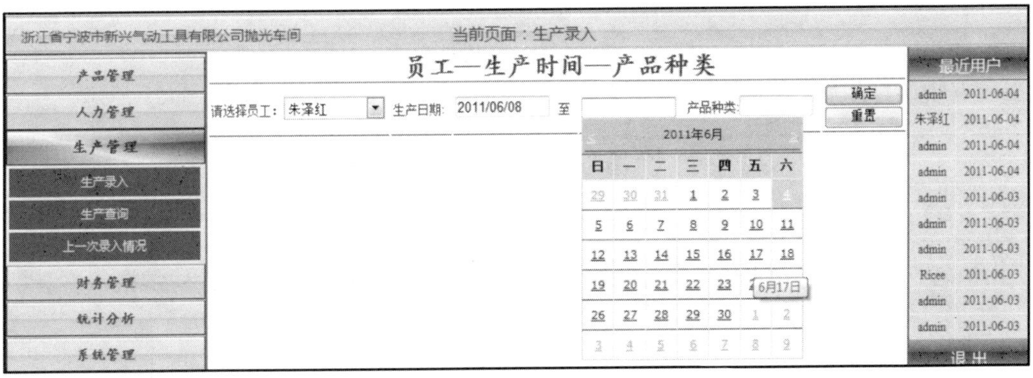

浙江省宁波市新兴气动工具有限公司抛光车间　当前页面：生产录入

员工—生产时间—产品种类

请选择员工：朱泽红　生产日期：2011/06/08　至　产品种类：　确定　重置

图 16.19　选择员工、生产时间、数量

单击【确定】按钮后显示出具体的生产产品工序和数量的录入界面，如图 16.20 所示。

限公司抛光车间　当前页面：生产录入

员工—生产时间—产品种类

请选择员工：朱泽红　生产日期：2011/06/11　至　2011/06/15　产品种类：6　确定　重置

产品名称—工序—数量

序号	产品名称	加工工序	数量	单价	总值
1	1080板机	抛光	2000	0.04	80
2	116调节旋钮	回抛	2000	价格未设置	***
3	302本体	烤漆	2000	0.12	240
4	301板机	抛光	2000	0.05	100
5	512本体	抛光	2000	0.31	620
6	651锁紧环	抛光		0.1	请输入数量

显示价格　确认录入

图 16.20　产品、工序、数量输入界面

如果当前界面中存在错误，那么所有数据便无法录入到系统中，系统会自动检测出所有错误，提示修改后录入，如图 16.21 所示。

产品名称—工序—数量

序号	产品名称	加工工序	数量	单价	总值
1	1080板机	抛光	2000	0.04	80
2	116调节旋钮	回抛	2000	价格未设置	***
3	302本体	烤漆	2000	0.12	240
4	301板机	抛光	2000	0.05	100
5	512本体	抛光	2000	0.31	620
6	651锁紧环	抛光		0.1	请输入数量

显示价格

第<2>行所选择的"116调节旋钮"产品的"回抛"价格尚未设置！

第<6>行所选择的"651锁紧环"产品的"抛光"数量未输入！

一共存在2个错误，请依次修改。

图 16.21　错误排查

当所有错误排除后，单击【确认录入】按钮系统会显示录入的结果，如图 16.22 所示。

录入结果如下

员工：朱泽红　生产日期：2011/06/11——2011/06/15　录入日期：2011年6月4日　总计金额：1340元

ID编码	产品名称	工序	数量	单价	金额	编辑	删除
10276	1080板机	抛光	2000	0.04	80	编辑	删除
10277	116调节旋钮	抛光	2000	0.05	100	编辑	删除
10279	301板机	抛光	2000	0.05	100	编辑	删除
10278	302本体	烤漆	2000	0.12	240	编辑	删除
10280	512本体	抛光	2000	0.31	620	编辑	删除
10281	651锁紧环	抛光	2000	0.1	200	编辑	删除

图 16.22　录入结果

(2) 生产查询

生产查询可进行生产日期查询和月度查询。

按日期查询时选择生产起始和结束日期后便可以查询出生产情况，当输入日期超出系统中所记录的生产日期，系统会自动提示，如图 16.23 所示。

按月度查询是依据系统记录的生产所属月度查询当月全部生产记录，如图 16.24 所示。

限公司抛光车间　当前页面：生产查询

按生产月度查询　按生产日期查询

选择员工：朱泽红　生产日期：2011/06/06 至 2011/06/15　查询　重置

员工姓名：朱泽红　实际生产期间：2011/06/01至2011/06/15　共录入项：18项　总计金额：9080元

ID编码	产品名称	工序	数量	单价	金额	开始	结束	录入时间	编辑	删除
10222	101本体	抛光	3000	0.15	450	2011/06/01	2011/06/10	2011/06/01	编辑	删除
10223	650锁紧环	抛光	3000	0.1	300	2011/06/01	2011/06/10	2011/06/01	编辑	删除
10224	651本体	抛光	3000	0.31	930	2011/06/01	2011/06/10	2011/06/01	编辑	删除
10225	722后盖	抛光	3000	0.12	360	2011/06/01	2011/06/10	2011/06/01	编辑	删除

图 16.23　按日期查询

限公司抛光车间　当前页面：生产查询

按生产月度查询　按生产日期查询

选择员工：朱泽红　请选择月份：2011/06　查询

员工姓名：朱泽红　生产月度：2011/06　共录入项：24项　总计金额：12980元

ID编码	产品名称	工序	数量	单价	金额	开始	结束	录入时间	编辑	删除
10222	101本体	抛光	3000	0.15	450	2011/06/01	2011/06/10	2011/06/01	编辑	删除
10223	650锁紧环	抛光	3000	0.1	300	2011/06/01	2011/06/10	2011/06/01	编辑	删除
10224	651本体	抛光	3000	0.31	930	2011/06/01	2011/06/10	2011/06/01	编辑	删除
10225	722后盖	抛光	3000	0.12	360	2011/06/01	2011/06/10	2011/06/01	编辑	删除
10226	702CH本体	抛光	3000	0.52	1560	2011/06/01	2011/06/10	2011/06/01	编辑	删除
10227	813六角螺帽	抛光	3000	0.08	240	2011/06/01	2011/06/10	2011/06/01	编辑	删除

图 16.24　按月度查询

16.3.5　财务管理模块的实现

(1) 工资核算

系统会根据所输入的生产日期，自动归总到月份，在工资核算中显示出系统中所存在的月份，选择合适月份查询所有人员当月工资，如图 16.25 所示。

在图 16.25 中，点击【查看】可查看该员工当月所有生产记录，并可导出到 Excle 文件，如图 16.26 所示。

(2) 工资预付

支账管理模块分支账录入和支账查询两个部分，如图 16.27 和图 16.28 所示。

(3) 生产分析

如图 16.29 所示，显示出当月所有产量，并按产品显示其贡献率。

单击【查看】可查看该产品当月各员工的生产量，如图 16.30 所示。

限公司抛光车间 当前页面：工资核算

请选择查询日期：2011/06 确定

2011/06月份员工工资 导出到Excel

员工人数：7 总工资：32315 总预付工资：800 总应付工资：31515 平均工资：4616.42857142857

员工编号	员工姓名	工资	预付工资	应付工资	详细信息
135	饶培林	2655	0	2655	查看
132	邢时虎	5355	0	5355	查看
131	邢应发	3255	0	3255	查看
137	杨后勤	2580	0	2580	查看
133	姚孝全	2520	0	2520	查看
134	姚有宝	2970	0	2970	查看
130	朱泽红	12980	800	12180	查看

图 16.25 工资查询结果

134	姚有宝	2970	0	2970	查看
130	朱泽红	12980	800	12180	查看

朱泽红2011/06月份工资 关闭 查看全部详细信息 导出到Excel

员工编号	员工姓名	产品名称	工序	价格	总数量	总金额	详细信息
130	朱泽红	101本体	抛光	0.15	3000	450	查看
130	朱泽红	1080板机	抛光	0.04	2000	80	查看
130	朱泽红	116调节旋钮	抛光	0.05	2000	100	查看
130	朱泽红	301板机	抛光	0.05	2000	100	查看

图 16.26 查看详细信息

预付工资录入 预付工资查询

员工：朱泽红 预付日期：2011/06/02 金额：800 确定 重置

编号	员工姓名	预付日期	金额	录入日期	删除
105	朱泽红	2011/06/02	800	2011/06/01	删除

图 16.27 预付工资录入

预付工资录入　预付工资查询

请选择查询月份：2011/05　确定

员工编号	员工姓名	总预付工资	所属月份	详细信息
130	朱泽红	1200	2011/05	查看
132	邢时虎	1200	2011/05	查看
133	姚孝全	500	2011/05	查看

"朱泽红"预付工资详细记录　关闭

编号	员工编号	员工姓名	预付日期	金额	录入日期	删除
100	130	朱泽红	2011/05/04	1000	2011/05/28	删除
101	130	朱泽红	2011/05/05	200	2011/05/28	删除

图 16.28　预付工资查询

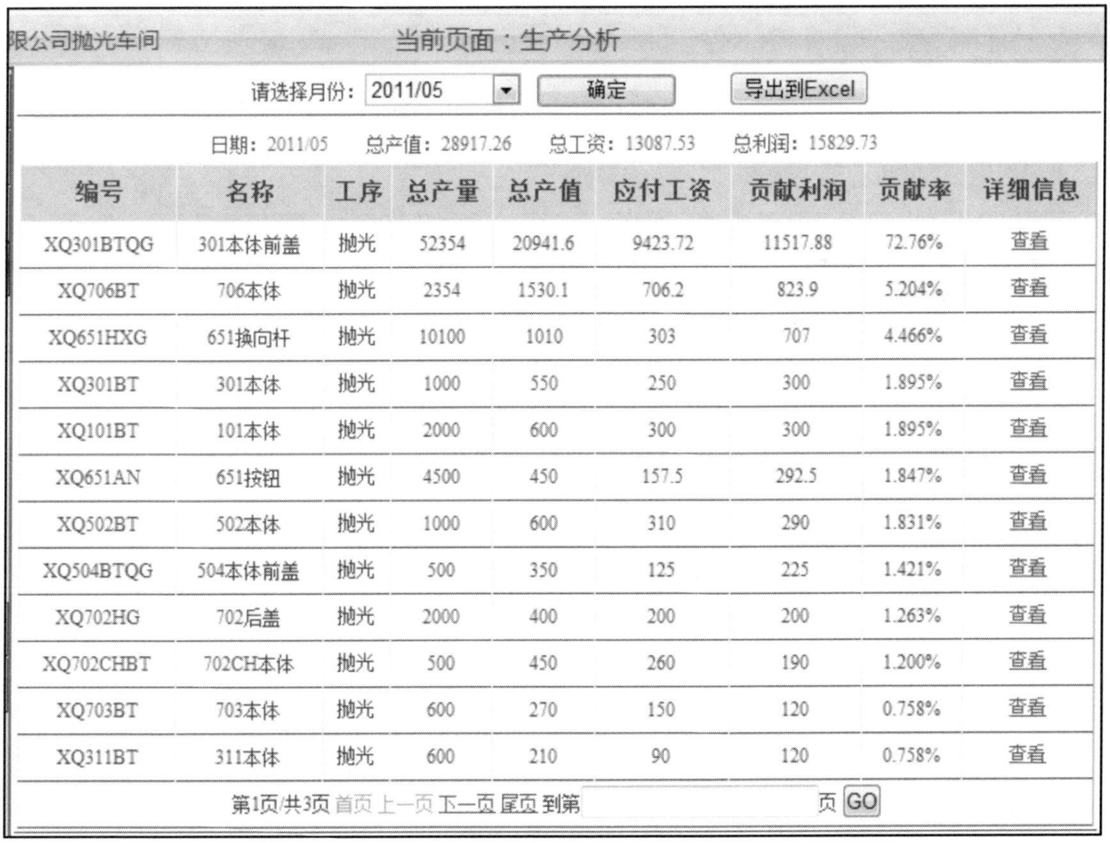

限公司抛光车间　当前页面：生产分析

请选择月份：2011/05　确定　导出到Excel

日期：2011/05　总产值：28917.26　总工资：13087.53　总利润：15829.73

编号	名称	工序	总产量	总产值	应付工资	贡献利润	贡献率	详细信息
XQ301BTQG	301本体前盖	抛光	52354	20941.6	9423.72	11517.88	72.76%	查看
XQ706BT	706本体	抛光	2354	1530.1	706.2	823.9	5.204%	查看
XQ651HXG	651换向杆	抛光	10100	1010	303	707	4.466%	查看
XQ301BT	301本体	抛光	1000	550	250	300	1.895%	查看
XQ101BT	101本体	抛光	2000	600	300	300	1.895%	查看
XQ651AN	651按钮	抛光	4500	450	157.5	292.5	1.847%	查看
XQ502BT	502本体	抛光	1000	600	310	290	1.831%	查看
XQ504BTQG	504本体前盖	抛光	500	350	125	225	1.421%	查看
XQ702HG	702后盖	抛光	2000	400	200	200	1.263%	查看
XQ702CHBT	702CH本体	抛光	500	450	260	190	1.200%	查看
XQ703BT	703本体	抛光	600	270	150	120	0.758%	查看
XQ311BT	311本体	抛光	600	210	90	120	0.758%	查看

第1页/共3页 首页 上一页 下一页 尾页 到第　页 GO

图 16.29　生产总账

(4) 员工分析

依据员工生产情况，选择年度，查询当年各个月份的工资、产值以及贡献利润等情况，并显示累计信息，如图 16.31 所示。

XQ702HG	702后盖	抛光	2000	400	200	200	1.263%	查看
XQ702CHBT	702CH本体	抛光	500	450	260	190	1.200%	查看
XQ703BT	703本体	抛光	600	270	150	120	0.758%	查看
XQ311BT	311本体	抛光	600	210	90	120	0.758%	查看

第1页/共3页 首页 上一页 下一页 尾页 到第 页 GO

2011/05月份“101本体”抛光的各员工产量

员工编号	姓名	编号	名称	工序	产量	产值	获得工资	贡献利润
130	朱泽红	XQ101BT	101本体	抛光	1000	300	150	150
132	邢时虎	XQ101BT	101本体	抛光	1000	300	150	150

图 16.30 查看详细信息

限公司抛光车间 当前页面：员工分析

请选择员工：朱泽红 请选择年度：2011 确定

员工：朱泽红 年度：2011 年总工资：25009.03 年总产值：51277.26 年总贡献利润：26268.23

月份	工资	产值	贡献利润	当月贡献率
2011/01	1630	3060	1430	22.7%
2011/02	900	2000	1100	58.41%
2011/05	10839.03	23867.26	13028.23	82.3%
2011/06	11640	22350	10710	100%

图 16.31 员工分析

(5) 贡献分析

财务管理模块可以按选定月份查询当月各员工的贡献利润以及贡献率等信息，如图16.32所示。

限公司抛光车间 当前页面：贡献分析

请选择月份：2011/05 确定

日期：2011/05 总产值：28917.26 总工资：13087.53 总利润：15829.73

员工编号	员工	本月工资	贡献利润	贡献率
130	朱泽红	10839.03	13028.23	82.3%
133	姚寿全	1358.5	1921.5	12.14%
132	邢时虎	890	880	5.56%

图 16.32 贡献分析

(6) 盈利分析

财务管理模块还可以按选定的年度，查询当年各月份的产值、人力成本、月利润、当月贡献率等信息，如图 16.33 所示。

限公司抛光车间　　当前页面：盈利分析

请选择年度：2011　确定

年度：2011　年度总产值：67561.62　年度总人力成本：32838.07　年度总利润：34723.55

月份	月总产值	人力成本	月利润	月贡献率
2011/01	12589.46	6288.8	6300.66	18.15%
2011/02	3704.9	1821.74	1883.16	5.42%
2011/05	28917.26	13087.53	15829.73	45.59%
2011/06	22350	11640	10710	30.84%

图 16.33　盈利分析

16.3.6　系统管理模块的实现

(1) 用户管理模块

用户管理模块包含“添加用户”、“修改密码”，以及在“全部用户”中删除用户等功能，只有管理员权限才可以进入用户管理模块操作。系统界面如图 16.34 所示。

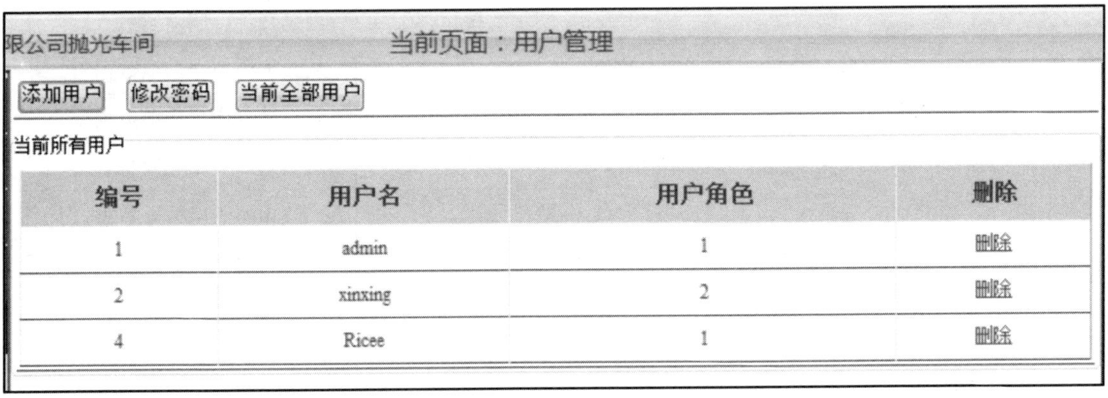

限公司抛光车间　　当前页面：用户管理

添加用户　修改密码　当前全部用户

当前所有用户

编号	用户名	用户角色	删除
1	admin	1	删除
2	xinxing	2	删除
4	Ricee	1	删除

图 16.34　添加用户

(2) 数据管理

数据管理包括“数据备份”、“数据还原”两项功能，如图 16.35 所示。

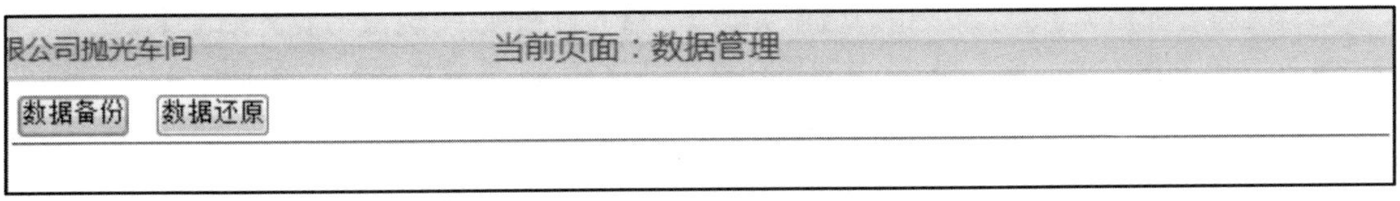

限公司抛光车间　　当前页面：数据管理

数据备份　数据还原

图 16.35　数据管理

附　录

SQL 简介:基于 SQL Server 2008

数据库是由包含数据的二维表以及操作数据的对象(视图、索引、存储过程和触发器)而构成的集合,而 SQL(Structured Query Language)就是用于访问和处理数据库的标准的计算机语言。SQL 分为三个部分:数据定义语言(DDL)、数据操作语言(DML)和数据控制语言(DCL),参见附表 1。

附表 1　SQL 语言简介

SQL 语言	命　令	含　义
数据定义语言 DDL:用于定义数据库的结构以及数据的完整性	Create/Alter Database	创建/修改数据库
	Create/Alter/Drop Table	创建/修改/删除表
	Create/Alter/Drop Index	创建/修改/删除索引
数据操作语言 DML:用于对数据库中数据的处理操作	SELECT	从数据库表中获取数据
	UPDATE	更新数据库表中的数据
	DELETE	从数据库表中删除数据
	INSERT INTO	向数据库表中插入数据
数据控制语言 DCL:用于对数据库用户授权和角色控制	GRANT	分配权限
	REVOKE	收回权限

一、SQL Server Management Studio 操作

1. 创建数据库

(1) 在安装 SQL Server 2008 后,从【开始】/【程序】中打开“SQL Management Studio”。

(2) 在【连接到服务器】对话框中,从【服务器类型】下拉选项中选择【数据库引擎】,【服务器名称】会默认显示上次连接的服务器,可以使用计算机名称、IP 地址或是命名管道来连接。

(3) 打开【对象资源管理器】,右击【数据库】可以新建数据库。

(4) 单击【新建数据库】后,出现一个窗口,通常只完成常规页面设置。设置如下:

① “数据库名称”:要符合 SQL 的命名规则,最好与现存的数据库名称相同。

② “使用全文索引”:全文索引可以快速且有弹性地编制索引,查询大量非结构化文本数据时效率高于 LIKE 表达式、

③ “逻辑名称”:一般采用默认的,方便管理。

④ “初始大小”:设置时可根据主要数据库估计使用的大小,再根据大小设置启用“自动增长”。一般选择 1M,“不限制文件增长”。

⑤“路径”:选择存储数据库的位置。

⑥ 日志的设置与数据设置技巧相同,但日志文件会记录所有发生在数据库的变动和更新,以便在硬件损坏等意外发生时,能有效地将数据还原到发生意外的时间点上,从而确保数据的一致性与完整性。

2. 附加数据库

(1) 在 SQL Server Management Studio 对象资源管理器中,连接到 Microsoft SQL Server 数据库引擎实例,然后展开该实例。

(2) 右键单击【数据库】,然后单击【附加】。

(3) 在【附加数据库】对话框中,若要指定要附加的数据库,单击【添加】,然后在【定位数据库文件】对话框中选择数据库所在的磁盘驱动器并展开目录树,以查找并选择数据库的.mdf 文件。或者,若要为附加的数据库指定不同的名称,请在【附加数据库】对话框的【附加为】列中输入名称。

(4) 准备好附加数据库后,单击【确定】按钮。

3. 删除数据库

右击要删除的数据库,然后单击【删除】命令,将会弹出【删除数据库】对话框,单击【是】按钮,确认删除。

4. 创建表

(1) 打开以前添加的对数据库的引用。

(2) 右击【表】并选择【添加新表】。在【表设计器】中填写每列的【列名】、【数据类型】、【允许空】等信息。

(3) 单击【文件】并选择【保存】。

(4) 在【选择名称】中键入表名,并单击【确定】按钮。

二、SQL 操作

1. 创建表

语法:CREARE TABLE {表名}

({列名}{数据类型}[列级完整性约束条件]

[,{列名}{数据类型}[列级完整性约束条件]]

…

[,{表级完整性约束条件}])

SQL 操作中的符号说明如附表 2。

附表 2　SQL 符号说明

规　　则	描　　述
|(竖线)	分隔括号或大括号的语法项目。只能选择一个项目
[](方括号)	可选语法项目。不必键入方括号
{}(大括号)	必选语法项目。不必键入大括号
[,…n]	表示前面的项可重复 n 次,每一项由逗号分隔

注释:列级完整性约束条件包括是否为主键、该列是否为空(NULL)、是否为标识列(自动编号)、是否有默认值等。若完整性约束条件涉及表的多个属性列,则必须定义在表级上,否则既可以定义在列级也可以定义在表级。

例如:建立一个“职工情况”表(EMPLOYEE)。

```
CREATE TABLE EMPLOYEE
    (EMPNO CHAR(6) NOT NULL,
    LASTNAME VARCHAR(15) NOT NULL,
    WORKDEPT CHAR(3),
    HIREDATE DATE,
    SALARY DECIMAL(9,2),
    BONUS DECIMAL(9,2))
```

2. 删除表

语法:DROP TABLE {表名} [RESTRICT | CASCADE];

注释:如选择 RESTRICT,则表示该表的删除是有限制条件的。即该表不能被其他表的约束所引用(如 CHECK,FOREIGN KEY 等约束),不能有视图,不能有触发器,不能有存储过程或函数等。如果存在这些依赖该表的对象,则此表不能被删除。缺省情况下是 RESTRICT。如选择 CASCADE 则表示该表的删除没有限制条件。在删除该表的同时其他的相关依赖对象都将被一起删除。

例如:删除 EMPLOYEE 表。

```
DROP TABLE EMPLOYEE CASCADE;
```

3. 数据查询

数据库查询是数据库的核心操作。SQL 提供了 SELECT 语句进行数据库查询,该语句具有灵活的使用方式和丰富的功能。语法:

```
SELECT [ALL | DISTINCT] {目标列表达式} [,{目标列表达式}]…
    FROM {表名或视图名} [,{表名或视图名}]…
    [WHERE {条件表达式}]
    [GROUP BY {列名 1} [HAVING {条件表达式}]]
    [ORDER BY {列名 2} [ASC | DESC]];
```

注释:DISTINCT 将从选择出来的结果集中删除所有的重复的行,ALL(缺省)将返回所有候选行,包括重复的行;目标列表达式为表的列/字段名或一个表达式;条件表达式为一个布尔表达式,能给出真或假的结果。

例如:查询职工工资大于 3000 并且所在部门名称中包含'CENTER'的人员信息。

```
SELECT EMPNO, LASTNAME, SALARY, WORKDEPT, DEPTNO, CHAR (DEPTNAME,11) AS DEPTNAME
FROM EMPLOYEE,DEPARTMENT
  WHERE EMPLOYEE.WORKDEPT=DEPARTMENT.DEPTNO AND SALARY>3000
  AND DEPTNAME LIKE '%CENTER%'
```

4. 插入数据

SQL 的数据插入语句 INSERT 通常有两种形式。一种是插入一个元组,另一种是插入子查询结果。后者可以一次插入多个元组。

一般语法:INSERT INTO {表名} [{属性列 1} [,{属性列 2}…]] VALUES({常量 1} [,{常量 2}]…);

插入子查询结果的一般语法:INSERT INTO {表名} [{属性列 1} [,{属性列 2}…]] SELECT 语句(子查询);

例如，向职工表中添加三个新职工信息。

```
INSERT INTO EMPLOYEE (EMPNO,LASTNAME,WORKDEPT,HIREDATE,SALARY)
    VALUES ('000111','SMITH','C01','1998-06-25',25000),
    ('000113','JONES','C01','2001-06-25',25000),
    ('000114','THOMPSON','C01','2001-06-25',25000)
```

5. 修改数据

一般语法：UPDATE {表名}

　　SET {列名}={表达式} [,{列名}={表达式}]… [WHERE {条件}];

例如，将“C01”部门的职工工资增加 1000。

```
UPDATE EMPLOYEE SET SALARY=SALARY+1000 WHERE WORKDEPT='C01'
```

6. 删除数据

一般语法：DELETE FROM {表名} [WHERE {条件}];

例如，删除职工编号为“000111”的职工。

```
DELETE FROM EMPLOYEE WHERE EMPNO='000111'
```

HTML 简介

HTML(Hyper Text Markup Language)即超文本标记语言，它并不是一种编程语言，而只是一种标记语言，也是目前网络上应用最为广泛地用来制作网页的标记语言。HTML 语言不需要编译，直接由浏览器执行。和一般文本不同，HTML 文本是由 HTML 命令组成的描述性文本，它不仅包含文本内容，还包含一些“标记”(Tag)，其后缀名可以是.htm，也可以是.html，同时它可以用文本编辑器来编写。HTML 命令可以说明文字、图形、动画、声音、表格、链接等，同时 HTML 对大小写不敏感。

HTML 的结构包括头部(head)、主体(body)两大部分，其中头部描述浏览器所需的信息，而主体则包含所要说明的具体内容，其语法如下所示：

```
<html>
  <head>
    <title>页面标题</title>
  </head>
  <body>
    正文内容或主体内容
  </body>
</html>
```

HTML 的格式是由标记、属性及数据组合而成。而 HTML 标记有许多种，每一种都有特定的意义和用途，并规定必须被< >符号包含，并在 HTML 标记的影响范围的区块之内，不区分大小写。如：

```
<html>
  <font size="7" color="red">
    My First Website!
  </font>
</html>
```

注释：在这个实例中<html>标记即表示以下为 HTML，浏览器收到后即进行解读，将 My First Website! 输出至显示窗口，直到读到</html>，即表示 HTML 结束。<font>标记表示标记后面的文字要设定字型变化，而里面的 size 和 color 都是属性，分别设定字型的大小以及颜色，属性和属性之间要空一个空格，并由双引号对属性值引起来，</font>则表示对字体的影响到此为止。

可以用链接(link)建立和外部文件的链接。常用的是对 CSS 外部样式表的链接。例如：

```
<link rel="stylesheet" href="mainstyles.css" type="text/css">
```

也可以用样式(style)来设置网页的内部样式表。例如：

```
<head>
  <style>
```

```
    body {background-color:white; color:black;}
    h1 {font: 18pt arial bold;}
  </style>
</head>
```

HTML 中标记的书写规则：

(1) 标记属性值必须包含在双引号中，如<font size="7" color="red">；

(2) form 中必须加 action 属性，并不能为空，如<form action="/LL/060932. cgi" method="post">。当然，如果不需要使用 action 属性，也必须定义<form action="no">；

(3) <head>与</head>之间必须有 title；

(4) tr、td 必须定义在 table 之间；

(5) img 的 alt 属性不可以缺少，如<img src="LL/img/pretty. gif" border="0" alt="select">。

HTML 的标记说明如附表 3 所示。

附表 3　HTML 标记说明

Tag 类型	HTML Tag	含义
基　础	<h1>到<h6>	定义正文标题，字体随 h1→h6 是从大到小
	<p>	创建段落
	 	换行
	<hr>	水平线
	<u>	下画线
	<! -注释内容->	注释
文本格式	<b>	粗体 bold
	<i>	斜体 italic
	<del>	文字当中画线表示删除
	<ins>	文字下画线表示插入
	<sub>	下标
	<sup>	上标
	<blockquote>	缩进表示引用
超链接	<a>	href 属性表示这个链接文件的路径；target 属性表示可以在一个新窗口里打开链接文件；title 属性表示让鼠标悬停在超链接上所显示该超链接的文字注释
图片	<img >	src 属性表示图片的路径和文件名；Alt 属性表示没有载入图片时显示的值；align 属性改变图片的对齐方式；height 和 width 属性改变图片的大小
字体	<font>	size 属性设定字体的大小；face 属性设定字体风格；color 属性设定字体颜色

续表 3

Tag 类型	HTML Tag	含　　义
表格	<table>	表格
	<tr>	行
	<td>	单元格(cell)
	<th>	表格标题
	<caption>	在一个表格上加上标题
框架	<frameset>	决定如何划分 frame
	<frame>	定义框架,src 属性设置网页的路径和文件名
列表	<dl>	定义列表
	<ol>	排序列表
	<ul>	不排序列表
	<li>	列表项

CSS 简介

CSS(Cascading Style Sheet)为层叠样式表，是一组格式设置规则，用于控制 Web 页面的外观。如网页元素的显示位置和格式，还可以产生滤镜、图像淡化、网页淡入淡出的渐变效果。通过使用 CSS 样式设置页面的格式，可将页面的内容与表现形式分离。页面内容存放在 HTML 文档中，而用于定义表现形式的 CSS 规则则存放在另一个文件中或 HTML 文档的某一部分，通常为文件头部分。与传统的 TABLE 网页布局相比，采用 CSS 布局具有以下三个方面的显著优势：

(1) 表现和内容相分离

将设计部分剥离出来放到一个独立样式文件中，HTML 文件中只存放文本信息。

(2) 提高页面浏览速度

对于同一个页面视觉效果，采用 CSS 布局的页面容量要比 TABLE 编码的页面文件容量小得多，前者只有后者的 1/2 大小，浏览器就不用去编译大量冗长的标签。

(3) 易于维护和改版

通过简单的编辑一个 CSS 文档，就可以同时改变站点中所有页面的布局和外观，同时也只需要简单修改几个 CSS 文件就可以重新设计整个网站的页面，CSS 也便于页面风格的统一。由于允许同时控制多重页面的样式和布局，CSS 成为 Web 设计领域的一个突破。

一、CSS 的语法

CSS 的定义由三个部分构成：选择符(selector)，属性(property)和属性的取值(value)。

语法：selector{property:value; property:value }(选择符{属性:值；属性:值})

注释：

selector：当定义一条样式规则时，必须指定该规则作用的网页元素，即选择符，如 body、p、table 等。

property：指定那些将要被修改的样式名称，即 CSS 属性，如 color、font-size 等。

value：赋给 property 的值，即 CSS 属性值。注意：属性和属性值之间要用冒号隔开。

如：body{color:yellow}，此例的效果是使页面中的文字为黄色。

如果属性的值是由多个单词组成，必须在值上加引号，比如字体的名称经常是几个单词的组合。

如：p{font-family:"sans serif"}，此例定义段落字体为 sans serif。

如果需要对一个选择符指定多个属性时，我们使用分号将所有的属性和值分开。

如：p {text-align: right; color:blue}，此例表示段落靠右排列，并且段落中的文字为蓝色。

二、CSS 框模型

CSS 框模型 (Box Model) 规定了元素框处理元素内容、内边距、边框和外边距的方式，如附图 1 所示。

元素框的最内部分是实际的内容，直接包围内容的是内边距。内边距呈现了元素的背景。内边距的边缘是边框。边框以外是外边距,外边距默认是透明的,因此不会遮挡其后的任何元素。内边距、边框和外边距都是可选的,默认值是 0。但是,许多元素将由用户代理样式表设置外边距和内边距。可以通过将元素的 margin 和 padding 设置为 0 来覆盖这些浏览器样式。width 和 height 指的是内容区域的宽度和高度。增加内边距、边框和外边距不会影响内容区域的尺寸,但是会增加元素框的总尺寸。

例如:元素框的每个边上有 10 个像素的外边距和 5 个像素的内边距。元素框整体为 100 个像素,则内容的宽度设置为 70 像素,具体如附图 2 所示。

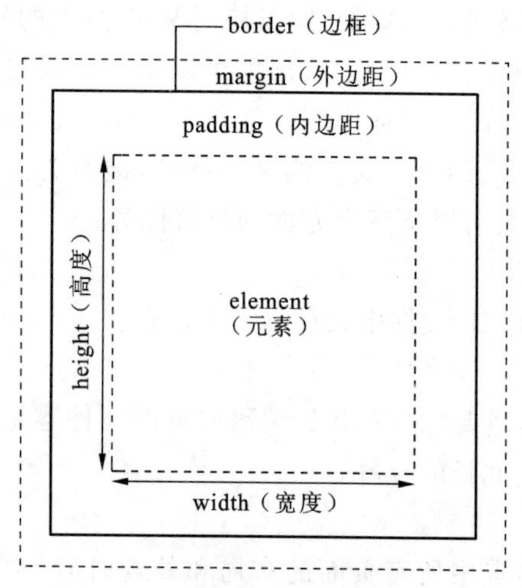

附图 1 CSS 框模型

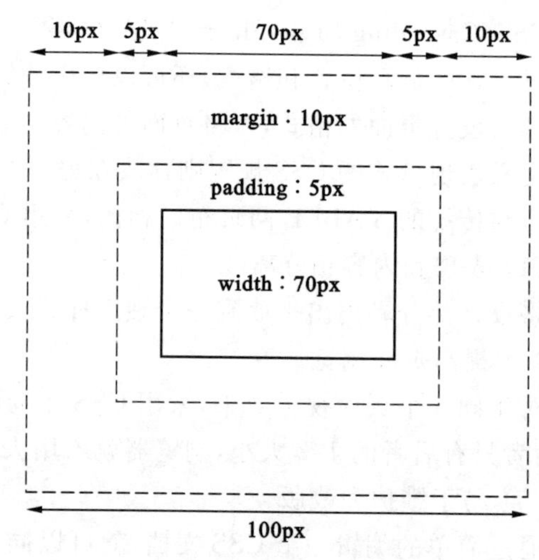

附图 2 CSS 框模型实例

CSS 设置如下:

```
#element {
    width: 70px;
    margin: 10px;
    padding: 5px;
}
```

三、CSS 的几种方式

1. 链入外部样式表

链入外部样式表是把样式表保存为一个样式表文件,然后在页面中用<link>标记链接到这个样式表文件,这个<link>标记必须放到页面的<head>区内。例如:

```
<head>
    ...
    <link href="mystyle.css" rel="stylesheet" type="text/css" media="all">
    ...
</head>
```

说明:此例表示浏览器从 mystyle.css 文件中以文档格式读出定义的样式表。rel="stylesheet"是指在页面中使用这个外部的样式表,type="text/css"是指文件的类型是样式表文本,href="mystyle.css"是文件所在的位置,media 是选择媒体类型。

2. 内部样式表

内部样式表是把样式表放到页面的<head>区里,这些定义的样式就应用到页面中了,样式表是使用<style>标记插入的。例如：

```
<head>
  …
  <style type="text/css">
    hr {color:siennal}
    p {margin-left:110px}
    body {background-image:url("images/LL21.gif")}
  </style>
  …
</head>
```

注意：有些低版本的浏览器不能识别 style 标记，会直接忽略 style 标记里的内容，并把 style 标记的内容以文本直接显示到页面上。为了避免此现象，用 HTML 注释的方式(<! --注释-->)隐藏内容而不让其显示。如下所示：

```
<head>
  …
  <style type="text/css">
  <!--
    hr {color:siennal}
    p {margin-left:110px}
    body {background-image:url("images/LL21.gif")}
  -->
  </style>
  …
</head>
```

3. 导入外部样式表

导入外部样式表是指在内部样式表的<style>里导入一个外部样式表，导入时用@import。例如：

```
<head>
  …
  <style type="text/css">
  <!--
    @import "mystyle.css"
  -->
  </style>
  …
</head>
```

说明：@import "mystyle.css"表示导入 mystyle.css 样式表，注意使用时外部样式表的路径。导入外部样式表必须在样式表的开始部分，在其他内部样式表上面。

4. 内嵌样式表

内嵌样式表是混合在 HTML 标记里使用的，用这种方法，可以简单地对某个元素单独定义样式。内嵌样式表的使用是直接在 HTML 标记里加入 style 参数，而 style 参数的内容就是 CSS 的属性和值。

例如：

<p style="color:yellow;margin-left:20px;">This is a paragraph! </p>

<!--这个段落颜色为黄色，左边距为 20 像素-->

注释：在 style 参数后面引号里的内容相当于在样式表大括号里的内容。

四、常用的样式属性

CSS 的样式属性非常多，可以分为颜色、字体、文本、边框、定位等，具体见附表 4。

附表 4　CSS 样式的常用属性

属性分类	CSS 名称	说　明
颜色属性	color	颜色
字体属性	font-size	字体大小，如 x-large
	font-family	字体类型，如 sans-serif
	font-variant	字体变形，如 small-caps
	font-weight	字体粗细，如 bold、lighter
文本属性	text-decoration	文本修饰，如 overline、blink
	text-index	段首空格，如填写一定数值
	line-height	行间距，如填写一定数值
	vertical-align	垂直对齐，如 top、bottom
	text-align	水平对齐，如 left、right
边框属性（用于表单元素）	border-style	边框风格，如 hidden、solid
	border-width	边框宽度，如一定数值
	border-color	边框颜色
	margin	边界留白，如 margin-top
	padding	补白，如 padding-top
定位属性（position）	top	顶部边距(上边距)
	left	左边距
	width	宽度
	height	高度
	z-index	z 轴索引号，用于层(数值越大，离得越远)
背景样式（background）	background-color	背景颜色
	background-image	背景图片，如 url=?
	background-repeat	背景重复，如 repeat
	background-position	背景定位，如 top、bottom

五、样式规则的选择器

要使用CSS对HTML页面中的元素实现一对一、一对多或者多对一的控制，就需要使用到CSS选择器。HTML页面中的元素就是通过CSS选择器进行控制的。

1. class选择器(类选择器)

类选择器根据类名来选择，前面以“.”来标识，如：

.demo{color：#FF0000；}

在HTML中，元素可以定义一个class的属性，如：

<div class="demo">该区域字体颜色为红色</div>

同时可以再定义一个元素：

<p class="demo">该段落字体颜色为红色</p>

2. 标签选择器

一个完整的HTML页面是由很多不同的标签组成的，而标签选择器，则是决定哪些标签采用相应的CSS样式，比如在style.css文件中对p标签的样式声明：

p{font-size：20px；background：#900；color：#090}

复制代码则页面中所有p标签的背景都是#900(红色)，文字大小均为20px，颜色为#090(绿色)。在后期维护中，如果想改变整个网站中p标签背景的颜色，只需要修改background属性就可以了。

3. ID选择器

根据元素ID来选择元素。前面用"#"来标识，在样式里面可以定义如下：

#demoDiv{color：#FF0000；}

这里代表id为demoDiv的元素，设置它的字体颜色为红色。

4. 伪类选择器

伪类选择器是用文档以外的其他条件来应用元素的样式，比如鼠标悬停等。实例：

a：link{color：#999999；}

a：visited{color：#FFFF00}

a：hover{color：#006600}

input：focus{background：#E0F1F5；}

link表示链接在没有被点击时的样式；visited表示链接已经被访问时的样式；hover表示当鼠标悬停在链接上面时的样式。

伪类不仅可以应用在链接标签中，也可以应用在一些表单中，但IE不支持表单元素的应用，所以一般伪类都只会被应用在链接的样式上。

5. 通用选择器

通用选择器用*来表示。例如：

*{font-size：12px；}，表示所有元素的字体大小都是12px；同时通用选择器还可以与其他的选择器组合使用。

6. 关联选择器

关联选择器是指一个用空格隔开的两个或者更多的单一选择器组成的字符串，一定要符合嵌套关系才能实现，例如：

P EM{background：yellow}

其中“P EM”就是关联选择器，它表示段落中的强调文本(<em></em>标签对中的内容)的背景色为黄色，而其他地方出现的强调文本则不受影响。

7. 属性和值选择器

可以为拥有指定属性的 HTML 元素设置样式，例如：

```
input[type="text"]
{
  width:150px;
  display:block;
  margin-bottom:10px;
  background-color:yellow;
  font-family:Verdana,Arial;
}
input[type="button"]
{
  width:120px;
  margin-left:35px;
  display:block;
  font-family:Verdana,Arial;
}
```